측량지형정보개론

머리말

위치를 알고자 하는 일은 모든 일의 시작이다. 과거에 측량은 토지의 면적을 파악하여 조세의 목적에 단순 활용되었지만, 오늘날에는 지형정보를 관리하여 일상의 여러 분야에서 다양하게 응용되고 있다. 즉, 측량은 건설현장 뿐 아니라 위성측량(GPS), 지리정보(GIS), 원격탐사(Remote Sensing), 자동차항법장치까지 빠르게 발전하는 IT와 접목하여 실생활에 다양하게 사용되고 있다.

이 책은 방대한 자료를 강의하면서 많은 분량을 요약 정리하여 새로운 요구에 맞는 측량지형정보공학(Geomatics Engineering)을 구성하였다

우선 전반부는 기본지식으로 총론, 오차처리, 거리 및 고저측량을 다루었다. 다음에는 지형정보 획득에 관한 삼각측량, 다각측량, 전자거리측량, 위성측량을 소개하였다. 또 후반부는 수치지도를 이용한 도로설계, 노선측량, 항공사진측량을 수록하였으며, 지리정보시스템, 위성영상처리 및 지형정보응용을 이해하기 쉽도록 서술하였다.

알기 쉬운 내용으로 풀어서 서술토록 노력하였으나 부족한 부분은 보완을 기약하며 좋은 책 만들기 노력하는 도서출판 대가 여러분께 감사드린다.

2012년 2월

금정산아래 부산대학교 연구실에서
강 인 준

차 례

CHAPTER 1 총 론

CHAPTER 2 오차처리

CHAPTER 6 삼각측량

CHAPTER 7 지형도 작성

CHAPTER 8 노선측량

CHAPTER 9 **토공량 산정**

CHAPTER 10 **하천 및 해양측량**

CHAPTER 11 **지적측량**

CHAPTER 12 **전자파 거리측량**

CHAPTER 13 **위성측량**

CHAPTER 14 **사진측량**

CHAPTER 1

총 론

이 장에서는 측량의 정의, 역사, 분류, 종류, 기본단위 및 요소, 그리고 현대 측량지형정보공학의 흐름을 소개한다.

1.1 측량의 정의

측량학은 지구 및 우주공간에 있는 여러 점 사이의 상호위치관계와 그 특성을 해석하는 학문으로 지표면, 지하, 수중, 해양, 공간 및 우주 등이며, 길이(length), 각(angle), 시(time) 등의 요소로 정량화시키는 것뿐만 아니라 환경 및 자원에 관한 정보를 수집하고 이를 해석한다.

측량은 옛날부터 경계선을 표시하거나 땅을 분할하기 위해 필수적이었기 때문에 가장 오래되고 중요한 과학의 하나로 지금도 현대의 삶을 살아가기 위한 아주 중요한 요소로 여겨진다.

측량기술자들은 오차론의 실제 개념을 도입하여 현장에 사용되는 장비 종류와 관측량에서 발생하는 많은 차이를 최소화하려고 한다. 또 일반적인 토목설계에서는 안전계수를 설계에 적용하지만 측량에서는 안전계수를 사용하지 않는 특성이 있다.

지형정보공학은 과거의 측량 수행지역을 포괄하고 적용할 수 있는 비교적 새로운 용어이다. 특히 지형정보공학은 캐나다, 영국, 호주뿐 아니라 세계의 다른 영어권 국가에서도 광범위하게 사용되고 있다.

미국 토목학회에서는 최근에 지형정보학 부문의 이름을 바꾸었다. 미국의 많은 대학에서는 측량 또는 측량학이라 불리던 용어들을 이제는 지형정보공학(Geometics Engineering)이라 부른다.

1.2 측량의 역사

고대기록에 따르면 측량을 처음 시행한 나라는 이집트라고 기록하고 있다. B.C. 14세기경 헤르도토스는 세스트리스가 세금징수를 위해 이집트의 경작지를 나누었다고 했다. 고대 측량기술자들은 거리단위를 표시한 줄을 이용한 측량법을 로프스트레처(rope-stretchers)라 했다. 이집트 측량기술자는 거리를 재는 데 일정 간격의 매듭이 있는 로프를 사용했다.

B.C. 12세기경에 이르러 헤론은 측량을 응용과학으로 발전시켰으며 이때 사용한 디옵터(diopter)는 최초의 측량기계 중 하나이다. 중세기에는 측량을 실용기하학이라 하였으며 13세기에 폰 피소(Von Piso)는 측량개념이 포함된 실용기

하학을 저술하였다. 중세기의 다른 측량기구로는 아스트롤라베(astrolabe)와 교차스태프(cross staff)가 있는데 아스트롤라베는 중앙에 가동 힌지로 된 금속원형으로 만들어졌고 상단의 링에 의해 고정된다. 이 가동 힌지는 시야관측에 사용되었다. 교차스태프는 수직으로 교차되는 팔(arm)을 지니는 1.2m 길이의 나무로 된 선단(rod)이다. 교차스태프의 팔 길이를 알고 있으므로 비율과 각에 의해 거리를 측정하는 원리이다.

고대문명 시기에는 지구가 편평한 지표면으로 되어있다고 생각했으나 월식이 일어날 때 달에 지구의 원형그림자가 생기며, 수평선을 향해 사라져 가는 배 등을 통해 점차 지구가 둥글다는 것이 입증되었다. 수 세기 간 인류는 지구의 실제 크기와 형태를 결정하는 것이 어려웠다. 역사 기록에 따르면 B.C. 220년경 그리스인 에라토스테네스(Eratosthenes)가 지구 크기 계산을 처음 시도하였다고 한다. 그는 시에네(Syene)와 알렉산드리아(Alexandria) 도시의 태양 그림자를 측정하여 두 도시 사이의 자오선 호의 측정각을 확신했다. 호의 길이는 두 도시 사이를 매일 오고 가는 여행단의 시간을 합산하여 평균한 값으로 알게 되었다. 측정각과 호의 길이를 기초지질학에 이용하여 에라토스테네스는 25,000마일 정도라는 지구 원주를 계산하였다. 에라토스테네스가 보여준 값은 다소 크지만 현재 측정값에 상당히 근접한 값이다. 물론 실제 지구는 극반지름보다 적도반지름이 13.5마일 더 긴 타원체이다.

18, 19세기에는 측량기술의 급속한 발전이 이루어졌다. 지도와 국가경계선의 필요성으로 영국과 프랑스는 정확한 삼각점을 필요로 하는 대규모 측량을 실시했고 이것이 측지측량의 시작이다. 1807년 미국은 USCGS(United States Coast and Geodetic Survey)를 설립하고 수로측량으로 항해도를 만들었다.

평균 해수면 상승, 고속도로, 철도 등 공공사업에 따르는 실제 경계의 중요성으로 정확한 위치의 측량이 필요했다.

1945년부터 항공사진측량에 의한 1 : 50,000의 국토기본도 수정보완과 1966년부터 1 : 25,000, 1973년부터는 1 : 5,000의 국토기본도가 제작되기에 이르렀다. 전통적인 측량장비인 트랜싯(transit), 레벨(level), 줄자는 위성측량(GPS surveying)으로 변화하고 있다.

전통적인 지형측량 방법은 수평·수직의 기준점 위치 설정, 적절한 위치, 건설기반 시설을 위해서는 여전히 필수적이지만, 사진측량이 기존의 지형측량 방법을 대신하고 있다.

측량 기초자료에 의한 지형정보는 지하시설물, 교통, 환경에 이르기까지 광범위하게 이용된다. 또한 지구상 모든 지형지물은 위성측량으로 특정한 위치의 자동지도제작기술로 3차원 지도가 만들어진다.

1.3 측량의 분류

1.3.1 대지측량과 소지측량

측량은 일반적으로 대지(大地)측량(geodetic surveys)과 소지(小地)측량(plane surveys)으로 분류된다. 전통적으로 측지측량, 평면측량이라고도 한다.

대지측량은 지구의 곡률을 고려하는 측량이며, 소지측량은 그것을 고려하지 않는 측량이다.

지구반지름이 6400 km라 하고, 측량정밀도가 1/1,000,000으로 주어졌을 경우, 반지름 11 km와 면적 400 km^2 이내의 지역으로 대상지역이 작고 높은 정확도를 요하지 않는 경우에 소지측량이 적용된다. 지형도, 지적도, 각종 계획도 등을 위한 지형측량과 응용측량 등의 대부분이 소지측량이다.

측량정밀도와 오차의 관계는 다음과 같다.

$$d = 2r\tan\frac{\theta}{2}$$

$$\tan\frac{\theta}{2} = \frac{\theta}{2} + \frac{1}{3}\left(\frac{\theta}{2}\right)^3 + \frac{1}{5}\left(\frac{\theta}{2}\right)^5 + \cdots$$

에서 $\theta \approx 0$ 이며, $r\theta = D$ 에서 고차항을 생략하고 $\frac{\theta}{2} = \frac{D}{2r}$ 를 대입하면,

$$d = 2r\left\{\frac{D}{2r} + \frac{1}{3}\left(\frac{D}{2r}\right)^3\right\} = D + \frac{1}{12}\frac{D^3}{r^2}$$

$$\therefore d - D = \frac{D}{12}\left(\frac{D}{r}\right)^2 \quad \text{또는} \quad \frac{d-D}{D} = \frac{1}{12}\left(\frac{D}{r}\right)^2$$

여기서, D: 지구 실제 거리, d: 수평거리, r: 지구반지름

7 km 길이의 지표면 상의 실제 거리에서 비교할 때 회전타원체의 호와 현의 길이 차이는 0.6 mm이며, 145 km^2의 삼각형 면적에서 비교해보면 세 각에 대한 평면각의 내각의 합과 곡률을 포함한 회전타원체의 내각의 합의 차이가 1″에 불과하다.

따라서 대규모 측량인 경우를 제외하고는 지구표면을 평면으로 고려하여 계산을 간소화할 수 있다.

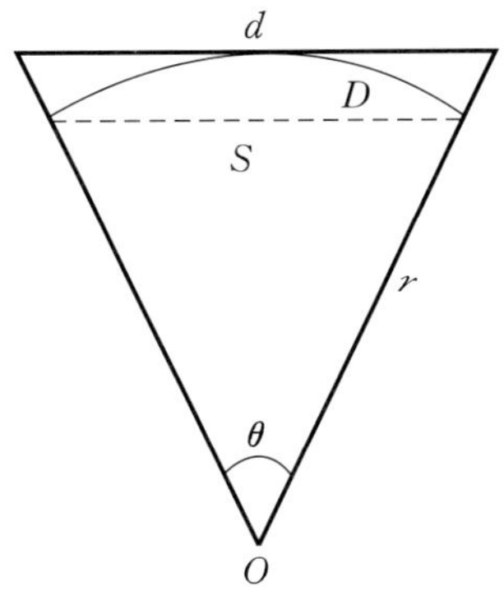

그림 1.1
측량정밀도와 오차의 관계

| 예제 1-1 |

그림 1.1에서 지도를 투영한 거리 S와 실제거리 D의 관계를 유도하시오.

풀이

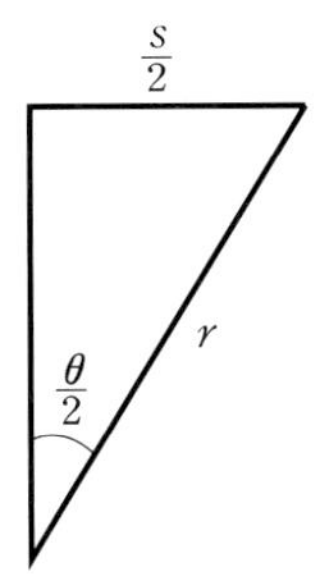

$$\sin\frac{\theta}{2} = \frac{\frac{S}{2r}}{r}$$

$$S = 2r\sin\frac{\theta}{2}$$

여기서, $\sin\frac{\theta}{2}$를 급수전개하면

$$\sin\frac{\theta}{2} = \frac{\theta}{2!} - \frac{1}{3!}\left(\frac{\theta}{2}\right)^3 + \frac{1}{5!}\left(\frac{\theta}{2}\right)^5 - \frac{1}{7!}\left(\frac{\theta}{2}\right)^7 + \cdots$$

$\theta \to 0$에 가까워지면 고차항은 생략 가능하다. 따라서

$$S = 2r\left\{\frac{\theta}{2!} - \frac{1}{3!}\left(\frac{\theta}{2}\right)^3\right\}$$

그리고 $D = r\theta$ 이므로

$$S = 2r\left\{\frac{\theta}{2!} - \frac{1}{3!}\left(\frac{D}{2r}\right)^3\right\}$$

$$= r\theta - \frac{D^2}{24r}$$

그러므로

$$\frac{1}{12} \cdot \frac{D^3}{r^2} = D - S$$

$$\frac{D-S}{D} = \frac{1}{24}\left(\frac{D}{r}\right)^2$$

1.3.2 기준점측량과 세부측량

(1) 기준점측량

측량의 기준이 되는 점의 위치를 구하는 측량을 기준점측량(control survey)이라 하며, 이와 같이 설정된 천측점, 삼각점, 다각점, 고저기준점 등을 총칭하여 기준점이라 한다. 기준점측량은 측량의 기준으로 되어 있는 측점 또는 지형도를 만들기 위한 골조를 형성하므로 골조측량(skeleton survey)이라고도 한다. 기준점측량에는 천문측량, 위성측량, 삼각측량, 다각측량, 고저측량, 사진측량, 전자기파측량, 삼변측량 등이 있다.

그림 1.2
부산시 영도구 봉래산에 설치된 삼각점 사진

(2) 세부측량

각종 세부 목적에 따라 내용이 상세한 도면이나 지형도를 만드는 측량을 세부측량(minor survey, detail survey)이라고 한다. 측량방법은 기준점에 기초를 두고 평판측량, 사진측량 등의 측량법으로 한다. 세부측량에는 평판측량, 사진측량, 시거측량, 음파측량, 간접고저측량, 지형측량 등이 있다.

1.3.3 기본측량과 공공측량

측량법에 따라 분류하면 다음과 같다.

① **기본측량**: 건설부장관의 명을 받아 국토지리정보원이 행하는 측량으로 모든 측량의 기초가 되는 삼각점, 수준점 등을 설정하기 위한 측량이다. 천문측량, 중력측량, 지자기측량, 삼각측량, 고저측량, 조석관측 등이 포함된다.

② **공공측량**: 공공의 이해관계가 있는 측량으로 기본측량 이외의 측량 중 대통령이 정하는 바에 따라 건설부장관이 지정하는 측량을 제외한 측량을 말하며 지적과 관련되어 행해지는 측량 등이 포함된다.

③ **일반측량**: 기본측량과 공공측량 이외의 측량이다.

1.4 측량의 종류

① **골조측량**(control surveys): 측량의 기준이 되는 점의 위치를 구하는 측량으로 지형도 제작을 위하여 기준점을 필요로 하는데 이러한 기준을 정하고 측량의 골조를 형성하므로 기준점측량 또는 골조측량이라 한다.

② **분할측량**(subdivision surveys): 지표계와 토지소유자의 새로운 토지분할을 설정하기 위한 초석을 마련하는 분할측량을 말한다.

③ **수로측량**(hydrographic surveys): 해안선, 호수의 수심, 조류, 대양, 저수지, 그리고 물과 일체 관련된 측량을 총칭한다.

④ **해양측량**(sea surveys): 선박에 의해 해양 측정・조사된 항만, 내륙 산업단지, 해양환경 등과 관련된 측량을 말한다.

⑤ **노선측량**(route surveys): 철도, 고속도로, 송수관 그리고 다른 선형화 사업

을 계획 · 설계 · 건설하는 측량으로, 현장에서 사용되는 가장 일반적인 방법으로는 기점에서 시작하여 다른 점들을 선점해나가는 방법이 주로 쓰인다.

⑥ 시공측량(construction surveys): 건설이 진행되는 동안 표고, 수평위치, 차원, 구성 배열을 관리하는 측량이다. 이 과정은 건설공사에서 필수적이며 품질관리 면에서 면허 있는 측지기사 또는 이와 동등한 경험과 능력이 있다고 인정되는 기술자가 수행해야 한다(부록 참조).

⑦ 사진측량(photogrammetric surveys): 항공촬영 등으로 획득한 사진을 이용하여 수평위치를 결정하는 측량을 말한다.

⑧ 준공측량(As-built surveys): 실질적인 종점과 기술자 업무 전개, 그들의 위치적 확신, 설계와 변경에 따르는 모든 기록들을 측량하는 것을 말한다.

⑨ 광산측량(mine surveys): 터널 관통과 광석, 에너지 자원 탐사를 포함하는 탄광작업 이래로 이루어지는 측량을 말한다.

1.5 측량의 요소 및 단위

1.5.1 길이

길이의 단위는 원칙적으로 미터(meter)를 기준으로 하며, 1975년 프랑스에서 처음 제정된 1미터는 '북극과 적도 사이에 끼인 자오선 호 길이의 1/10,000,000과 같은 길이'로 정의된다.

1880년 이후에는 미터원기를 표준으로 사용하였으나 미터원기의 길이가 미세한 경년 변화를 가지고 있어 정확한 표준이 필요했다. 이에 1960년 제 11 차 국제도량형총회(CGPM)에서 1 m를 파장이 가장 안정된 크립톤원자의 등황색 선스펙트럼의 진공 중 파장을 이용해 정의했다. 즉, 「1 m=Kr86 원자스펙트럼의 진공 중 파장의 1,650,763.73배와 같은 길이」라 하고, 1975년 제 16 회 국제측지학 · 지구물리학총회에서 측량의 기준으로 채택하였다.

그러나 1973년 가스 레이저를 이용해 광속도를 정확하게 관측한 값이 발표된 이후, 광속도의 값과 시간 1초의 정의에 의하여 미터를 재정의하는 안이 더욱 정확한 것으로 지지를 받아오다가 1983년 10월 제 17차 국제도량형총회에서 채택되었다.

새로운 미터의 정의는 다음과 같다.

「1 m = 무한히 확산되는 평면전자기파가 1/299,792,485초 동안 진공 중을 진행하는 길이」

1.5.2 각

(1) 평면각

평면각(plane angle)은 호와 반지름의 비율로 표현한다. 일반측량에서는 60진법 표시(sexagecimal representation)와 호도법(circular measure, radian)이 주로 사용되며, 군(포병)에서는 mil(milliemes)을 사용하기도 하나 요즈음 구미 각국에서는 계산에 편리한 100진법(grade)도 많이 사용되고 있다.

$$360° = 2\pi[\text{rad}] = 400\,\text{g} = 6400\ \text{mils}$$

$$1\,\text{g} = 100\ \text{c}\ (\text{-centi-grade}) = 10{,}000\ \text{cc}(\text{centi-centi-grade})$$

$$= 0.9° = 54'$$

(2) 곡면각

곡면각(curve surface angle)은 구면 또는 타원체면 상의 성질을 나타낸다. 대단위 정밀삼각측량이나 천문측량 등에서는 구과량이나 구면삼각법의 원리를 적용해야 하며, 이때 곡면각의 특성을 잘 파악해야 한다.

(3) 입체각

입체각(solid angle)은 넓이와 길이의 제곱의 비율로 표현한다. 스테라디안(steradian; sr)은 입체각의 단위로 구의 중심을 정점으로 하여 구표면에서 구의 반지름을 한 변으로 하는 정사각형의 면적과 같은 표면적(r^2)을 갖는 원과 구의 중심이 이루는 입체각이다.

구의 중심을 지나는 평면상에서 1 sr을 나타내는 양 반지름 사이의 평면각은 약 65°가 된다.

$$\text{구의 각 표면적} = 4\pi[\text{sr}] = 5.35\times10^{11}\ \text{s}^2$$

$$1\ \text{sr} = 1\,r[\text{rad}]^2 = (57.3°)^2 = (3283')^2 = (206256'')^2$$

$$= 4.25\times10^{10}\ \text{s}^2$$

1.5.3 시

시(time)는 지구의 자전 및 공전운동 때문에 관측자의 지구상 절대적 위치가 주기적으로 변화함을 표시하는 것으로 시와 경도 사이에는 $1^h = 15°$의 관계가 있다.

1967년 국제도량형총회에서 세슘원자(C_s^{133})의 에너지준위 간의 천이에서 방출되는 복사의 고유진동수를 기준으로 시간을 정의하였으며, 이를 원자시(atomic time; AT)라 하고 1초의 정의는 다음과 같다.

「1초 = C_s^{133}의 바닥상태에 있는 2개의 초미세 준위 사이의 표리에 대응하는 방사선의 9,192,631,770 주기의 지속시간」

1.5.4 질량과 중력

(1) 질량

관성질량은 물체의 관성의 크고 작음을 나타내는 질량이며, 중력질량(mass gravity)은 만유인력의 법칙으로부터 정해지는 질량이다.

질량의 기준인 kg원기(국제 kg원기)는 1879년 백금 90 %, 이리듐 10 %의 합금으로 만들어서 국제도량형국(BIPM; Bureau International des Poids et Mesures)에 보관 중이며 그 확률오차는 ±0.002 mg이다.

(2) 중력

지구상의 물체에 작용하는 중력(gravity)은 지구의 질량에 의한 인력과 자축에 의한 원심력의 합력으로 ① 위도의 함수이며, ② 지구의 형상(남북이 편평한 회전타원체), ③ 관측점의 표고, ④ 관측점 주위의 지형의 영향, ⑤ 지하물질분포 등의 영향을 받으므로 중력 방향은 항상 지구중심을 향하는 것은 아니다. 따라서 지구의 정확한 형상(지오이드)을 결정하기 위한 측지측량에서는 이러한 중력의 분포를 관측하는 것이 필수적이며 ①과 ②를 대상으로 한다.

중력이상(gravity anomaly)이라 함은 실제 관측된 중력값과 이 표준 중력식에 의한 값의 차이며, 중력단위는 gal로 표현한다.

$$1\ \text{gal} = 1\ \text{g} \cdot \text{cm/s}$$

1.5.5 온도

온도의 정의는 물질의 분자가 운동하는 정도를 표시하는 것으로 분자운동의 속도가 빨라지면 그 물체의 온도는 높아진다.

섭씨온도(degree celsius; ℃)는 다음과 같다.

$$t = T - T_0$$

여기서, T_0: 273.15 K

T: 열역학적 온도

그리고 1켈빈(kelvin)은 물의 삼중점에서 열역학적 온도의 1/273.16(섭씨도)이고, 화씨온도(degree fahrenheit; °F)는 다음과 같다.

$$F = 1.8\,C + 32$$

1.5.6 국제관측단위계

국제관측단위계(Le Systeme Internationale d'Unites, 약칭 SI unit)는 일반적으로 미터법이라 하며, 과학기술계에서 MKSA 단위라고 하는 관측단위체계의 최신 형태이다. SI 단위는 7개의 기본단위, 2개의 보조단위와 이들로부터 유도되는 조합단위를 요소로 하는 일관성 있는 단위의 2집단과 이들 단위에 SI 접두어(16개)를 붙여서 구성하는 SI 단위의 10의 정수부로 응용한다.

(1) 기본단위

① 길이의 단위: 미터(meter), [M]
② 질량의 단위: 킬로그램(kilogram), [kg]
③ 시간의 단위: 초(second), [s]
④ 전류의 단위: 암페어(ampere), [A]
⑤ 열역학적 온도 단위: 켈빈(kelvin), [K]
⑥ 몰량의 단위: 몰(mole), [mol]
⑦ 광도의 단위: 칸델라(candela), [cd]

(2) 보조단위(또는 추가단위)

여기에는 평면각의 SI 단위인 라디안과 입체각의 SI 단위인 스테라디안의 두 가지가 있다.

$$1\ \text{rad} = \frac{1\ \text{m}\,(\text{호의 길이})}{1\ \text{m}\,(\text{반지름})} = 1\ \text{m/m}$$

$$1\ \text{sr} = \frac{1\ \text{m}^2\,(\text{구의 일부 표면적})}{1\ \text{m}^2\,(\text{구의 반지름의 제곱})} = 1\ \text{m}^2/\text{m}^2$$

1.6 측량지형정보의 흐름

측지학적 수직 · 수평기준점인 국제측량망들이 USNGS(U.S. National Geodetic Surveys) 주도 하에 수치도, 지형도를 관리하고 모든 측량기술자들을 위한 좌표계 자료를 제공하기 위하여 계속하여 확장되고 있다.

미국 정부기관에서 대축척 지도에서 측량하고 도면화하는 네 가지 사항을 보면, NGS(National Geodetic Survey)와 NOS(National Ocean Survey)의 분야는 해안측지측량으로 해안을 지도화하고 있으며, 1812년에 설립된 The General Office−지금은 BLM(Bureau of Land Management)−는 공유지측량을 한다.

1879년에 설립된 USGS는 전 국토를 유용하게 지도화하기 위해 연간 950만 도엽이 넘게 주문되는 $7\frac{1}{2}$ min, 15 min인 표준 사각형지도를 제작한다. DMA는 미국 국방부와 전 세계 미군부대에 서비스를 제공할 수 있다.

우리나라는 미국이나 유럽 등의 선진국과는 다른 우리나라만의 지형공간정보체계를 적용하기에는 어려운 점이 있다. 표 1.1에서와 같이 미국에서 연구하는 경우 모든 자료는 미국 지질측량국(USGS; United States Geological Survey)에서 구할 수 있다. 그러나 우리나라는 1998년 정부에서 많은 노력, 인력, 자금을 동원하여 지형공간정보체계의 기초자료를 구축해 좋은 성과를 얻었으나 지형도 제작단계를 지나 사용자를 중심으로 검증하는 단계에서는 일부 지도에서 제거해야 할 오차를 내포하고 있다.

국토지리정보원에서는 지형도만을 취득할 수 있으며 그 자료를 이용하려는 사용자가 있다면 재처리를 해야 한다.

우리나라의 경우 주로 1 : 5,000이 표준축척으로 사용되며 시설물 관리와 같은 특수한 경우나 연구를 목적으로 하는 경우 1 : 1,250에서 1 : 500까지의 대축척이 사용되고 있다. 일반적으로 축척의 구분은 정량화된 기준은 없으며 국가마다 다르나 일반적으로 1 : 10,000 이상의 축척은 대축척으로, 1 : 10,000에서 1 : 100,000 사이의 축척은 중축척, 1 : 100,000 이하의 축척은 소축척으로 간주한다.

1910년에 창립된 ISPRS(국제 항공사진 측량 및 원격탐사 학회)는 대륙 간의 위치, 원격탐사에 의한 토지, 자원, 환경 등의 연구를 활발히 하고 있으며, 미국의 경우 ASPRS(미국 원격탐사 학회)가 활동하고 있다.

미국 정부기관인 NGS(National Geodetic Survey)와 NOS(National Ocean Survey)는 해안 측지측량의 해안선 지도화 작업을, BLM(Bureau of Land Management)는 국내 공유지측량을, USGS는 전 국토의 지도화와 지도판매를, DMA (Defense Mapping Agency)는 국방부와 전 세계 미군의 서비스 제공 및 지도판매를 담당하고 있다.

FIG(International Federation of Surveyors)는 측량교육, 국토정보, 환경, 토지, 토지계획 등 국제적 기술발전에 노력하고 있으며, 1919년 창립한 IUGG도 활발하게 활동하고 있다.

우리나라는 대한토목학회를 중심으로 크게 활동 중이며 한국측량학회, 한국지형공간정보학회가 세부 전문학회로 되어 있다.

1.7 통합기준점

통합기준점은 평탄지에 설치·운용하는 새로운 개념의 측량기준점으로 사용자의 편익과 측량능률의 극대화를 도모하기 위한 것으로, 측지, 지적, 수준, 중력 등 다양한 측량분야에 통합 활용될 수 있는 다차원·다기능의 기준점이다. 즉, 경위도(수평위치), 높이(수직위치), 중력 등의 정보를 통합 관리 및 제공한다.

통합기준점의 번호는 다섯 자리(알파벳과 아라비아숫자)로 구성된다. 북에서 남으로, 서에서 동의 순서로 번호를 부여하며 맨 앞자리는 알파벳 U로 표기한다.

'통합기준점측량'은 통합기준점망을 근거로 복수의 위성기준점을 기지점으로 한 GPS측량·수준측량·중력측량 등을 실시하여 통합기준점의 지리학적 경위도, 높이 및 중력값을 정하기 위해 실시하는 측량을 말한다.

'통합기준점망'이라 함은 통합기준점에 의해 전국에 일정한 밀도로 형성되는 복수의 단위 다각형과 위성기준점으로 구성되는 망을 말한다.

그림 1.3
부산대학교 내에 설치된
통합기준점 사진

통합기준점은 평면과 높이가 일원화 된 3차원 위치정보, 중력관측을 통한 지구물리적 요소 등 다양한 정보 제공, 유지관리의 용이함으로 정보의 정확성, 최신성, 신속성 확보 등으로 국가기준점의 효율성을 극대화 할 수 있으며, 기존 기준점 체계의 문제점들을 보완하여 이를 기반으로 하는 다양한 연구 및 산업부분에 기초자료를 제공하여 국가 위치정보 인프라 확보에 기여할 수 있다.

연습문제

1-1 측량학의 정의에 대해서 논하시오.

1-2 거리측량에 사용되는 기본단위인 1 m에 대해 구체적으로 상술하시오.

1-3 측량학에 사용되는 단위계(SI 단위계)에 대해서 구체적으로 설명하시오.

1-4 측지학적 관점에서 고려되는 구과량을 구하기 위한 공식을 유도하시오.

1-5 현대 측량이 이루어지는 시점에서 우리나라 국토지리정보원이 시행하고 있는 측량활동에 대하여 인터넷 자료 등을 이용하여 조사, 토론하시오.

1-6 측량학의 본질과는 달리 급변하는 정보사회개념에 맞추어 측량분야도 첨단화되고 있다. 이러한 측량응용분야(GIS, …)를 조사하시오.

1-7 측량학의 범위에 따른 분류를 단계별로 기술하시오.

1-8 국제적으로 중요한 활동을 하고 있는 국제측량기구들을 열거하고 각 기구들의 특징을 서술하시오.

CHAPTER 2

오차처리

측량에서 획득된 관측 자료는 참값이 되지 못한다. 따라서 측량에서는 일정한 오차 범위 내의 값을 모두 측량의 결과값으로 사용한다. 이 장에서는 유효숫자와 반올림, 관측오차의 성질, 오차발생원, 오차종류, 정밀도와 정확도, 확률, 확률법칙, 최확값과 잔차, 표준오차해석, 경중률, 오차의 전달, 관측값 조정 그리고 최소제곱법을 다룬다.

2.1 관측오차의 성질

측량기록의 정확성 지표는 유효숫자(significant figures)에 달려있다.

762.42 m가 5자리 유효숫자라면, 첫 번째부터 네 자리까지는 계산되는 확실한 값이고 마지막 다섯째 자리인 2는 알 수 없는 수이다. 즉, 그 이하의 자리의 값은 의문스러운 불확실한 값을 나타낸다. 2자리 유효숫자는 35, 3.4, 0.35, 0.0035, 0.030과 같은 수이고, 3자리 유효숫자는 475, 47.5, 0.000475, 0.0350 그리고 4자리 유효숫자는 8732, 87.32, 0.0008732, 35.00과 같은 수이다.

또한 측량에서 과오는 부족한 판단력과 부주의, 문제점에 대한 오판 등으로 일어나고 있으며, 큰 과실은 큰 실수로 인한 것이지 오차의 연속적인 과정에서 발생하는 것은 아니다. 큰 과실은 모든 측량작업의 체계적 검사로 찾을 수 있고 외업에서 반복되는 부분은 일부 또는 모두 제거될 수 있다.

2.2 오차발생원인

오차발생원인은 크게 세 가지로 나눈다.

(1) 자연오차

자연오차(natural errors)는 바람, 온도, 습도, 굴절, 중력, 자기장변화에 따라 발생하며, 강철로 된 줄자는 온도변화에 따라 다양한 길이의 변화를 갖는다.

(2) 기계오차

기계오차(instrumental errors)는 측량장비를 조정할 때와 건설 중의 불완전성 등으로 발생하고 측량장비를 이동할 때도 발생한다. 예를 들어, 스태프의 눈금자가 일정한 간격이 아니거나 수축으로 왜곡현상이 발생하면 오차가 나타난다.

(3) 개인오차

개인오차(personal errors)는 원칙적으로 측량기술자마다의 시각 차이와 개인적인 실수들로 발생한다. 예를 들면, 목표물에 정확히 시준하지 않고 바라보면 관측된 각의 값은 미소오차를 갖게 된다.

2.3 오차 종류

오차의 종류는 크게 정오차, 우연오차 그리고 과오로 나눈다.

(1) 정오차

정오차(constant errors)는 수학적 법칙과 물리학적 법칙을 따르며, 누적오차(cumulative errors)라고도 한다. 정오차는 일정하게 누적되므로 원인과 상태를 파악하여 제거할 수 있다. 100cm 길이 강철줄자가 실제 99.9cm이면 매회 0.1cm가 누적되는 정오차가 발생한다.

(2) 우연오차

우연오차(accidental errors)는 정오차와 과오(mistake)로 인해 발생하는 오차를 제거하여 그 발생 원인이 확실하지 않고 제거가 불가능한 오차이다.

우연오차는 제거 불가능하여 확률법칙에 의한 최소제곱법(method of least squares)에 따라 처리한다. 이 우연오차는 모든 측량과정에 포함되어 있으며 서로 증감하게 되어 보상오차(compensating errors)라고도 하고, 정오차에 대한 비교로 부정오차라고도 한다.

(3) 과오

실수 때문에 생긴 오차를 과오(mistake)라 하며, 이를 과실오차(erratic errors)라고 부르기도 한다.

2.4 정밀도와 정확도

정확도(accuracy)는 참값과 관측값의 관계이며, 정밀도(precision)는 관측값 상호간의 관계이다. 두 점 사이의 거리를 표 2.1과 같이 천줄자와 쇠줄자로 재었을 때, 쇠줄자가 끊어진 것을 이어서 관측했을 때는 관측거리는 정밀하다고 할 수 있으나 정확하다고 할 수는 없다. 따라서 참값과 다르게 정밀도가 낮은 관측값이나 정확도가 낮은 관측값이 아니라 정밀도와 정확도가 높은 관측값을 얻어야 한다.

표 2.1

	실제거리	관측거리	오차
천줄자(m)	142.27	142.2	0.07
쇠줄자(m)	142.27	142.28	0.01

2.5 확률의 법칙

모든 측량학에서도 우연오차의 존재를 확률(probability)로 계산하고 있으며, 오차의 빈도수와 크기에는 확률의 일반적 원칙을 적용한다.

우연오차의 평균값을 사용함으로써 모든 착오와 기계오차는 우연오차를 고려하기 전에 제거해야 함을 알 수 있다.

연속적인 확률변수 X가 식 (2.1)과 같이 분포할 때 평균 μ와 분산 σ^2을 갖는 정규분포(또는 가우스분포)라고 하며, 이 분포곡선이 확률곡선이다.

$$f(x) = \frac{1}{\sqrt{(2\pi)}\sigma} e^{-\frac{1}{2}\left(\frac{x-\mu}{\sigma}\right)^2} \tag{2.1}$$

여기서, $\frac{1}{\sigma\sqrt{2}} = h$, $(X-\mu) = \epsilon$으로 하면 다음과 같은 간략식이 되며, h는 관측의 정밀도계수(精密度係數)이다.

$$f(x) = \frac{h}{\sqrt{\pi}} e^{-h^2\epsilon^2}$$

이 정규분포곡선은 종모양이며 평균 μ에 대해 대칭이다. X의 정규분포는 $N(\mu, \sigma^2)$으로 표기하며 X가 a와 b 값 사이에 있을 확률은 다음과 같다.

$$P(a \leqq X \leqq b) = \int_a^b \frac{1}{\sqrt{2\pi} \cdot \sigma} e^{-1/2\left(\frac{x-\mu}{\sigma}\right)^2} dx$$

X가 $\mu = 0$이고 $\sigma^2 = 1$인 특수한 분포를 할 때, X는 표준정규분포(標準正規分布)를 이룬다고 한다. 표준정규분포함수는 다음과 같다.

$$f(X) = \frac{1}{\sqrt{2\pi}} e^{\frac{-x^2}{2}} \tag{2.2}$$

$$P(a \leqq X \leqq b) = \int_a^b \frac{1}{\sqrt{2\pi}} e^{\frac{-x^2}{2}} dx \tag{2.3}$$

다음의 확률은 측량값에서 많이 이용되는 확률이다.

$$P\{-\sigma \leqq (X-\mu) \leqq \sigma\} = 0.6826$$
$$P\{-2\sigma \leqq (X-\mu) \leqq 2\sigma\} = 0.9545$$
$$P\{-3\sigma \leqq (X-\mu) \leqq 3\sigma\} = 0.9973$$
$$P\{-4\sigma \leqq (X-\mu) \leqq 4\sigma\} = 1.00$$

산술평균은 관측값의 총 합계를 관측횟수로 나누어 구한다.

$$\overline{X} = \frac{1}{n}\sum X_i$$

그림 2.1
오차의 확률곡선과 막대그래프

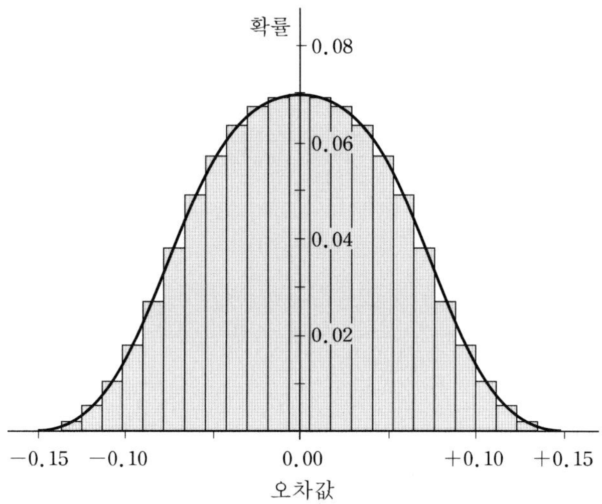

그림 2.2
정밀도가 낮은 확률곡선

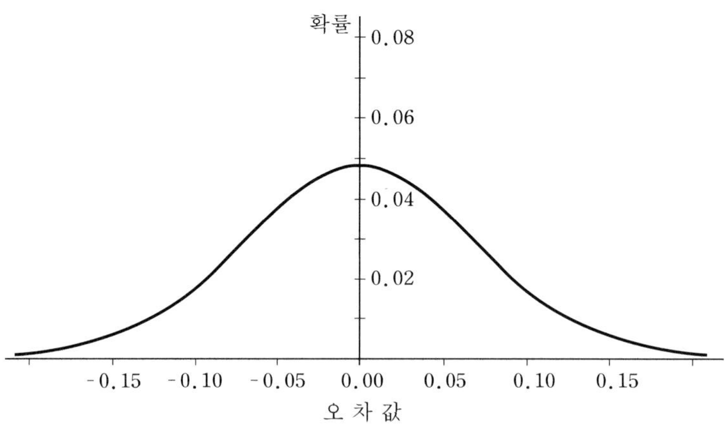

그림 2.3
정밀도가 높은 확률곡선

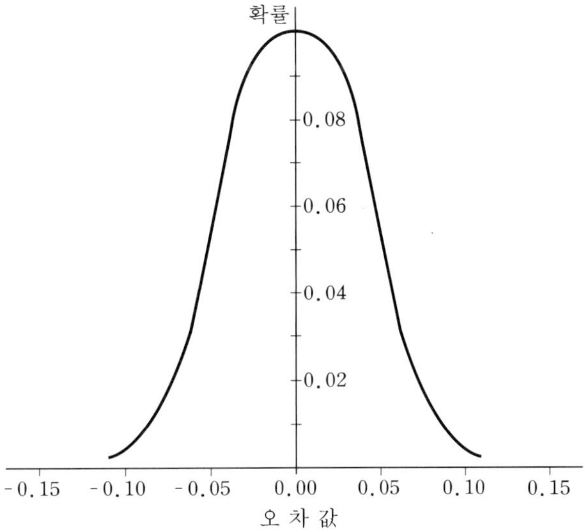

경중률(weight) 산술평균은 각 변수에 경중률을 적용한 것이다.

분산도는(measure of dispersion) 관측값이 평균값을 중심으로 분포되어 있는 정도를 나타내는 값을 말한다. 분산도에는 절대적 분산도와 상대적 분산도가 있는데 절대적 분산도에는 범위, 분산, 평균편차, 표준편차 등이 있다.

(1) 도수분포의 특성값

관측값은 집중경향의 관측값(measures of central tendency)과 분산의 관측값(measures of dispersion)을 사용한다. 측량값의 대표값으로 최빈값(最頻值; mode), 중앙값(中央值; median), 산술평균(算術平均; arithmetic mean)이 있으며 일반적으로 산술평균, 즉 평균값을 사용한다.

평균값은 계산적 대푯값으로 정의되었기 때문에 통계절차에 필요한 대수적 연산이 가능하고 표준오차가 작아서 모집단의 특성을 찾는 데 정확하다는 장점을 갖고 있다.

(2) 도수분포표

도수분포표(度數分布表; table of frequency distribution)는 관측값이 나타난 횟수를 관측값이 높은 것부터 낮은 순서로 정리한 표이다. 히스토그램(histogram)은 관측값의 횟수를 높이로 나타낸 그래프이다.

도수분포를 그림으로 나타낸 것을 도수분포표라 하며, 히스토그램, 도수다각형(frequency polygon), 도수곡선(frequency curve) 등이 있다.

(3) 평균편차

각 관측값이 평균에 대한 편차의 절댓값을 더하여 관측횟수로 나눈 값을 평균편차(MD; mean deviation)라 한다.

$$MD = \frac{\Sigma|x_i|}{N} = \frac{\Sigma|X_i - \bar{x}|}{N}$$

평균편차는 계산이 쉽지만 편차의 절댓값을 사용하므로 수학적 취급이 불편하여 실제로는 많이 사용하지 않는다.

(4) 분산과 표준편차

평균편차는 절댓값을 사용하여 (+), (−)부호를 무시하는 단점을 갖고 있다. 이 결점을 극복하기 위해 편차를 제곱값으로 사용하는 것이 표준편차(standard deviation)이다.

표준편차는 다음과 같다.

$$SS = \sqrt{\frac{SS}{N-1}} = \sqrt{\frac{\Sigma(X_i - \bar{x})^2}{N-1}}$$

표준편차는 산술평균에 대한 관측값끼리의 편차를 평균한 것이므로 그 의미에 있어서 양호한 분산도의 기준이다.

표준편차의 제곱을 분산(σ^2; variance, 分散)이라 한다.

$$\sigma^2 = \frac{\Sigma(X_i - \bar{x})^2}{N-1}$$

(5) 정규분포

정규분포(normal distribution)는 관측값 처리의 기본이 되는 연속확률분포이며, 연속확률변수의 확률밀도함수가 식 (2.4)와 같은 확률분포이다.

$$f(x/\mu, \sigma^2) = \frac{1}{\sqrt{2\pi}\,\sigma} e^{-\frac{1}{2}\left(\frac{x-\mu}{\sigma}\right)^2} \tag{2.4}$$

여기서, $-\infty < x < \infty$

μ : 정규분포의 평균, σ : 표준편차, e : 자연대수의 밑

정규분포는 μ와 σ^2에 따라 형태가 결정된다.

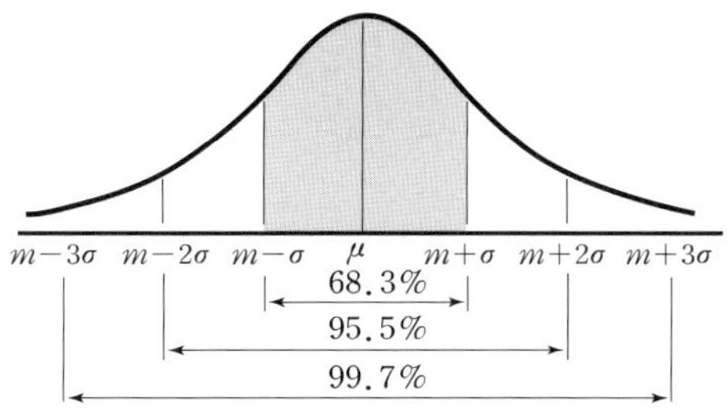

그림 2.4 정규분포곡선

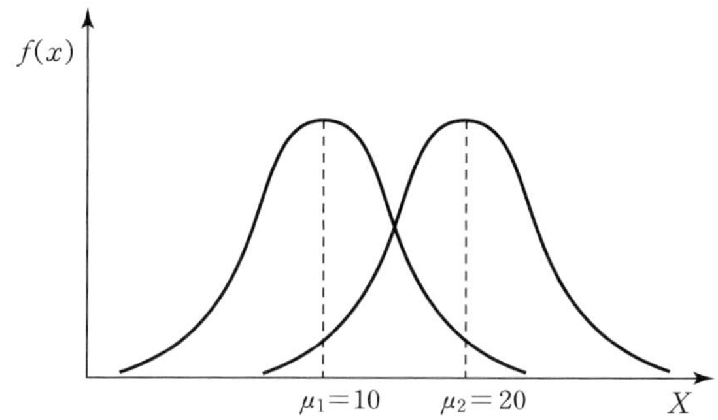

그림 2.5 평균이 다르고 표준편차가 같은 경우

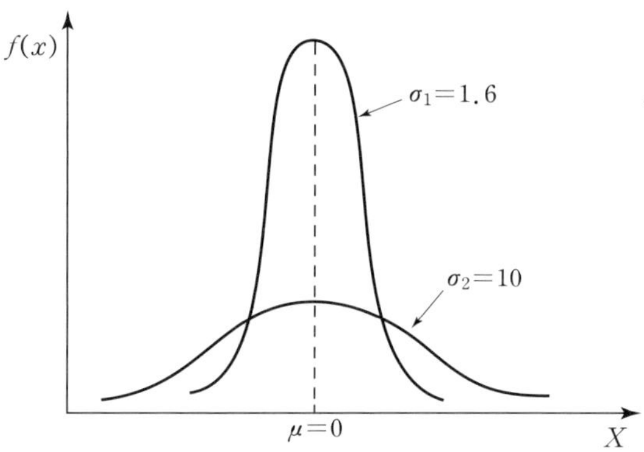

그림 2.6 평균은 같고 표준편차가 다른 경우

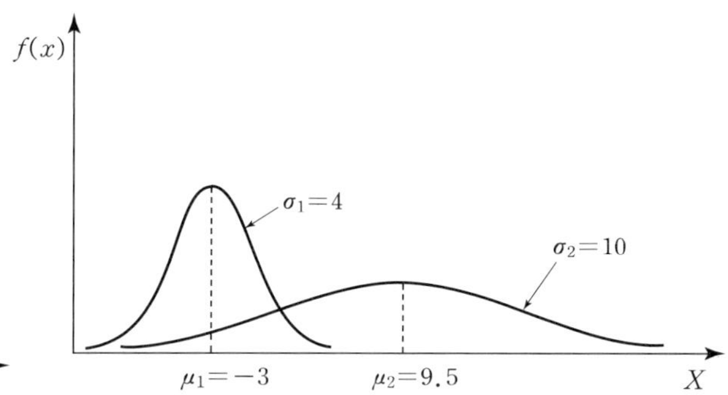

그림 2.7 평균과 표준편차가 다른 경우

(6) 확률분포

확률분포(probability distribution)는 표본공간의 가능한 모든 사건을 나타내는 확률변수와 그에 대응하는 확률을 표로 나타낸 것이다.

확률밀도는 $x=\mu$에서 최댓값, $x=\mu$를 중심으로 대칭, 그리고 단일최빈값(uni model)을 갖는 종 모양 분포이다. 또한 $|x-\mu|$의 값이 증가함에 따라 확률밀도는 점점 감소하여 0에 접근하지만 0은 되지 않는다.

확률변수 정의구역은 $-\infty < x < \infty$ 모든 실수값이고, 확률밀도는 −가 될 수 없고, 정규분포곡선과 x 축 사이 면적은 1이 된다. 그리고 정규분포곡선의 모

양과 위치는 μ와 σ에 따라 결정된다.

확률변수 $X=x$ 이하의 누적확률은 다음 식 (2.5)와 같다.

$$F(x)=P_\gamma(X\leq x)=\int_x^{-\infty} f(x)\,dx$$
$$=\int_x^{-\infty}\frac{1}{\sqrt{2\pi}\,\sigma}\,e^{-\frac{1}{2}\left(\frac{x-\mu}{\sigma}\right)^2}dx \qquad (2.5)$$

구간 $a\leq X\leq b$에서는

$$P_\gamma(a\leq X\leq b)=F(b)-F(b)=\int_x^{-\infty} f(x)\,dx$$
$$=\int_b^{a}\frac{1}{\sqrt{2\pi}\,\sigma}\,e^{-\frac{1}{2}\left(\frac{x-\mu}{\sigma}\right)^2}dx \qquad (2.6)$$

확률변수 X를 $\mu=0$와 $\sigma=1$인 표준정규확률변수(ζ)로 바꾼다.

$$z=\frac{X-\mu}{\sigma}$$

식 (2.6)은 다음과 같이 된다.

$$f(x)=\frac{1}{\sqrt{2\pi}}\,e^{-\frac{1}{2}z^2} \qquad (2.7)$$

식 (2.7)의 확률밀도함수는 표준정규분포(standard normal distribution)라 한다.

일반적인 확률의 법칙(general laws of probability)을 설명할 수 있는데 이를 오차의 3대 법칙이라 하며 다음과 같다.

① 아주 작은 오차는 큰 오차보다 더욱 자주 발생한다.
② 큰 오차는 드물게 발생하므로 확률적으로 아주 낮은 발생률을 가진다.
③ 동일한 크기를 가진 양수(+)와 음수(−)의 오차는 동일한 빈도를 가진다.

오차의 3대 법칙을 보면 아주 작은 오차는 확률적으로 더욱 높게 나타나며, 큰 오차는 드물게 발생하므로 착오에 가깝게 발생된다. 또한 분포곡선에서 +, − 오차가 좌우대칭으로 표현된다.

2.6 최확값과 잔차

최확값(MPV; most probable value)은 참값을 알 수 없으므로 참값에 가장 신뢰할 수 있게 판단되는 값이다. 최초의 관측값은 관측량을 설정하고 모든 부가적인 관측량의 잉여분을 설정해주는 중요한 값이다. 이때 최확값은 산술평균으로 식 (2.8)과 같이 간단하게 나타낼 수 있다.

$$\overline{X} = \frac{\sum X}{n} \tag{2.8}$$

여기서, $\overline{X}$: 최확값, $\sum X$: 개별적인 관측값의 총합, n : 총 관측수

관계식 (2.8)은 확률이론에 근거해 미소한 사각형의 원리를 사용하여 구한 것이다. 관측값의 최확값을 결정하는 것은 잔차(residuals)를 계산하여 가능하게 된다. 잔차는 한 관측값과 그것의 최확값을 뺀 값이다.

$$v = X - \overline{X} \tag{2.9}$$

여기서, v : 관측값의 잔차

이론적으로 잔차는 계산할 수 있지만 오차는 그 참값을 알 수 없어서 계산할 수 없으므로 관측값을 조정, 분석할 때 오차보다는 잔차를 사용한다.

확률분포곡선이 비슷한 형태의 곡선을 갖더라도 그 곡선이 나타내는 오차분포와 분산은 중요한 차이점을 지니고 있다. 그림 2.2와 2.3에서 횡좌표 축에 분포된 넓이가 다른 것을 쉽게 알 수 있다.

분산의 크기는 관측값의 정밀도를 나타내는 지표로 표준분산(표준오차라고도 함)과 편차(variance)는 통계학 용어로 관측값들의 정밀도를 나타낼 때 자주 쓰인다.

$$\sigma = \pm\sqrt{\frac{\sum v^2}{n-1}} \tag{2.10}$$

여기서, σ : 표준편차, v : 잔차

v^2 : 잔차의 제곱합, n : 관측횟수

잔차는 표준편차제곱인 σ^2과 동일하며, 평균값이 참값이라 가정하여, n은

$(n-1)$의 구간을 취하게 되며, n의 값이 매우 클 때는 더욱 그러하다.

측량학에서 분산은 오차라 생각할 수 있으므로 표준오차는 표준분산과 같은 의미로 사용하게 된다.

그림 2.1에서 확률곡선은 동일한 값의 음수와 양수 사이의 오차범위를 나타내는 확률면적의 백분율을 표시하고 있다. 따라서 $+\sigma$과 $-\sigma$ 사이의 오차면적은 확률곡선 전체 면적의 68.27 %를 나타내고 있다. 그리고 68.27%가 발생할 수 있는 가능성에 대한 오차한계범위도 가리키고 있다.

확률곡선의 비율을 나타낸 그림 2.1은 오차에 대한 백분율을 더욱 쉽게 설명하고 있다.

표준오차라고 할 수 있는 범위는 전체 확률곡선에서 계산된 값으로부터 얻어지고 그 범위는 68.27%이다.

2.7 표준오차의 해석

표준오차는 관측값들이 68.27%의 분산면적에 포함되는 예상한계에 다다를 때를 말한다. 측정값을 10회 반복 측정했을 때 약 7회 측정된 결과값은 표준오차의 한계값 내에 들었다고 할 수 있고, 이에 비해 측정값 중 3회의 결과값은 표준오차의 한계값 외부에 위치함을 말한다. 관측값은 표준오차가 가지고 있는 한계값인 68.27%에 들 수 있다는 확률을 의미한다.

그림 2.8에서 발생할 수 있는 백분율의 확률오차가 결정될 수 있으며, 일반식 (2.11)은 다음과 같다.

$$E_p = C_p\,\sigma \tag{2.11}$$

여기서, E_p: 확률오차, C_p: 확률분포곡선에 따른 계수

식 (2.11)에서 50, 90과 95%의 오차가 발생할 수 있는 기회를 표현하면, 각각 0.6745σ, 1.6449σ, 1.9599σ이다.

50%의 오차를 지닌 값 E_{50}을 확률오차라 하고, 그 측정값이 1회 관측 시 오차한계값의 50% 이내에 들 수 있다는 것을 의미한다. 즉, 그림 2.9에서 묘사하는 바와 같이 50%의 한계값을 확률분포곡선의 빗금면적으로 나타내고 있다.

그림 2.8
확률곡선의 면적과 오차관계

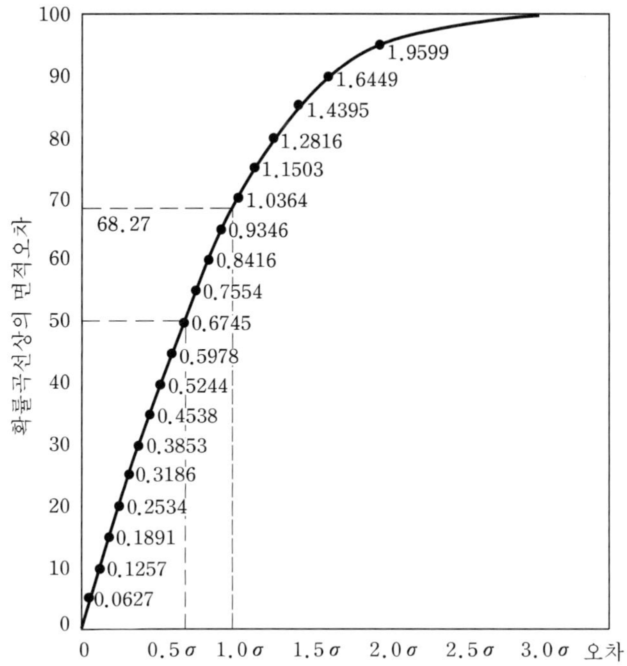

그림 2.9
표준오차와 확률오차를 나타내는 전형적인 확률곡선

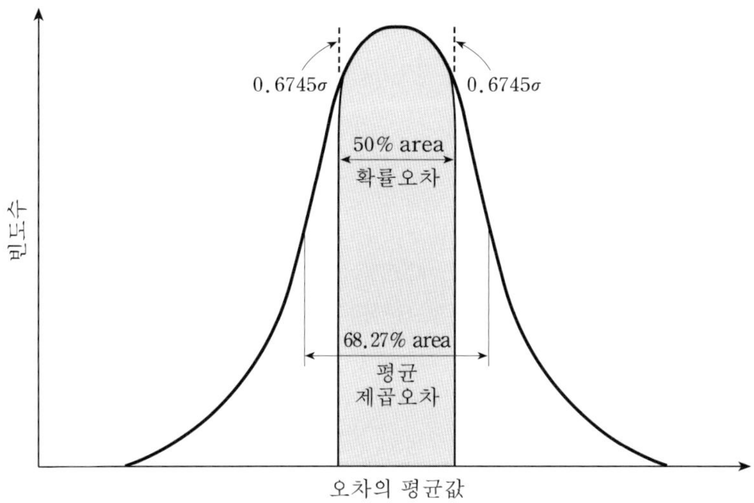

2.8 경중률

관측값으로 최확값을 구할 때 반드시 관측횟수를 고려해야 하고 이들 관계는 비례관계로 나타난다. 관측값 (가), (나)가 있을 때, (가)는 여러 번 관측한 값을 평균하여 사용하였고 (나)는 한 번 관측한 값을 사용하였을 때 (가)의 관측값이 더욱 정밀하다는 것은 확실하다. 이와 같이 정확도를 다르게 관측하였을 때 각각의 관측값에 부과해주는 비중을 경중률(weights)이라 한다. 경중률을 고려했을 때 참값에 가장 가까운 최확값을 얻을 수 있다.

식 (2.12)에서와 같이 경중률은 분산에 반비례하고 있음을 알 수 있다.

$$W_a \propto \frac{1}{\sigma_a^2} \tag{2.12}$$

여기서, W_a : 관측 a에 대한 경중률

σ_a^2: 관측 a에 대한 분산

관측값이 재측되거나 독립 관측값이 여러 가지 경중률을 가진다면, 경중률이 적용된 평균값은 다음 식 (2.13)으로 계산된다.

$$\overline{X_w} = \frac{\sum WX}{\sum W} \tag{2.13}$$

여기서, $\overline{X_w}$: 경중률이 적용된 평균값

$\sum WX$: 관측에 고려된 독립 경중률의 합

$\sum W$: 경중률의 합

측량에서 경중률의 관계를 살펴보면 다음과 같다.

① 정밀도의 제곱에 비례한다($W \propto \sigma^2$).

② 관측횟수에 비례한다($W \propto n$).

③ 직접고저측량에서는 노선거리에 반비례한다$\left(W \propto \frac{1}{l}\right)$.

④ 간접고저측량에서는 노선거리의 제곱에 반비례한다$\left(W \propto \frac{1}{l^2}\right)$.

⑤ 평균제곱근오차(확률오차)의 제곱에 반비례한다$\left(W \propto \frac{1}{E_p^2}\right)$.

그리고 경중률을 고려할 때 최확값과 평균제곱근오차의 관계는 다음과 같다.

① 1회 관측에 대한 확률오차에서 경중률이 같을 때와 다를 때는 각각 식 (2.14), (2.15)와 같다.

$$M_0 = \pm \sqrt{\frac{[vv]}{n-1}} \tag{2.14}$$

$$M_0 = \pm \sqrt{\frac{[Wvv]}{n-1}} \tag{2.15}$$

② 최확값에 대한 확률오차에서 경중률이 같을 때와 다를 때는 각각 식 (2.16), (2.17)과 같다.

$$M_0 = \pm \sqrt{\frac{[vv]}{n(n-1)}} \tag{2.16}$$

$$M_0 = \pm \sqrt{\frac{[Wvv]}{[W](n-1)}} \tag{2.17}$$

2.9 오차의 전파

어떤 관측값에 대해 유일한 참값을 생각할 수 있으나 관측을 반복하여도 참값을 얻을 수 없으며 단지 참값에 가까운 값에 도달할 수 있을 뿐인데, 이 값을 참값에 대해 최확값이라고 한다.

관측값 − 참값 = 참오차

관측값 − 최확값 = 잔차

일정거리를 n회 관측하여 그 값을 $l_1, l_2, \cdots, l_n$ 이라 하면 평균값($\overline{x}$)은 다음과 같다.

$$x = \frac{l_1 + l_2 + \cdots + l_n}{n} \tag{2.18}$$

2.9.1 정오차의 전파

각과 거리를 관측할 때는 좌표로 계산하고, 구간을 나누어 측정할 때 정오차는 계속해서 누적된다.

관측값 x 가 $l_1, l_2, \cdots, l_n$ 의 함수로 표시되고 관측오차를 각각 $v_1, v_2, \cdots, v_n$ 으로 하여, x 로의 영향을 v 라 하면 다음 관계식을 얻는다.

$$x = f(l_1, l_2, \cdots, l_n) \tag{2.19}$$

$$x + v = f(l_1 + v_1, l_2 + v_2, \cdots, l_n + v_n) \tag{2.20}$$

식 (2.20)을 테일러 정리에 따라 전개하면,

$$x + v = f(l_1, l_2, \cdots, l_n) + \frac{\partial f}{\partial l_1} v_1 + \frac{\partial f}{\partial l_2} v_2 + \cdots + \frac{\partial f}{\partial l_n} v_n \tag{2.21}$$

$$\therefore v = \frac{\partial f}{\partial l_1} v_1 + \frac{\partial f}{\partial l_2} v_2 + \cdots + \frac{\partial f}{\partial l_n} v_n \tag{2.22}$$

가 된다. 여기서 $(\partial f / \partial l) = \alpha$ 라 하면, 식 (2.22)는

$$v = \alpha_1 v_1 + \alpha_2 v_2 + \cdots + \alpha_n v_n = [\alpha v] \tag{2.23}$$

이 된다.

2.9.2 우연오차의 전파

우연오차는 확률법칙에 따라 전파된다.

식 (2.23)의 양변을 제곱하면,

$$\begin{aligned} v^2 = {} & \alpha_1^2 v_1^2 + \alpha_2^2 v_2^2 + \cdots + \alpha_n^2 v_n^2 + 2\alpha_1 v_1 (\alpha_2 v_2 + \cdots + \alpha_n v_n) \\ & + 2\alpha_2 v_2 (\alpha_3 v_3 + \cdots + \alpha_n v_n) + \cdots + 2\alpha_{n-1} v_{n-1} \alpha_n v_n \end{aligned} \tag{2.24}$$

가 된다. 이러한 관측 S 회에서 S 개의 식 (2.24)를 얻는다. 이들을 전부 더하여 S로 나누면 다음 식을 얻는다.

$$\begin{aligned} \frac{[vv]}{S} = {} & \alpha_1^2 \frac{[v_1 v_1]}{S} + \alpha_2^2 \frac{[v_2 v_2]}{S} + \cdots + \alpha_n^2 \frac{[v_n v_n]}{S} \\ & + 2\alpha_1 \frac{[v_1(\alpha_2 v_2 + \cdots + \alpha_n v_n)]}{S} + \cdots + 2\alpha_{n-1} \frac{[v_{n-1} \alpha_n v_n]}{S} \end{aligned} \tag{2.25}$$

$S \to \infty$ 로 하면 $[vv]/S = m^2$ 이므로 식 (2.25)는

$$m^2 = \alpha_1^2 m_1^2 + \alpha_2^2 m_2^2 + \cdots + \alpha_n^2 m_n^2 \tag{2.26}$$

이 된다. 즉, $x = f(l_1, l_2, \cdots, l_n)$ 의 함수형이 있는 경우에는

$$m = \pm \sqrt{\left(\frac{\partial f}{\partial l_1}\right)^2 m_1^2 + \left(\frac{\partial f}{\partial l_2}\right)^2 m_2^2 + \cdots + \left(\frac{\partial f}{\partial l_n}\right)^2 m_n^2} \tag{2.27}$$

과 같은 오차전파식을 얻는다. 식 (2.27)에 응용하여 최확값(또는 평균값) x의 평균제곱근오차 m을 구하면 다음과 같다. 평균값의 식은

$$x = \frac{[l]}{n} = \frac{l_1}{n} + \frac{l_2}{n} + \cdots + \frac{l_n}{n}$$

이라 고쳐 쓸 수 있으므로, 전 관측의 관측정밀도를 같게 하면 오차전파식으로부터

$$m_x^2 = \left(\frac{1}{n}\right)^2 m^2 + \left(\frac{1}{n}\right)^2 m^2 + \left(\frac{1}{n}\right)^2 m^2 + \cdots + \left(\frac{1}{n}\right)^2 m^2 = n\left(\frac{m}{n}\right)^2$$

$$\therefore m_x = \pm \frac{m}{\sqrt{n}} = \pm \sqrt{\frac{[vv]}{n(n-1)}} \tag{2.28}$$

을 얻는다.

| 예제 2-1 |

직각 삼각형의 직각을 낀 두 변 a, b를 측정하여 다음 결과를 얻었다. 빗변 c의 거리 및 총 오차는 얼마인가? (단, $a = 92.56 \pm 0.08$, $b = 43.25 \pm 0.06$)

풀이

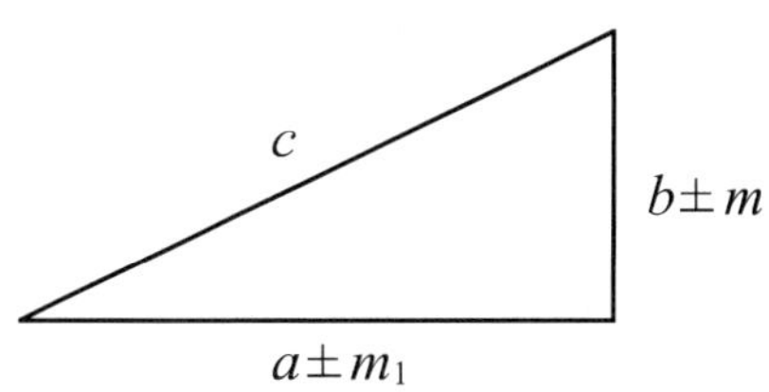

(1) 빗변의 길이

$$c = \sqrt{a^2 + b^2} = \sqrt{92.56^2 + 43.25^2} = 102.166\,\text{m}$$

(2) 총 오차산정

$$\Delta c = \pm \sqrt{(\frac{92.56}{\sqrt{92.56^2+43.25^2}})^2 \times 0.08^2 + \left(\frac{43.26}{\sqrt{92.56^2+43.25^2}}\right)^2 \times 0.06^2} = \pm 0.077\,\text{m}$$

$\therefore c = 102.166 \pm 0.077\,\text{m}$

[1] 합계오차

우연오차의 전파에 따른 일반적인 법칙으로부터 공식을 나타내면, 우연오차들이 각각 포함하는 관측값의 총합에서 오차들을 구할 수 있다. 즉, 전체오차의 제곱은 각각의 특정오차의 제곱의 합과 같다고 나타내어진다.

$$E_{\text{sum}} = \sqrt{E_a^2 + E_b^2 + E_c^2 + \cdots} \tag{2.29}$$

여기서, E : 각각의 어느 특정오차

$a, b, c, \cdots$: 각 지점의 측정값

[2] 연속오차

다각측량에서 각관측을 하는 관측정밀도가 유사한 연속된 측정값은 같은 측정량에 대해 오차가 발생하는 경우 각각의 관측에서 읽혀진다. 연속적으로 관측된 값 모두를 합한 총합오차를 E_{series} 로 나타내고, 연속오차(error of a series)라 한다.

각각의 관측값에 대해 관측정밀도가 같다고 가정하고 식 (2.29)로 연속오차를 구하면 다음과 같다.

$$E_{\text{series}} = \sqrt{E^2 + E^2 + E^2 + \cdots} = \sqrt{nE^2} = E\sqrt{n} \tag{2.30}$$

여기서, E : 각각의 측정값 오차,

n : 관측횟수

식 (2.30)은 같은 방법으로 재측량했을 때를 나타내는 식이고, 우연오차와 유사한 경향을 가지며 잔류하는 연속오차에 대해 관측횟수의 제곱근에 비례함을 나타내고 있다.

식 (2.30)은 트래버스 측량에서 허용폐합오차를 결정하기 위해 사용하는 등 확대 적용하기도 한다.

[3] 최확값의 평균제곱근오차(error of the mean)

여러 번 관측한 값들의 모집단 최확값은 산술평균이고, 그 산술평균 자체가 오차로 나타나게 된다. 평균오차는 다른 값들과 비교를 하기 위해 사용되는 값이다.

식 (2.32)의 특별한 형태인 식 (2.34)를 적용하여 각각의 측량값에 대해 동일한 오차를 가진 연속측량의 총합에 대한 오차를 구할 수 있다.

$$E_m = \frac{E_{\text{sum}}}{n} \tag{2.31}$$

$$E_m = \frac{E\sqrt{n}}{n} = \frac{E}{\sqrt{n}} \tag{2.32}$$

여기서, E: 독립 관측값의 오차, E_m: 평균오차, n: 관측횟수

백분율의 확률을 지닌 평균오차는 다음 식으로 알 수 있다. 즉, 평균표준오차 $(E_{68})_m$ 또는 σ_m 은

$$(E_{68})_m = \sigma_m = \frac{\sigma}{\sqrt{n}} = \sqrt{\frac{\sum v^2}{n(n-1)}} \tag{2.33}$$

90%에 대한 평균표준오차는

$$(E_{90})_m = \frac{E_{90}}{\sqrt{n}} = 1.6449\sqrt{\frac{\sum v^2}{n(n-1)}} \tag{2.34}$$

최확값의 평균제곱근오차는 관측횟수 n 의 제곱근에 반비례한다. 이것은 관측횟수는 어느 정도가 좋은가 하는 판단의 기초가 된다. 즉, 관측정밀도를 높이려면 횟수를 증가시켜야 하지만 제곱근에 반비례하기 때문에 관측수를 10회로부터 100회로 늘리면 정밀도가 1계단 좋아질 정도이므로, 관측수를 10~20회 정도 늘려도 정밀도의 향상은 바랄 수 없다. 보통 관측횟수가 10회 정도인 것은 이 이유 때문이다.

2.9.3 거리정확도와 면적정확도의 관계

일반적으로 관측을 할 때 각오차와 거리오차가 발생하는데, 이러한 오차가 발생하는 것은 정오차의 개념이라 할 수 있다.

(1) 거리정확도와 면적정확도

면적정확도는 가로길이, 세로길이의 거리정확도의 합과 같다.

$$\frac{dA}{A} = \frac{dx}{x} + \frac{dy}{y}$$

정사각형에서 면적과 거리정확도의 관계를 살펴보면 면적정확도는 거리정확도의 2배이다.

$$A = l^2$$
$$dA = 2l\,dl$$
$$\frac{dA}{A} = 2\frac{dl}{l} \tag{2.35}$$

그림 2.10
직사각형에서 면적과 거리정확도의 관계

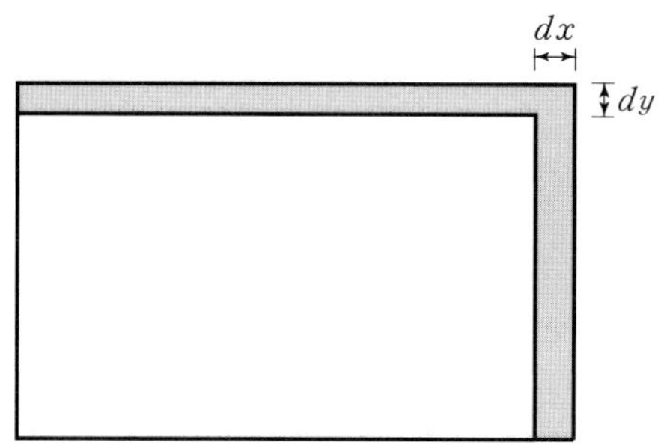

(2) 거리정확도와 체적정확도

① 직육면체에서 체적과 거리정확도의 관계

$$\frac{dV}{V} = \frac{dx}{x} + \frac{dy}{y} + \frac{dz}{z} \tag{2.36}$$

② 정육면체에서 체적과 거리정확도의 관계

$$\frac{dV}{V} = 3\frac{dl}{l} \tag{2.37}$$

(3) 도면의 신축에 따른 실제 면적 산출

① 수축

$$A_0 = A(1+2\delta) \tag{2.38}$$

② 팽창

$$A_0 = A(1-2\delta) \tag{2.39}$$

주의할 것은 수축된 도면은 실제 면적보다 큰 면적이 나오므로 면적오차량을 더해주고, 팽창된 도면은 실제 면적보다 작은 면적이 나오므로 면적오차량을 빼준다.

(4) 줄자의 신축에 따른 실제 면적 산출

① 수축

$$A_0 = A(1-2\delta) \tag{2.40}$$

② 팽창

$$A_0 = A(1+2\delta) \tag{2.41}$$

| 예제 2-2 |

길이 L=60m, 폭 W=40m인 장방형 창고를 건설하고자 한다. 면적의 오차제한(표준편차)을 0.6m까지 허용한다면 동등 정확도를 가질 각 면의 측정정확도는 어느 정도 요구되는가?

풀이 $A = L \times A,\quad n = 2$

$$\frac{\partial A}{\partial L} = W = 40,\quad \frac{\partial A}{\partial W} = L = 60$$

$$\sigma L = \frac{\sigma A}{\left|\frac{\partial A}{\partial W}\right|\sqrt{n}} = \frac{0.6}{40\sqrt{2}} = 0.01\,\mathrm{m}$$

$$\sigma W = \frac{A}{\left|\frac{\partial A}{\partial W}\right|\sqrt{n}} = \frac{0.6}{60\sqrt{2}} = 0.007\,\mathrm{m}$$

즉, 10mm와 7mm 정확도로서 측정해야 한다.

2.10 관측값의 조정

어느 관측값의 참값은 알 수가 없다. 예를 들자면, 3각형의 내각의 합은 180°로 구해진다. 그러므로 3각형의 관측각은 모두 더하여 요구하는 값으로 조절해 일치되도록 해야 한다.

유사한 예로 수평거리와 수직거리가 엄밀값을 가지기 위해서는 다소 조절이 필요하며, 이러한 관측값 조정에서 적용되는 과정에서 가장 중요한 원리가 바로 확률인 것이다.

일반적으로 관측값의 최확값 결정에서 경중률이 동일한 경우에는 등분배로 조정하고, 경중률이 다른 경우에는 경중률을 고려하여 분배함으로써 최확값을 결정한다.

2.11 최소제곱법

어떤 동일한 정밀도의 관측 군이 있을 경우 그들의 잔차를 $v_1, v_2, \cdots, v_n$ 이라 하자. 이들 오차가 생기는 가장 확실한 확률은 정규분포곡선식으로부터

$$\left(\frac{h}{\sqrt{\pi}}\right)^2 e^{-h^2(v_1^2+v_2^2+\cdots+v_n^2)} = \left(\frac{h}{\sqrt{\pi}}\right)^2 e^{-h^2(vv)} \tag{2.42}$$

가 최대인 경우에 생긴다. π, e, h 는 정수이므로 상기의 값이 최대가 되는 것은 $[vv]=$ 극소인 경우이다. 즉, 최확값을 얻는 조건은 「각 관측오차의 제곱의 총합이 최소가 된다」는 것이다. 각 관측의 정밀도가 다를 경우에는

$$[h^2v^2] = h_1^2v_1^2 + h_2^2v_2^2 + \cdots + h_n^2v_n^2 = \text{최소}$$

가 조건이 된다. 이상 설명한 조건은 매우 중요한 것이며 관측이 매우 복잡한 관계에 있는 경우에도 최확값을 얻기 위해서는 이 조건을 기초로 하여 조정계산을 해야 한다.

최소제곱의 기본조건은 같은 정밀도로 측정된 측정값에서는 오차의 제곱의 합이 최소일 때 최확값을 얻을 수 있으며, 동일한 경중률의 관측값에 대하여 오차(또는 잔차)의 제곱의 합이 최소가 되어야 한다. 또한 이를 최소제곱법의 원리

(principle of least squares)라 한다.

n개의 관측값이 같은 경중률(W)일 때 다음 조건이어야 한다.

$$\sum_{i=1}^{n}(v_i)^2 = v_1^2 + v_2^2 + \cdots + v_n^2 = \min \tag{2.43}$$

만약, 관측값이 각각 다른 경중률 $w_1, w_2, w_3, \cdots, w_n$ 이면 식 (2.43)은 식 (2.44)가 된다.

$$\sum_{i=1}^{n}W_i(v_i)^2 = W_1 v_1^2 + W_2 v_2^2 + \cdots + W_n v_n^2 = \min \tag{2.44}$$

여기서, 최소제곱이론의 가정은 과오 및 정오차는 모두 제거되고 우연오차만이 존재하며, 오차의 빈도분포는 정규분포이다.

최소제곱법은 미지수에 대한 최확값을 구하기도 하지만 조정된 관측값에 대한 정밀도 분석과 관측값에 포함된 과오 발견을 가능하게 하는 이점도 있다.

2.11.1 관측방정식과 조건방정식

최소제곱법의 원리를 이용하여 측정값을 조정하고 최확값을 구하는 방법은 관측방정식(observation equations)과 조건방정식(condition equations)에 의한 방법이 있다.

그림 2.11

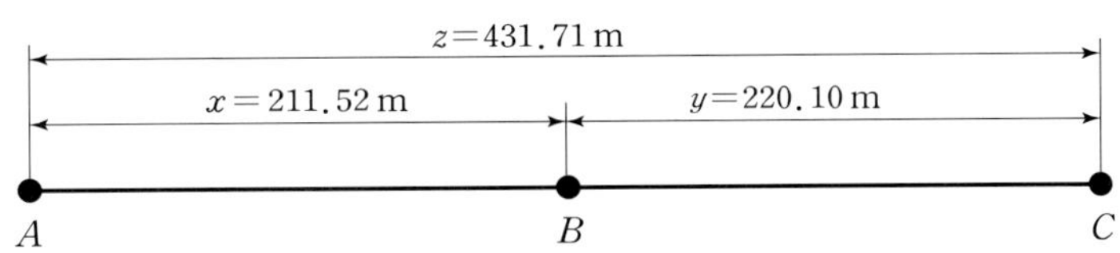

그림 2.11에서 AB, BC, AC 거리를 각각 x, y, z 라 하고, 이들에 대한 최확값을 $\bar{x}, \bar{y}, \bar{z}$, 잔차를 v_x, v_y, v_z 라 하면 다음과 같다.

$$\begin{aligned} x + v_x &= \bar{x} \\ y + v_y &= \bar{y} \\ z + v_z &= \bar{z} \end{aligned} \tag{2.45}$$

또는

$$\bar{x} + \bar{y} = \bar{z} \tag{2.46}$$

식 (2.45)는 관측의 결과를 직접 나타내고 있지만 식 (2.46)은 각 측정값들의 기하학적 조건을 만족시키는 최확값들의 관계를 표시하고 있다. 여기서, 식 (2.45)는 관측방정식, 식 (2.46)은 조건방정식이라 한다.

관측방정식은 관측된 값을 직접 사용하여 실제로 관측한 수와 똑같은 수의 식이 만들어진다. 보통 방정식의 수가 미지수보다 많거나 같으며 여러 개의 미지수를 동시에 알고자 할 때 많이 사용된다.

조건방정식이 갖고 있는 관측값을 직접 사용하여 방정식을 형성하지 않고, 도형이 갖고 있는 어떤 기하학적인 조건을 이용하여 식을 만든다. 조건방정식의 총 수는 미지수의 수보다 작거나 같다. 미지수는 관측방정식을 충족시켜야 하는 동시에 기하학적 조건도 꼭 만족시켜야 한다.

관측횟수를 n, 미지수를 n_0, 잉여측정수(redundant observation)를 r이라 할 때, 조건방정식의 조정은 독립된 조건 $r\,(r = n - n_0)$개의 조건식만이 형성되며, 관측방정식에 의한 조정은 미지수 n_0개에 해당하는 독립된 방정식과 r개에 해당하는 추가미지수, 즉 매개변수(parameter)를 합한 것과 같은 총 n개의 관측방정식이 형성된다. 이때 매개변수의 값은 측정값과는 달리 초기값이 없다.

관측방정식에 의한 방법에서는 미지수, 즉 최확값 $\bar{x}$, $\bar{y}$, $\bar{z}$가 직접 얻어지지만 조건방정식에 의한 방법에서는 조건식 $\bar{x} + \bar{y} = \bar{z}$로부터 잔차 v_x, v_y, v_z를 구한 다음 측정값 x, y, z에 잔차를 더하여 식 (2.45)의 최확값 $\bar{x}$, $\bar{y}$, $\bar{z}$을 구한다.

2.11.2 관측방정식에 의한 조정

| 예제 2-3 |

관측방정식으로 그림 2.11의 거리 최확값을 구하시오.
(단, $x = 121.72\,\text{m}$, $y = 178.10\,\text{m}$, $z = 299.91\,\text{m}$)

풀이 식 (2.46)에서 $\bar{x} + \bar{y} = \bar{z}$이므로 그림 2.11의 실측값을 적용하면 식 (2.47)은 다음과 같이 쓸 수 있다.

$$v_x = \bar{x} - 121.72$$

$$v_y = \bar{y} - 178.10$$

$$v_z = \bar{x} + \bar{y} - 299.91 \tag{2.47}$$

최소제곱법의 원리에 의하여 $\sum_{i=1}^{n}(v_i)^2$가 최소가 될 때 x, y, z의 최확값 $\bar{x}, \bar{y}, \bar{z}$을 구할 수 있으므로,

$$S = \sum_{i=1}^{n}(v_i)^2 = v_x^2 + v_y^2 + v_z^2$$

$$= (\bar{x} - 121.72)^2 + (\bar{y} - 178.10)^2 + (\bar{x} + \bar{y} - 299.91)^2$$

가 최소가 되어야 한다.

따라서 x와 y가 서로 독립이므로 x와 y에 관하여 1차 편미분한 값이 0이 되어야 한다. 즉,

$$\frac{\partial S}{\partial \bar{x}} = 2(\bar{x} - 121.72) + 2(\bar{x} + \bar{y} - 299.91) = 0$$

$$\frac{\partial S}{\partial \bar{y}} = 2(\bar{y} - 178.10) + 2(\bar{x} + \bar{y} - 299.91) = 0 \tag{2.48}$$

식 (2.48)을 다시 쓰면,

$$2\bar{x} + \bar{y} = 421.63$$

$$\bar{x} + 2\bar{y} = 478.01 \tag{2.49}$$

여기서, 식 (2.49)를 정규방정식(normal equations)이라 한다.

식 (2.49)로부터 $\bar{x}, \bar{y}$를 구하고 식 (2.46)에 대입하면 최확값 $\bar{x}, \bar{y}, \bar{z}$을 구할 수 있으며, 잔차 v_x, v_y, v_z는 식 (2.47)에 의하여 구한다.

$$\bar{x} = 121.75\,\text{m}$$

$$\bar{y} = 178.13\,\text{m}$$

$$\bar{z} = 299.88\,\text{m}$$

$$v_x = \bar{x} - 121.72 = 121.75 - 121.72 = +0.03\,\text{m}$$

$$v_y = \bar{y} - 178.10 = 178.13 - 178.10 = +0.03\,\text{m}$$

$$v_z = \bar{x} + \bar{y} - 299.91 = 121.75 + 178.13 - 299.91 = -0.03\,\text{m}$$

n개의 방정식과 m 개의 미지수가 있다면 $x_1, x_2, x_3, \cdots, x_n$ 을 실측값, 이들에 대한 방정식의 상수항을 $k_1, k_2, k_3, \cdots, k_n$, 미지수에 대한 계수를

$$
\begin{matrix}
a_1 & b_1 & c_1 & \cdots & m_1 \\
a_2 & b_2 & c_2 & \cdots & m_2 \\
a_3 & b_3 & c_3 & \cdots & m_3 \\
\vdots & \vdots & \vdots & & \vdots \\
a_n & b_n & c_n & \cdots & m_n
\end{matrix}
$$

라고 하면, 다음과 같은 선형 관측방정식이 구성된다.

$$
\begin{aligned}
x_1 + v_1 &= a_1 \overline{x_1} + b_1 \overline{x_2} + c_1 \overline{x_3} + \cdots + m_1 \overline{x_m} + k_1 \\
x_2 + v_2 &= a_2 \overline{x_1} + b_2 \overline{x_2} + c_2 \overline{x_3} + \cdots + m_2 \overline{x_m} + k_2 \\
&\vdots \qquad\qquad \vdots \qquad\qquad \vdots \\
x_n + v_n &= a_n \overline{x_1} + b_n \overline{x_2} + c_n \overline{x_3} + \cdots + m_n \overline{x_m} + k_n
\end{aligned} \tag{2.50}
$$

$x_1, x_2, x_3, \cdots, x_n$ 을 우변으로 이항하여, 우변의 상수항을 $L_1, L_2, L_3, \cdots, L_n$ 이라고 하면, 식 (2.50)은 다음과 같다.

$$
\begin{aligned}
v_1 &= a_1 \overline{x_1} + b_1 \overline{x_2} + c_1 \overline{x_3} + \cdots + m_1 \overline{x_m} - L_1 \\
v_2 &= a_2 \overline{x_1} + b_2 \overline{x_2} + c_2 \overline{x_3} + \cdots + m_2 \overline{x_m} - L_2 \\
&\vdots \qquad\qquad \vdots \qquad\qquad \vdots \\
v_n &= a_n \overline{x_1} + b_n \overline{x_2} + c_n \overline{x_3} + \cdots + m_n \overline{x_m} - L_n
\end{aligned} \tag{2.51}
$$

최소제곱의 원리에 따라 잔차 v 의 제곱의 합이 최소가 되어야 하므로 $\sum_{i=1}^{n} v_i^2$ 의 값을 구하고 각 미지수 x_i 에 대하여 편미분한다.

$$
\begin{aligned}
S = \sum_{i=1}^{n} W v_i^2 &= [Wvv] \\
&= W_1 (a_1 \overline{x_1} + b_1 \overline{x_2} + c_1 \overline{x_3} + \cdots + m_1 \overline{x_m} - L_1)^2 \\
&\quad + W_2 (a_2 \overline{x_1} + b_2 \overline{x_2} + c_2 \overline{x_3} + \cdots + m_2 \overline{x_m} - L_2)^2 + \cdots \\
&\quad + W_n (a_n \overline{x_1} + b_n \overline{x_2} + c_n \overline{x_3} + \cdots + m_n \overline{x_m} - L_n)^2
\end{aligned}
$$

그런데 $\dfrac{\partial S}{\partial \overline{x_1}} = \dfrac{\partial S}{\partial \overline{x_2}} = \dfrac{\partial S}{\partial \overline{x_3}} = \cdots + \dfrac{\partial S}{\partial \overline{x_n}} = 0$ 이 되어야 하고, 이를 $\overline{x}$에 대해서 정리하면

$$\frac{\partial S}{\partial \overline{x_1}} = (W_1 a_1^2 + W_2 a_2^2 + W_3 a_3^2 + \cdots + W_n a_n^2) \cdot \overline{x_1}$$
$$+(W_1 a_1 b_1 + W_2 a_2 b_2 + W_3 a_3 b_3 + \cdots + W_n a_n b_n) \cdot \overline{x_2}$$
$$\vdots \qquad\qquad \vdots$$
$$+(W_1 a_1 m_1 + W_2 a_2 m_2 + W_3 a_3 m_3 + \cdots + W_n a_n m_n) \cdot \overline{x_n}$$
$$-(W_1 a_1 L_1 + W_2 a_2 L_2 + W_3 a_3 L_3 + \cdots + W_n a_n L_n)$$
$$= 0 \qquad (2.52)$$

정리하면, 식 (2.52)는

$$[Waa] \cdot \overline{x_1} + [Wab] \cdot \overline{x_2} + \cdots + [Wam] \cdot \overline{x_m} = [WaL] \qquad (2.53)$$

같은 방법으로 나머지 미지수 $\overline{x_2}$, $\overline{x_3}$, ⋯, $\overline{x_m}$에 대하여 각각 편미분하고 정리하면 다음과 같은 정규방정식이 성립된다. 즉,

$$[Waa] \cdot \overline{x_1} + [Wab] \cdot \overline{x_2} + \cdots + [Wam] \cdot \overline{x_m} = [WaL]$$
$$[Wab] \cdot \overline{x_1} + [Wbb] \cdot \overline{x_2} + \cdots + [Wbm] \cdot \overline{x_m} = [WbL]$$
$$[Wac] \cdot \overline{x_1} + [Wac] \cdot \overline{x_2} + \cdots + [Wcm] \cdot \overline{x_m} = [WcL]$$
$$\vdots \qquad\qquad \vdots$$
$$[Wam] \cdot \overline{x_1} + [Wbm] \cdot \overline{x_2} + \cdots + [Wmm] \cdot \overline{x_m} = [WmL] \qquad (2.54)$$

2.11.3 조건방정식에 의한 조정

| 예제 2-4 |

조건방정식으로 그림 2.11의 거리 최확값을 구하시오.

풀이 조건방정식에 의한 방법에서는 잉여관측수와 같은 조건식만을 사용한다.

식 (2.45)와 (2.46)으로부터 다음과 같은 조건방정식이 성립한다.

$$x + v_x + y + v_y = z + v_z \qquad (2.55)$$

또는

$$211.52 + v_x + 220.10 + v_y = 431.71 + v_z \qquad (2.56)$$
$$v_z = v_x + v_y - 0.09$$

최소제곱법의 원리를 적용하면

$$S = \sum_{i=1}^{n}(v_i)^2 = v_x^2 + v_y^2 + v_z^2$$
$$= v_x^2 + v_y^2 + (v_x + v_y - 0.09)^2$$

이 최소가 되어야 한다.

x, y가 서로 독립이면 v_x, v_y도 역시 독립이므로 v_x, v_y에 대한 1차 편미분값이 0이 되어야 한다. 즉,

$$\frac{\partial S}{\partial v_x} = 2v_x + 2(v_x + v_y - 0.09) = 0$$
$$\frac{\partial S}{\partial v_y} = 2v_y + 2(v_x + v_y - 0.09) = 0 \tag{2.57}$$

정리하여 다시 쓰면,

$$2v_x + v_y = 0.09 \tag{2.58}$$
$$v_x + 2v_y = 0.09$$

위의 식을 v_x, v_y에 관하여 풀면

$$v_x = 0.03, \quad v_y = 0.03, \quad v_z = -0.03$$

따라서 최확값 $\bar{x}, \bar{y}, \bar{z}$는 식 (2.45)에 의하여 다음과 같이 구해진다. 즉,

$$\bar{x} = x + v_x = 211.52 + 0.03 = 211.55 \text{ m}$$
$$\bar{y} = y + v_y = 220.10 + 0.03 = 220.13 \text{ m}$$
$$\bar{z} = z + v_z = 431.71 - 0.03 = 431.68 \text{ m} \tag{2.59}$$

| 예제 2-5 |

미정계수법으로 그림 2.11의 거리 최확값을 구하시오.

풀이 조건방정식 (2.56)으로부터

$$v_x + v_y + v_z - 0.09 = 0$$

이 식에 임의의 정수 $2K$를 곱하면,

$$2K(v_x + v_y + v_z - 0.09) = 0 \tag{2.60}$$

여기서, K는 Lagrange 미정계수(Lagrange multiplier)란 항등식의 성질을 이용하여 여러 가지 식의 모르는 계수를 구하는 방법을 말한다.
최소제곱의 원리에 의하여 잔차의 제곱의 합은 0이 되어야 하므로

$$S = \sum_{i=1}^{n} (v_i)^2 = v_x^2 + v_y^2 + v_z^2 \tag{2.61}$$

으로 표시되고 식 (2.61)에서 식 (2.60)을 빼고 이를 S'라 하면 다음과 같다.

$$S' = v_x^2 + v_y^2 + v_z^2 - 2K(v_x + v_y + v_z - 0.09) \tag{2.62}$$

식 (2.62)에서 뺄셈 항 $2K(v_x + v_y + v_z - 0.09)$은 식 (2.60)에서와 같이 0이 되므로 최솟값을 구하기 위하여 식 (2.61)의 S 대신에 식 (2.62)의 S'를 미분하여도 최소제곱의 원리를 적용할 수 있다. 따라서 식 (2.62)를 각각 v_x, v_y, v_z에 대하여 편미분하고 그 값을 0으로 하여 정리하면 다음과 같다.

$$\frac{\partial S'}{\partial v_x} = 2v_x + 2K = 0 \quad \Rightarrow v_x = K \tag{2.63}$$

$$\frac{\partial S'}{\partial v_y} = 2v_y + 2K = 0 \quad \Rightarrow v_y = K$$

$$\frac{\partial S'}{\partial v_z} = 2v_z + 2K = 0 \quad \Rightarrow v_z = -K$$

v_x, v_y, v_z를 식 (2.60)에 대입하면 K의 값이 구해진다.

$$v_x + v_y + v_z - 0.09 = K + K - (-K) - 0.09 = 0$$

$$\therefore K = +0.03$$

이 값을 식 (2.63)에 대입하면 잔차(보정량) v_x, v_y, v_z의 값을 구할 수 있다.

$$v_x = +0.03, \quad v_y = +0.03, \quad v_z = -0.03$$

좀 더 일반적인 경우를 생각해 보면, n개의 실측값을 $x_1, x_2, x_3, \cdots, x_n$라고 보고, 이들의 중량을 각각 $W_1, W_2, W_3, \cdots, W_n$이라 보자. 또한 r개의 조건식이 존재하며 조건방정식의 계수항을 각각

$$
\begin{matrix}
a_1 & a_2 & a_3 & \cdots & a_n \\
b_1 & b_2 & b_3 & \cdots & b_n \\
c_1 & c_2 & c_3 & \cdots & c_n \\
\vdots & \vdots & \vdots & & \vdots \\
r_1 & r_2 & r_3 & \cdots & r_n
\end{matrix}
$$

이라 하고, 조건방정식의 상수항을 $C_a, C_b, C_c, \cdots, C_r$ 이라고 하면 다음과 같이 r 개의 조건방정식이 성립된다. 즉,

$$
\begin{aligned}
a_1(x_1+v_1)+a_2(x_2+v_2)+ \cdots +a_n(x_n+v_n) &= C_a \\
b_1(x_1+v_1)+b_2(x_2+v_2)+ \cdots +b_n(x_n+v_n) &= C_b \\
\vdots \qquad\qquad\qquad & \vdots \\
r_1(x_1+v_1)+r_2(x_2+v_2)+ \cdots +r_n(x_n+v_n) &= C_r
\end{aligned} \tag{2.64}
$$

상수항을 정리하여 t 라 하면 식 (2.64)는

$$
\begin{aligned}
a_1 v_1 + a_2 v_2 + \cdots + a_n v_n &= t_a \\
b_1 v_1 + b_2 v_2 + \cdots + b_n v_n &= t_b \\
\vdots \qquad\qquad & \vdots \\
r_1 v_1 + r_2 v_2 + \cdots + r_n v_n &= t_r
\end{aligned} \tag{2.65}
$$

또는

$$
\begin{aligned}
A &= a_1 v_1 + a_2 v_2 + \cdots + a_n v_n - t_a = 0 \\
B &= b_1 v_1 + b_2 v_2 + \cdots + b_n v_n - t_b = 0 \\
& \vdots \qquad \vdots \qquad \vdots \\
R &= r_1 v_1 + r_2 v_2 + \cdots + r_n v_n - t_r = 0
\end{aligned} \tag{2.66}
$$

최소제곱법의 원리와 미정계수 K를 적용하면 다음과 같은 식이 성립한다. 즉,

$$
S = [Wvv] - 2K_a A - 2K_b B - 2K_c C - \cdots - 2K_r R
$$

여기서, $K_a, K_b, K_c, \cdots, K_r$: 미정계수

S가 최소가 되기 위해서는

$$
\frac{\partial S}{\partial v_1} = \frac{\partial S}{\partial v_2} = \frac{\partial S}{\partial v_3} = \cdots + \frac{\partial S}{\partial v_n} = 0
$$

이 되어야 한다. 즉,

$$\frac{\partial S}{\partial v_1} = 2W_1v_1 - 2a_1K_a - 2b_1K_a - \cdots - 2r_1K_a$$

$$= 2W_1v_1 - 2(a_1K_a + 2b_1K_b + \cdots + r_1K_r) = 0$$

$$\frac{\partial S}{\partial v_2} = 2W_2v_2 - 2(a_2K_a + 2b_2K_b + \cdots + r_2K_r) = 0$$

$$\vdots \qquad \vdots \qquad \vdots$$

$$\frac{\partial S}{\partial v_n} = 2W_nv_n - 2(a_nK_a + 2b_nK_b + \cdots + r_nK_r) = 0 \tag{2.67}$$

따라서

$$v_1 = \frac{1}{W_1}(a_1K_a + b_1K_b + \cdots + r_1K_r)$$

$$v_2 = \frac{1}{W_2}(a_2K_a + b_2K_b + \cdots + r_2K_r)$$

$$\vdots \qquad \vdots \qquad \vdots$$

$$v_n = \frac{1}{W_n}(a_nK_a + 2b_nK_b + \cdots + r_nK_r) \tag{2.68}$$

이들 v 의 값을 식 (2.65)에 대입하면 첫 번째 방정식은 다음과 같다.

$$\frac{a_1}{W_1}(a_1K_a + b_1K_b + \cdots + r_1K_r) + \frac{a_2}{W_2}(a_2K_a + b_2K_b + \cdots + r_2K_r) +$$

$$\cdots + \frac{a_n}{W_n}(a_nK_a + b_nK_b + \cdots + r_nK_r) = t_a \tag{2.69}$$

한편, 식 (2.69)는 다음과 같이 표시될 수 있다.

$$\left(\frac{a_1^2}{W_1} + \frac{a_2^2}{W_2} + \cdots + \frac{a_n^2}{W_n}\right)K_a + \left(\frac{a_1b_1}{W_1} + \frac{a_2b_2}{W_2} + \cdots + \frac{a_nb_n}{W_n}\right)K_b + \cdots$$

$$+\left(\frac{a_1r_1}{W_1} + \frac{a_2r_2}{W_2} + \cdots + \frac{a_nr_n}{W_n}\right)K_r = t_a$$

$$\left[\frac{aa}{W}\right]K_a + \left[\frac{ab}{W}\right]K_b + \cdots + \left[\frac{ar}{W}\right]K_r = t_a$$

나머지 두 번째, 세 번째 등 모든 방정식을 같은 방법으로 대입하여 전개하면 다음과 같은 r 개의 선형방정식을 구할 수 있다.

$$\left[\frac{aa}{W}\right]K_a + \left[\frac{ab}{W}\right]K_b + \cdots + \left[\frac{ar}{W}\right]K_r = t_a$$

$$\left[\frac{ab}{W}\right]K_a+\left[\frac{bb}{W}\right]K_b+\cdots+\left[\frac{br}{W}\right]K_r=t_b$$

$$\vdots \qquad \vdots \qquad \vdots$$

$$\left[\frac{ar}{W}\right]K_a+\left[\frac{br}{W}\right]K_b+\cdots+\left[\frac{rr}{W}\right]K_r=t_r \tag{2.70}$$

여기서, 식 (2.70)을 상관방정식(correlate equation) 또는 정규방정식이라 하며 조건식 수(r 개)와 똑같은 r 개의 미지수, 즉 미정계수 $K_a, K_b, K_c, \cdots, K_r$를 가진다.

이 정규방정식은 유일해를 가지며 식 (2.70)으로부터 r 개의 미지수 K_a, K_b, K_c, $\cdots$, K_r을 구하고 이를 다시 식 (2.68)에 대입하여 잔차(또는 보정량) v_1, v_2, v_3, $\cdots$, v_n의 값이 얻어진다.

2.11.4 행렬에 의한 최소제곱법

[1] 관측방정식

식 (2.51)에 의한 관측방정식을 행렬로 표시하면 다음과 같다. 즉,

$${}_nA_m\,{}_mX_1={}_nL_1+{}_nV_1 \tag{2.71}$$

여기서,

$$A=\begin{bmatrix} a_1 & b_1 & c_1 & \cdots & m_1 \\ a_2 & b_2 & c_2 & \cdots & m_2 \\ \vdots & \vdots & \vdots & & \vdots \\ a_n & b_n & c_n & \cdots & m_n \end{bmatrix},\quad X=\begin{bmatrix} x_1 \\ x_2 \\ x_3 \\ \vdots \\ x_n \end{bmatrix},\quad L=\begin{bmatrix} L_1 \\ L_2 \\ L_3 \\ \vdots \\ L_n \end{bmatrix},\quad V=\begin{bmatrix} v_1 \\ v_2 \\ v_3 \\ \vdots \\ v_n \end{bmatrix}$$

만일, 중량이 단위중량이라고 하면 식 (2.55)의 정규방정식은 다음과 같은 행렬로 표시할 수 있다.

$$A^TAX=A^TL \tag{2.72}$$

여기서, A^TA : 정규방정식에서 미지수에 대한 계수행렬

양변에 $(A^TA)^{-1}$을 곱하면

$$(A^TA)^{-1}(A^TA)X = (A^TA)^{-1}A^TL$$

$$IX = (A^TA)^{-1}A^TL$$

$$X = (A^TA)^{-1}A^TL \tag{2.73}$$

만일, 측정값이 각각 다른 중량을 갖는다면 식 (2.74)는 다음과 같다.

$$X = (A^TWA)^{-1}A^TWL \tag{2.74}$$

여기서, W : 경중률로써 대각행렬

$$W = \begin{bmatrix} W_1 & & & & \\ & W_2 & & & \\ & & W_3 & & \\ & & & \ddots & \\ & & & & W_n \end{bmatrix} \tag{2.75}$$

경중률 행렬 W는 측정값들이 서로 독립이며 상관관계가 없기 때문에 대각선 요소 이외의 다른 요소는 모두 0이 된다.

| 예제 2-6 |

식 (2.47)에 있는 관측방정식을 행렬에 의한 최소제곱법으로 계산하시오.

풀이

$$\bar{x} + \bar{y} = 299.91 + v_z$$

$$\bar{x} = 121.72 + v_x$$

$$\bar{y} = 178.10 + v_y$$

위의 식을 식 (2.71)에서와 같이 행렬로 표시하면

$$AX = L + V$$

여기서,

$$A = \begin{bmatrix} 1 & 1 \\ 1 & 0 \\ 0 & 1 \end{bmatrix}, \quad X = \begin{bmatrix} \bar{x} \\ \\ \bar{y} \end{bmatrix}, \quad L = \begin{bmatrix} 299.91 \\ 121.72 \\ 178.10 \end{bmatrix}, \quad V = \begin{bmatrix} v_x \\ v_y \\ v_z \end{bmatrix}$$

식 (2.73)에 의해 행렬을 풀면

$$A^TA = \begin{bmatrix} 1 & 1 & 0 \\ 1 & 0 & 1 \end{bmatrix} \begin{bmatrix} 1 & 1 \\ 1 & 0 \\ 0 & 1 \end{bmatrix} = \begin{bmatrix} 2 & 1 \\ 1 & 2 \end{bmatrix}$$

$$(A^TA)^{-1} = \frac{1}{4-1} \begin{bmatrix} 2 & 1 \\ 1 & 2 \end{bmatrix}$$

$$A^TL = \begin{bmatrix} 1 & 1 & 0 \\ 1 & 0 & 1 \end{bmatrix} \begin{bmatrix} 299.91 \\ 121.72 \\ 178.10 \end{bmatrix} = \begin{bmatrix} 421.63 \\ 478.01 \end{bmatrix}$$

$$\therefore X = (A^TA)^{-1} A^TL$$

$$= \frac{1}{3} \begin{bmatrix} 2 & -1 \\ -1 & 2 \end{bmatrix} \begin{bmatrix} 421.63 \\ 478.01 \end{bmatrix} = \begin{bmatrix} 121.75 \\ 178.13 \end{bmatrix}$$

따라서

$$\bar{x} = 121.75\,\text{m}, \quad \bar{y} = 178.13\,\text{m}, \quad \bar{z} = 299.88\,\text{m}$$

이 값은 조건방정식의 결과와 완전히 일치함을 알 수 있다.

[2] 조건방정식

식 (2.64)의 조건방정식을 행렬로 표시하면 다음과 같다.

$$_rA_{nn}X_1 = {}_rC_1 \tag{2.76}$$

또는 $$A(X+V) = C \tag{2.77}$$

여기서, X: 실측값

위의 식으로부터 다음 관계식을 얻을 수 있다.

$$AV = C - AX \tag{2.78}$$

식 (2.78)은 다음과 같이 고쳐 쓸 수 있으며, 이 식을 축약조건방정식(reduced condition equation)이라고 하기도 한다. 즉,

$$AV = t \tag{2.79}$$

$$t = C - AX \tag{2.80}$$

여기서,

$$A = \begin{bmatrix} a_1 & a_2 & \cdots & a_n \\ b_1 & b_2 & \cdots & b_n \\ \vdots & \vdots & & \vdots \\ r_1 & r_2 & \cdots & r_n \end{bmatrix}, \quad X = \begin{bmatrix} x_1 \\ x_2 \\ \vdots \\ x_n \end{bmatrix}, \quad V = \begin{bmatrix} v_1 \\ v_2 \\ \vdots \\ v_n \end{bmatrix}, \quad C = \begin{bmatrix} C_a \\ C_b \\ \vdots \\ C_r \end{bmatrix}, \quad t = \begin{bmatrix} t_1 \\ t_2 \\ \vdots \\ t_r \end{bmatrix}$$

최소제곱법의 원리를 적용하여 그 해를 구한다. 즉,

$$S = V^T W V = \text{minimum} \tag{2.81}$$

가 되어야 한다.

식 (2.79)에서 $AV - t = 0$ 이므로 식 (2.82)에 미정계수행렬 $K_{(r \times 1)}$의 열벡터행렬을 적용하면 식 (2.81)은 다음과 같이 쓸 수 있다.

$$S = V^T W V - 2K^T(AV - t)$$

S가 최소가 되기 위하여 $\frac{\partial S}{\partial V} = 0$ 이어야 하므로

$$\frac{\partial S}{\partial V} = WV + W^T V - 2A^T K = 2(WV - A^T K) = 0$$

따라서

$$WV = A^T K \tag{2.82}$$

V를 식 (2.79)에 대입하면($V = WA^T K$ 이므로)

$$AWA^T K = t$$

또는 $K = (AWA^T)^{-1} t$ (2.83)

K의 값을 다시 식 (2.82)에 대입하면 V를 구할 수 있다.

$$V = WA^T(AWA^T)^{-1} t \tag{2.84}$$

최종적으로 미지수 $\bar{x}$는 측정값 x에 보정량 V를 더하여 구한다. 즉,

$$\bar{x} = x + V \tag{2.85}$$

조건방정식 (2.55)는

$$x + v_x + y + v_y - z - v_z = 0 \tag{2.86}$$

으로 쓸 수 있다.

행렬에 의한 조건방정식은 식 (2.77)로부터

$$A(X+V) = C \tag{2.87}$$

식 (2.85)와 (2.86)으로부터 행렬 A, X, V, C는 다음과 같다. 즉,

$$A = [1 \ \ 1 \ \ -1], \ X = \begin{bmatrix} x \\ y \\ z \end{bmatrix}, \ V = \begin{bmatrix} v_x \\ v_y \\ v_z \end{bmatrix}, \qquad C = 0$$

| 예제 2-7 |

조건방정식을 행렬에 의한 최소제곱법으로 계산하시오.

풀이 식 (2.80)에 의하여 t를 구하면

$$t = C - AX = 0 - [1 \ \ 1 \ \ -1]\begin{bmatrix} 211.52 \\ 220.10 \\ 431.71 \end{bmatrix} = 0.09$$

식 (2.84)로부터

$$V = WA^T(AWA^T)^{-1}t, \qquad WA^T = IA^T = A^T$$

$$AWA^T = AIA^T = AA^T = [1 \ \ 1 \ \ -1]\begin{bmatrix} 1 \\ 1 \\ -1 \end{bmatrix} = \frac{1}{3}$$

$$\therefore \ V = A^T(AA^T)^{-1}t$$

$$= \begin{bmatrix} 1 \\ 1 \\ -1 \end{bmatrix}\left(\frac{1}{3}\right)(0.09) = \begin{bmatrix} 0.03 \\ 0.03 \\ -0.03 \end{bmatrix}$$

식 (2.86)에 의하여 최종 조정값은

$$\begin{bmatrix} \overline{x} \\ \overline{y} \\ \overline{z} \end{bmatrix} = \begin{bmatrix} 211.52 \\ 220.10 \\ 431.71 \end{bmatrix} + \begin{bmatrix} 0.03 \\ 0.03 \\ -0.03 \end{bmatrix} = \begin{bmatrix} 211.55 \\ 220.13 \\ 431.68 \end{bmatrix}$$

Chapter_02

연습문제

2-1 관측값에는 항상 오차(errors in measurements)를 포함하게 되는데 일반적인 성질 또는 특성을 간단히 기술하시오.

2-2 오차발생의 원인에는 크게 세 가지가 있는데 각각의 특징을 약술하시오.

2-3 오차의 종류는 크게 정오차와 우연오차 두 가지로 나누는데, 쇠줄자를 이용한 관측값으로 가정하여 오차를 설명하시오.

2-4 확률의 법칙에 대하여 간단히 기술하시오.

2-5 측량에서 시행된 결과값인 관측값에서의 경중률 관계를 약술하시오.

2-6 A, B, C, D에서 P점까지 각각 왕복수준측량을 하여 다음과 같은 결과를 얻었다. P점 표고의 최확값과 평균제곱근오차를 구하시오.

점	고저차	거리
A→P	−7.124m	1km
P→C	−8.012m	1.5km
B→P	−1.931m	3km
P→D	+8.374m	4.5km

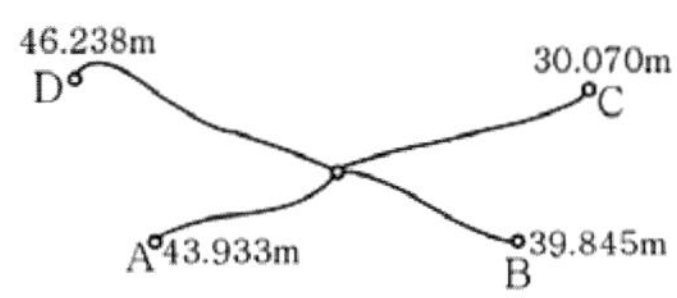

2-7 각각의 관측값이 다음과 같을 때 관측법으로 관측한 각을 미정계수법으로 보정한 값으로 구하시오.

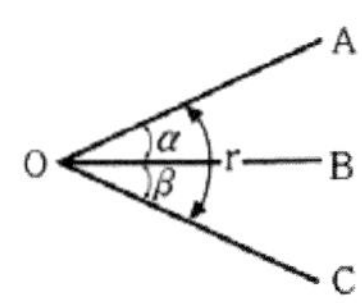

관측각

$\alpha = 35°25'40''$
$\beta = 20°16'46''$
$r = 55°42'38''$

2-8 오른쪽 그림은 기선 $\overline{AD}$을 5구간으로 나누어 각각의 값을 독립적으로 관측한 결과이다. 최소제곱법의 원리에 따라 기선 $\overline{AD}$의 최확값을 구하시오.

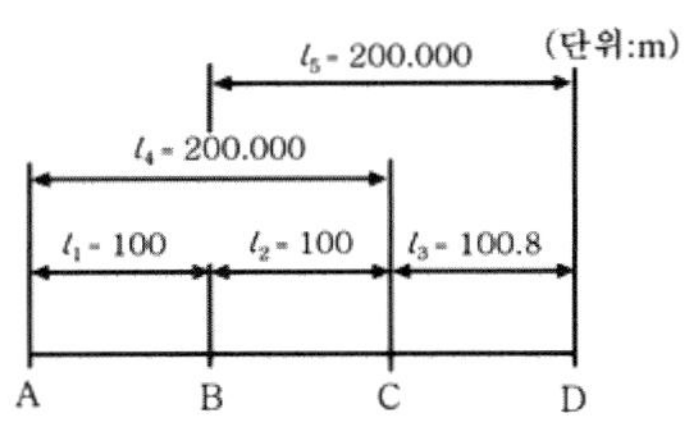

CHAPTER 3

거리관측

이 장에서는 측량방법 중 가장 기본적이며 가장 많이 사용하고 있는 거리와 각 관측의 정의, 종류, 방법, 오차발생의 원인 등에 대하여 다룬다. 그리고 전자파 거리측량기(EDM)은 제14장에서 자세히 소개한다.

3.1 거리관측

3.1.1 개요

측량에서 거리는 일반적으로 수평거리를 가리킨다. 그러나 관측하는 두 지점 사이에는 높이의 차가 있기 때문에 경사 거리를 재고, 수평거리로 환산한다. 그리고 이 수평거리는 지구의 기준 타원체면 상에 투영된 거리로 한다.

기복이 많고 긴 거리를 정확하게 관측하는 것은 매우 어려운 일이지만 최근 전자파 거리측량기의 개발에 따라 거리를 높은 정밀도로 구할 수 있고, 전자기능의 일체화로 그 이용은 점점 늘어가면서 거리관측의 주류를 이루고 있다.

그림 3.1은 부산대학교 내 설치된 검기선장으로 측량기기(EDM, Total Station)의 성능을 검사하기 위해 설치해 놓은 것이다.

그림 3.1
부산대학교 내 검기선장 사진

3.1.2 분류 및 정확도

관측방법에 따라 직접거리측량과 간접거리측량으로 나뉜다.

[1] 직접거리측량

거리측량방법 중 가장 간단한 방법으로 보측(pacing)은 직접거리측량으로 측정된 발자국에 한 발자국의 길이를 곱하여 총거리를 구하는 방법이다. 보측은 답사와 같이 개략적인 사항을 알고자 할 때 이용된다. 보측의 측정단위는 보(pace)이다. 1보(unit pace)는 어느 한 발의 뒤꿈치로부터 다른 한 발의 뒤꿈치까지의 거리로 정의된다. 보측의 정밀도는 측정하는 사람의 숙련도와 지형에 따라 다르지만 보통 1/50~1/200 정도이며 경험이 있는 사람은 1/100 정도이다.

바퀴거리측정기(odometer)는 바퀴의 회전수를 측정할 수 있도록 장치하여 총 회전수와 바퀴 하나의 둘레를 곱하여 총거리를 결정하는 방법이다. 바퀴거리측정기는 자전거나 차량에 부착하여 사용되며, 특히 곡선의 거리측량에 적절하고 1/200 정도의 정밀도를 얻을 수 있다.

[2] 간접거리측량

구하고자 하는 거리를 다른 변이나 각을 측정하여 삼각법 등의 기하학적인 관계식에 의해 구하는 방법으로 직교기선에 의한 방법, 스타디아법, 삼각측량법 등이 있다. 거리를 측정하는 방법은 목적과 이에 필요한 정확도에 따라 결정해야 하며, 측정거리와 지형 및 경비 등도 고려해야 한다. 토지와 토지이용 상태에 따라 구별하면 직교기선법, 평판, 시거법, 거리계(rangefinder) 이용법, 음측(acoustic measurement), 사진측량 등이 있다.

스타디아에 의한 거리측량을 보면 트랜싯 또는 세오돌라이트의 망원경에 부착되어 있는 상・하 시거에 낀 표척의 읽음과 연직각을 이용하여 수평거리를 계산한다. 수평표척에 의한 방법은 그림 3.2와 같이 고정된 기선의 낀 각 α을 측정하여 수평거리를 구하는 것이다. 수평표척의 설치는 삼각 위에 수평으로 설치하고 시준선에 대하여 직각으로 설치한다.

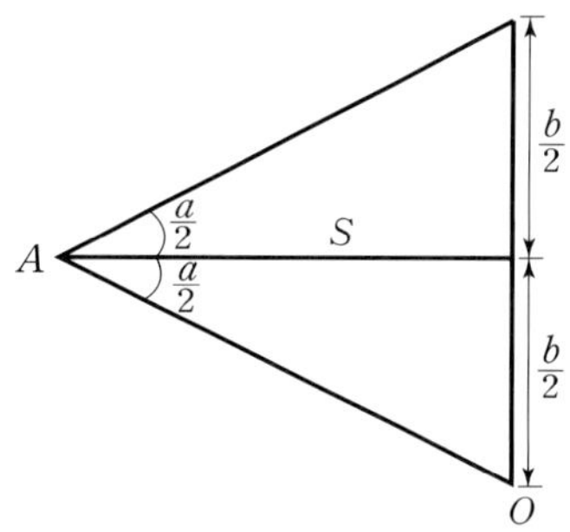

그림 3.2
수평표척의 원리

표 3.1 간접거리측량의 허용정밀도의 범위

구분	범위
산림, 농경지	1/500~1/1,000
평탄지, 농경지	1/2,500~1/5,000
시가지	1/10,000~1/50,000

$$\tan\frac{\alpha}{2} = \frac{\frac{b}{2}}{s}$$

$$\therefore\ s = \frac{b}{2}\left(\tan\frac{\alpha}{2}\right)^{-1}$$

$$\therefore\ s = \frac{b}{2}\cot\frac{\alpha}{2}$$

측각오차와 수평거리와의 관계를 알아보기로 하자.

위의 식을 α에 관해 미분해 보면

$$dD = -\frac{b}{4}\operatorname{cosec}^2\frac{\alpha}{2}d\alpha = -\frac{b\,4D^2}{4b^2}\sec^2\frac{\alpha}{2}d\alpha$$

$$= -\frac{D^2}{b}\sec^2\frac{\alpha}{2}d\alpha$$

α가 매우 작으므로

$$dD \fallingdotseq \frac{D^2}{b}d\alpha$$

위의 식에서 거리에 대한 오차는 수평거리의 제곱에 비례함을 알 수 있다. 따라서 측정거리가 커지면 커질수록 정확도는 크게 떨어진다. 측각정밀도는 1초이고 수평거리 100m 이내에서는 1/5,000 정도의 정밀도를 얻을 수 있다. 이때 측정의 총 오차는 다음과 같다.

측정의 총 오차 $e = \sqrt{(an)^2 + (b\sqrt{n})^2}$

또 측정할 때는 언제나 착오가 발생할 수 있으므로 두 번 이상 왕복 측정을 실시하고 약측법으로 대략의 거리를 측정할 때는 서로 비교 검사하여 착오를 방지해야 한다.

3.1.3 거리측량 기구 및 장비

과거에 직접거리관측에 사용하던 기구에는 체인(chain), 쇠줄자(steel tape), 인바테이프(invar tape)가 있었으나, 현재는 전파 거리측량기를 사용한다.

전자파 거리측량기(EDM)는 두 점 간의 거리를 전파 또는 광파를 사용하여 측정하는 장치로 전파측거의, 광파측거의, 라디오파측거의가 있다. 우리나라에서는 대부분 건설현장에서 전자파 거리측량기를 사용한다.

3.1.4 거리측정에서의 오차와 보정법

줄자의 거리측정 오차에 대하여 표준줄자, 온도, 장력, 처짐, 경사 그리고 평균해수면에 대한 보정 등을 한다.

[1] 표준줄자에 대한 보정(correction for standard scale)

이 오차를 보정하기 위해서는 측정에 사용한 표준줄자의 특성값을 알아야 하고, 그 특성값은 표준줄자(기선장)와 비교하여 얻을 수 있다.

$$C_d = \frac{(l - l_0)}{l} L$$

여기서, C_d : 표준척에 대한 보정량, l : 테이프의 실제의 길이
l_0 : 테이프의 표준길이, L : 전 측량길이

| 예제 3-1 |

특성값이 50 m-0.0012인 쇠줄자를 사용하여 기선을 측정한 값이 49.2560 m이다. 표준줄자에 대한 보정량을 구하시오.

풀이

$$C_d = \frac{(l - l_0)}{l} L = -\frac{49.2560}{50} \times 0.0012 = -0.0012 \text{ m}$$

[2] 온도에 대한 보정(correction for temperature)

테이프는 온도가 증가함에 따라 팽창하거나 수축한다.

$$C_t = \alpha (t - t_0) L$$

여기서, C_t : 온도에 대한 보정량, t_0 : 표준온도
t : 측정 시 온도, L : 측정길이
α : 온도 1°에 대한 선팽창계수

| 예제 3-2 |

평탄한 도로상에서 50 m의 쇠줄자를 사용하여 거리측량을 하였다. 측량 시 평균기온이 25℃이고 측정거리는 280.050 m였다. 쇠줄자의 팽창계수는 +0.000012이고 검정 시의 온도는 15℃이며 50 m에 3.5 m의 신장이 있다. 온도를 보정한 거리를 구하시오.

풀이 온도보정량 $=\alpha L(t-t_0) = 0.034\text{ m}$

줄자보정$=5.6\times 3.5 = 19.6\text{ mm} = 0.0196\text{ m}$

보정거리$=280.050+0.034+0.0196 = 280.104\text{ m}$

[3] 장력에 대한 보정(correction for tension)

테이프의 표준장력과 측정 시의 장력에 의한 길이 차를 구하여 보정한다.

$$E=\frac{P/A}{\epsilon/A}=\frac{PL}{A\epsilon} \qquad \therefore\ \epsilon=\frac{PL}{AE}$$

여기서, L : 측정길이, P : 장력, ϵ : 신장량,
A : 테이프의 단면적, E : 탄성계수

그러므로 장력이 0일 때 전체 길이를 나타내는 줄자를 사용하여 장력 P로 인장할 경우 장력에 대한 보정량 C_P는 다음과 같다.

$$C_P=\frac{PL}{AE}$$

여기서, P를 [kg], L을 [cm], A를 [cm^3], E를 [kg/cm^2]로 표시하면 C_P는 [cm]가 된다.

보통 강철테이프에서는 탄성계수 $E=2.1\times 10^6$[kg/cm^2] 이다. [kg]으로 측정된 테이프의 중량을 w라고 하면 테이프의 단면적 A[cm^2]는

$$A=\frac{1000\,w}{7.8\,L}$$

로 구할 수 있다. 만일 장력 P_0(표준장력은 보통 10 kg)일 때 전체 길이를 나타내는 줄자를 사용하여 P인 장력을 주어 측정했다면 보정값 C_P는

$$C_P = \frac{(P-P_0)}{AE} L$$

여기서, C_P : 장력에 대한 보정량, P_0 : 표준장력

P : 측정 시의 장력, L : 측정길이

A : 테이프의 단면적, E : 탄성계수

쇠줄자는 표준장력보다 큰 장력을 주면 탄성한계 내에서 늘어나게 된다.

| 예제 3-3 |

길이 48 m의 기선을 장력 15kg으로 측정하였다. 이 테이프의 단면적 A는 $0.05512\ \text{cm}^2$이고 탄성계수 $2.1\times10^6\ \text{kg/cm}^2$이고 표준장력 10 kg이다. 장력에 대한 보정을 구하시오. 단, $P_0 = 10\ \text{kg}$, $P = 15\ \text{kg}$

풀이

$$C_P = \frac{(P-P_0)}{AE} L = \frac{(15-10)\times 4800}{0.05512\times 2.1\times 10^6} = 0.207\ \text{cm}$$

[4] 처짐에 대한 보정(correction for sag)

테이프를 두 지점에 얹어 놓으면 현수곡선을 이룬다. 그러므로 두 지점 간의 거리는 측정길이보다 짧다. 이 양자의 차는 처짐에 대한 보정량으로 다음과 같이 구할 수 있다.

그림 3.3에서 A, B를 지지점으로 하고, A, B의 중점의 처짐을 v, 지지점 간의 거리를 l, 테이프에 가한 장력을 P라 하고 C점의 모멘트를 생각하면 다음 식과 같다.

$$\frac{wl}{2}\cdot\frac{l}{2} - \frac{wl}{2}\cdot\frac{l}{4} - P\cdot v = 0$$

$$v = \frac{w\cdot l^2}{8P} \tag{3.1}$$

그런데 곡선 AB를 포물선이라고 가정하고 그 길이를 l'이라 하면

$$l' = l\left[1+\frac{8v^2}{3l^2} - \frac{2}{5}\left(\frac{2v}{6l}\right)^4 + \cdots\right] \fallingdotseq l\left(1+\frac{8v^2}{3l^2}\right) \tag{3.2}$$

그림 3.3
처짐에 대한 보정

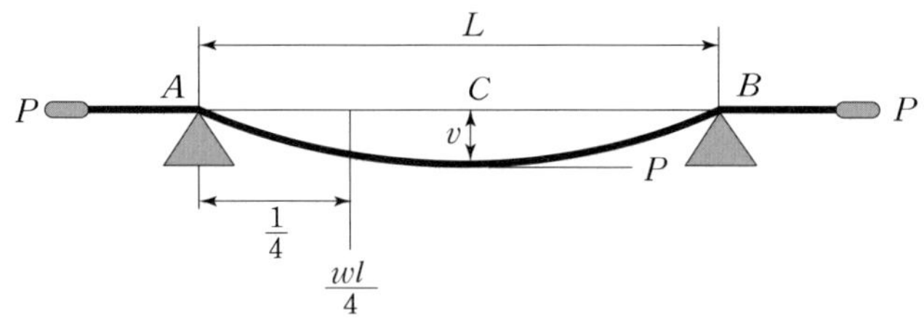

식 (3.1)을 식 (3.2)에 대입하면

$$l' = l\left[1+\frac{1}{24}\left(\frac{wl}{P}\right)^2\right] = l+\frac{1}{24}\left(\frac{wl}{P}\right)^2$$

그러므로 두 지점 간의 처짐에 대한 보정량을 C_S라 하면

$$C_S = -\frac{L}{24}\left(\frac{Wl}{P}\right)^2$$

만일 테이프의 전체 길이가 L인 구간에 AB와 같은 스팬(span)이 n개 있다고 하면 처짐의 보정량 C_S는

$$C_S = -\frac{nl}{24}\left(\frac{wl}{P}\right)^2 = -\frac{L}{24}\left(\frac{wl}{P}\right)^2$$

또 n 개의 스팬이 상위하여 l_1, l_2, l_3, ⋯, l_n 이라고 하면

$$C_S = -\frac{w^2}{24P^2}\left(l_1^3+l_2^3+\cdots+l_n^3\right)$$

단, l을 [cm], w를 [kg/cm], P를 [kg]으로 표시하면 C_S는 [cm]로 산출된다. 그리고 장력을 P_0라 하고 스팬을 l_0로 할 때에 진장을 나타내는 테이프를 사용하여 측정 시의 장력을 P, 스팬을 l로 했다고 하면 그때의 C_S는 다음과 같다.

$$C_S = \frac{Lw^2}{24}\left(\frac{l_0^2}{P_0^2}-\frac{l^2}{P^2}\right) = \frac{Lw^2}{24P_0^2P^2}\left(l_0^2P^2-l^2P_0^2\right)$$

쇠줄자를 2개의 지점(supporting point)간에 얹어 놓더라도 완전하게 수평으로 유지시킬 수 없기 때문에 중앙에서 작은 처짐이 생겨 실제거리는 짧게 된다.

$$C_S = -\frac{L}{24}\left(\frac{Wl}{P}\right)^2$$

여기서, C_S : 처짐에 대한 보정량, W : 테이프의 단위중량[kg/m]

l : 지점 간 구간거리, L : 각 지점 간의 거리

P : 측정 시의 장력[kg]

| 예제 3-4 |

50 m의 강철 테이프를 사용하고, $l = 5\,\mathrm{m}$ 간격으로 지지말뚝이 있고, 장력 15 kg으로 하여 기선 180 m를 실측하였다. 강철 테이프의 단위길이의 중량 $w = 0.000435\,\mathrm{kg/cm}$ 일 때, 기선전장에 따라 처짐에 대한 보정량을 구하시오.

풀이

$$C_S = -\frac{L}{24}\left(\frac{Wl}{P}\right)^2 = -\frac{18000}{24}\left(\frac{0.000435 \times 500}{15}\right)^2 = -0.158\ \mathrm{cm}$$

[5] 경사에 대한 보정(correction for slope)

양단의 표고차 h, 두 점간의 경사거리 L을 관측했을 때 경사거리에서 수평거리 L로 보정하는 값은

$$L_0 = (L^2 - h^2)^{1/2} = L\left(1 - \frac{h^2}{L^2}\right)^{1/2} \fallingdotseq L\left(1 - \frac{h^2}{2L^2}\right)$$

이고 경사보정량을 C_g 라 하면

$$C_g = -\frac{h^2}{2L}$$

경사거리 L과 경사각 θ을 측정했을 경우는

$$L_0 = L\cos\theta = L\left[1 - 2\sin^2\left(\frac{\theta}{2}\right)\right] = L - 2L\sin^2\left(\frac{\theta}{2}\right)$$

$$\therefore\ C_g = -2L\sin^2\frac{\theta}{2}$$

또

$$C_g = 2L\left[\frac{\left(\frac{\theta}{2}\right)}{1!} - \frac{\left(\frac{\theta}{2}\right)^3}{3!} + \frac{\left(\frac{\theta}{2}\right)^5}{5!}\right]^2 \fallingdotseq 2L\left(\frac{\theta}{2}\right)^2$$

다시 $\cos\theta$를 전개해도 같은 값을 얻는다.

$$L_0 = L\left(1 - \frac{\theta^2}{2} + \frac{\theta^4}{24} \cdots\right) \fallingdotseq L - \frac{\theta^2}{2}L$$

$$\therefore \ C_g = -\frac{\theta^2}{2\rho^2}L$$

경사거리를 측정하면 수평거리로 측정한 결과보다 길게 나타나므로 고저차를 측정하여 경사에 대한 보정을 해야 한다.

$$C_g = -\frac{h^2}{2L} \qquad C_g = -\frac{\theta^2}{2\rho^2}L$$

여기서, C_g : 경사보정에 의한 보정량, h : 2지점 간의 고저차

L : 2지점 간의 경사거리, ρ : 206265″

| 예제 3-5 |

경사보정값만을 고려한 정밀도가 $1/5{,}000$일 때 경사각을 구하시오.

풀이

$$\frac{\frac{h^2}{2L}}{L} = \frac{1}{5{,}000}, \qquad \frac{h}{L} = \frac{1}{50}$$

$$\frac{h^2}{2L^2} = \frac{1}{5{,}000},$$

$$\theta'' = \frac{h}{L}\rho'' = \frac{1}{50} \times 206{,}265''$$

$$\frac{h^2}{L^2} = \frac{1}{2{,}500} \qquad \therefore \theta = 1°8'45''$$

[6] 평균해면에 대한 보정(correction for mean sea level)

거리는 평균해수면(또는 중등조위면; mean tide level)에 평행한 곡선을 따라서 측정하므로 평균해수면 상에서 측정한 경우의 거리로 보정해야 한다.

그림 3.4에서 h를 측정곡선의 평균표고, L을 실측한 기선의 길이, L_0를 보정한 측정기선(평균해면 상)의 길이, R을 지구의 반지름이라고 하면

그림 3.4
평균해면에 대한 보정

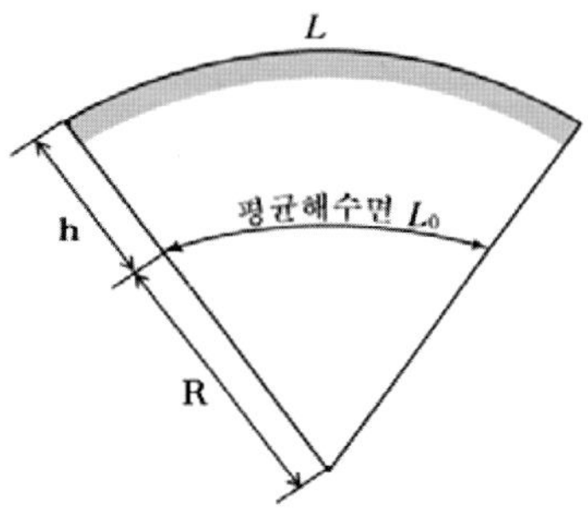

$$\frac{L_0}{L} = \frac{R}{R+H}$$

$$\therefore \ L_0 = \frac{LR}{R+h} = L\left(1+\frac{h}{R}\right)^{-1} \fallingdotseq L\left(1-\frac{h}{R}\right)$$

그러므로 표고에 대한 보정량을 C_h 라고 하면

$$C_h = -\frac{Lh}{R}$$

여기서, C_h : 평균해면에 대한 보정량, L : 실측한 거리
h : 측정한 거리의 평균표고, R : 지구의 곡률반지름

단, 지구의 긴 반지름을 a , 짧은 반지름을 b 라고 하면

$$a = 6{,}377{,}398 \text{ m}, \quad b = 6{,}359{,}079 \text{ m}$$

인데 R 은 그 평균값 6,378 km 을 사용할 수도 있다.

| 예제 3-6 |

기선의 길이 $L = 500$ m , $h = 326.42$ m 일 때 평균해면 상의 길이로 환산하는 보정량은 얼마인지 구하시오.

풀이

$$C_h = -\frac{Lh}{R} = -\frac{500 \times 326.42}{6{,}368 \times 10^3} = -2.56 \text{ cm}$$

3.1.5 거리측량의 기구와 정도

거리측량 기구는 간이법의 경우 간단한 줄자를 사용하지만 건설현장에서는 최근 전자파 거리측량기(EDM)를 주로 사용한다. 또한 인공위성측량(GPS)도 발전하여 활발히 소개되고 있다. EDM과 GPS는 이 책의 후반부에서 자세히 다룬다.

표 3.2 거리측량 기구에 따른 평판

기 구	정도 또는 오차	
광파 거리측량기	$10\text{ mm} \pm \dfrac{1 \sim 2}{1,000,000} \times D$	단, D는 추정거리 [m]
전파 거리측량기	$30\text{ mm} \pm \dfrac{3 \sim 4}{1,000,000} \times D$	

| 예제 3-7 |

임의의 구간을 세 사람이 측량한 관측값을 보여주는 표이다. 측량의 결과값을 구하고 측량 성과의 사용 유무를 판단하여라. 단, 이 지역의 허용정밀도 1/400이고, 부정오차는 확률오차를 사용

No	관측값	반복횟수
1	13.111	2
2	13.235	4
3	13.099	1

풀이

No	관측값	반복횟수	w	v	vv	wvv
1	13.111	2	2	−0.0691	0.0048	0.0096
2	13.235	4	4	+0.0549	0.0030	0.0120
3	13.099	1	1	−0.0811	0.0066	0.0066
합계			7			0.0282

(1) 최확값

① 경중률 고려

$w_1 : w_2 : w_3 = 2 : 4 : 1 \quad [w] = 7$

$$최확값 = \frac{2\times 13.111+4\times 13.235+1\times 13.099}{2+4+1}=13.180\,\text{m}$$

(2) 부정오차

① 평균제곱근오차

$$1회\ 관측\ 시의\ \text{R.M.S.E} = \pm\sqrt{\frac{[wvv]}{n-1}}=\sqrt{\frac{0.282}{3-1}}=\pm 0.119\text{m}$$

$$최확값의\ \text{R.M.S.E} = \frac{1회\ 관측\ 시의\ \text{R.M.S.E}}{\sqrt{[w]}}=\pm\frac{0.1187}{\sqrt{7}}=\pm 0.045\,\text{m}$$

② 확률오차

1회 관측 시의 확률오차 $= \pm 0.6745\times 0.119 = \pm 0.080\,\text{m}$

1회 관측 시의 확률오차 $= \pm 0.6745\times 0.045 = \pm 0.030\,\text{m}$

(3) 결과값

측량의 결과값 $= 13.180 \pm 0.030\,\text{m}$

(4) 측량의 성과 유무

$$정도 = \frac{오차}{최확값}=\frac{0.030}{13.180}=\frac{1}{436.43}$$

허용정밀도보다 작기 때문에 OK.

연습문제

3-1 특성값이 $100\,m - 0.0017\,m$ 인 쇠줄자를 사용하여 온도 $t = 25℃$ 에서 장력 $P = 15\,kg$ 을 가하여 기선을 관측한 값이 149.9862 m 였다. 관측 시의 조건이 다음과 같을 때 정확한 기선길이를 산출하시오. 단, 줄자의 표준온도 $t_0 = 15℃$, 표준장력 $P_0 = 10\,kg$, 단면적 $A = 0.03\,cm^2$, 탄성계수 $E = 2 \times 10^6\,kg/cm^2$, 선팽창계수 $\alpha = 0.000011/℃$, 단위중량 $\omega = 0.024\,kg/m$ 이다. 지지말뚝 간 거리 $d = 15\,m$, 기선 양단의 표고차 $h = 50\,cm$, 평균표고는 350 m 이다. 또 지구반지름 $R = 6370\,km$ 이다.

3-2 평탄한 도로 상에서 50 m 의 스틸테이프를 사용하여 거리측량을 하였다. 측량 시 평균기온이 25℃ 이고, 측정거리는 280.050 m 이다. 스틸테이프이 팽창계수는 0.000012 이고 검정 시의 온도는 15℃ 이며 50 m 에 3.5 mm 의 신장이 있다. 온도 및 기차를 조정한 거리를 구하시오.

3-3 경사도 8%인 경사면을 따라 두 점 간의 거리를 측정한 결과 300 m였다고 한다. 수평거리는 얼마인가?

3-4 거리를 6회에 걸쳐 다음과 같이 측정했다. 폐기 여부를 판정하고 최확값을 구하여라.

211 m, 209 m, 214 m, 210 m, 212 m, 221 m

3-5 두 점의 거리가 다음과 같이 측정되었다. 최확값, 평균오차, 표준오차, 확률오차를 구하여라.

측정비중(w)	측정치(x)
2	39.432 m
3	39.429 m
1	39.435 m
4	39.434 m

CHAPTER 4

고저측량

위치결정 방법에서 표고자료 관측에 사용되었던 측량방법 중 가장 정밀하고, 또한 현장에서 가장 많이 사용하고 있는 것이 고저측량이다. 이 장에서는 고저측량의 정의, 종류, 직접고저측량, 간접고저측량, 교호고저측량, 단면수준측량, 고저측량의 오차처리, 오차발생경로 등에 대하여 다룬다.

4.1 개요

고저측량(leveling)은 수직위치결정 방법으로 지표면의 상호위치관계뿐만 아니라 지하깊이 측량, 수심측량, 공간상의 고저차를 관측하는 데 이용된다.

지표상의 위치는 평균해수면으로 이루어지는 중력 등포텐셜면을 기준으로 한 점의 표고(elevation)를 구하고, 표고기지점으로부터 다른 점의 표고를 구하는 것이다. 고저측량은 도로, 하천, 철도 등 표고를 측량하여 공사계획을 세우고 절토나 성토의 계산 등 토목공사의 기초가 된다.

고저측량의 용어는 다음과 같다.

① **수평면(水平面**, level surface): 정지된 해수면 및 그 면상에서 중력 방향에 수직인 곡면이다.

② **수평선(水平線**, level line): 수평면에 평행한 곡선을 수평선이라 하며 모든 점에서 중력의 방향에 직각이다.

③ **지평면(地平面**, horizontal plane): 수평면의 한 점에서 접하는 평면이며, 시준할 수 있는 거리 이내에서는 수평면과 동일하게 본다.

④ **지평선(地平線**, horizontal line): 수평면의 한 점에서 접하는 직선이며, 지구의 모든 표면에 대하여 소구역에서는 수평선과 지평선, 수평면과 지평면을 동일하게 취급해도 된다.

⑤ **기준면(基準面**, datum plane): 수준측량에서 측점의 높이를 나타내는 데 기준이 되는 수평면을 기준면이라 한다.

㉠ 인천만의 평균해면을 기준면 − 국토지리정보원에서는 인천의 평균해면을 기준면으로 사용하고 있는데 기준면은 가상의 면으로 이것을 실용화하기 위해서 인하공대 교내에 수준원점을 만들어 두었으며 그 높이는 +26.6871 m이다.

㉡ 지역에 따른 기준면 − 하천, 항만 등의 공사에서는 각 지역에 따라 임의로 기준면을 정해서 사용하고 있다.

㉢ 기타의 경우 − 공사의 종류나 목적에 따라 임의의 기준면을 정해서 사용할 수 있다.

우리나라의 기준면은 1911년부터 청진, 원산, 목포, 진남포, 인천 순으로 검조소를 설치하고 2년 반~4년 반에 걸쳐서 검조해 평균해수면을 계산하여 기준면을 정했다. 각 검조소에서 기준면과 연결된 수준기점을 이설해 제주도와 거제도 등에는 독립된 기준면이 있다.

⑥ **표고(標高, elevation)**: 기준면에서 어떤 점까지의 수직거리를 말한다.

⑦ **수직선(垂直線, vertical line)**: 임의의 점으로부터 지구중심을 향한 직선이다.

⑧ **수준점(水準點, bench mark)**: 기준면으로부터 정확하게 표고를 표시해 둔 점을 수준점(수준기점)이라 하고 수준측량의 기준점으로 표고를 결정할 때 사용한다. 수준점은 영구적인 재료와 일시적인 재료로 구분되며 영구적인 것은 화강암 또는 콘크리트로 기초를 튼튼히 하여 이설되며 수준점의 번호, 관할관명, 설치자명 등을 표시한다. 우리나라의 수준점은 1등 및 2등 수준점이 있는데 1등 수준점은 국도를 따라 약 4km마다 영구표식으로 설치되어 있고 수준점으로는 최고의 정도를 갖는 것으로 mm 이하 4자리까지 표시되어 있다. 2등 수준점은 1등 수준점을 기준으로 도로에 따라 2km마다 영구표식으로 설치되어 있다. 수준점의 수가 많으면 오차가 누적되므로 허용오차 이내가 되도록 폐합된 노선을 연결하여 망을 이루며, 이를 수준망이라 한다.

그림 4.1
수준측량의 용어

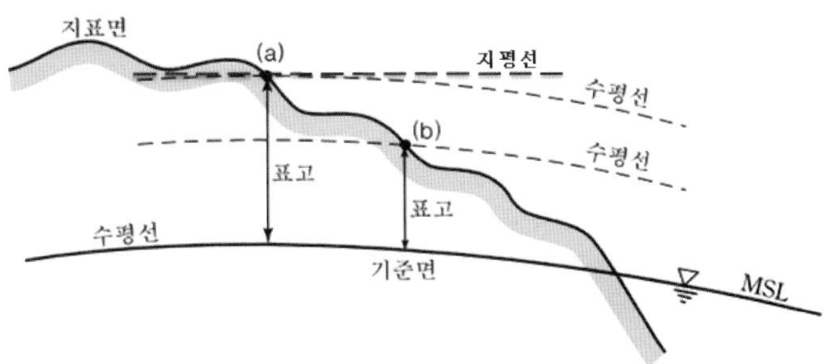

| 예제 4-1 |

수평선과 지평선을 구별하여 설명하시오.

풀이 수평선은 영어로 level line으로 지구의 평균해수면과 수평한 선이다. 작은 그릇의 물 표면은 평면으로 보이지만 태평양처럼 큰 그릇에 담긴 바다는 둥근 것이다. 따라서 수평선은 무한대의 직선이 아니고 타원체이다. 지평선은 horizontal line으로 지구중심축과 직각으로 만나는 선분이다.

고저측량은 측량방법에 따라 직접고저측량과 간접고저측량으로 나눈다.

직접고저측량(direct leveling)은 레벨을 사용해 두 점 간에 세운 수준척의 눈금으로 직접 두 점 간의 고저차를 구하는 측량이다. 강, 바다, 또는 계곡을 건너서 있는 두 점 간의 고저차를 구하는 교호고저측량(reciprocal leveling)도 이에 속한다. 그리고 간접고저측량(indirect leveling)은 레벨이 아닌 장비로 측량하는 것으로 다음과 같다.

두 점 간의 연직각과 수평거리 또는 경사거리를 측정하여 삼각법에 의하여 고저차를 구하는 삼각고저측량법(trigonometrical leveling), 스타디아 고저측량법(stadia leveling), 기압고저측량법(barometric leveling), 항공사진측량법(aerial photographic leveling)이 간접고저측량 방법이다.

| 예제 4-2 |

간접고저측량 방법을 열거하시오.

풀이 삼각고저측량, 스타디아 고저측량, 기압고저측량, 항공사진측량

4.2 직접고저측량

고저측량의 용어는 다음과 같다.

① 후시(back sight; BS): 방향에는 관계없이 표고기지점에 세운 표척의 읽음값

② 전시(fore sight; FS): 관측방향에는 관계없이 표고를 구하고자 하는 점(미지점)에 세운 표척의 읽음값

③ 기계고(instrument height; IH): 기계가 수평일 때 망원경의 시준점까지의 높이로 표고 및 후시와의 관계는 다음과 같다.

$$\text{기계고}(IH) = \text{기계점 지반고}(GH) + \text{후시}(BS)$$

④ 지반고(ground height; GH): 각 점의 표고를 지반고라 한다.

$$\text{미지점 지반고}(GH) = \text{기계고}(IH) - \text{전시}(FS)$$

⑤ 이기점(turning point; TP): 전후시의 측량을 연결하기 위해 전시, 후시를

함께 취하는 표척점을 이기점이라 한다.

⑥ **중간점**(intermediate point; IP): 지반의 표고를 알기 위해 전시만을 관측하는 점을 중간점이라 한다.

⑦ **표고**(elevation): 기준면에서 어떤 점까지의 연직거리

4.2.1 직접고저측량의 원리

측점 A의 표고를 알고 있을 때 측점 B의 표고는 그림 4.2에서 알 수 있다.

$$FS + GH_{(B)} = BS + GH_{(A)} = IH$$

$$\therefore \; GH_{(B)} = IH - FS \tag{4.1}$$

여기서 점 A, B의 단순한 높이차를 구하고자 할 때는 다음과 같다.

$$FS + \Delta h = BS$$

$$\therefore \; \Delta h = BS - FS \tag{4.2}$$

$$[\because \; GH_{(B)} = 0\,]$$

그림 4.2
직접수준측량의 원리

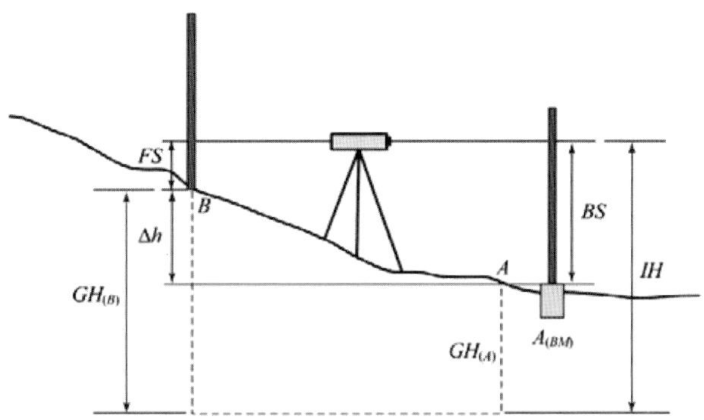

4.2.2 야장 작성

고저측량의 야장 작성은 고차식, 기고식, 승강식이 있으며, 이들에 대하여 설명하기로 한다.

[1] 고차식

중간의 지반고는 구할 필요가 없고 최종점의 표고만을 구하는 것이 주목적으로 고차식 또는 두칸식(differential or two column system)이라 한다.

그림 4.3에서 야장을 기입하면 표 4.1과 같다.

그림 4.3
고저측량

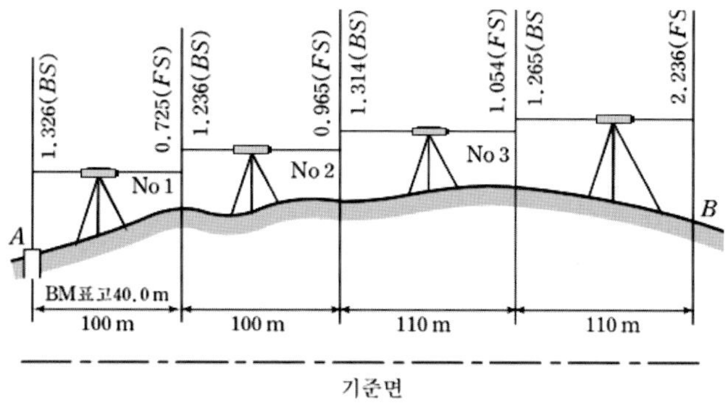

표 4.1 고차식 야장기입 (단위: m)

측점(P)	후시(BS)	전시(FS)	지반고(GH)	비 고
A	1.326		40.000	A의 $GH=$ 40.000
No.1	1.236	0.725		$\Sigma BS=$ 5.141
No.2	1.314	0.965		$\Sigma FS=$ 3.980
No.3	1.265	1.054		0.161
B		2.236	40.161	B의 $GH=$ 40.000+0.161
계	5.141	3.980		= 40.161

[2] 기고식

시준고를 구하여 각 측점의 지반고를 구하는 방법을 기고식(instrumental height system)이라 하며 노선측량의 종단측량에 많이 쓰이며 중간점이 많을 때 적당한 방법이다.

야장계산은 그림 4.4에서 다음과 같이 각 점의 지반고를 구한다.

$$IH = GH + BS$$

$$\therefore\ IH_1 = 10.000\,\text{m} + 4.260\,\text{m} = 14.260\,\text{m}$$

그림 4.4
고저측량의 예

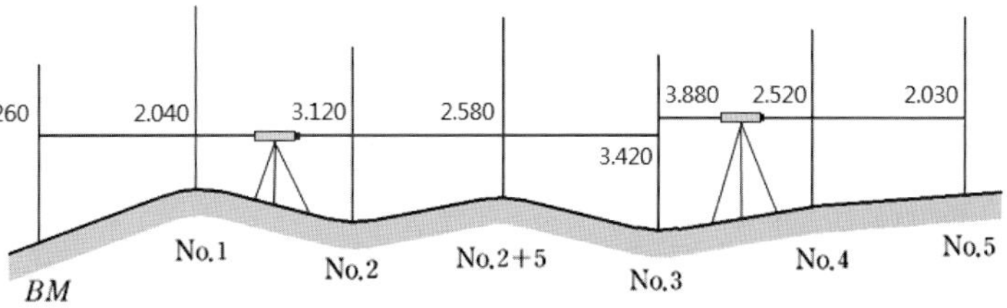

표 4.2 기고식 야장기입 (단위: m)

측점 (S)	거리 (D)	후시 (BS)	기계고 (IH)	전시 (FS)		지반고 (GH)	비고 (RM)
				TP	IP		
BM		3.260	13.260			10.000	
No. 1	20				2.040	12.220	
No. 2	20				3.120	11.140	
No. 2+5	5				2.580	11.680	$BM=$ 10
No. 3	15	3.880	13.720	3.420		10.840	
No. 4	20				2.520	12.200	
No. 5	20			2.030		12.690	
계	100	8.140		5.450			

No. 1의 지반고$(GH) = IH_1 - FS = 14.260\,\text{m} - 2.040\,\text{m} = 12.220\,\text{m}$

No. 2의 지반고$(GH) = 14.260\,\text{m} - 3.120\,\text{m} = 11.140\,\text{m}$

No. 2+5의 지반고$(GH) = 14.260\,\text{m} - 2.580\,\text{m} = 11.680\,\text{m}$

이 계산을 되풀이하여 각 점의 지반고를 구하고, 그림 4.4에 레벨을 옮겼을 때 다시 IH_2를 구하여 위의 계산을 되풀이한다.

주의할 점은 마지막 표고의 읽음 FS를 TP란에 기입하고 검산방법은 $\Sigma BS - \Sigma FS =$ (No. 5의 지반고)$-$(BM의 지반고)인지 계산한다.

여기서는 둘 다 2.690으로 일치함을 알 수 있다.

[3] 승강식

승강식(rise and fall system)은 종단측량 등에서 각 점의 지반고가 필요할 때 쓰이며 중간점이 적은 때나 도중의 검산을 할 때 편리하다. 승강식 야장은 승강란을 두어 후시에서 전시를 감한 값이 고저차가 되므로 그 값이+이면 '승'란에 기입하고, －이면 '강'란에 기입한다(그림 4.5 및 표 4.3 참조).

야장의 계산은 앞 점의 지반고(GH)에 승, 강의 값을 대수적 연산으로 그 점의 지반고를 구하는 방법이며 다음 식의 관계가 성립한다.

$$\Sigma BS - \Sigma FS = \Sigma \text{승} - \Sigma \text{강} \tag{4.3}$$

그림 4.5

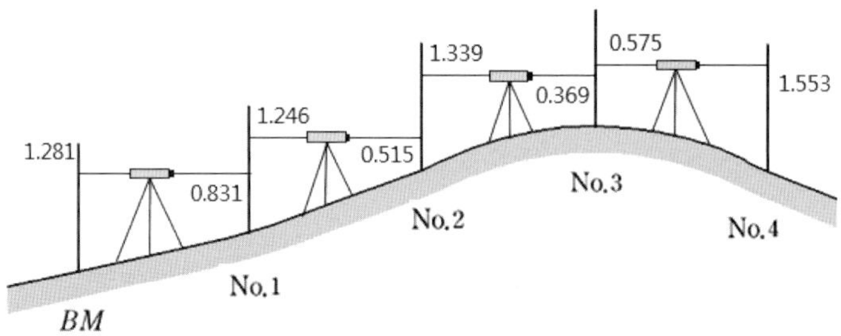

표 4.3 승강식 야장기입(중간점이 없을 때) (단위: m)

측점 (St)	거리 (D)	후시 (BS)	전시 (FS)	승	강	지반고 (GH)	비고(RM)
BM		1.281				50.000	
No. 1	20	1.246	0.831	0.450		50.450	
No. 2	20	1.339	0.515	0.731		51.181	
No. 3	20	0.575	0.369	0.970		52.151	A점의 표고
P	20		1.553		0.978	51.173	: 50.00
계		3.441 −3.268 1.173	3.268	2.151 −0.978 1.173	0.978		

4.2.3 교호고저측량

고저측량 중 하천이나 계곡의 좌우 양안 두 점에서 고저차를 측량할 필요가 있을 때에는 레벨을 두 점의 중앙에 세울 수 없다. 한쪽에 레벨을 세우고 후시와 전시를 읽으면 전·후시의 거리차가 심하므로 정도가 떨어질 우려가 있다. 이것을 교호고저측량(reciprocal leveling)이라 한다. 그림 4.6과 같이 양안의 두 곳에서 고저차를 구하고 그 평균을 두 점의 고저차로 하면 기계적 오차를 없앨 수가 있다. 그림의 C점에 레벨을 세워 A와 B에 표척을 사용하여 그 위에 세운

그림 4.6
교호고저측량

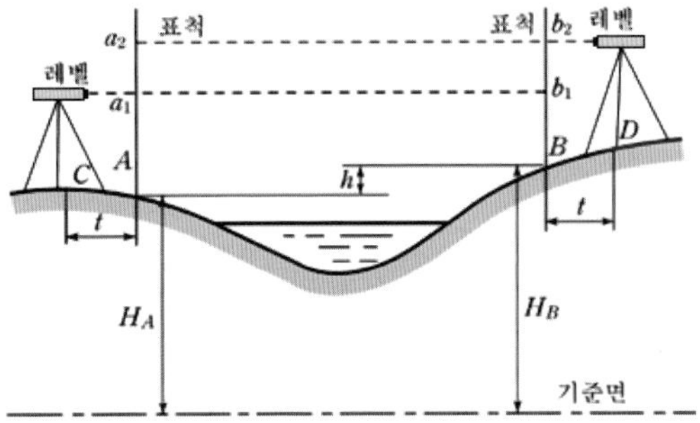

표척의 값을 a_1, b_1이라 하면 A 점과 B 점의 고저차는 $a_1 - b_1$이다.

다음 AC와 BD가 같도록 D 점에 레벨을 옮겨 표척의 읽음값을 a_2, b_2라고 하면 A 점과 B 점의 고저차는 $a_2 - b_2$이다. 여기서 $a_1 - b_1 = a_2 - b_2$ 이면 측량결과는 만족스럽다. 만약 $a_1 - b_1 \neq a_2 - b_2$일 때는 2회 관측에서 얻은 평균값을 구하면 다음과 같다.

$$h = \frac{(a_1 - b_1) + (a_2 - b_2)}{2} = \frac{(a_1 + b_1) - (a_2 + b_2)}{2} \tag{4.4}$$

| 예제 4-3 |

그림 4.6에서 교호고저측량을 하여 다음 결과를 얻었다. A의 높이가 30.000 m일 때 H_B를 구하시오. 단, $a_1 = 1.66$, $a_2 = 0.84$, $b_1 = 0.29$, $b_2 = 1.08$

풀이 $a_1 = 1.66$ m $b_1 = 0.29$ m $a_2 = 0.84$ m $b_2 = 1.08$ m

$$H = \frac{(a_1 - b_1) + (a_2 - b_2)}{2} = \frac{(a_1 + a_2) - (b_1 + b_2)}{2} \text{ 에서}$$

$$H = \frac{(1.66 + 0.84) - (0.29 + 1.08)}{2} = 0.565 \text{ m}$$

B 점의 표고 $G_b = 30.000 + 0.565 = 30.565$ m

4.2.4 종횡단측량

종단측량(縱斷測量, profile leveling)이란 설치된 중심선에 따라 지반의 종단면

형상을 관측하기 위해 시점부터 종점까지 중심 선상의 각 측점 간의 거리와 높이를 결정하는 측량이다. 철도, 하천, 도로 등 노선의 중심선에 20m마다 중심말뚝을 박고, 거기에다 시점 No. 0에서부터 차례로 No. 1, 2, 3, ⋯, n으로 번호를 붙여서 이들 점의 높이를 관측한다. 또 중심말뚝 사이라도 지반고가 갑자기 바뀌는 곳에서는 중심말뚝으로부터의 거리를 재어서 지반고를 구한다. 이 말뚝을 플러스 말뚝이라 하며, 그 결과에 따라서 노선에 연직으로 토지를 절단한 종단면도를 만들게 된다. 종단측량은 기고식 야장기입법으로 하는 것이 편리하다. 적당한 거리에 레벨을 설치하여 수준점 등 기지점을 후시로 하여 기계고를 정하고, 다음에 이기점(TP)을 시준하여 그 점의 지반고를 구하고 나면 중심선에 박은 말뚝(중간점)의 전시를 차례로 읽는다. 중간점의 전시가 끝나면 레벨을 다음의 점에 이동하여 앞과 같이 반복한다.

횡단측량(橫斷測量, cross sectioning)은 종단측량에서 정해 놓은 중심선에 대해 직각 방향으로 횡단면도를 얻기 위하여 실시하는 것이며 종단측량과 함께 실시하는 경우가 많고 횡단측량 결과를 이용하여 토공량을 산출한다.

그림 4.7은 횡단측량의 예이다.

그림 4.7
횡단측량

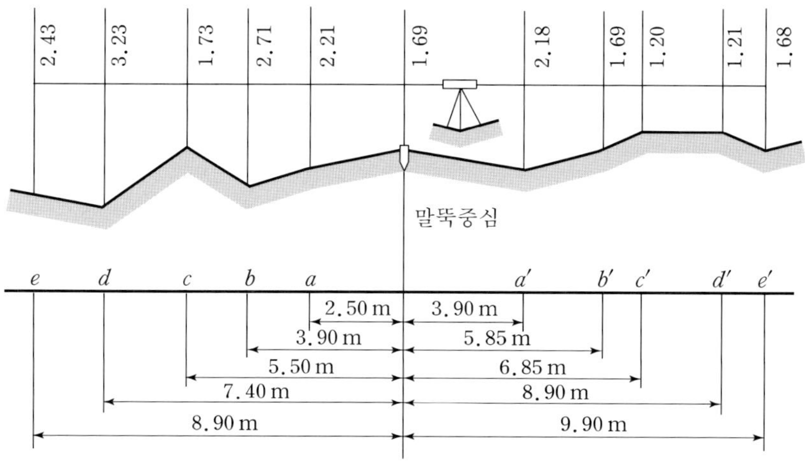

표 4.4 횡단측량야장

	좌					중심점	우				
고위차	2.43	3.23	1.73	2.71	2.21	1.69	2.18	1.69	1.20	1.21	1.68
수평거리	8.90	7.40	5.50	3.90	2.50	0	3.90	5.85	6.85	8.90	9.90

| 예제 4-4 |

그림 4.8과 같이 수준점 A 의 표고가 281.130 m 인 수준망이 있다. 직접고저측량으로 각 구간의 높이차가 다음 표와 같다고 한다. 최소제곱법에 의해 수준망을 조정하고 B, C, D 점의 조정표고를 구하시오.

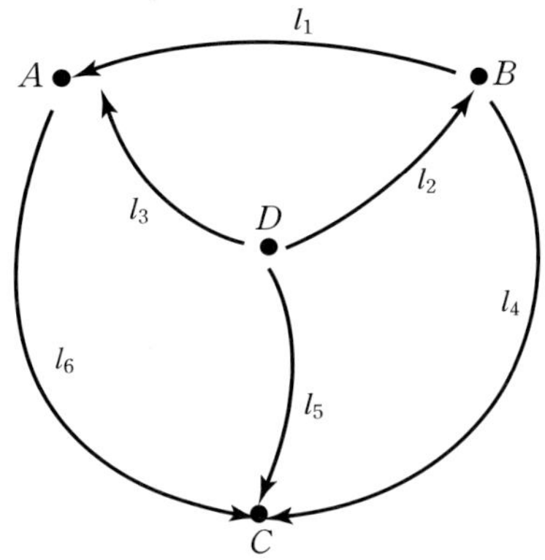

그림 4.8

풀이 측량결과에서 얻은 관측값은 A 로부터 미지표고 B, C, D에 이르는 3개의 측정값, 즉 l_1, l_3, l_6의 3개이다.

A, B, C, D를 각 점의 표고라 하고 관측방정식을 세우면 다음과 같다.

$$B+\overline{l_1}-A=0$$

$$B+\overline{l_1}+v_1-A=0$$

$$D+\overline{l_2}-B=0$$

$$D+\overline{l_2}+v_2-B=0$$

$$D+\overline{l_3}-A=0$$

$$D+\overline{l_3}+v_3-A=0 \quad \text{또는}$$

$$B+\overline{l_4}-C=0$$

$$B+\overline{l_4}+v_4-C=0$$

$$D+\overline{l_5}-C=0$$

$$D+\overline{l_5}+v_5-C=0$$

$$A+\overline{l_6}-C=0$$

$$A+\overline{l_6}+v_6-C=0$$

시점	종점	표고차
B	A	$l_1=11.973$
D	B	$l_2=10.940$
D	A	$l_3=22.932$
B	C	$l_4=21.040$
D	C	$l_5=31.891$
A	C	$l_6=-8.983$

위의 식에 실측값 $l_1, l_2, l_3, \cdots, l_6$ 의 값과 A 의 표고값을 대입하여 정리하면

$$v_1 = 269.157 - B$$
$$v_2 = B - D - 10.940$$
$$v_3 = 258.198 - D$$
$$v_4 = C - B - 21.040$$
$$v_5 = C - D - 31.891$$
$$v_6 = C - 290.113$$

최소제곱법을 적용하기 위하여 함수 S를 구하면,

$$\begin{aligned} S &= v_1^2 + v_2^2 + v_3^2 + v_4^2 + v_5^2 + v_6^2 \\ &= (269.157 - B)^2 + (B - D - 10.940)^2 + (258.198 - D)^2 + \\ &\quad (C - B - 21.040)^2 + (C - D - 31.891)^2 + (C - 290.113)^2 \end{aligned}$$

함수 S를 B, C, D에 대하여 편미분하여 0으로 놓고 정리하면

$$\frac{\partial S}{\partial B} = -2(269.157 - B) + 2(B - D - 10.940) - 2(C - B - 21.040) = 0$$
$$\frac{\partial S}{\partial C} = 2(C - B - 21.040) + 2(C - D - 31.891) + 2(C - 290.113) = 0$$
$$\frac{\partial S}{\partial D} = -2(B - D - 10.940) - 2(258.198 - D) - 2(C - D - 31.891) = 0$$

또는

$$3B - C - D = 259.057$$
$$-B + 3C - D = 343.044$$
$$-B - C + 3D = 215.367$$

위의 식들을 B, C, D에 대해 각각 풀면 각 점의 조정표고는 다음과 같다.

$$B = 269.131\,\mathrm{m}, \quad C = 290.128\,\mathrm{m}, \quad D = 258.209\,\mathrm{m}$$

[별해] 행렬에 의한 방법으로 관측방정식을 다시 고쳐 쓰면 다음과 같다.

$$-B \quad = -269.157 + v_1$$
$$B - D = 10.940 + v_2$$
$$-D \quad = 258.198 + v_3$$

$$-B+C = 21.040 + v_4$$

$$C-D = 31.891 + v_5$$

$$C = 290.113 + v_6$$

$$\begin{array}{ccccc} A & X & = & L & + \; V \end{array}$$

$$\begin{bmatrix} -1 & 0 & 0 \\ 1 & 0 & -1 \\ 0 & 0 & -1 \\ -1 & 1 & 0 \\ 0 & 1 & -1 \\ 0 & 1 & 0 \end{bmatrix} \begin{bmatrix} B \\ C \\ D \end{bmatrix} = \begin{bmatrix} -269.157 \\ 10.940 \\ -258.198 \\ 21.040 \\ 31.891 \\ 290.113 \end{bmatrix} + \begin{bmatrix} v_1 \\ v_2 \\ v_3 \\ v_4 \\ v_5 \\ v_6 \end{bmatrix}$$

$A^TA = B$ 이기 때문에

$$B = \begin{bmatrix} -1 & 1 & 0 & -1 & 0 & 0 \\ 0 & 0 & 0 & 1 & 1 & 1 \\ 0 & -1 & -1 & 0 & -1 & 0 \end{bmatrix} \begin{bmatrix} -1 & 0 & 0 \\ 1 & 0 & -1 \\ 0 & 0 & -1 \\ -1 & 1 & 0 \\ 0 & 1 & -1 \\ 0 & 1 & 0 \end{bmatrix} = \begin{bmatrix} 3 & -1 & -1 \\ -1 & 3 & -1 \\ -1 & -1 & 3 \end{bmatrix}$$

$$|B| = 3(9-1) - (-1)(-3-1) + (-1)(1+3) = 24 - 4 - 4 = 16$$

$$B_{adj} = \begin{bmatrix} \begin{pmatrix} 3 & -1 \\ -1 & 3 \end{pmatrix} & -\begin{pmatrix} -1 & -1 \\ -1 & 3 \end{pmatrix} & \begin{pmatrix} -1 & 3 \\ -1 & -1 \end{pmatrix} \\ -\begin{pmatrix} -1 & -1 \\ -1 & 3 \end{pmatrix} & \begin{pmatrix} 3 & -1 \\ -1 & 3 \end{pmatrix} & -\begin{pmatrix} 3 & -1 \\ -1 & -1 \end{pmatrix} \\ \begin{pmatrix} -1 & -1 \\ 3 & -1 \end{pmatrix} & -\begin{pmatrix} 3 & -1 \\ -1 & -1 \end{pmatrix} & \begin{pmatrix} 3 & -1 \\ -1 & 3 \end{pmatrix} \end{bmatrix}$$

$$= \begin{bmatrix} 8 & 4 & 4 \\ 4 & 8 & 4 \\ 4 & 4 & 8 \end{bmatrix}$$

$$(A^TA)^{-1} = \frac{1}{|B|} B_{adj} = \frac{1}{4} \begin{bmatrix} 2 & 1 & 1 \\ 1 & 2 & 1 \\ 1 & 1 & 2 \end{bmatrix}$$

$$A^TL = \begin{bmatrix} -1 & 1 & 0 & -1 & 0 & 0 \\ 0 & 0 & 0 & 1 & 1 & 1 \\ 0 & -1 & -1 & 0 & -1 & 0 \end{bmatrix} \begin{bmatrix} -269.157 \\ 10.940 \\ -258.198 \\ 21.040 \\ 31.891 \\ 290.113 \end{bmatrix} = \begin{bmatrix} 259.057 \\ 343.044 \\ 215.367 \end{bmatrix}$$

$$\therefore X = (A^TA)^{-1}A^TL = \frac{1}{4} \begin{bmatrix} 2 & 1 & 1 \\ 1 & 2 & 1 \\ 1 & 1 & 2 \end{bmatrix} \begin{bmatrix} 259.057 \\ 343.044 \\ 215.367 \end{bmatrix} = \begin{bmatrix} 269.131 \\ 290.128 \\ 258.209 \end{bmatrix}$$

따라서 B, C, D의 표고는 각각 269.131 m, 290.128 m, 258.209 m 이다.

4.3 삼각고저측량

삼각고저측량은 트랜싯을 사용하여 고저각과 거리를 관측하고 삼각법을 응용한 계산에 의하여 2점의 고저차를 구하는 측량이다. 일반적으로 삼각측량의 보조수단으로 멀리 떨어진 측점 간의 고저차를 구하는 경우에 사용된다. 직접수준측량에 비해 비용 및 시간이 절약되지만 정확도는 훨씬 떨어진다.

이것은 주로 대기 중에서 광선의 굴절에 기인하는 오차가 일정하지 않기 때문에 일어나며 기온·기압뿐만 아니라 지방에 따라서도 달라진다. 이 고저각의 관측은 낮이나 밤이 가장 적당하며, 아침·저녁은 공기 중의 굴절 변화가 매우 많기 때문에 가급적이면 피해야 한다. 정밀한 각 관측에는 고저각 관측용 트랜싯을 사용한다.

4.3.1 곡률오차 및 굴절오차

[1] 곡률오차

수평선과 지평선은 넓은 지역에서는 그림 4.9와 같이 두 높이가 다르게 되는데 이를 곡률오차(error of curvature)라 한다. 그림 4.9에서 A에서 B'를 시준할 때의 고각을 v', $\angle AOB$를 θ로 하면 $\angle HAB=\dfrac{\theta}{2}$이므로 $\triangle ABB'$에서 각 $\angle B'$를 v'과 θ로 나타내면,

$$\angle B' = 180° - (90° + v' + \theta) = 90° - (v' + \theta)$$

그림 4.9

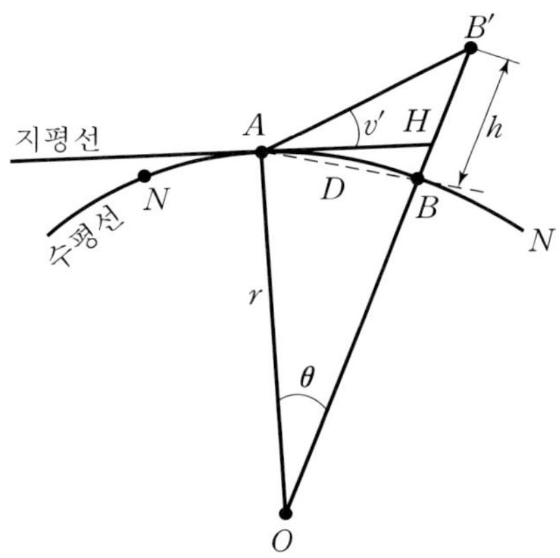

그러므로 다음 식이 얻어진다.

$$\frac{h}{D} = \frac{\sin\left(v' + \frac{\theta}{2}\right)}{\sin B'} = \frac{\sin\left(v' + \frac{\theta}{2}\right)}{\sin(90° - (v' + \theta))} = \frac{\sin\left(v' + \frac{\theta}{2}\right)}{\cos(v' + \theta)} \tag{4.5}$$

$$\sin\left(v' + \frac{\theta}{2}\right) = \sin v' \cos\frac{\theta}{2} + \cos v' \sin\frac{\theta}{2} \quad (\text{사인법칙}) \tag{4.6}$$

$$\cos(v' + \theta) = \cos v' \cos\theta - \sin v' \sin\theta \quad (\text{코사인법칙}) \tag{4.7}$$

그림과 달리 실제로 θ 가 매우 작은 값이므로 거의 0에 가깝다고 보면 $\cos\theta$ 는 1에 가깝고, $\sin\theta$ 는 0에 가깝지만 실제로 1과 0은 아니다. 이 사실을 이용해서 식 (4.6)과 (4.7)을 간단하게 정리하면

$$\sin\left(v' + \frac{\theta}{2}\right) = \sin v' \cos\frac{\theta}{2} + \cos v' \sin\frac{\theta}{2} \fallingdotseq \sin v' + \frac{\theta}{2}\cos v'$$

$$\cos(v' + \theta) = \cos v' \cos\theta - \sin v' \sin\theta \fallingdotseq \cos v'$$

다시 식 (4.6)과 (4.7)을 식 (4.5)에 대입한 후 위의 두 식을 대입해서 정리하면

$$\frac{h}{D} = \frac{\sin\left(v' + \frac{\theta}{2}\right)}{\cos(v' + \theta)} = \frac{\sin v' \cos\frac{\theta}{2} + \cos v' \sin\frac{\theta}{2}}{\cos v' \cos\theta - \sin v' \sin\theta}$$

$$= \frac{\sin v' + \frac{\theta}{2}\cos v'}{\cos v'} = \tan v' + \frac{\theta}{2}$$

이 되는데 그림에서 보면 $\theta = \frac{D}{r}$ 로 볼 수 있으며, 이를 위의 식에 대입하면

$$\frac{h}{D} = \tan v' + \frac{D}{2r}$$

따라서 양변에 D를 곱해서 h에 대해서 정리하면 다음과 같다.

$$h = D\tan v' + \frac{D^2}{2r}$$

여기서, $h - D\tan v' = \frac{D^2}{2r}$ 이라고 쓸 수 있는데 위의 식에서 $h - D\tan v'$를 곡률오차라 하며, 이를 ΔC라 하고 다시 식을 정리하면

$$\Delta C = \frac{D^2}{2r} \tag{4.8}$$

식 (4.8)에서 보는 바와 같이 곡률오차는 거리의 제곱에 비례해서 변한다는 것을 알 수 있다.

[2] 굴절오차

빛이 공기를 통과할 때 시준 방향과 실제 방향은 다른데 그 차이를 굴절오차라고 한다. 그림 4.10에서 보면 A 에서 B' 로 가는 광선은 곡선이 되므로, B'는 접선 AB''와 연직선 BB''의 연직선과의 교점 B''에 온다고 볼 수 있다.

여기서 직선 AB''와 지평선이 이룬 각을 v, 직선 AB''와 AB'가 이룬 각을 δ 라고 하고 $v' = v - \delta$ 라고 정의하면

$$\tan v' = \tan(v - \delta) = \frac{\tan v - \tan \delta}{1 + \tan v \cdot \tan \delta}$$

여기서 δ 는 아주 작은 값이 되므로 $\tan v \cdot \tan \delta = 0$, $\tan \delta = \delta$로 각각 볼 수 있다. 이에 따라 위의 식을 다시 간단하게 정리하면

$$\tan v' = \tan v - \delta \tag{4.9}$$

곡선 AB'를 원호로 가정하고, 그 중심을 O'라 하면 중심각은 2δ가 되고 그 곡률을 R이라 하면 $\frac{r}{R} = k$로 했을 때 k를 곡률계수(coefficient of refraction)

그림 4.10

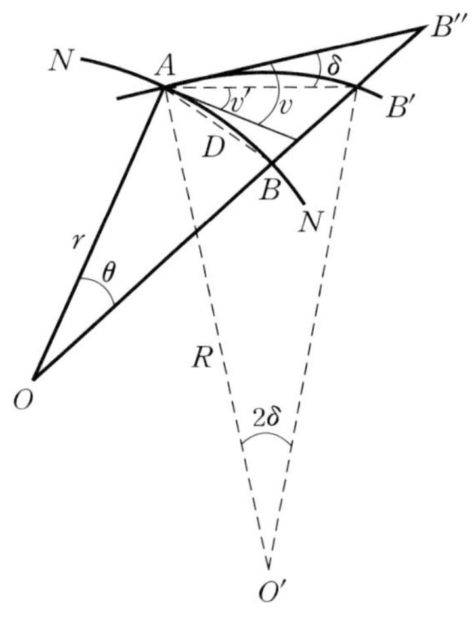

라 한다. 그리고 호 AB'와 호 AB의 길이는 r에 비해 아주 미소한 값이므로 $AB = AB' = D$로 볼 수 있다.

그림 4.10에서 보면 중심각 $2\delta = \dfrac{D}{R}$로 정의할 수 있고, $R = \dfrac{r}{k}$이므로 이 두 식을 조합하면

$$\delta = \frac{1}{2} \cdot \frac{D}{R} = \frac{kD}{2r}$$

이 식을 식 (4.9)에 대입하면

$$\tan v' = \tan v - \frac{kD}{2r}$$

$$\therefore \; D\tan v' = D\tan v - \frac{kD^2}{2r}$$

$$D\tan v' - D\tan v = -\frac{kD^2}{2r}$$

좌변에 있는 항이 굴절오차에 해당하므로 굴절오차를 Δr이라고 두면

$$\Delta r = -\frac{k}{2r}D^2 \tag{4.10}$$

위의 식에서와 같이 굴절오차는 거리의 제곱에 비례한다. 우리나라에서는 $k = 0.14$를 쓰고 있다.

[3] 지구곡률 및 굴절오차

곡률오차와 굴절오차를 동시에 고려하는 경우는 다음과 같다.

$$(R+E)^2 = R^2 + (CA)^2$$

$$R^2 + 2RE + E^2 = R^2 + (CA)^2$$

$$E(2R+E) = (CA)^2$$

$$E = \frac{(CA)^2}{2R+E} \fallingdotseq \frac{(CA)^2}{2R}$$

여기서, 지구반지름 $R = 6{,}370\ \text{km}$을 대입하면

그림 4.11
곡률 및 굴절오차

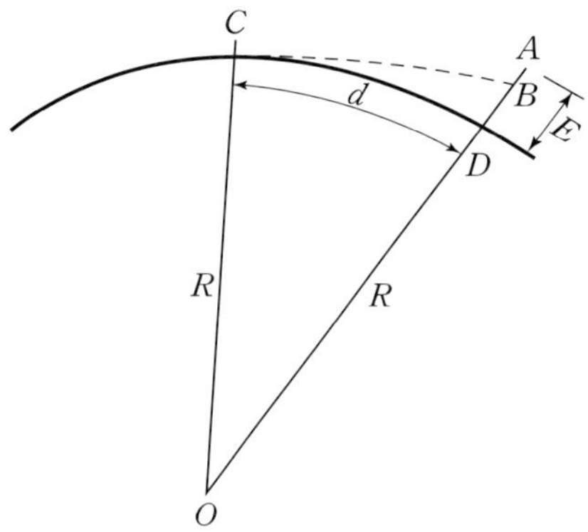

$$E = \frac{(CA)^2 \times 10^3}{2 \times 6370} = 0.0785(CA)^2$$

또한 $r = 0.14\,C$ 이고 $CA \fallingdotseq d$ 라 하면

$$E = 0.0675\,d^2$$

| 예제 4-5 |

거리 1.8 km 에서의 곡률오차 및 굴절오차를 구하시오.

풀이 $E = 0.0675 \times (1.8)^2 = 0.219\,\text{m}$

4.3.2 삼각고저측량의 계산

[1] 수평거리와 고저각을 알 때

수평거리 D가 가까운 거리인 경우는 곡률 및 굴절이 미소하므로 $H = D\tan\alpha + i$ 이고 P의 표고는 $H_p = H_a + D\tan\alpha + i$가 되며, D가 커져서 곡률 및 굴절의 영향을 고려할 때 P의 표고는 다음과 같다.

$$H_p = H_a + D\tan\alpha + i + \frac{1-K}{2R}D^2 \tag{4.11}$$

여기서, i: 기계고, K: 공기의 굴절계수
R: 지구의 반지름, H_a: A 점의 표고

그림 4.12

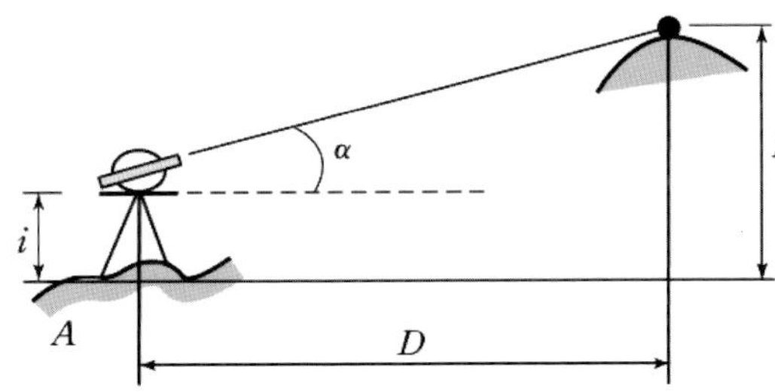

[2] 직선상 관측이 어려울 때

① 점 A에 각측량기를 세워 위치 C를 표시하여 지반에 대해 높이 I를 관측한다. 또한 P에 대한 고저각 α를 관측한 다음에 AP의 연직면 내에 거리 D만큼 떨어진 점 B에 기계를 옮겨 점 A에서 한 것과 마찬가지로 점 B에서의 수평시준선 C_1을 표시한다. 지반에 대한 I_1을 관측하고 점 P에 대한 고저각 α_1을 구할 때 그림 4.13과 같이 점 A와 점 B에서 점 P를 시준한 시준선의 가상 교점을 B_1, $A'B_1 = D_1$이라 하면,

$$D_1 = D + (I - I_1)\cot\alpha_1 \tag{4.12}$$

이 되며, $A'P$ 및 $B'P$를 각각 빗변으로 하는 두 직각삼각형에서

$$(H-I)\cot\alpha - (H-I)\cot\alpha_1 = D_1$$

$$D_1 = (H-I)(\cot\alpha - \cot\alpha_1)$$

$$\therefore\ H = D_1 \frac{\sin\alpha_1 \sin\alpha}{\sin(\alpha_1 - \alpha)} + I \tag{4.13}$$

가 되며, 식 (4.13)에 식 (4.12)를 대입하면

그림 4.13

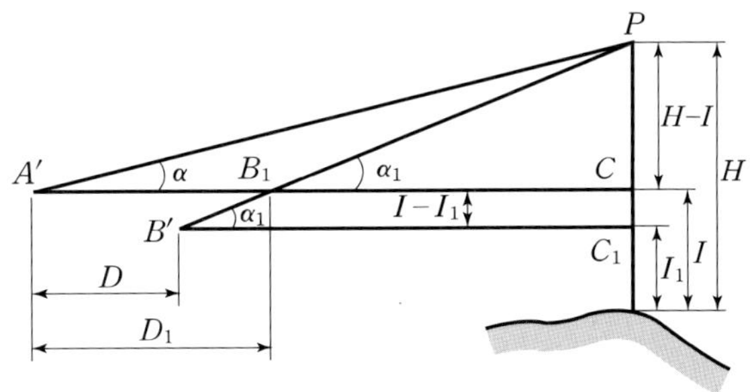

$$\therefore \; H = [D + (I - I_1)\cot\alpha_1] \frac{\sin\alpha_1 \sin\alpha}{\sin(\alpha_1 - \alpha)} + I \tag{4.14}$$

즉, 식 (4.14)를 이용하여 BC 간의 거리를 관측하지 않고 점 P의 높이를 구할 수 있다.

② 그림 4.14와 같이 적당한 위치에 두 점 A, B를 선정하여 수평거리를 정밀히 관측하여 D라 하고, A 점에서의 수평각 α'와 고저각 α를 관측하고 기계를 B 점에 옮겨 세워 수평각 β'를 관측하면,

$$H = \frac{D\sin\beta' \times \tan\alpha}{\sin(\alpha' + \beta')} + i \tag{4.15}$$

에 의하여 높이 H를 구할 수 있다.

그림 4.14

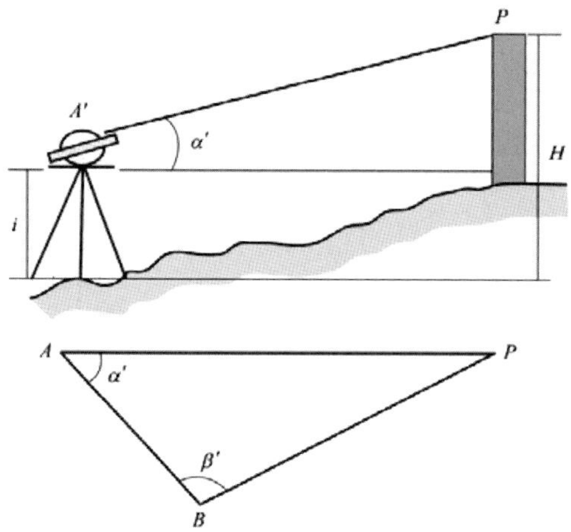

연습문제

4-1 다음 그림과 같이 $A-B$ 사이의 하천에 교호고저측량을 하였다. 점 A의 표고가 15.240 m일 때 점 B의 표고를 구하시오. 그림의 숫자는 전후 표척의 읽음의 차이다.

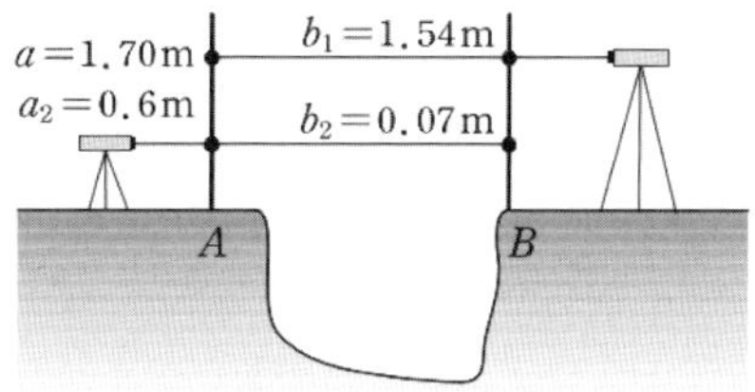

(단면 그림)

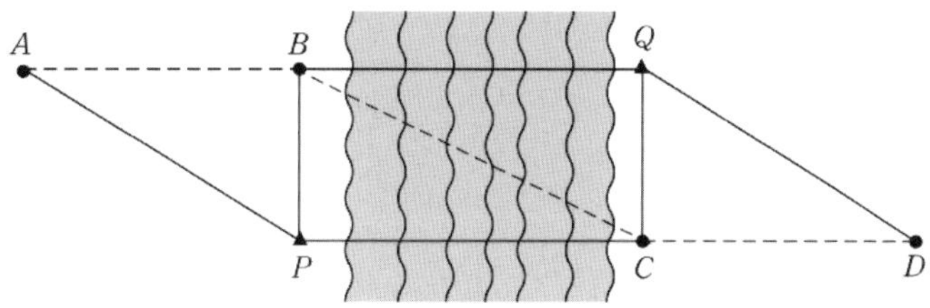

(평면 그림)

4-2 다음 그림과 같은 수준망을 관측한 결과 다음 표와 같이 이 수준측량의 폐합차 제한이 1.0 cm $\sqrt{S}$라 할 때 재측해야 될 구간을 판정하시오.

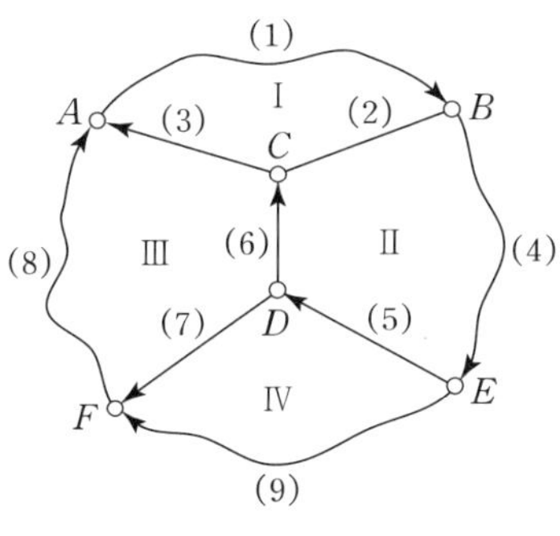

선번호	고저차[m]	거리[km]	선번호	고저차[m]	거리[km]
①	+2.472	3.8	⑥	−2.112	3.8
②	−1.248	2.1	⑦	−0.475	2.1
③	−1.240	2.2	⑧	−3.093	2.5
④	−2.231	5.8	⑨	+2.824	3.3
⑤	+3.115	3.4			

CHAPTER 5

다각측량

최근 전자파 거리측량기의 급속한 보급으로 근거리 및 장거리 측량에 삼각측량보다 측선의 길이와 각을 관측하여 평면위치를 결정할 수 있는 다각측량이 매우 많이 사용되고 있다. 이 장에서는 다각측량의 정의, 종류, 폐합 다각측량과 결합 다각측량의 원리 등에 대하여 다룬다.

5.1 개요

연결된 트래버스에서 거리와 각을 관측하여 평면위치(x, y 좌표)를 계산하는 방법을 다각측량이라 한다.

다각측량은 기준이 되는 측점을 따라서 연속적인 측점을 연결하는 직선으로 구성된다. 다각선의 양 끝점을 정의하는 점들을 다각점(traverse stations)이라 한다. 연속적인 다각점 사이를 연결하는 측선의 거리는 광파 거리측량기(EDM)를 사용하여 직접 거리를 측량한다. 각의 관측은 트래버스의 방향이 변하는 각각의 측점에서 트랜싯(transit)이나 세오돌라이트(theodolite)를 사용함으로써 구해진다. 트래버스를 위한 장비는 트랜싯, 세오돌라이트 그리고 EDM 장비로 구성한다. 트랜싯이 설치되는 어느 임의의 점이나 영구점도 트래버스점이라 한다. 육지 위에서 측점은 주로 모서리 지점에 다소 영구적인 다른 것으로 한다. 산악지역에서의 측점은 주로 자연석으로 표시한다.

다각측량은 수평기준점(horizontal control)을 확보하기에 편리하고 빠른 방법으로 시야의 길이가 너무 짧아 삼각측량이나 삼변측량이 적당하지 못한 숲으로 둘러싸인 지역이나 건물이 빽빽이 들어선 지역에 유용하게 이용된다. 다각측량은 다음과 같은 다양한 목적으로 이용된다.

① 지적경계 위치확보를 위한 적절한 측량
② 지형측량을 위한 수평기준점 확보
③ 고속도로, 철도 그리고 도로공사를 위한 위치확정측량
④ 사진측량을 위한 기준점측량

흔히 다각측량은 삼변측량이나 삼각측량의 수평기준점망에서 기준점좌표를 구하는 데 이용된다.

5.2 트래버스의 종류

트래버스의 종류에는 개방 트래버스, 폐합 트래버스, 결합 트래버스의 세 종류가 있다.

[1] 개방 트래버스

개방 트래버스(open traverse)는 연속적으로 관측된 측선과 측각이 닫히지 않은 형태이다. 그림 5.1(a)에서 기준점(▲)과 측점(●)으로 구성되어 있다. 기하학적으로 닫혀있지 않은 것은 다각측량점의 실제적인 위치확정에 관한 확인이 가능하지 않다는 것이다.

기지점에서 출발하여 미지점으로 연결하는 다각망으로 높은 정확도를 요하지 않는 측량에 편리한 방법이다.

[2] 폐합 트래버스

폐합 트래버스(closed traverse)는 한 측점을 출발하여 차례로 진행된 다음 종점이 출발점에 다시 되돌아오는 폐합노선으로 오차의 점검과 조정이 가능하다[그림 5.1(b)]. 폐합 다각측량은 기하학적으로 닫혀 있기 때문에 수학적으로 계산할 수 있다.

같은 점에서 시작하여 만나는 폐합 다각측량은 루프 다각측량(loop traverse)이라고도 한다. 이런 경우에 거리는 광파 거리측량기(EDM)를 사용하여 한 측점에서부터 다른 측점으로 잰다. 내각(interior angle)은 각각의 측점에서 잰다.

측량 데이터는 어떤 방향이든 측량자에게 편리한 방향으로 관측하면 되지만 각은 반드시 왼쪽에서 오른쪽으로 재어야 한다.

[3] 결합 트래버스

삼각측량과 같이 고정밀도로 위치가 정해진 기지점과 기지점을 연결한 다각측량으로 측량결과의 점검과 조정이 가능하다[그림 5.1(c)].

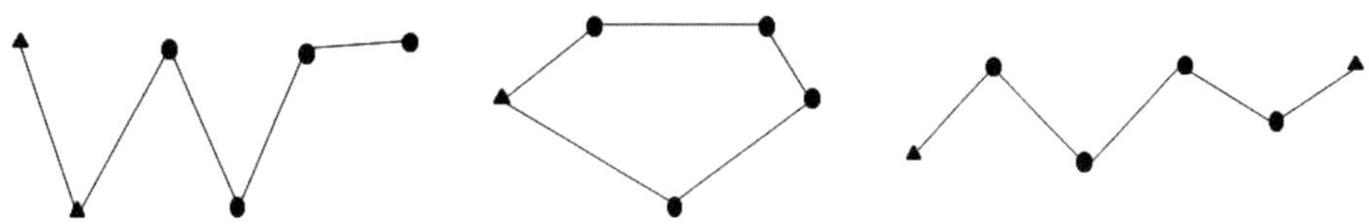

(a) (b) (c)

그림 5.1 트래버스의 종류

[4] 다각망

그림 5.2와 같이 기준 삼각점을 기지점으로 하는 형태가 있다. X형 및 Y형은 3개 이상의 기지점에 근거하여 교점 1개를 평균하고 A형, H형은 교점 2개를 평균하게 된다.

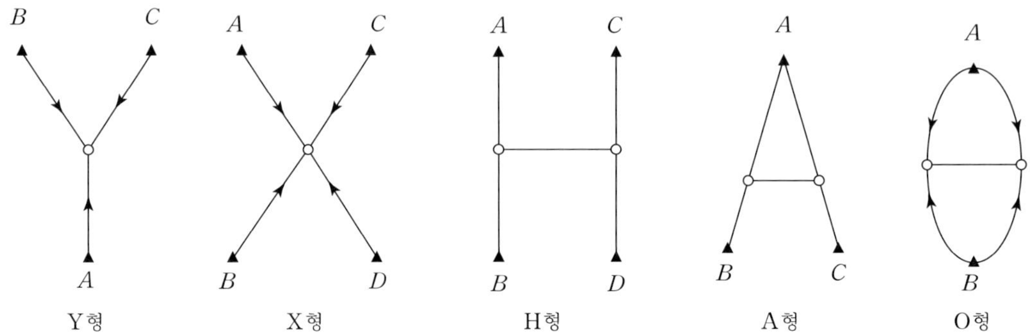

그림 5.2 다각망

5.3 거리와 각관측 정확도의 균형

다각측량은 거리와 각도를 조합함으로써 다각점의 위치를 구하는 것으로 다각점의 정도는 이의 관측의 정도에 따라 좌우된다. 그러므로 아무리 정도가 높게 거리를 관측해도 각관측이 부정확하면 거리관측은 무의미하다. 거리관측 정확도와 각관측 정확도의 균형을 고려하는 것이 원칙이다.

미소각의 원리에 의하여 $D \gg \theta$(D가 θ에 비해 매우 크다면)이면 $\overline{BB'} \fallingdotseq$ 호 BB'이다. 따라서 호도법의 원리에 의하여

그림 5.3

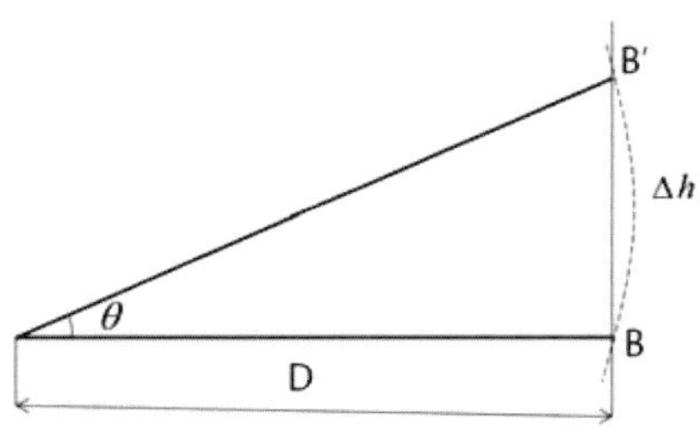

$$\theta = \frac{\Delta h}{D}[\text{rad}]$$

60진법으로 환산하면

$$\theta = \frac{\Delta h}{D}[\text{rad}] \times \rho'' \tag{5.1}$$

5.4 다각측량 계산 순서

n 다각형에서 기하학적으로 폐합다각형의 내각들의 합은 $(n-2)\times 180$ 이므로 5 각형의 내각의 합은 $(5-2)\times 180 = 540°$이다. 폐합 트래버스의 내각의 합을 계산할 때 기하학적으로 폐합이 되기 위해 기하학적 조건이 맞도록 조정한다.

5.4.1 각관측값 허용오차 범위 및 배분

[1] 폐합 다각측량(閉合多角形)

(1) 내각관측인 경우

$$\begin{aligned} 180° \times n &= a_1 + a_2 + \cdots + a_n + 360° \\ &= [a] + 360° \\ &\quad [\,[a] \neq 180°(n-2)\,] \end{aligned}$$

즉, 모든 측선의 관측값의 합 $[a]$는 기하학적인 조건인 $180°(n-2)$의 조건을 만족해야 하며 다음의 오차가 발생하게 된다.

$$E_a = [a] - 180°(n-2) \tag{5.2}$$

여기서, 폐합 트래버스의 측점총수 n, 교각의 관측값 $a_1, a_2, \cdots, a_n$, 그 합을 $[a]$, 측각오차 E_a로 한다.

(2) 외각관측인 경우

$$\begin{aligned} 180° \times n &= (360 - a_1) + (360 - a_2) + \cdots + (360 - a_n) + 360° \\ &= 360n - (a_1 + a_2 + \cdots + a_n) + 360° \qquad [\,[a] \neq 180°(n+2)\,] \end{aligned}$$

$$E_a = [a] - 180°(n+2) \tag{5.3}$$

(3) 편각관측인 경우

$$180° \times n = (180 - a_1) + (180 - a_2) + \cdots + (180 - a_n) + 360°$$
$$= 180n - (a_1 + a_2 + \cdots + a_n) + 360°$$
$$[[a] \neq 360°]$$
$$E_a = [a] - 360° \tag{5.4}$$

폐합 트래버스의 내각관측 결과 생기는 그 차는 우연오차이다.

[2] 결합 다각측량(結合多角形)

(1) 그림 5.4(a)의 경우

$$\{a_1 - (360° - W_a)\} + a_2 + \cdots, a_{n-1} + (a_n - W_b) = 180°(n-1)$$

즉, $W_a + [a] - W_b = 180°(n+1)$

$$\therefore E_a = (W_a - W_b) + [a] - 180°(n+1) \tag{5.5}$$

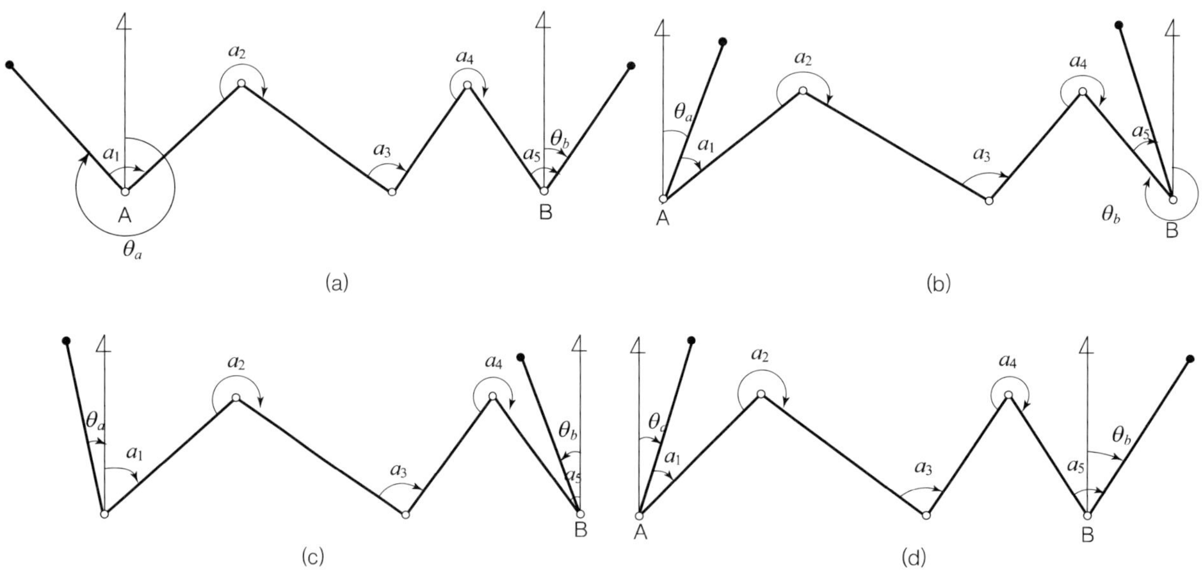

그림 5.4 결합 다각측량의 종류

(2) 그림 5.4(b) 및 (c)의 경우

위와 같은 방법으로

$$W_a + [a] = 180°(n-1) + W_b$$

$$\therefore E_a = (W_a - W_b) + [a] - 180°(n-1) \tag{5.6}$$

(3) 그림 5.4(d)의 경우

$$W_a + [a] = 180°(n-3) + W_b$$

$$\therefore E_a = (W_a - W_b) + [a] - 180°(n-3) \tag{5.7}$$

각관측 측점수를 n, 한 점에서 수평각의 허용오차를 ϵ_a라 하면 전체 허용오차는 다음과 같다.

$$E_a = \pm \epsilon_a \sqrt{n} \tag{5.8}$$

일반적으로 허용오차의 범위는 지형에 따라 다음과 같다.

① 시가지 및 주요지역

$20'' \sqrt{n} \sim 30'' \sqrt{n}$ $(0.3' \sqrt{n} \sim 0.5' \sqrt{n})$

② 평지 및 보통지역

$30'' \sqrt{n} \sim 60'' \sqrt{n}$ $(0.5' \sqrt{n} \sim 1.0' \sqrt{n})$

③ 삼림 및 복잡한 경사지

$60'' \sqrt{n} \sim 90'' \sqrt{n}$ $(1.0' \sqrt{n} \sim 1.5' \sqrt{n})$

5.4.2 방위각 및 방위의 계산

[1] 교각관측

그림 5.5

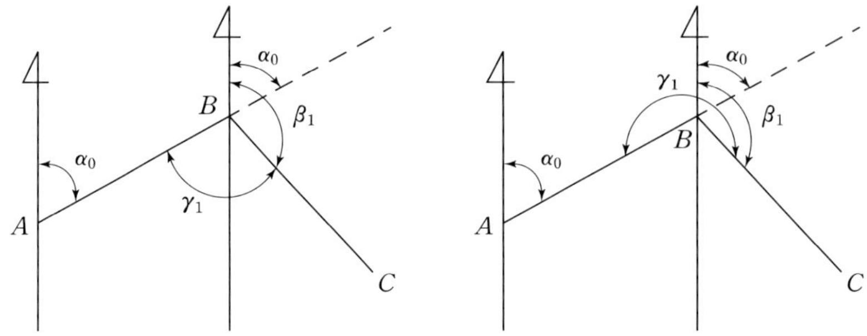

(a)

BC의 방위각 $\beta_1 = \alpha_0 + 180 - \gamma_1$

(b)

BC의 방위각 $\beta_1 = \alpha_0 - 180 + \gamma_1$

그림 5.6

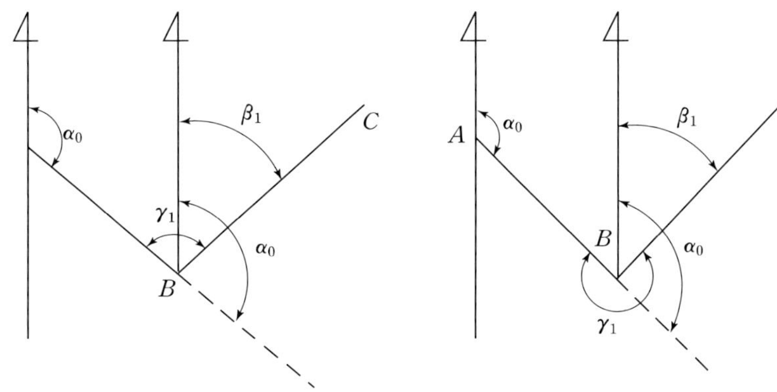

(a)

BC의 방위각 $\beta_1 = \alpha_0 - 180 + \gamma_1$

(b)

BC의 방위각 $\beta_1 = \alpha_0 + 180 - \gamma_1$

[2] 편각관측

편각은 연장선에 시계방향을 +, 반시계방향을 −로 한다.

그림 5.7

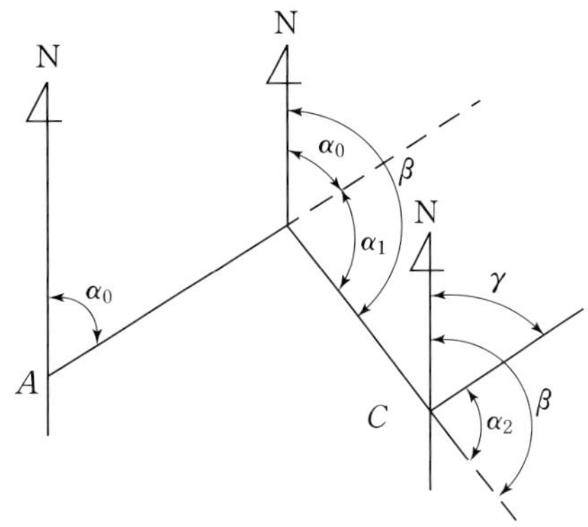

$\beta = \alpha_0 + \alpha_1, \quad \gamma = \beta - \alpha_2$

[3] 위거 및 경거 계산

위거(緯距; latitude)[1]는 선의 직각구성 요소의 남북방향의 길이이고 좀 더 자세히 말하면 북쪽은 +, 남쪽은 −이다. 또한 경거(經距; departure)[2]는 선의 직각구성 요소의 동쪽, 서쪽의 길이를 말하며 동쪽이 +이며, 서쪽이 −이다(그림 5.8).

$$\text{위거}(\Delta y) = A_0 \times \cos\alpha \tag{5.9}$$

$$\text{위거}(\Delta x) = A_0 \times \sin\alpha \tag{5.10}$$

여기서, α는 다각측량의 방위 또는 방위각이며 거리 A_0는 다각측량의 거리이다.

각각의 방위에 대하여 방위가 북쪽이면 위거는 양이며 남쪽이면 위거는 음이다. 경거도 마찬가지로 동쪽이면 양, 서쪽이면 음이다.

[4] 다각형 폐합오차 및 폐합비

$$E = \sqrt{\sum \text{위거}^2 + \sum \text{경거}^2} \tag{5.11}$$

여기서, E를 폐합오차(error of closure)라 한다.

---

1) the north/south rectangular component of a line

2) the east/west rectangular component of a line

$$폐합비 = \frac{E}{P} \tag{5.12}$$

또한 P는 전측선의 거리합이다.

그림 5.8

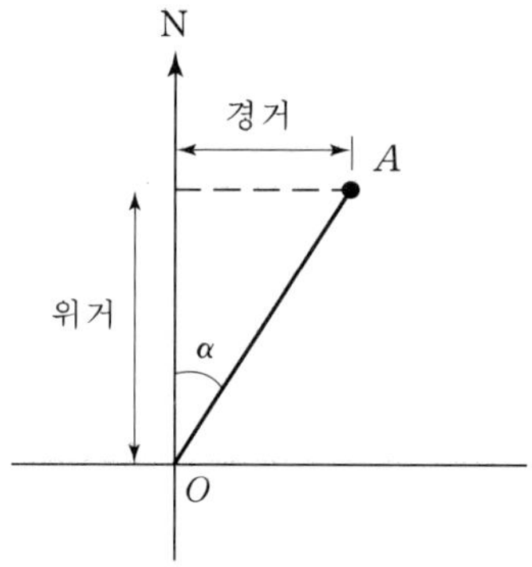

[5] 폐합비의 허용 범위

① 장애물이 적은 평탄한 장소나 시가지측량의 경우: 1/5,000~1/20,000
② 심한 경사가 없는 보통 지형의 장소, 보통 토지측량, 도로 및 철도 같은 노선측량 경우: 1/2,000~1/5,000
③ 산지와 같이 장애물이 많고 측량이 곤란한 장소, 삼림측량과 같은 경우: 1/1,000~1/2,000

[6] 폐합오차의 조정(balancing the error of closure)

다각측량 측량결과가 허용 범위에 있을 경우에는 계산에 의하여 폐합하도록 조정해야 하며, 조정계산 법칙에는 캠퍼스 법칙과 트랜싯 법칙이 있다.

(1) 캠퍼스 법칙(compass rule adjustment)

각측량과 거리측량의 정밀도가 대체로 같다고 생각될 때에 적용하는 조정법칙으로 측선의 길이에 비례하여 오차를 분배해주는 법칙이다.

$$\frac{위거의 조정량}{\Sigma 위거} = \frac{측선}{\Sigma 측선}$$

$$\therefore \ 위거의\ 조정량 = -\Sigma 위거 \times \frac{측선}{\Sigma 측선}$$

$$\frac{\text{경거의 조정량}}{\sum \text{경거}} = \frac{\text{측선}}{\sum \text{측선}}$$

$$\text{경거의 조정량} = -\sum \text{경거} \times \frac{\text{측선}}{\sum \text{측선}}$$

(2) 트랜싯 법칙(transit rule)

이 법칙은 거리측정의 정도가 각 측정에 비하여 정도가 낮을 때 위거 및 경거의 폐합오차를 각각 그 측선의 위거 및 경거의 길이에 비례하여 배분하는 방법이다.

$$\text{측선의 위거 조정량} = \text{위거 폐합오차} \times \frac{\text{조정할 측선의 위거 절대값}}{\text{위거 절대값의 합}}$$

$$\text{측선의 경거 조정량} = \text{경거 폐합오차} \times \frac{\text{조정할 측선의 경거 절대값}}{\text{경거 절대값의 합}}$$

[7] 좌표 계산

초기 좌표값이 주어지면 초기점을 기점으로 각각의 위거와 경거를 더하여 각각의 좌표를 계산할 수 있다(그림 5.9).

$$x_1 = x_o + L_1$$
$$y_1 = y_0 + D_1$$
$$x_2 = x_o + L_1 - L_2$$
$$y_2 = y_0 + D_1 + D_2$$
$$x_0 = L_1 - L_2 - L_3 + L_4$$
$$y_0 = D_1 + D_2 - D_3 - D_4$$
$$\vdots$$

그림 5.9

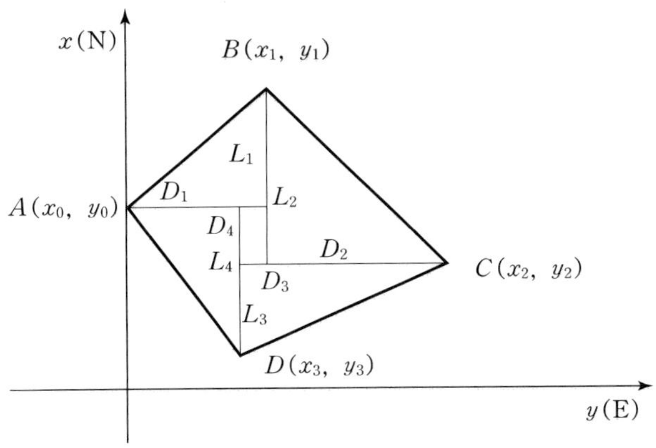

[8] 면적 계산

이 방법은 다각측량 및 삼각측량 등에서 경계선의 위거, 경거를 구했을 경우에 사용된다. 측선의 횡거(meridian distance)는 각 측선의 중점에서 기준 축에 수선을 내린 거리이고, 횡거의 2배가 배횡거(DMD; double meridian distance)이다.

각측선의 횡거 = (하나 앞 측선의 횡거)
+1/2(하나 앞 측선의 경거)
+1/2(그 측선의 경거)

각측선의 배횡거(DMD) = (하나 앞 측선의 DMD)
+(하나 앞 측선의 경거)
+(그 측선의 경거)

제 1 측선의 배횡거는 제 1 측선의 경거와 같고, 최종 측선의 배횡거는 최종 측선 경거 반대 부호와 같으며, 임의 측선의 배횡거는 앞 측선의 배횡거와 앞 측선의 경거와 그 측선의 합과 같다.

그리고 면적은 다음과 같이 구한다.

2×면적 = Σ{(각측선의 위거)×(각측선의 배횡거)}

그림 5.10에서 다각형 $ABCDE$의 면적을 S라 하면

$$S = \square BCC'B' + \square CDD'C' + \square DEE'D' - \square BAA'B' - \square AEE'A'$$

$$= \frac{1}{2}B'C'(B'B + C'C) + \frac{1}{2}C'D'(C'C + D'D) + \frac{1}{2}D'E'(D'D + E'E)$$

$$- \frac{1}{2}B'A'(A'A + B'B) - \frac{1}{2}A'E'(A'A + E'E)$$

$$= \frac{1}{2}\{(x_2 - x_3)(y_2 + y_3)\} + \frac{1}{2}\{(x_3 - x_4)(y_3 + y_4)\} + \frac{1}{2}\{(x_4 - x_5)(y_4 + y_5)\}$$

$$- \frac{1}{2}\{(x_2 - x_1)(y_2 + y_1)\} - \frac{1}{2}\{(x_1 - x_5)(y_1 + y_5)\}$$

$$= \frac{1}{2}\{(x_2 - x_3)(y_2 + y_3) + (x_3 x_4)(y_3 + y_4)$$

$$+ (x_1 - x_2)(y_2 + y_1) + (x_5 - x_1)(y_1 + y_5)\}$$

그림 5.10

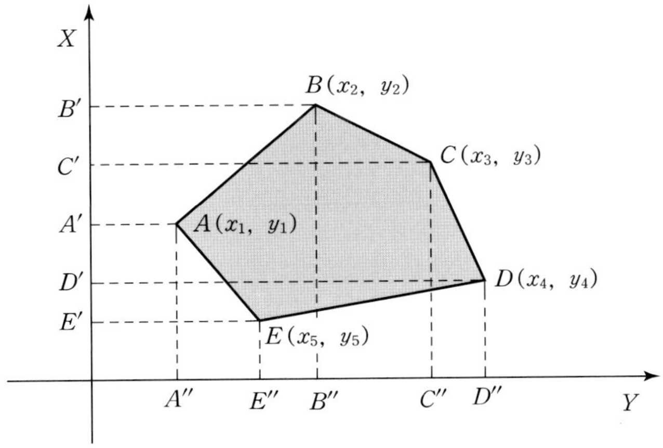

$$S=\frac{1}{2}(x_2y_2+x_2y_3-x_3y_2+x_3y_3+x_3y_4-x_4y_3-x_4y_4+x_1y_2+x_1y_1$$
$$-x_2y_2-x_2y_1+x_5y_1+x_5y_5-x_1y_1-x_1y_5)$$
$$=\frac{1}{2}(x_2y_3-x_3y_2+x_3y_4+x_4y_3+x_4y_5-x_5y_4+x_1y_2-x_2y_1+x_5y_1-x_1y_5)$$
$$=\frac{1}{2}\{x_1(y_2-y_5)+x_2(y_3-y_1)+x_3(y_4-y_2)+x_4(y_5-y_3)+x_5(y_1-y_4)\}$$
$$S=\frac{1}{2}\sum_{i=1}^{\infty}x_i(y_{i+1}-y_{i-1})$$

또는

$$S=\frac{1}{2}\sum_{i=1}^{\infty}y_i(x_{i+1}-x_{i-1})$$
$$S=\frac{1}{2}\sum_{i=1}^{\infty}(x_iy_{i+1}-x_{i+1}y_i)$$

| 예제 5-1 |

다음 좌표를 좌표법을 사용하여 면적을 구하시오.

풀이 $A(22.27,37.62)$ $B(-51.23,-21.37)$ $C(31.85,15.73)$

$$A=\frac{1}{2}\begin{vmatrix}22.27 & 37.62\\ -51.23 & -21.37\\ 31.85 & 15.73\end{vmatrix}$$

$$= \frac{1}{2}\{22.27(-21.37-15.73)+-51.23(15.73-37.62)$$
$$+31.85(37.62-(-21.37))\}$$
$$= 1{,}087.02\ \mathrm{m}^2$$

5.5 폐합 다각측량의 조정

폐합 다각측량의 조정법에는 간이조정법과 최소제곱법을 이용한 엄밀조정법이 있다.

엄밀조정법은 시간이 많이 걸리고 복잡하므로 거의 사용하지 않았으나, 최근 컴퓨터를 이용한 데이터 처리기술이 향상되어 높은 정확도의 망조정을 요하는 경우에는 자동 전산처리에 의한 엄밀조정법의 사용이 증대되고 있는 실정이다.

| 예제 5-2 |

측선의 방위가 다음과 같을 때 위거, 경거, 폐합오차, 폐합비를 계산하시오.

풀이

(단위: m)

측선	방위	방위각	거리	cosα	sinα	위거		경거	
						N(+)	S(−)	E(+)	W(−)
AE	S27°13′48″E	152°46°12″	350.10	−0.8892	+0.4576		311.31	160.21	
ED	N64°50°54″E	64°50°54″	579.03	+0.4250	+0.9052	246.09		524.14	
DC	N1°10°06″E	1°10°06″	368.28	+0.9998	+0.0204	368.21			
CB	S82°08°48″W	262°08°48″	382.20	−0.1366	−0.9906		52.21	7.51	378.61
BA	S51°22°00″W	231°22°00″	401.58	−0.6243	−0.7812		250.72		313.70
합계			$P=$ 2081.19			Σ 위거=+0.06		Σ경거=−0.45	

$$E=\sqrt{\Sigma위거^2+\Sigma경거^2} = \sqrt{0.06^2+0.45^2} = 0.454$$

$$폐합비= \frac{E}{P} = \frac{0.45}{2{,}081.19} = \frac{1}{4{,}624} \fallingdotseq \frac{1}{4{,}600}$$

위거는 +0.06 만큼의 오차가 생기고 경거는 −0.45 만큼의 오차가 생긴다.

$$E = \sqrt{\sum 위거^2 + \sum 경거^2} = \sqrt{0.06^2 + 0.45^2} = 0.454$$

$$폐합비 = \frac{E}{P} = \frac{0.45}{2,081.19} = \frac{1}{4,624} \fallingdotseq \frac{1}{4,600}$$

따라서 폐합오차는 0.454m이고 폐합비는 $\frac{1}{4,600}$ 이다.

| 예제 5-3 |

예제 5-2를 캠퍼스 법칙으로 폐합하도록 조정하시오.

풀이

$$AE\ 위거조정량 = 0.06 \times \frac{350.10}{2,081.19} = 0.01$$

$$AE\ 경거조정량 = 0.45 \times \frac{350.10}{2,081.19} = 0.08$$

$$ED\ 위거조정량 = 0.06 \times \frac{579.03}{2,081.19} = 0.02$$

$$ED\ 경거조정량 = 0.45 \times \frac{579.03}{2,081.19} = 0.12$$

$$DC\ 위거조정량 = 0.06 \times \frac{368.28}{2,081.19} = 0.01$$

$$DC\ 경거조정량 = 0.45 \times \frac{368.28}{2,081.19} = 0.08$$

$$CB\ 위거조정량 = 0.06 \times \frac{382.20}{2,081.19} = 0.01$$

$$CB\ 경거조정량 = 0.45 \times \frac{382.20}{2,081.19} = 0.08$$

$$BA\ 위거조정량 = 0.06 \times \frac{401.58}{2,081.19} = 0.01$$

$$BA\ 경거조정량 = 0.45 \times \frac{401.58}{2,081.19} = 0.09$$

위거조정량의 합 = 0.06 , 경거조정량의 합 = 0.45

이와 같이 각각의 경거, 위거에 대한 조정량을 구하여 다음 표와 같이 조정된 위거, 경거를 구하고 합위거와 합경거도 구한다. 여기서 합위거와 합경거는 0이 되어야 한다.

측선	거리	방위	위거	경거	위거 조정량	경거 조정량	조정된 위거	조정된 경거	합위거	합경거
AE	350.10	S 27°13′48″E	−311.31	+160.21	−0.01	+0.08	−311.32	+160.29	−311.32	160.29
ED	579.03	N 64°50′54″E	+246.09	+524.14	−0.02	+0.12	+246.07	+524.26	−65.25	684.55
DC	368.28	N 1°10′06″E	+368.21	+7.51	−0.01	+0.08	+368.20	+7.59	302.95	692.14
CB	382.20	S 82°08′48″W	−52.21	−378.61	−0.01	+0.08	−52.22	−378.53	250.73	313.61
BA	401.58	S 51°22′00″W	−250.72	−313.70	−0.01	+0.09	−250.73	−313.61	0.00	0.00
합	2,081.19		+0.06	−0.45	−0.06	+0.45			0.00	0.00

| 예제 5-4 |

예제 5-3에서 조정위거, 조정경거에 따른 거리와 방위를 구하시오.

풀이 조정된 거리와 방위는 다음과 같이 구한다.

조정된 거리 $= \sqrt{위거^2 + 경거^2}$

측선의 방위 $\tan = \dfrac{각측선의\ 경거}{각측선의\ 위거}$

측선	조정위거	조정경거	조정거리	조정방위	기존거리	기존방위
AE	−311.32	+160.29	350.16	S 27°14′34″ E	350.10	S 27°13′48″ E
ED	+246.07	+524.26	579.14	N 64°51′2″ E	579.03	N 64°50′54″ E
DC	+368.20	+7.59	368.28	N 1°10′51″ E	368.28	N 1°10′06″ E
CB	−52.22	−378.53	382.12	S 82°08′43″ W	382.20	S 82°08′48″ W
BA	−250.73	−313.61	401.52	S 51°21′28″ W	401.58	S 51°22′00″ W
	0.00	0.00	2,081.22		2,081.19	

| 예제 5-5 |

예제 5-4의 조정위거, 조정경거를 이용하여 좌표를 구하시오.

풀이 어떤 측선 시점의 좌표와 그 위거, 경거를 알면 좌표를 계산할 수 있다.

그림 5.11의 점 A의 좌표값이 (1,000, 1,000)이라 가정하면 각각의 위거와 경거를 더하여 각각의 좌표를 계산할 수 있다. 여기서 처음 A점을 (1,000, 1,000)이라 하였으므로 반시계방향으로 각각 위거와 경거를 더해주어 E점, D점, C점, B점 그리고 맨 마지막에 다시 A점인 (1,000, 1,000)으로 돌아온다.

그림 5.11

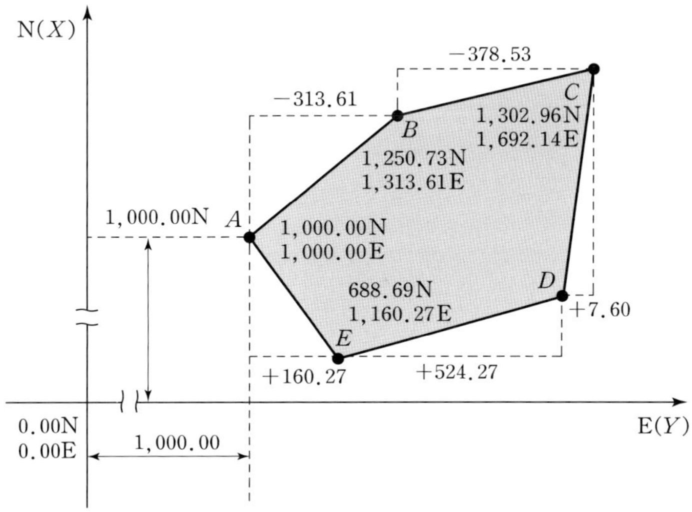

측선	조정된 위거	조정된 경거	측점	북 쪽(N)	동 쪽(E)
			A	1,000.00(가정된 좌표)	1,000.00(가정된 좌표)
AE	−311.32	+160.29		−311.32	+160.29
			E	688.68	1,160.29
ED	+246.07	+524.26		+246.07	+524.26
			D	934.75	1,684.55
DC	+368.20	+7.59		+368.20	+7.59
			C	1,302.95	1,692.14
CB	−52.23	−378.53		−52.23	−378.53
			B	1,250.72	1,313.61
BA	−250.73	−313.61		−250.73	−313.61
			A	1,000.00(검산)	1,000.00(검산)

| 예제 5-6 |

예제 5-5에서 배횡거에 의한 면적을 계산하시오.

풀이

측선	조정된 위거	조정된 경거	배횡거(D.M.D)	배면적	
				+	−
AE	−311.32	+160.29	+160.29		49,901.483
ED	+246.07	+524.26	+844.84	207,889.779	
DC	+368.20	+7.59	+1,376.70	506,900.940	
CB	−52.23	−378.53	+1,005.76		52,530.845
BA	−250.73	−313.61	+313.62		78,633.943
합계	0.00	0.00		714880.719	181,066.271

배면적=714, 880.719−181, 066.271=533, 814.448

면적=533, 814.448/2=266, 907.224

| 예제 5-7 |

폐합 트래버스를 조정하여 면적을 구하는 과정을 순서대로 열거하시오.

풀이 ① 각조정

② 방위(방위각) 계산

③ 위거 및 경거 계산

④ 폐합오차 및 폐합비 계산

⑤ 폐합오차의 배분

⑥ 조정된 위거와 경거를 사용하여 거리와 방위를 보정

⑦ 좌표 계산

⑧ 면적 계산

| 예제 5-8 |

그림 5.12와 같은 결합 트래버스를 캠퍼스 법칙으로 조정하시오.

$X_A = 1{,}139.707$ m ,　　$X_B = 1{,}008.353$ m

$Y_A = 853.708$ m ,　　$Y_B = 1{,}701.593$ m

$W_A = 48°09'56''$,　　$W_B = 346°54'36''$

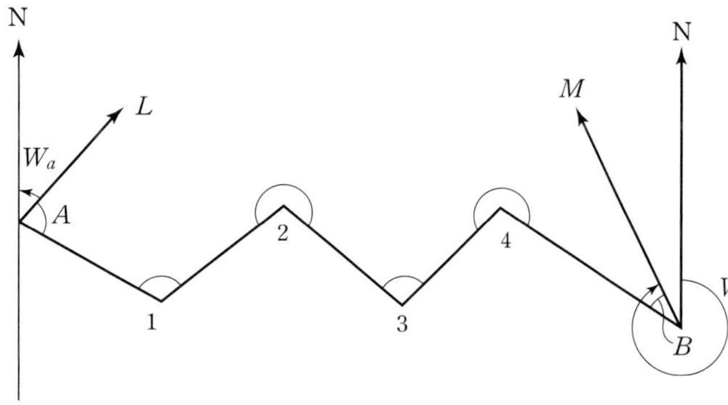

그림 5.12

측점	관측각	측선	거리(m)
A	74°02′01″	A−1	275.950
1	100°52′22″	1−2	244.227
2	277°15′52″	2−3	215.000
3	71°32′41″	3−4	228.548
4	283°22′00″	4−B	269.211
B	31°40′19″		

풀이 결합오차를 계산하면 다음과 같다.

$$
\begin{aligned}
\text{조정량 계산} &= [\alpha] + w_a - w_b - 180°(n-3) \\
&= 838°45'15'' + 48°09'56'' - 346°54'36'' - 180°(6-3) \\
&= 35''
\end{aligned}
$$

측점	측정각	조정량	조정각
A			
A	74°02′01″	−6″	74°01′55″
1	100°52′22″	−6″	100°52′16″
2	277°15′52″	−6″	277°15′46″
3	71°32′01″	−6″	71°31′55″
4	283°22′40″	−6″	283°22′34″
B	31°40′19″	−5″	31°40′14″
계	838°45′15″	−35″	838°44′40″

방위각 계산은 다음 표와 같다.

측점	조정각	측선	방위각
A		A−L	48°09′56″
A	74°01′55″	A−1	48°09′56″ +74°01′55″ =122°11′51″
1	100°52′16″	1−2	122°11′51″ −180°+100°52′16″ =43°04′07″
2	277°15′46″	2−3	43°04′07″ −180°+277°15′46″ =140°19′53″
3	71°31′55″	3−4	140°19′53″ −180°+71°31′55″ =31°51′48″
4	283°22′34″	4−B	31°51′48″ −180°+283°22′34″ =135°14′22″
B	31°40′14″	B−M	135°14′22″ +180°+31°40′14″ =346°54′36″
계	838°44′40″		

방위 계산은 다음 표와 같다.

측선	방위	거리
A−L	N48°09′56″ E	
A−1	180°−122°11′51″ =S57°48′09″ E	275.950
1−2	N43°04′07"E	244.227
2−3	180°−140°19′53″ =S39°38′07″ E	215.000
3−4	N31°51′48"E	228.548
4−B	180°−135°14′22″ =S44°45′38″ E	269.211
B−M	360°−346°54′36″ =N13°03′24″ W	
계		1,232.936

위거, 경거 계산은 다음 표와 같다.

측선	위거	경거
A−1	275.950×cos122°11′51″ =−147.037	275.950×sin 122°11′51″ =233.513
1−2	244.227×cos 43°04′07″ =178.417	244.227×sin 43°04′07″ =166.776
2−3	215.000×cos140°19′53″ =−165.496	215.000×sin 140°19′53″ =137.244
3−4	228.548×cos 31°51′48″ = 194.108	228.548×sin 31°51′48″ =120.649
4−B	269.211×cos135°14′22″ =−191.155	269.211×sin 135°14′22″ =189.564
B−M		
계	−131.163	847.746

결합오차 계산은 다음과 같다.

위거 = −131.163−(1008.353−1139.707) = 0.191

경거 = 847.746−(1701.593−853.708) = −0.139

위거, 경거조정량 계산은 다음과 같다.

측선	위거조정량	경거조정량
A−1	$\frac{-0.191}{1{,}232.936}\times 275.950 = -0.0427$	$\frac{0.139}{1{,}232.936}\times 275.950 = 0.0311$
1−2	$\frac{-0.191}{1{,}232.936}\times 244.227 = -0.0378$	$\frac{0.139}{1{,}232.936}\times 244.227 = 0.0275$
2−3	$\frac{-0.191}{1{,}232.936}\times 215.000 = -0.0333$	$\frac{0.139}{1{,}232.936}\times 215.000 = 0.0242$
3−4	$\frac{-0.191}{1{,}232.936}\times 228.548 = -0.0354$	$\frac{0.139}{1{,}232.936}\times 228.548 = 0.0258$
4−B	$\frac{-0.191}{1{,}232.936}\times 269.211 = -0.0417$	$\frac{0.139}{1{,}232.936}\times 269.211 = 0.0304$
B−M		
계	−0.191	0.139

위거조정량, 경거조정량으로 조정위거, 조정경거를 구한다.

측선	조정위거	조정경거
A−1	−147.037−0.0427=−147.0797	233.513+0.0311=233.5441
1−2	178.417−0.0378= 178.3792	166.776+0.0275=166.8035
2−3	−165.496−0.0333=−165.5293	137.244+0.0242=137.2682
3−4	194.108−0.0354= 194.0726	120.649+0.0258=120.6748
4−B	−191.155−0.0417=−191.1967	189.564+0.0304=189.5944
B−M		
계	−131.354	847.885

결합오차를 검산하여 위거, 경거 합계가 모두 0이 되었다.

$$\text{위거} = -131.354-(1{,}008.353-1{,}139.707) = 0$$
$$\text{경거} = 847.885-(1{,}701.593-853.708) = 0$$

합위거 · 합경거 계산은 다음과 같다.

측점	합위거	합경거
A	1,139.7070	853.708
1	1,139.7070−147.0797=992.6273	853.708+233.5441=1,087.2521
2	992.6273+178.3792=1,171.0065	1,087.2521+166.8035=1,254.0556
3	1,171.0065−165.5293=1,005.4772	1,254.0556+137.2682=1,391.3238
4	1,005.4772+194.0726=1,199.5498	1,391.3238+120.6748=1,511.9986
B	1,199.5498−191.1967=1,008.3531	1,511.9986+189.5944=1,701.593

$$\text{폐합오차} = \sqrt{(0.191)^2+(-0.139)^2}\ 0.23622$$

$$\text{폐합비} = \frac{0.23622}{1,232.936} = \frac{1}{5,219.4395} \fallingdotseq \frac{1}{5,219}$$

5.6 각관측

5.6.1 각의 원리 및 종류

각(angle)이란 임의 기준방향에 대해서 두 방향선이 가지는 방향의 차이를 말한다.

각의 종류는 크게 평면각, 곡면각, 입체각으로 분류되며, 곡면각(curved surfaceangle) 구면 또는 타원체면상의 성질을 나타내며 대단위 정밀삼각측량이나 천문측량 등에서 구과량이나 구면삼각법의 원리를 적용해서 곡면각의 특성을 파악 할 수 있다. 입체각(soild angle)은 넓이와 길이의 제곱과의 비율로 표시하고 있다. 평면각(plane angle)은 호와 반지름의 비율로 표시되며 일반측량에서는 60진법, 호도법, 100진법(grade 또는 grad)으로 사용되며 이는 다시 수평각, 수직각으로 나누어진다. 수평각은 평면상의 측점들 간의 각을 관측하는 방법으로 다시 교각과 편각으로 분류되며 편각은 어느 측선이 그 앞 측선의 연장선과 이루는 각을 말하고, 교각은 어떤 측선이 앞 측선과 이루는 각으로 다시 내각과 외각으로 나누어진다. 내각은 측선과 측선 사이의 안쪽 각을 측정한 것이고, 외각은 측선과 측선 사이의 바깥쪽 각을 측정한 것을 말한다. 수직각(vertical angle)은 중력방향면, 즉 연직면 내에서 이루어지는 각으로 기준선에 따라 천정각거리, 고저각, 천저각거리로 나누어진다.

그림 5.13

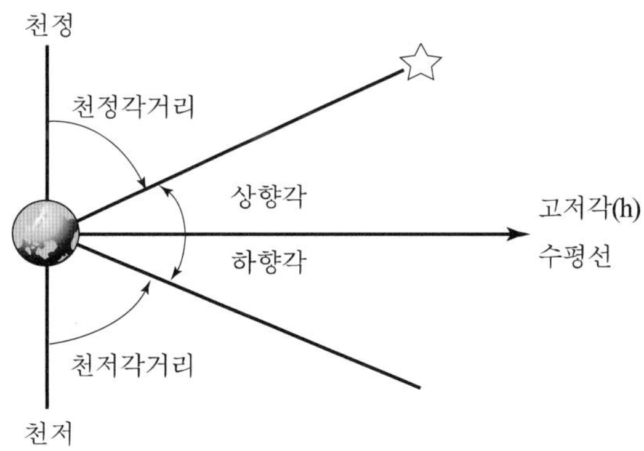

천정각거리는 천문측량에 주로 이용되는 각으로 연직선 위쪽을 기준으로 목표점까지 내려 잰 각을 말한다. 고저각은 일반측량 또는 천문측량에서 지평좌표계에 주로 이용되는 각으로 상향각과 하향각으로 나누어지며, 수평선을 기준으로 올려 잰 각을 상향각, 반대로 내려 잰 각을 하향각이라 한다. 천저각거리는 연직선 아래쪽을 기준으로 시준점까지 올려서 잰 각을 말한다.

5.6.2 각의 단위

각의 단위는 60진법(degree), 100진법(grade), 호도법(radian), mil(milliemes), 스테라디안(steradian) 등이 있다. 일반측량에서는 주로 60진법을 많이 사용하고 있다. 60진법은 원주를 360 등분하고 한 등분 사이의 각을 1도라고 하며 도[°], 분[′], 초[″]로 나타낸다. 100진법은 원주를 400 등분하고 한 등분 사이의 각을 1 g(1그레이드)라고 하며 사진측량에 주로 이용되고 있다.

호도법은 R(반지름)과 l(호)에 대한 중심각으로 나타낸다. mil은 근래에 많이 사용하는 단위로 원주를 6,400 등분하며 1등분 사이각 = 1 mil이다. 또한 스테라디안은 입체각을 나타낼 때 사용한다.

5.6.3 각도의 상관관계

[1] 도와 그레이드

도와 그레이드의 상관관계를 통하여 비례식을 세우면

$$\alpha° : \beta° = 360° : 400^{g}$$

도와 그레이드의 관계를 나타내면 다음과 같다.

$$\alpha^\circ = \frac{9}{10}\beta^g \quad \text{또는} \quad \beta^g = \frac{10}{9}\alpha^\circ$$

| 예제 5-9 |

1^g는 몇 도인지 구하시오.

풀이

$$\frac{9}{10} \times 1^g = 0.9^\circ$$

$$\therefore 0.9^\circ \times 60 = 54'$$

[2] 각도와 호도

각도와 호도 사이의 비례식은

$$360^\circ : 2\pi R = \rho^\circ : S$$

각도와 호도의 관계를 식으로 나타내면

$$\rho^\circ = \frac{360^\circ R}{2\pi R}, \quad \rho^\circ = \frac{180^\circ}{\pi} \ (\rho : \text{라디안}) \tag{5.13}$$

그림 5.14에서 $S = R\theta$ ($\theta = 0$ 이면 $S = R$)

$$\rho'' = 206{,}264.806''$$

즉, $\theta = \dfrac{S}{R}$ [rd] 이면

$$\theta^\circ = \frac{S}{R}\rho^\circ, \quad \theta' = \frac{S}{R}\rho', \quad \theta'' = \frac{S}{R}\rho''$$

그림 5.14

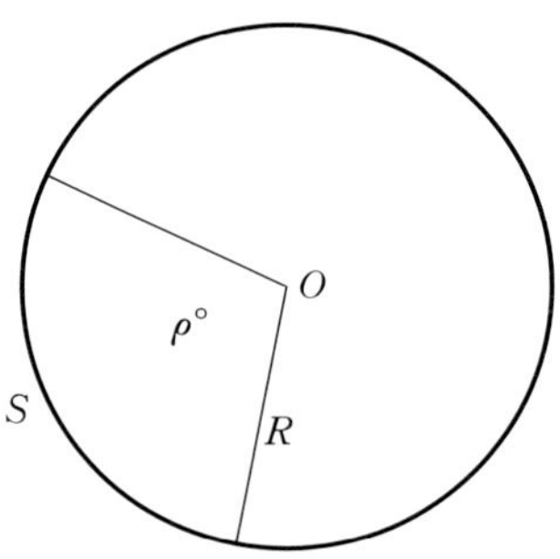

| 예제 5-10 |

1도, 1분, 1초는 각각 몇 라디안인지 구하시오.

풀이

$$\frac{360}{2\pi} = 57.29577951°, \quad 57.29577951 \times 60' = 3437.746771'$$

$$3437.746771' \times 60'' e = 206264.8062''$$

5.6.4 각관측 방법

각관측(angle measurement) 방법에는 교각법, 편각법, 방위각법이 있다.

두 측선이 이루는 각을 교각이라 부르며 이 각을 측정하는 방법을 교각법이라 한다. 편각법은 어느 측선이 바로 앞 측선의 연장선과 이루는 각을 측정하는 방법으로 항상 180°보다 작다. 편각법은 노선을 측량할 때, 곡선을 설치할 때 사용하기도 한다. 어느 일정한 기준선으로부터 측선에 이르는 각을 시계방향으로 측정한 각을 그 측선의 방향각이라 하며, 특히 자오선을 기준으로 할 때의 방향각을 방위각이라 하고 이 각을 측정하는 방법을 방위각법이라 한다.

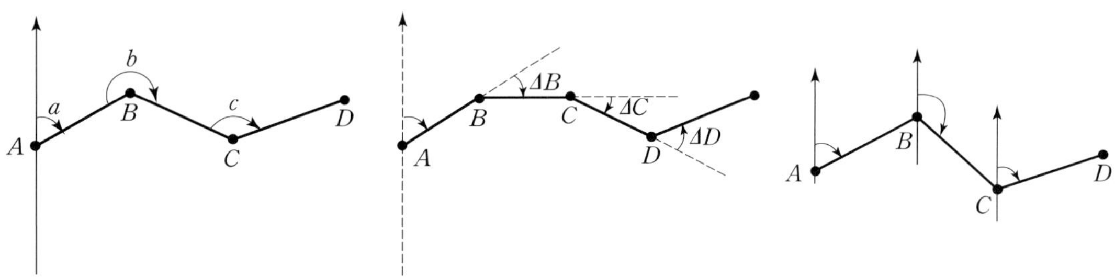

(a) 교각 관측 (b) 편각 관측 (c) 방위각 관측

그림 5.15 각관측 방법

[1] 단측법

각을 한 번 관측하는 방법으로 기계의 연직축이 정확하지 않기 때문에 생기는 오차를 소거할 수 있는 측량법이다. 한 각을 정위와 반위로 두 번 관측하는 것을 1대회 관측이라 하며 이 각을 평균한 값을 1회 관측한 값으로 사용한다.

그림 5.16에서

$$\angle AOB = \alpha_n - \alpha_0$$

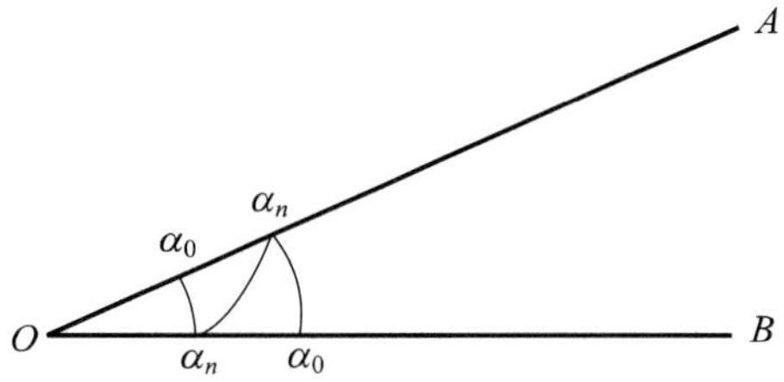

그림 5.16

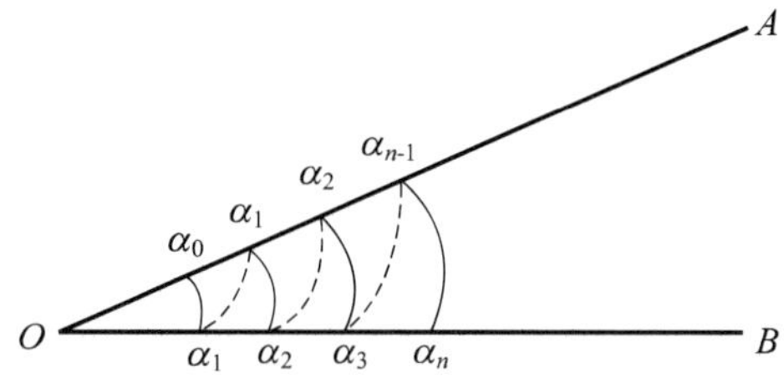

그림 5.17

[2] 배각법

하나의 각을 여러 번 관측하여 누적된 값을 관측횟수로 나눈 평균값을 사용하는 방법으로 이중축을 가진 트랜싯의 연직축 오차를 소거할 수 있고, 이 자의 최소 눈금 이하로 정밀하게 읽을 수 있다.

특징으로는 읽기오차 β의 영향을 적게 받고, 세밀한 값을 읽을 수 있다. n 회의 반복결과가 360°에 가깝게 해야 하며, 내축과 외축의 연직선에 대한 불일치에 의하여 오차가 생기는 경우가 있으며, 배각법은 방향수가 적은 경우에 편리하다.

그림 5.17에서 각관측 정확도는 1각에 포함되는 시준오차 $m_1 = \sqrt{\frac{2\alpha^2}{n}}$ (여기서, α : 시준오차, β : 읽기오차)이고, 1각에 포함되는 시준오차 $m_2 = \sqrt{\frac{2\beta^2}{n}}$ 이며, 1각에 생기는 배각법의 오차 $M = \pm\sqrt{m_1^2 + m_2^2} = \sqrt{\frac{2}{n}(\alpha^2 + \beta^2)}$ 이다.

[3] 방향각법

한 측점에서 많은 각을 관측해야 하는 경우 한 선분을 기준선으로 하고 이 기준선에 대해서 각을 관측하는 방법이다.

그림 5.18에서 각관측 정확도는 1방향에 생기는 오차 $m_1 = \pm\sqrt{\alpha^2 + \beta^2}$ (여기서, α : 시준오차, β : 읽기오차)이고, 각관측 오차 $m_2 = \pm\sqrt{2(\alpha^2 + \beta^2)}$ 이며 n 회 관측한 평균값에서 오차 $M = \pm\sqrt{\frac{2}{n}(\alpha^2 + \beta^2)}$ 이다.

그림 5.18

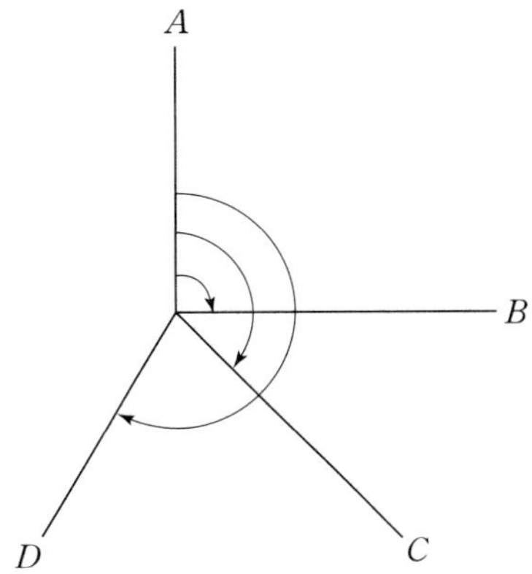

[4] 각관측법

가장 정확한 값을 얻을 수 있는 방법으로 1등 삼각측량에 주로 이용된다. 관측할 여러 측선을 방향각법으로 차례로 관측하여 최소제곱법에 의하여 각각의 최확값을 구하는 방법이다.

한 점에서 관측할 방향수가 N 일 때 측각 총수와 조건식 총수는 다음과 같다.

$$측각\ 총수 = \frac{1}{2}S(S-1)$$

$$조건식\ 총수 = \frac{1}{2}(S-1)(S-2) \tag{5.14}$$

여기서, S: 측점수

그림 5.19

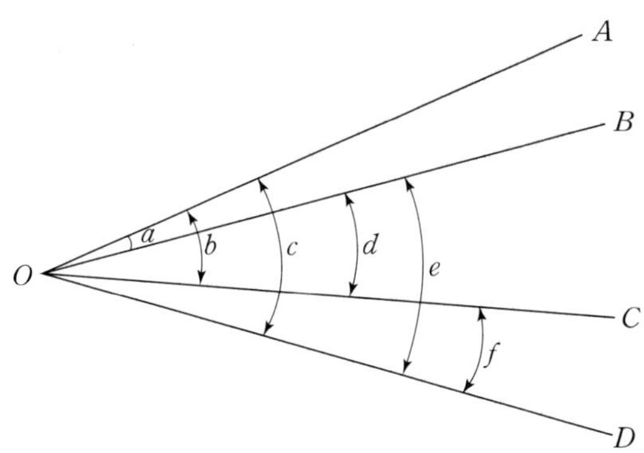

5.6.5 방향각, 연직각, 방위각

[1] 방향각

방향각은 임의의 기준방향에 대해서 시계방향으로 잰 각이다.

그림 5.20

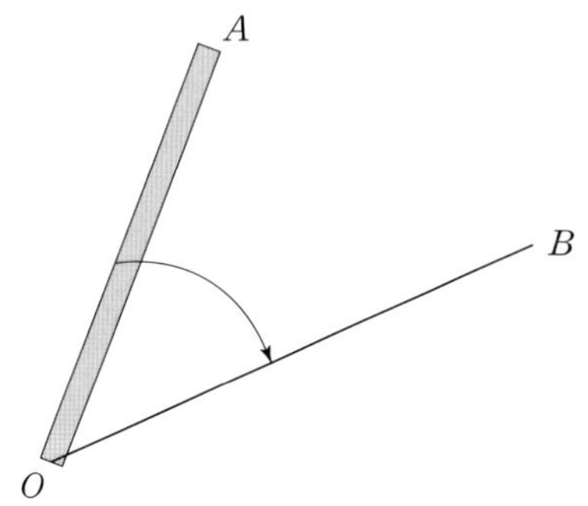

[2] 연직각

중력방향각을 말하며, 기준선과 관측방법에 따라 천정각거리, 고저각, 천저각거리로 구분된다.

[3] 방위각

방향각의 일종으로 기준을 진북방향으로 하여 시계방향으로 잰 각을 방위각(azimuth)이라 한다.

AB 측선의 방위각과 BA 측선의 방위각의 차이점은 AB 측선의 방위각은 A 점에서 출발하여 B 점으로 향하는 측선의 방위각을 말하며, BA 측선의 방위각은 B 점에서 출발하여 A 점으로 향하는 측선의 방위각을 말한다. 방위각을 구하는 방법은 시작점에다 방위선을 그려 시계방향으로 관측한다.

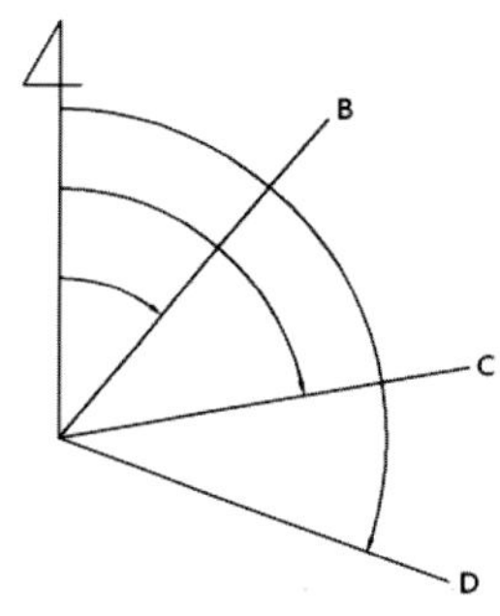

그림 5.21

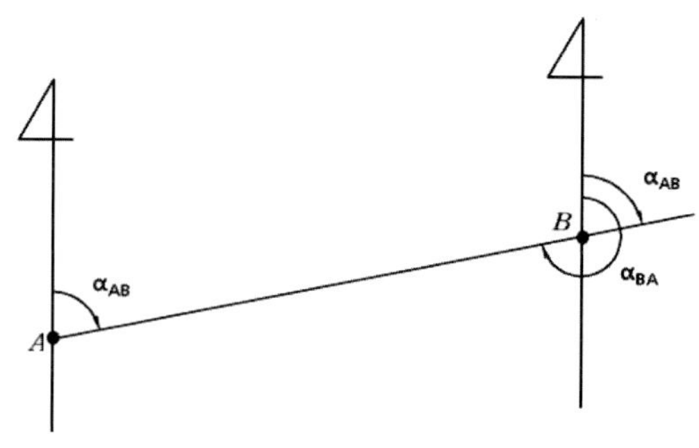

그림 5.22

방위(bearing)는 자오선과 방향선 사이의 예각을 말한다. 방위는 NE, NW, SE, SW 기초와 함께 표시한다. 예를 들면 방위각 110°는 방위로 표시하면 S70°E 또는 SE70°이다.

(1) 두 점의 좌표로 방위각 구하기

그림 5.23처럼 두 점의 좌표차를 구해서 방위각을 구하는 방법이다.

$$\alpha_{AB} = 90^\circ + \theta \qquad (4.15)$$

여기서, $\theta = \tan^{-1}\left(\left|\dfrac{X_B - X_A}{Y_B - Y_A}\right|\right)$

마찬가지로, 그림 5.24와 같은 방법으로 두 좌표를 알면 다음과 같이 방위각이 계산된다.

① 상한의 경우에는 $\alpha = \tan^{-1}\left(\left|\dfrac{Y_B - Y_A}{X_B - X_A}\right|\right)$ 로 계산된다.

② 상한의 경우에는 $\beta = 90^\circ + \theta$, $\alpha = \tan^{-1}\left(\left|\dfrac{X_B - X_A}{Y_B - Y_A}\right|\right)$ 로 계산된다.

③ 상한의 경우에는 $\gamma = 180^\circ + \theta$, $\theta = \tan^{-1}\left(\left|\dfrac{Y_B - Y_A}{X_B - X_A}\right|\right)$ 로 계산된다.

④ 상한의 경우에는 $\delta = 270^\circ + \theta$, $\theta = \tan^{-1}\left(\left|\dfrac{X_B - X_A}{Y_B - Y_A}\right|\right)$ 로 계산된다.

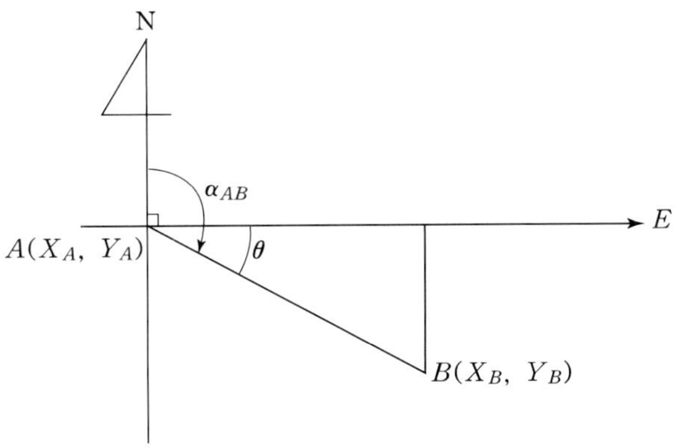

그림 5.23

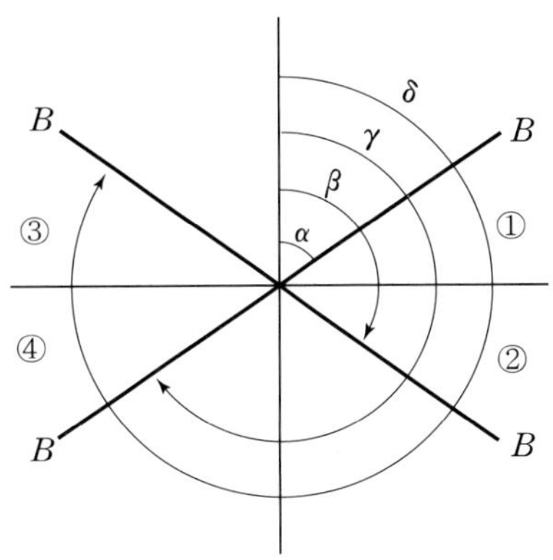

그림 5.24

(2) 임의의 선분의 방위각 구하기

① 폐합다각형의 경우

주어진 방위각을 기준으로 순서대로 진행하면서 차례로 각각의 방위각을 구한다.

| 예제 5-11 |

그림 5.25에서 각 측점에 대한 방위각을 구하시오.

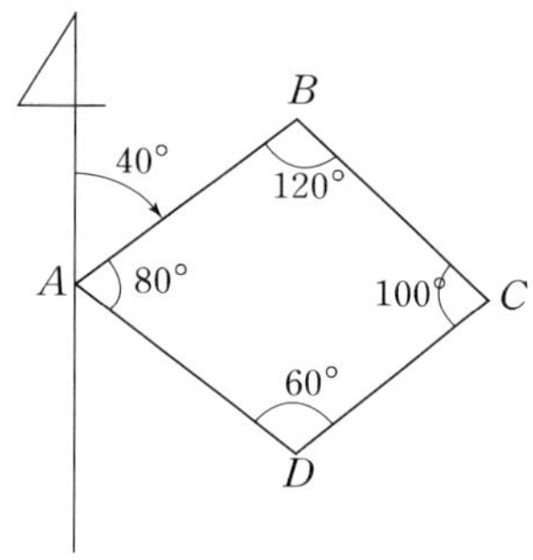

그림 5.25

풀이

$\alpha_{BC} = 40° + 180° - 120° = 100°$

$\alpha_{CD} = 100° + 180° - 100° = 180°$

$\alpha_{DA} = 180° + 180° - 60° = 300°$

$\alpha_{DC} = \alpha_{CD} - 180° = 0°$

② 결합다각형의 경우

전 측선의 방위각을 이용하여 차례대로 각 측점에 대한 방위각을 구한다.

| 예제 5-12 |

그림 5.26에서 각 측점에 대한 방위각을 구하시오.

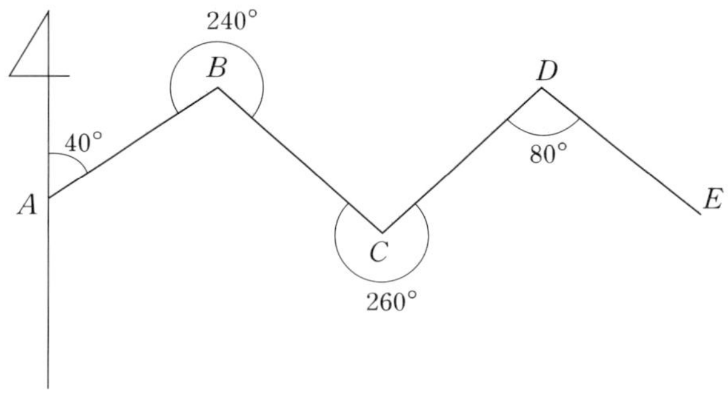

그림 5.26

풀이

$$\alpha_{BC} = 40° + 240° - 180° = 100°$$

$$\alpha_{CD} = 100° - (260° - 180°) = 20°$$

$$\alpha_{DE} = 20° + 180° - 80° = 120°$$

$$\alpha_{ED} = 120° + 180° = 300°$$

(3) 진북, 자북, 도북의 관계

① 진북과 도북의 관계

진북은 북으로 향하는 북쪽으로 3차원 상에서는 자오선 방향을 나타내고 있으며, 천문측량, 관성측량으로 결정한다. 도북은 지도상에 존재하는 북으로 지도좌표의 방향을 맞출 때 사용된다. 또한 3차원에서는 진북과 도북이 자오선 수차만큼 다르지만 2차원에서는 진북과 도북을 일치하는 것으로 간주하고 있다. 따라서 진북은 도북의 성질을 가지며 모든 진북 방향은 평행하다.

그림 5.27

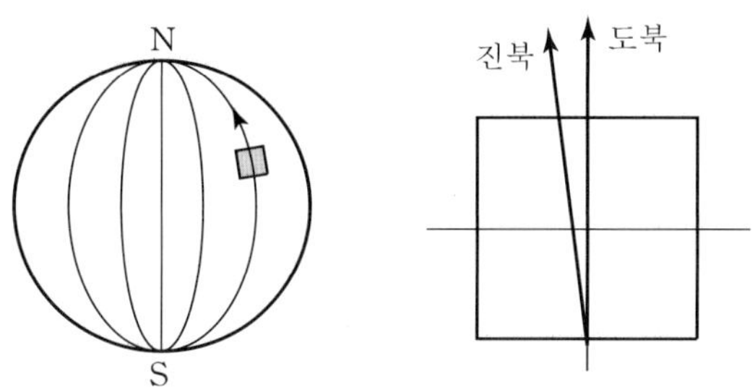

② 자북과 진북의 관계

자북은 나침반 바늘이 가리키는 북쪽을 말한다. 자침이 서편했을 경우에 진북 방향각은 자북방위각에서 자침편차만큼 빼주면 구할 수 있으며, 반대로 자침이 동편했을 경우에는 자북방위각에서 자침편차만큼을 더해주면 진북방향각을 구할 수 있다.

그림 5.28

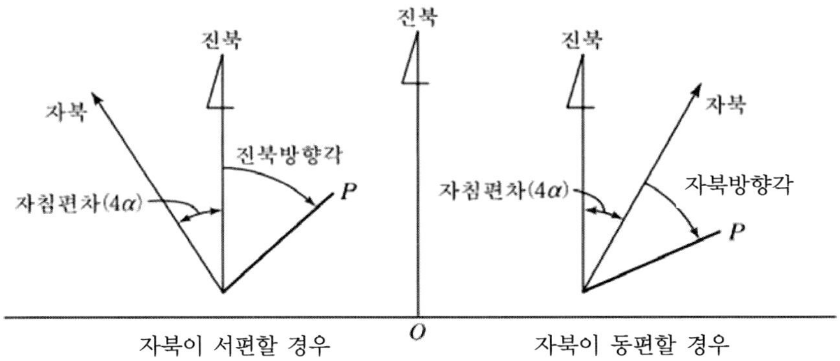

* 자북이 서편할 경우 : 진북방향각은 자북방향각에서 자침편차량을 빼주어야 한다.

| 예제 5-13 |

나침반을 사용하여 어떤 방향선의 방향각을 측정하여 S35°37′E를 얻었다. 이 지점의 자침의 편각이 서편 6°22′일 때 이 방향선의 진북방위각을 구하시오.

풀이 진북방향각은 서편했으므로 자북방위각에서 자침편차를 빼서 구한다.

$$(180° - 35°37') - 6°22' = 138°01'$$

5.6.6 각관측오차

기계오차는 정오차로써 조정이 완전하지 않기 때문에 생기는 오차와 기계의 구조상의 결점에 따른 오차로 나누어진다. 먼저 조정이 완전하지 않기 때문에 생기는 오차에는 연직축오차, 시준축오차, 수평축오차로 나누어지며 연직축오차에는 연직축이 연직하지 않기 때문에 생기는 오차로 소거가 불가능하다. 시준축오차는 시준선이 수평축과 직각이 되지 않아서 생기는 오차로 망원경을 정위와 반위로 관측해서 평균을 구하면 소거가 가능하다. 수평축오차는 수평축이 수평이 되지 않아서 생기는 오차로 망원경을 정위와 반위로 관측해서 평균하면 제거가 가능하다. 기계 구조상의 결점에 따른 오차에는 분도원의 눈금오차, 회전축의 편심오차(내심오차)와 시준선의 편심오차(외심오차) 등이 있다.

우연오차에는 목표시준의 불량, 기기의 진동, 그리고 관측자의 피로 등에 의한 관측오차 등이 있다.

| 예제 5-14 |

각관측 때 우연오차의 예를 드시오.

풀이 목표시준 불량, 기기의 진동, 관측자의 피로 등으로 오차 제거가 불가능한 것이다.

연습문제

5-1 다음과 같은 결합 트래버스를 조정하시오.

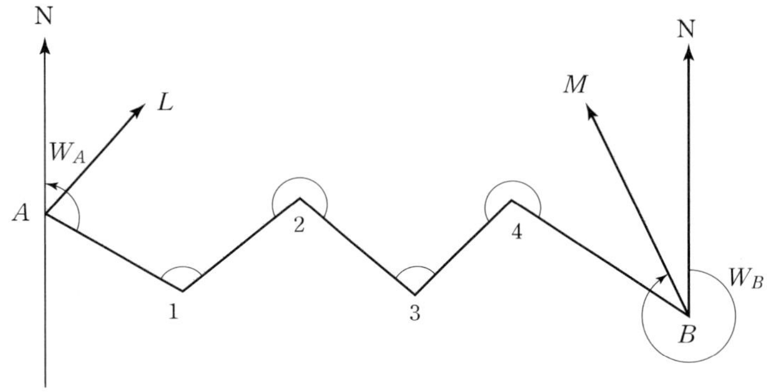

$X_A = 100.00$ m　　$X_B = 94.615$ m　　$W_A = 33°41'24''$

$Y_A = 100.00$ m　　$Y_B = 202.035$ m　　$W_B = 326°18'30''$

측점	관측각	측선	거리[m]
A	93°10′48″	A−1	26.742
1	116°33′56″	1−2	27.493
2	255°57′49″	2−3	20.473
3	74°17′29″	3−4	29.414
4	258°06′40″	4−B	28.439
B	34°30′24″		

* 캠퍼스 법칙으로 조정

5-2 다각측량의 기본정의와 특징에 대하여 간단히 설명하시오.

5-3 트래버스의 계산 순서에 대하여 간단히 설명하시오.

5-4 트래버스의 종류에 관하여 설명하시오.

5-5 폐합비의 허용 범위에 대하여 설명하시오.

5-6 트래버스의 측각오차를 구하는 방법에 대하여 설명하시오.

5-7 트래버스 측점의 선정 시 유의사항에 대하여 설명하시오.

5-8 각관측 방법에 대하여 간단히 설명하시오.

5-9 폐합오차의 조정에 관하여 설명하시오.

5-10 합위거, 배횡거, 배면적이란 무엇인지 설명하시오.

5-11 방향각과 방위각의 차이를 설명하시오.

5-12 시준오차 $\pm 7''$, 눈금읽음오차 $\pm 10''$일 때 2배각법으로 관측한 관측오차를 구하시오.

5-13 한 측점에서 9개의 방향선이 구성되었을 때 이들 방향선이 각관측법에 이용될 측각의 총수와 조건식 총수를 구하시오.

5-14 방향관측에 $10''$의 오차가 있을 때 15 km 거리에서 생기는 위치오차를 구하시오.

CHAPTER 6

삼각측량

삼각측량은 과거 정밀한 평면기준점을 측량할 때 가장 정밀한 방법으로 소개되었던 측량이다. 현재, 전자파 거리측량기의 발달에 따라 사용빈도 수가 적지만 장거리 정밀측량으로는 삼각측량이 매우 정밀한 결과를 얻어낼 수 있기 때문에 사용되고 있다. 이 장에서는 삼각측량의 정의, 종류, 망조정, 오차처리 등에 대하여 다룬다.

6.1 개요

삼각측량(三角測量)은 각종 측량의 골격이 되는 평면기준점을 사인법칙으로 수평위치를 정밀하게 결정하는 측량방법이다. 삼각측량으로 결정된 기준점을 삼각점이라 한다. 우리나라 기준점은 삼각측량으로 실시되었으며, 미국의 경우도 같다. 삼각측량은 대지 삼각측량(geodetic triangulation)과 평면 삼각측량(plane triangulation)으로 나뉜다. 대지 삼각측량은 지구의 곡률을 고려하는 측량으로 평면위치와 지구의 크기, 모양 등을 계산한다. 평면 삼각측량은 지구표면을 평면으로 생각하여 측량하는 것으로 측정정밀도를 100만분의 1로 할 때 380 km^2 이내는 평지로 볼 수 있으므로 반경 11 km 이내의 범위를 한계로 한다.

삼각측량의 기본원리는 그림 6.1과 같다. 삼각형에서 기선 AB를 알고 있고 내각 α, β, γ을 관측하면 사인법칙에서 다음과 같다.

$$\frac{a}{\sin\alpha} = \frac{b}{\sin\beta} = \frac{c}{\sin\gamma}$$

$$\therefore a = \frac{\sin\alpha}{\sin\gamma} \cdot AB, \quad b = \frac{\sin\beta}{\sin\gamma} \cdot AB$$

변의 길이 a, b를 구한 다음, 측점 A에서 측점 c의 좌표를 구한다.

삼각측량을 하기 위해서는 삼각점과 삼각점이 서로 잘 보이는 곳으로 하여 선점하도록 한다.

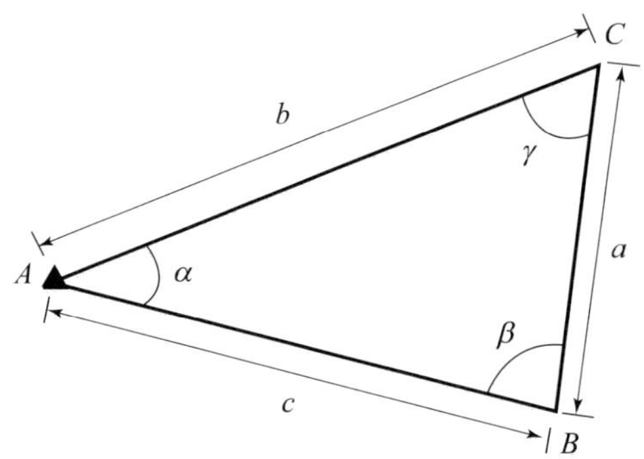

그림 6.1
삼각측량의 원리

| 예제 6-1 |

삼각측량 결과 그림 6.1에서 $\alpha = 68°42'17''$, $\beta = 70°33'46''$, $\gamma = 41°44'\ 57''$ 이고 AB 기선이 1,637.482 m일 때, 측점 A, C의 거리 b와 측점 B, C의 거리 a를 구하시오.

풀이 사인법칙에서

$$\frac{a}{\sin 68°42'17''} = \frac{b}{\sin 70°33'46''} = \frac{c}{\sin 41°44'57''}$$

$$\therefore a = \frac{\sin 68°42'17''}{\sin 41°44'57''} \times 1{,}637.482$$

$$= 2{,}291.250 \text{ m}$$

$$b = \frac{\sin 70°33'46''}{\sin 41°44'57''} \times 1{,}637.482$$

$$= 2{,}319.003 \text{ m}$$

단열삼각망은 삼각형[1]을 한 줄로 배열한 것으로 측점이 멀리 떨어져 있을 때 연결하는 방법이다. 폭이 좁고 거리가 먼 지역에 적합하고 노선, 하천, 터널 측량에 이용된다. 유심다각망은 동일 측점 수에 비하여 포괄면적이 크고 넓은 측량에 알맞다. 그리고 사변형 삼각망(또는 사변망)은 안에 4개의 삼각형을 구성하는 것으로 정밀도가 높다.

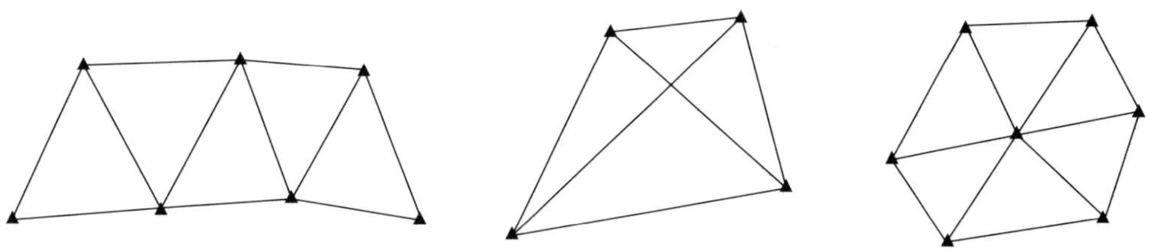

(a) 단열삼각망 (b) 사변형 삼각망 (c) 유심다각망

그림 6.2 삼각망의 종류

| 예제 6-2 |

대규모 단지 조성공사를 하기 위하여 삼각측량으로 단지 안에 기준점을 설치할 때 사변형 삼각망을 사용하는 경우를 설명하시오.

풀이 사변형 삼각망은 단지가 잘 보이는 인근 산의 정상에 있는 2개의 삼각점을 기지삼각점으로 하여 측량한다. 삼각점 이동거리가 짧고, 측점 수가 적어 단지 조성공사 등의 기준점 설치 때 사용하는 삼각측량 방법이다.

1) 내각 25°～130° 범위, 60° 이상적

6.2 사변망 조정

삼각측량 후, 관측값의 오차가 허용범위 내에 있는 경우 오차를 조정한다. 기하학적 측점조건(측점방정식)과 도형조건(변방정식, 각방정식)으로 조정한다.

6.2.1 근사법에 의한 조정

[1] 각조건의 조정

그림 6.3에서 w_1, w_2, w_3를 사용하여 관측각 (1), (2), (3), …, (8)의 조정각 (1)′, (2)′, (3)′, …, (8)′은 다음과 같다.

$$\{(1)+(2)+(3)+\cdots\cdots+(8)\}-360^\circ = \pm w_1$$

$$\{(1)+(2)\}-\{(5)+(6)\} = \pm w_2$$

$$\{(3)+(4)\}-\{(7)+(8)\} = \pm w_3$$

$$(1)' = (1) \mp \frac{w_1}{8} \mp \frac{w_2}{4}, \qquad (2)' = (2) \mp \frac{w_1}{8} \mp \frac{w_2}{4}$$

$$(3)' = (3) \mp \frac{w_1}{8} \mp \frac{w_3}{4}, \qquad (4)' = (4) \mp \frac{w_1}{8} \mp \frac{w_3}{4}$$

$$(5)' = (5) \mp \frac{w_1}{8} \pm \frac{w_2}{4}, \qquad (6)' = (6) \mp \frac{w_1}{8} \pm \frac{w_2}{4}$$

$$(7)' = (7) \mp \frac{w_1}{8} \pm \frac{w_3}{4}, \qquad (8)' = (8) \mp \frac{w_1}{8} \pm \frac{w_3}{4}$$

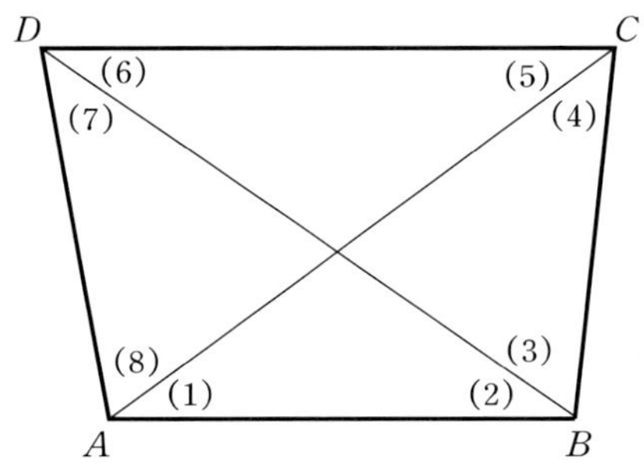

그림 6.3
사변망

[2] 변조건 조정

$\{\log\sin(1)' + \log\sin(3)' + \log\sin(5)' + \log\sin(7)'\} -$
$\{\log\sin(2)' + \log\sin(4)' + \log\sin(6)' + \log\sin(8)'\} = \pm w_4$

$\log\sin(1)', \log\sin(2)', \log\sin(3)' \cdots$에 대한 $1''$의 표차를 각각 $d_1, d_2, d_3, \cdots, d_8$로 하여 $d_1 + d_2 + d_3 + \cdots + d_8 = [d]$, 조정량 $v = \dfrac{w_4}{[d]}$를 각각의 조정량 $v_1, v_2, \cdots, v_8$이라 하면

$$\text{홀수각에 } \pm v_1 = \pm v_3 = \pm v_5 = \pm v_7 = \frac{w_4}{[d]}$$

$$\text{짝수각에 } \pm v_2 = \pm v_4 = \pm v_6 = \pm v_8 = \frac{w_4}{[d]} \qquad (6.1)$$

이것은 다음과 같이 조정하여 결정각이 된다.

$(1)'' = (1)' \pm v_1$, $\quad$ $(2)'' = (2)' \pm v_2$

$(3)'' = (3)' \mp v_3$, $\quad$ $(4)'' = (4)' \pm v_4$

$(5)'' = (5)' \pm v_5$, $\quad$ $(6)'' = (6)' \pm v_6$

$(7)'' = (7)' \pm v_7$, $\quad$ $(8)'' = (8)' \pm v_8$

※ 표차 $d = \{\log\sin(\text{조정각} + 1''e) + 10\} - \{\log\sin(\text{조정각}) + 10\}$

$$= \frac{1}{\tan\theta'} \times 21.055$$

| 예제 6-3 |

그림 6.3에서 사변망의 삼각측량 결과를 가지고, 각을 조정하시오. 단, 대수는 소수 7자리, 각도는 1/10초까지 근사법 조정

각	관측각	각	관측각
1	42°02′15″	5	39°28′20″
2	43°10′35″	6	45°44′25″
3	81°19′05″	7	15°27′45″
4	13°28′15″	8	79°19′23.8″

풀이

각명	관측각	각조건				
					계	조정각
∠1	42°02′15″	−0.5″	−1.2″		−1.7″	42°02′13.3″
∠2	43°10′35″	−0.5″	−1.3″		−1.8″	43°10′33.2″
∠3	81°19′05″	−0.4″		−2.8″	−3.2″	81°19′01.8″
∠4	13°28′15″	−0.5″		−2.8″	−3.3″	13°28′11.7″
∠5	39°28′20″	−0.5″	+1.2″		+0.7″	39°28′20.7″
∠6	45°44′25″	−0.5″	+1.3″		+0.8″	45°44′25.8″
∠7	15°27′45″	−0.5″		+2.8″	+2.3″	15°27′47.3″
∠8	79°19′23.8″	−0.4″		+2.8″	+2.4″	79°19′26.2″
계	360°00′03.8″	−3.8″				360°00′00″

변조건					검산	
log sin 홀수	log sin 짝수	표차	조정량 v_4	조정각	log sin 홀수각	log sin 짝수각
9.8258224		23.4	−2.9″	42°02′10.4″	9.8258154	
	9.8352086	22.4	+2.9″	43°10′36.1″		9.8352151
9.9949939		3.2	−2.9″	81°18′58.9″	9.9949929	
	9.3672344	87.9	+2.9″	13°28′14.6″		9.3672598
9.8032568		25.6	−2.9″	39°28′17.8″	9.8032494	
	9.8550260	20.5	+2.9″	45°44′28.7″		9.8550319
9.4258901		76.1	−2.9″	15°27′44.4″	9.4258680	
	9.9924167	4.0	+2.9″	79°19′29.1″		9.9924178
39.0499632	39.0498857	263.1		360°00′00″	39.0499259	39.0499246

(7.75×10^{-5}) (1.3×10^{-5})

[계산 근거]

① 각조건 조정

㉠ 각조건 $\angle1+\angle2+\angle3+\angle4+\angle5+\angle7+\angle8=360°$

$45°44'25''+42°02'15''+43°10'35''+81°19'05''$

$+13°28'15''+39°28'20''+15°27'45''+79°19'23.8''$

$=360°00'03.8''$

오차량 $\omega_1=360°00'03.8''-360°=3.8''$

조정량 $v_1=\dfrac{-3.8''}{8''}=-0.48''$

여기서는 $\dfrac{1}{10}$초 단위로 계산하므로 0.5″, 0.5″, 0.4″, 0.5″, 0.5″,0.5″, 0.4″

를 각각 뺀다.

ⓛ 각조건 $\angle 1+\angle 2=\angle 5+\angle 6$

$42°02'15''+43°10'35''=39°28'20''+45°44'25''$

$85°12'50''=85°12'45''$

오차량 $\omega_2=85°12'50''-85°12'45''=5''$

조정량 $v_2=\dfrac{5''}{4}=1.25''$

$\therefore \dfrac{1}{10}$ 초 계산이므로 $1.2'', 1.3''$로 한다. $\angle 1+\angle 2$ 가 크므로 −1.2, −1.3 , $\angle 5+\angle 6$은 각이 작으므로 +1.2, +1.3으로 조정한다.

ⓒ 각조건 $\angle 3+\angle 4=\angle 7+\angle 8$

$81°19'05''+13°28'15''=15°27'45''+79°19'23.8''$

$94°47'20''=94°47'08.8''$

오차량 $\omega_3=94°47'20''-94°47'08.8''=11.2''$

조정량 $v_3=\dfrac{11.2''}{4''}=2.8''$

$\therefore \angle 3+\angle 4$ 의 각이 크니까 $-2.8''$, $\angle 7+\angle 8$의 각은 작으므로 $+2.8''$를 조정한다.

② 변조정 조건

㉠ 대수계산($\log\ \sin\theta'+10$)

제 1조정을 한 각으로 계산한다.

$\angle 1''=\log\sin 42°02'13.3''+10=9.8258224$

$\angle 2''=\log\sin 43°10'33.2''+10=9.8352086$

$\vdots$

$\angle 8''=\log\sin 79°19'26.2''+10=9.9924167$

ⓛ 표차계산

$$d=\frac{1}{\tan\theta'}\times 21.055$$

$$\angle 1'=\frac{1}{\tan 42°02'13.3''}\times 21.055=23.4$$

$$\angle 2'=\frac{1}{\tan 43°10'33.2''}\times 21.055=22.4$$

$\vdots$

$$\angle 8'=\frac{1}{\tan 79°19'26.2''}\times 21.055=4.0$$

계=263.1

㉢ 조정량 계산

$$\text{조정량}\quad v_4 = \frac{(\Sigma\text{logsin 홀수각}) - (\Sigma\text{logsin 짝수각})}{\Sigma\text{표차}}$$

$$= \frac{39.0499632 - 39.0498857}{263.1}$$

$$= \frac{775}{263.1} = 2.94'' = 2.9''$$

$$\Sigma\text{logsin 홀수각} = 39.0499632$$
$$= \Sigma\text{logsin}(\angle 1' + \angle 3' + \angle 5' + \angle 7')$$

$$\Sigma\text{logsin 짝수각} = 39.0498856$$
$$= \Sigma\text{logsin}(\angle 2' + \angle 4' + \angle 6' + \angle 8')$$

$$\Sigma\text{표차} = 263.1$$

홀수각은 $-2.9''$, 짝수각은 $+2.9''$를 조정한다.

6.2.2 엄밀법에 의한 조정

그림 6.3에서 각각의 조정량을 $v_1, v_2, \cdots, v_8$ 이라 하면,

$$\{(1)+v_1\}+\{(2)+v_2\}+\{(3)+v_3\}+\cdots+\{(8)+v_8\} = 360°$$
$$\{(1)+v_1\}+\{(2)+v_2\}=\{(5)+v_5\}+\{(6)+v_6\}$$
$$\{(3)+v_3\}+\{(4)+v_4\}=\{(7)+v_7\}+\{(8)+v_8\}$$

위의 식에서

$$\{(1)+(2)+(3)+(4)+\cdots\cdots+(8)\} = 360° = w_3$$
$$\{(1)+(2)\}-\{(5)+(6)\} = w_1$$
$$\{(3)+(4)\}-\{(7)+(8)\} = w_2$$

라 하면

$$v_1+v_2+\cdots\cdots+v_3+v_3 = 0$$
$$v_1+v_2-(v_5+v_6)+w_1 = 0$$
$$v_3+v_4-(v_7+v_8)+w_2 = 0 \qquad (6.2)$$

다음에 $\triangle ABC$, $\triangle BCD$, $\triangle CDA$, $\triangle DBA$ 에서 사인법칙으로 다음의 변조

건식이 성립한다.

$$\frac{\sin\{(2)+v_2\}\cdot\sin\{(4)+v_4\}\cdot\sin\{(6)+v_6\}\cdot\sin\{(8)+v_8\}}{\sin\{(1)+v_1\}\cdot\sin\{(3)+v_3\}\cdot\sin\{(5)+v_5\}\cdot\sin\{(7)+v_7\}}=1$$

양변에 대수를 취하여

$$\begin{aligned}&\log\sin(1)+\log\sin(3)+\log\sin(5)+\log\sin(7)\\&-\{\log\sin(2)+\log\sin(4)+\log\sin(6)+\log\sin(8)\}=w_4\end{aligned}$$

로 하며 $\log\sin(1)$에 대한 1″의 표차를 d_1으로 하면 $\log\sin\{(1)+v_1\}=\log\sin(1)+d_1 v_1$ 이 되므로

$$d_1v_1+d_3v_3+d_5v_5+d_7v_7-d_2v_2-d_4v_4-d_6v_6-d_8v_8+w_4=0 \qquad (6.3)$$

식 (6.2) 및 (6.3)에서 미정계수 $-2K_1, -2K_2-2K_3-2K_4$를 곱하여 $\dfrac{d[vv]}{dv}=0$ 이 되는 v를 구하면

$$\begin{aligned}&v_1=K_1+K_2+K_4d_1, && v_2=K_1+K_2-K_4d_2\\&v_3=K_1+K_3+K_4d_3, && v_4=K_1+K_3-K_4d_4\\&v_5=K_1-K_2+K_4d_5, && v_6=K_1-K_2-K_4d_6\\&v_7=K_1-K_3+K_4d_7, && v_8=K_1-K_3-K_4d_8\end{aligned} \qquad (6.4)$$

식 (6.4)을 식 (6.2) 및 (6.3)에 대입하면

$$\begin{aligned}&8K_1+\{(d_1+d_3+d_5+d_7)-(d_2+d_4+d_6+d_8)\}K_4+w_3=0\\&4K_2+(d_1-d_2-d_5+d_6)K_4+w_1=0\\&4K_3+(d_3-d_4-d_7+d_8)K_4+w_2=0\\&\{(d_1+d_3+d_5+d_7)-(d_2+d_4+d_6+d_8)\}K_1+(d_1-d_2-d_5+d_6)K_2\\&\quad+(d_3-d_4-d_7+d_8)K_3+(d_1^2+d_2^2+\cdots+d_7^2+d_8^2)K_4+w_4=0\end{aligned} \qquad (6.5)$$

식 (6.5)의 연립방정식을 풀어 K_1, K_2, K_3, K_4를 구하고, 다시 식 (6.3)에 대입해서 $v_1, v_2, \cdots, v_8$ 을 구한다.

| 예제 6-4 |

그림 6.3을 이용하여 삼각측량 결과를 보고 엄밀법으로 사변망을 조정하시오.

각	관측각	각	관측각
1	62°46′12″	5	10°28′50″
2	44°49′15″	6	97°06′40″
3	51°27′45″	7	49°42′20″
4	20°56′40″	8	22°42′00″

풀이

각	관측각	log sin	$d_i(10^{-7})$	각	관측각	log sin	$d_i(10^{-7})$
1	62°46′12″	9.9489882	11	2	44°49′15″	9.8481227	21
3	51°27′45″	9.8933181	17	4	20°56′40″	9.5532306	55
5	10°28′50″	9.2598371	114	6	97°06′40″	9.9966465	−3
7	49°42′20″	9.8823714	18	8	22°42′00″	9.5864816	50
계	174°25′07″	38.9845148	160		185°34′35″	38.9844814	123

① 오차계산

$w_1 = (1)+(2)+\cdots+(8)-360° = -18$

$w_2 = \{(1)+(2)\}-\{(5)+(6)\} = 107°35'30 - 107°35'30 = -3''$

$w_3 = \{(3)+(4)\}-\{(7)+(8)\} = 72°24'25 - 72°24'20$

$w_4 = \Sigma \log\sin$ (홀) $- \Sigma \log\sin$ (짝) $= 8.9845148 - 8.9844814 = 334$

② k_i 계수계산

$a_{14} = (d_1+d_3+d_5+d_7)-(d_2+d_4+d_6+d_8) = 160-123 = 37$

$a_{24} = d_1 - d_2 - d_5 + d_6 = 11-21-114-3 = -127$

$a_{34} = d_3 - d_4 - d_7 + d_8 = 17-55-18+50 = -6$

$a_{41} = (d_1+d_3+d_5+d_7)-(d_2+d_4+d_6+d_8) = 37$

$a_{43} = d_3 - d_4 - d_7 + d_8 = -6$

$a_{42} = d_1 - d_2 - d_5 + d_6 = -127$

$a_{43} = d_3 - d_4 - d_7 + d_8 = -6$

$a_{44} = d_1^2 + d_2^2 + \dot{S} + d_8^2 = 19705$

$$\begin{bmatrix} 8 & 0 & 0 & 37 \\ 0 & 4 & 0 & -127 \\ 0 & 0 & 4 & -6 \\ 37 & -127 & -6 & 19,705 \end{bmatrix} \begin{bmatrix} k_1 \\ k_2 \\ k_3 \\ k_4 \end{bmatrix} = \begin{bmatrix} +18 \\ +3 \\ -5 \\ -334 \end{bmatrix}$$

$adj\ A$는 여인수의 전치이므로

$$A_{11} = \begin{bmatrix} 4 & 0 & -127 \\ 0 & 4 & -6 \\ -127 & -6 & 19,705 \end{bmatrix} \qquad A_{12} = \begin{bmatrix} 0 & 0 & -127 \\ 0 & 4 & -6 \\ 37 & -6 & 19,705 \end{bmatrix}$$

$4^4 \times 19,705 - 127^4 \times 4 - 6^4 \times 4 = 250620$ $\qquad -37 \times 4 \times 127 = -18,796$

$$A_{13} = \begin{vmatrix} 0 & 4 & -127 \\ 0 & 0 & -6 \\ 37 & -127 & 19,705 \end{vmatrix} \qquad (-)\ A_{14} = \begin{vmatrix} 0 & 4 & 0 \\ 0 & 0 & 4 \\ 37 & -127 & -6 \end{vmatrix}$$

$-4 \times 6 \times 37 = -888$ $\qquad -4^2 \times 37 = -592$

$$(-)\ A_{21} = \begin{vmatrix} 0 & 0 & 37 \\ 0 & 4 & -6 \\ -127 & -6 & 19,705 \end{vmatrix} \qquad A_{22} = \begin{vmatrix} 8 & 0 & 37 \\ 0 & 4 & -6 \\ 37 & -6 & 19,705 \end{vmatrix}$$

$-127 \times 4 \times 37 = -18,796$ $\qquad 8 \times 4 \times 19705 - 37^2 \times 4 - 6^2 \times 8 = 624,796$

$$(-)\ A_{23} = \begin{vmatrix} 8 & 0 & 37 \\ 0 & 0 & -6 \\ 37 & -127 & 19705 \end{vmatrix} \qquad A_{24} = \begin{vmatrix} 8 & 0 & 0 \\ 0 & 0 & 4 \\ 37 & -127 & -6 \end{vmatrix}$$

$8 \times 127 \times 6 = 6096$ $\qquad 8 \times 127 \times 4 = 4064$

$$(-)A_{31} = \begin{vmatrix} 0 & 0 & 37 \\ 4 & 0 & -127 \\ -127 & -6 & 19705 \end{vmatrix} \qquad A_{32} = \begin{vmatrix} 8 & 0 & 37 \\ 0 & 0 & -127 \\ 37 & -6 & 19705 \end{vmatrix}$$

$-4 \times 6 \times 37 = -888$ $\qquad 8 \times 6 \times 127 = 6096$

$$A_{33} = \begin{vmatrix} 8 & 0 & 37 \\ 0 & 4 & -127 \\ 37 & -127 & 19705 \end{vmatrix} \qquad (-)\ A_{34} = \begin{vmatrix} 8 & 0 & 0 \\ 0 & 4 & 0 \\ 37 & -127 & -6 \end{vmatrix}$$

$8 \times 4 \times 19705 - 37^2 \times 4 - 8 \times 127^2 = 49605$ $\qquad 8 \times 4 \times 6 = 192$

$$(-)\ A_{41} = \begin{vmatrix} 0 & 0 & 37 \\ 4 & 0 & -127 \\ 0 & 4 & -6 \end{vmatrix} \qquad A_{42} = \begin{vmatrix} 8 & 0 & 37 \\ 0 & 0 & -127 \\ 0 & 4 & -6 \end{vmatrix}$$

$4^2 \times 37 = -592$ $\qquad 8 \times 4 \times 127 = 4064$

$$(-)\ A_{43} = \begin{vmatrix} 8 & 0 & 37 \\ 0 & 4 & -127 \\ 0 & 0 & -6 \end{vmatrix} \qquad (-)\ A_{44} = \begin{vmatrix} 8 & 0 & 0 \\ 0 & 4 & 0 \\ 0 & 0 & 4 \end{vmatrix}$$

$8 \times 4 \times 6 = 192$ $\qquad 8 \times 4^2 = 128$

$$\det A = 8 \times 250,620 - 37 \times 592 = 1,983,056$$

$$\begin{bmatrix} k_1 \\ k_2 \\ k_3 \\ k_4 \end{bmatrix} = \frac{1}{1,983,056} \begin{bmatrix} 250,620 & -18,796 & -888 & -592 \\ -18,796 & 624,796 & 6,096 & 4,064 \\ -888 & 6,096 & 49,605 & 192 \\ -592 & 4,046 & 192 & 128 \end{bmatrix} \begin{bmatrix} +18 \\ +3 \\ -5 \\ -334 \end{bmatrix}$$

$$= \frac{1}{1,983,056} \begin{bmatrix} 4,656,940 \\ +148,204 \\ -309,849 \\ -42,230 \end{bmatrix} = \begin{bmatrix} +2.35 \\ +0.07 \\ -0.16 \\ -0.02 \end{bmatrix}$$

보정량을 구하면

$$v_1 = k_1 + k_2 + k_4 \cdot d_1 = +2.35 + 0.07 - 0.02 \times 11 = 2.20 \fallingdotseq 2''$$

$$v_2 = k_1 + k_2 - k_4 \cdot d_2 = +2.35 + 0.07 - (-0.02) \times 21 = 2.84 \fallingdotseq 3''$$

$$v_3 = k_1 + k_3 - k_4 \cdot d_3 = +2.35 - (-0.16) - (-0.02) \times 17 = 2.53 \fallingdotseq 3''$$

$$v_4 = k_1 + k_2 - k_4 \cdot d_4 = +2.35 + 0.07 - (-0.02) \times 55 = 3.52 \fallingdotseq 4''$$

$$v_5 = k_1 - k_2 + k_4 \cdot d_5 = +2.35 - 0.07 - 0.02 \times 114 = 0.00 \fallingdotseq 0''$$

$$v_6 = k_1 - k_2 - k_4 \cdot d_6 = +2.35 - 0.07 - (-0.02) \times (-3) = 2.22 \fallingdotseq 2''$$

$$v_7 = k_1 - k_3 - k_4 \cdot d_7 = +2.35 - (-0.16) - (-0.02) \times 18 = 2.87 \fallingdotseq 3''$$

$$v_8 = k_1 - k_3 - k_4 \cdot d_8 = +2.35 - (-0.16) - (-0.02) \times 50 = 3.51 \fallingdotseq 4''$$

보정량

각	보정량	보정각	각	보정량	보정각
(1)	+2″	62°46′14″	(2)	+3″	44°49′18″
(3)	+3″	51°27′48″	(4)	+4″	20°56′44″
(5)	0″	10°28′50″	(6)	+2″	97°06′42″
(7)	+3″	49°42′23″	(8)	+4″	22°42′04″
계	+8″	174°25′15″		+13″	185°34′48″

| 예제 6-5 |

사변망 조정으로 삼각측량 결과를 계산한 후 연결되는 작업과정을 설명하시오.

풀이 삼각측량으로 얻는 관측값은 사변망 조정으로 모든 관측값을 조정값으로 계산 완료하였다. 삼각측량은 떨어진 측점의 좌표를 얻는 것이 최종목적이다. 따라서, 사인법칙으로 각 측선의 길이를 먼저 구한다.

그림 6.1에서 삼각점 A, B를 알고 있는 경우, 변길이 AB는 계산으로 구하여 먼저 알 수 있다. 다음에는 변길이 AB를 기준으로 각각 변길이를 사인법칙으로 얻는다. 각각 변길이를 이용하여 조정각으로 삼각점 A 또는 B에서 ΔX, ΔY를 계산하여 삼각점 C 또는 D의 좌표를 최종적으로 산출한다.

6.3 단열삼각망 조정

일반적으로 각 삼각점에서 하나의 측점 주위에 있는 각의 합은 360°가 되어야 하며, 다각형의 내각의 합은 $(n-2)\times 180°$ 이고, 삼각망 중에서 임의의 한 변의 길이는 계산의 순서에 관계없이 같아야 한다. 각의 합과 내각의 합 조건을 각방정식(angle equation)이라고도 한다. 조건방정식의 수는 다음과 같이 구한다.

① 각조건식 수 $K_1 = l-p+1$ $l=$ 변의 수

② 변조건식 수 $K_2 = l-2p+B+2$ $p=$ 삼각점의 수

③ 점조건식 수 $K_3 = a+p-2l$ $B=$ 기선의 수

④ 조건식 총수 $K_4 = a+B-2p+3$ $a=$ 관측각의 수

| 예제 6-6 |

삼각측량에서 그림 6.4와 같은 삼각망일 경우 각조건, 변조건, 점조건, 그리고 조건식 총수를 각각 구하시오.

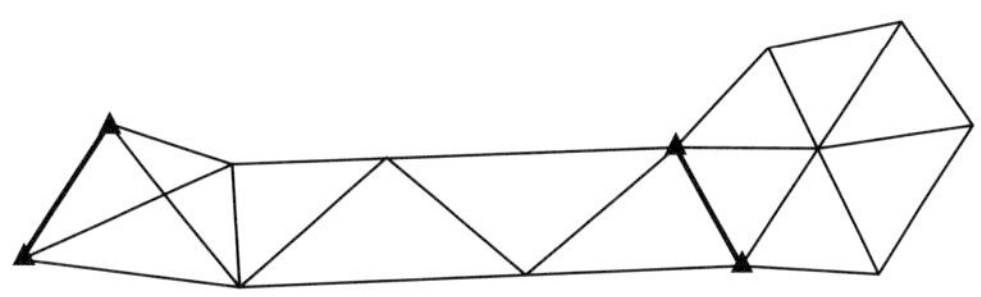

그림 6.4

풀이 $l=25,\ p=13,\ B=2,\ a=38$ 이므로

각조건식 수 $= K_1 = l-p+1 = 25-13+1 = 13$

변조건식 수 $= K_2 = l-2p+B+2 = 25-(2\times 13)+2+2 = 3$

점조건식 수 $= K_3 = a+p-2l = 38+13-(2\times 25) = 1$

조건식 총수 $= K_4 = a+B-2p+3 = 38+2-(2\times 13)+3 = 17$

Chapter_06

연습문제

6-1 유심다각망의 조정을 근사법에 의해 조정하는 방법을 간단히 설명하시오.

6-2 다음 사변형망의 조건식의 총수를 구하시오.

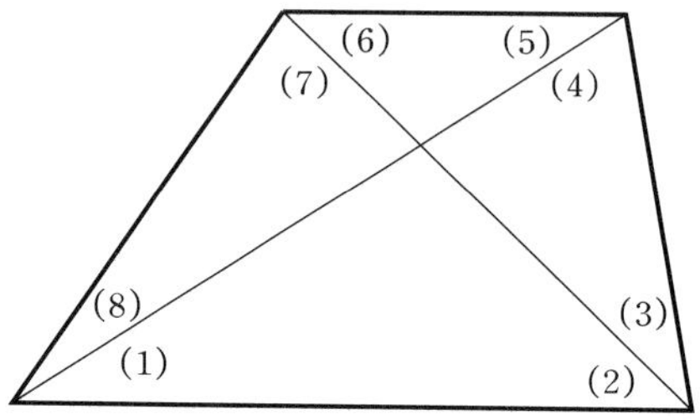

6-3 삼각측량에 대하여 간단히 설명하시오.

6-4 삼각측량의 종류에 대하여 설명하시오.

6-5 삼각망의 종류와 그 특징에 대하여 간단히 설명하시오.

6-6 삼각측량의 등급에 대하여 설명하시오.

6-7 삼각측량의 목적은 결과적으로 무엇을 하는 것인가?

6-8 그림과 같은 삼각측량에서 변장을 계산하기 위하여 log를 취하려 한다. 이때 대수를 이용하여 거리 BC를 구하는 식 중 맞는 것은?

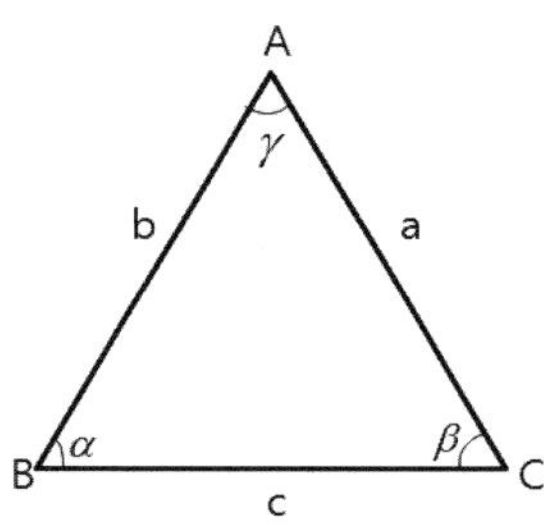

6-9 다음과 같은 삼각망에서 CD의 거리는?

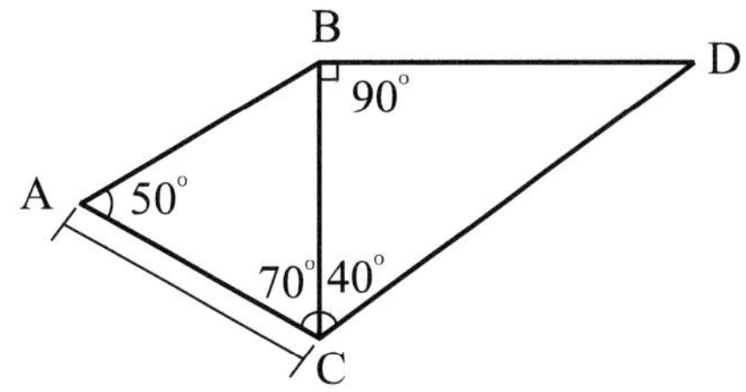

CHAPTER 7

지형도 작성

지형도 제작을 위한 측량방법은 전통적인 지형측량, 시거측량에 의한 방법이 있으며, 현재는 항공사진측량에 의한 수치지도 제작에 이르고 있다. 이 장에서는 지형도의 정의, 제작과정 및 방법 그리고 3차원의 형상을 표현하는 등고선의 성질 및 시거측량, 지도투영 등에 대하여 다룬다.

7.1 측지학 개론

측지학(geodesy)은 지구의 형상과 크기(shape) 및 운동, 지구 내부의 특성을 해석하는 학문으로 지표면을 측량하고 지도를 제작하는 데 이용되며, 수학적 기본 원리와 특수한 장비, 즉 측량기가 필수적이다. 나아가 위성측량(global positioning system)으로 인해 지구표면을 관측하는 위성측지학(satellite geodesy)으로 발전하고 있다.

협의의 의미로 측지학은 전 지구의 3차원적인 시간변화에 따른 측지기준망의 구성과 유지, 지구물리학적인 현상(극운동, 지구조석과 지각운동)의 측정 및 표현, 일시적인 변동량까지 포함하는 지구중력장의 결정을 연구하는 데 그 목적이 있다.

측지학은 기하학적인 부분과 물리학적인 부분으로 나눌 수 있다.

기하학적인 부분은 측지학적 3차원 위치 결정, 길이 및 시(time) 결정, 수평위치 결정, 높이의 결정, 천문측량, 위성측량, 해양측량, 면・체적의 결정, 그리고 지도제작 등이 있다.

물리학적인 부분은 지구형상 해석, 중력측량, 지자기측량(지자기의 3요소: 편각, 복각, 수평분력), 탄성파측량, 지구의 극운동과 자전운동, 지각의 변동 및 균열, 지구조석 등이다.

현재 측량 분야에서는 물리학적 측지학보다는 기하학적 측지학에 관련된 것이 대부분이므로 기하학적 부분에 대한 측지학을 간단히 설명하고자 한다.

7.2 기하학적 측지학

7.2.1 지구의 형상과 크기

[1] 지구의 형상

최초로 지구의 크기를 측정하고자 한 사람은 에라토스테네스(Eratosthenes; 이집트, B.C. 276~195)였다. 그는 지구 전체를 여행하며 한 바퀴 돌 계획이었으나 그 당시 상황에서는 불가능한 일이었기 때문에 수직터널을 뚫어 반대편으로 나오면 지구의 지름을 잴 수 있다는 발상을 하였다. 그는 지름과 같은 원둘레 길이를 측정함으로써 지구크기를 측정하는 이론을 정립하는 초석이 되었다.

지구의 형상은 남북이 약간 편평한 회전타원체에 가까우며 실제 지표면은 매우 불규칙하게 기복을 이루고 있다. 이러한 지구형상은 물리적 지표면, 지오이드(geoid), 지구타원체, 수학적 지표면으로 크게 나눌 수 있다. 물리적 지표면(physical surface of the earth)은 자연적 지표면으로서 매우 복잡하여 수학적인 계산의 기준으로 사용하기 곤란하다. 지오이드는 퍼텐셜 이론으로 정의되어 물리적 지표면보다 훨씬 매끄러운 모양이지만 위치결정 등에 필요한 수학적인 계산을 유효하게 수행하기에는 복잡하다. 지구타원체(earth ellipsoid)는 회전타원체를 도입하여 수학적으로 정의되고 대지측량계의 기준으로 사용된다. 그리고 수학적 지표면(mathematical surface)은 텔루로이드(telluroid), 의사지오이드(quasi geoid)로서 극히 정확한 위치결정이나 측지학적 문제를 다룰 때 사용하고 중력장에 의한 지표면을 수학적으로 표시한다.

[2] 지구타원체

한 타원의 주축을 중심으로 회전하여 생기는 입체를 회전타원체(spheroid, rotation ellipsoid)라 한다. 지구는 단축 주위로 회전하는 타원체에 가까운 모양으로 지구타원체(earth ellipsoid)는 부피와 모양이 실제 지구와 가장 가까운 회전타원체이다. 기하학적인 타원체로 굴곡이 없는 매끈한 면이고 지표의 기복과 지하물질의 밀도차가 없다.

지구타원체의 크기 결정은 베셀(Bessel)과 클라크(Clarke)의 경우 삼각측량 등의 실측을 바탕으로 하였으며, 헬메르트(Helmert)와 헤이퍼드(Hayford)는 중력측량값을 클레로(Clairaut)의 정의에 따라 해석하여 결정했다.

표 7.1처럼 1924년에는 헤이퍼드, 1980년에는 새로운 통일된 지구타원체값을 국제축지학·지구물리연합(IUGG) 총회에서 국제지구타원체(international ellipsoid)로 채택하였다.

기준타원체(reference ellipsoid)는 측량의 결과를 가지고 넓은 지역의 지도를 제작할 경우에 얻어진 결과로 기준이 되는 지구타원체에 투영하여 지도를 만든다. 이때, 측량지역의 지오이드에 가장 가까운 지구타원체, 즉 어느 한 지역의 대지측량의 기준이 되는 지구타원체를 선정하여야 한다.

표 7.1 중요한 지구타원체

발표자	사용국가	긴 반지름(a) [km]	짧은 반지름(b) [km]	편평률 $f=(a-b)/a$
베셀(1841)	한국, 일본, 동남아, 러시아 및 동구권	6,377.397	6,356.079	1/229.15
클라크(1866)	북미, 캐나다	6,378.206	6,356.584	1/294.98
헤이퍼드(1909)	남미, 영국, 서유럽, 오스트레일리아	6,378.388	6,356.912	1/297.00
IUGG(1980)	앞으로의 대지측량계 통일을 위한 추천값	6,378.137	6,356.752	1/298.26

[3] 지오이드

지오이드(geoid)는 정지된 평균해수면(mean sea level)을 육지까지 연결하여 지구 전체를 둘러싼다고 가상한 곡면이다. 지오이드면은 평균해수면과 일치하고 지구 어느 한 점에서 중력방향은 지오이드면에 수직하며 주변지형의 영향이나 부분적인 지각밀도의 불균일 때문에 타원체면에 대하여 기복이 있는(최대 수십 미터) 불규칙한 면으로서 간단한 수식으로 표시할 수 없다.

표고 0인 지오이드면은 위치에너지가 0이며, 지구상의 어느 한 점에서 지구타원체의 법선과 지오이드의 법선은 일치하지 않게 되는데, 이 두 법선의 차를 연직선편차라고 한다.

대륙은 지오이드면이 지구타원체면 보다 높으며, 해양은 지오이드면이 지구타원체면 보다 낮다.

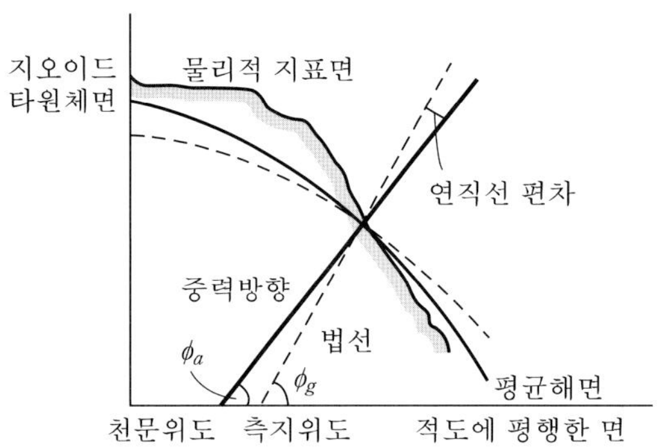

그림 7.1 지오이드와 타원체

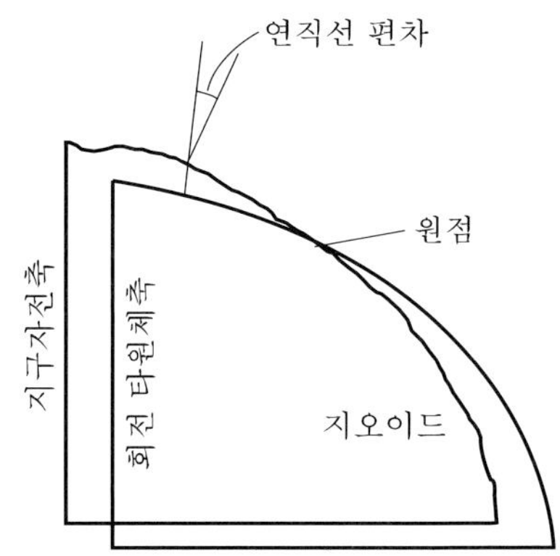

그림 7.2 지오이드와 회전타원체

7.2.2 지구의 기하학적 성질과 대지측량기준계

지구는 물리적인 표면으로 되어 있지만 수학적인 원리를 이용하여 지표면 상의 위치를 결정하기 위해 지구를 타원체로 가정한다. 따라서 지구타원체에 대한 용어 및 내용을 충분히 알면 보다 정확하게 기하학적 부분의 측지학 원리를 이해할 수 있다.

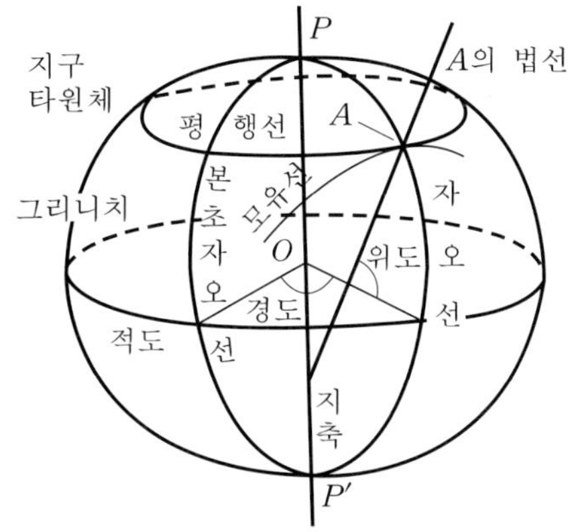

그림 7.3
지구의 기하학적 성질

[1] 기하학적 성질

지구중심을 포함하는 임의의 평면과 지표면의 교선을 지구의 대원(great circle; 대권)이라 하고, 그 밖의 평면과 지표면의 교선을 지구의 소원(small circle)이라 하며, 지구의 자전축으로 지축(earth axis)과 지표면의 두 교점을 북극과 남극이라 한다.

적도(equator)는 지축과 직교하여 지구중심을 지나는 평면과 지표면의 교선이며, 평행권(parallels of latitude, parallel lines)은 적도와 나란한 평면과 지표면의 교선 위도가 같은 지점을 연결한 선이다.

자오선(또는 경선; meridian)은 양극을 지나는 대원의 북극과 남극 사이의 절반으로 중심각 180°의 대원호이고 적도와 직교하며 무수히 많다.

측지선(geodetic line, geodesic)은 지표상 두 점 간의 최단거리선으로 지심과 지표상 두 점을 포함하는 평면과 지표면의 교선이다. 항정선(航程線; rhumb line, loxodrome)은 자오선과 항상 일정한 각도를 유지하는 지표의 선으로 그 선 내각점에서 방위각이 일정한 곡선이며, 한 점에서 출발하여 극으로 갈수록

그림 7.4
측지선과 항정선

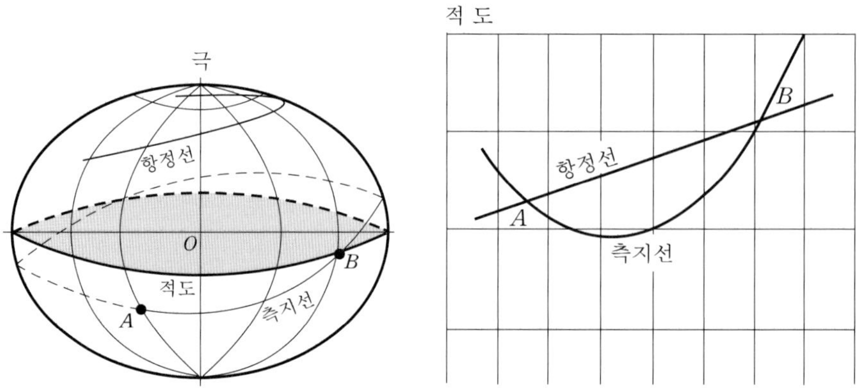

그림 7.5
측지경위도와 천문경위도

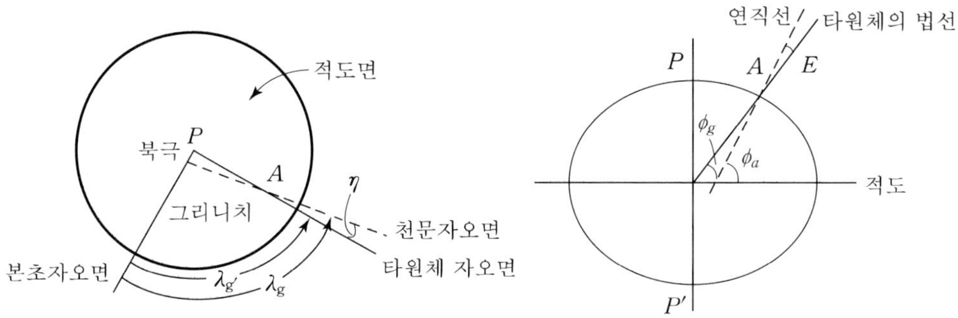

나선모양으로 수렴한다. 그리고 묘유선(prime vertical)은 지구타원체 상의 한 점의 법선을 포함하며 그 점을 지나는 자오면에 직교하는 평면과 타원체면과의 교선이다. 위도와 경도에서 천문측량으로 구하는 것을 천문경위도라 하고 측지경위도(지리경위도)는 주로 삼각측량 등에 의하여 준거타원체면상에서 계산하여 구하는 것이다.

그리니치(Greenwich)를 지나는 자오선을 기준자오선(prime meridian)으로 하며 기준자오면과 지표상 한 점을 지나는 자오면이 만드는 적도면 상의 각거리를 경도(longitude; λ)라 한다. 경도는 기준자오선을 중심으로 동서로 각각 180°씩 나누어져 있다.

측지경도(geodetic longitude; λ_g)는 적도면에서 잰 기준자오선과 어느 지점의 타원체 자오선 사이의 각거리이며, 천문경도(astronomical longitude; λ_a)는 적도면에서 잰 기준자오선과 어느 지점의 천문자오선 사이의 각거리이다.

위도(latitude; ϕ)는 지표면 상 한 점에 세운 법선이 적도면과 이루는 각으로

그림 7.6
위도

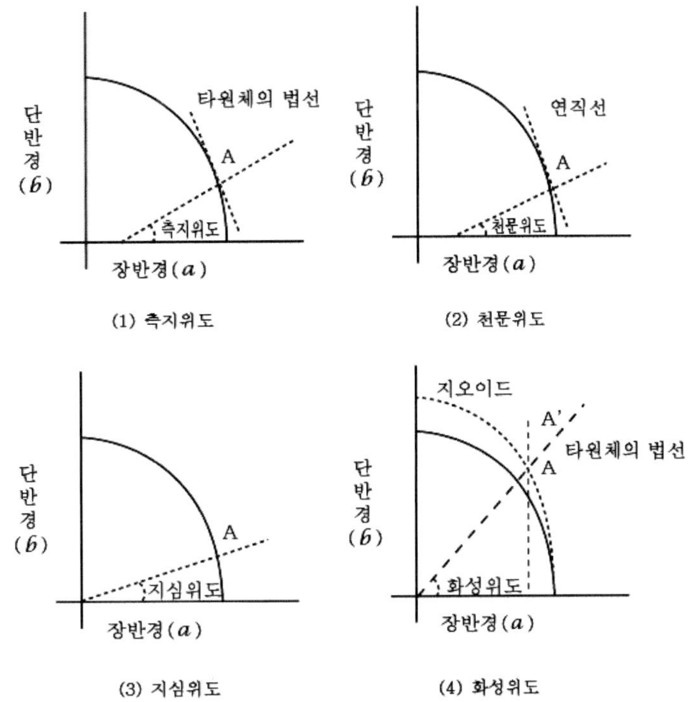

적도는 0°이며 남・북으로 각각 90°씩 표시된다. 위도의 종류에는 측지위도, 천문위도, 지심위도, 화성위도가 있다.

측지위도(geodetic latitude; ϕ_g)는 지구상 한 점 A 에서 타원체에 대한 법선이 적도면과 이루는 각으로 지도에 표시되는 일반적인 위도이며, 지리위도(geographic latitude)라고도 한다. 천문위도(astronomic latitude; ϕ_a)는 지구상 한 점 A 에서의 지오이드에 대한 연직선이 적도면과 이루는 각으로 지오이드를 기준으로 한 위도이다. 지심위도(geocentric latitude; ϕ_c)는 지구상 한 점 A 와 지구중심 O를 잇는 직선이 적도면과 이루는 각이다. 화성위도(reduced latitude; ϕ_r)는 지구중심으로부터 타원체의 긴 반지름 OE를 반지름으로 하는 구 그리고 타원체 상의 점 A 를 지나는 적도면의 법선이 이 구와 만나는 점 A' 와 지구중심 O를 잇는 직선이 적도면과 이루는 각이다.

지표상 한 점 A 에서 B 로 향하는 방향의 방위각(azimuth)은 점 A 에서 타원체의 법선(또는 연직선)을 포함하는 두 평면인 자오면과 AB 면 사이의 각으로 정의하며 일반적으로 방위각은 북쪽에서 시계방향으로 잰다.

측지방위각(geodetic azimuth; $A_{(AB)g}$)은 점 A 의 타원체법선 AI와 타원체

의 북극 P_E를 지나는 평면 AIP_E와 법선 AI와 점 B를 지나는 평면 AIB가 이루는 각이며, 천문방위각(astronomical azimuth; $A_{(AB)a}$)은 점A의 연직선 AZ와 천극 P_c를 지나는 평면 AZP_c와 연직선 AZ와 점 B를 지나는 평면 AZB가 이루는 각이다.

측지방위각(A_g)과 천문방위각(A_a)의 관계가 다음과 같을 때 라플라스(Laplace) 방정식이 성립한다.

$$A_g = A_a - (\lambda_a - \lambda_g)\sin\phi$$

어느 점에서 삼각측량에 의해 계산된 측지방위각과 천문측량에 의해 관측된 값들을 라플라스 방정식에 적용하여 계산한 측지방위각과 비교하여 그 차이를 조정함으로써 보다 정확한 위치결정이 가능하며 삼각망의 비틀림을 바로 잡을 수 있는데, 이와 같은 점을 라플라스점(Laplace station)이라 한다.

지표면 상에서 잰 각은 엄밀하게는 접평면 상의 각이므로 구면 상 위치결정을 위한 삼각함수의 적용을 위해서는 구면상의 각으로 환산해야 한다. 구면삼각형은 지표상 세 점을 지나는 세 개의 대원을 세 변으로 하는 삼각형이며, 구면삼각형에서는 내각의 합이 180°가 넘는데, 그 차이를 구과량이라 한다.

세계시(UT; universal time)는 표준시의 세계적 기준시간대인 그리니치 천문대(경도 0°)를 중심으로 그리니치 자오선에 대한 평균태양시로 나타낸다. 그러나 세계시는 지구의 극운동과 계절의 변화 때문에 지구의 자전운동이 일정하지 않으므로 전 세계가 균일한 시간대를 가지지 못한다.

[2] 대지측량기준계

지구의 형과 크기를 중력장으로 정의하고 이것을 대지측량기준계(geodetic reference system)로 확립한 국제측지협회(IAG; International Association of Geodesy)는 1909년 포츠담중력값, 1924년 국제지구타원체(international ellipsoid), 1930년 국제중력식을 결정하였다.

이후 인공위성의 출현과 새로운 호길이측량의 실시 등 새로운 측량자료가 누적되고, 국제천문학연합회(IAU; International Astronomical Union)의 천문정수계(system of astronomical constants)가 제정되었다. 1967년 IUGG/IAG 제14차 총회에서는 지구의 적도반지름(a), 대기를 포함한 지구의 지심인력정수(GM),

지구의 역학적 형상요소(J_a), 지구의 자전각속도(ω)를 제정하였다.

1979년 12월 IUGG/IAG 제17차 총회에서는 대지측량기준계 1980(geodetic reference system 1980)을 제정하였다.

우리나라의 측량기준점에서 경위도 원점을 살펴보면 삼각망의 기준이 되는 대삼각본점은 부산 절영도(수도산; 위도=35°04′6″.066N, 경도=129° 03′16″.246E)와 거제도(옥녀봉; 위도=34°50′56″.755N, 경도=129°414″.197E)이며, 기선은 41,759.9m이다. 우리나라 최초의 「대한민국 경위도원점」(건설부 국토지리정보원 고시 제57호)은 1985년 12월 27일 발표되었으며 수원국토지리정보원 내에 위치하고 있다(경도=127°03′05″.1451E, 위도=37°16′31″.9034N, 방위각=170°58′18″. 190).

평면직교좌표(X, Y)를 보면 남북축은 X축, 동서축은 Y축으로 한다.

우리나라는 3개의 가상도원점(서부도원점=38°00′N, 125°00′00″E, 중부도원점=38°00′N, 127°00′00″E, 동부도원점=38°00′N, 129°00′00″E)을 사용하고 가상도원점에는 동일한 좌표값을 주고 있다. 여기서 각 원점좌표는 경도에서 10″.405의 오차를 가지고 있기 때문에 TM 좌표로 변환시킬 때는 경도에 10″.405를 더해야 한다.

7.3 지형측량

지표의 기복상태(지모)와 같은 자연지형, 도로, 건물 등과 같은 인조지형의 위치를 결정해 평면도에 고저기복을 표시하고 지형도를 작성하기 위하여 한 도면이나 지도 상에 축척에 맞게 표현하는 전체 작업을 지형측량(topographic surveys)이라 한다. 여기서 topos는 그리스어에서 장소(place)를 뜻한다. 그리고 지형측량으로 나중에 등고선이나 종단면도 또는 횡단면도를 그릴 때 사용되는 지표면의 표고를 결정할 수 있다.

표 7.2처럼 지형측량 방법의 변화에 따라 종이지도에서 수치지도로 변화되었다.

표 7.2 지형측량 방법

구분	측량방법	결과물
과거	시거측량 평판측량	종이지도
현재	사진측량 원격탐사	수치지도

7.4 지형도

지형도는 일반적으로 토지의 표고 및 기복, 건물, 도로, 철도, 기타 구조물의 배치, 토지이용 등을 표현한 지도를 말한다.

[1] 지형도의 기본적 성격

지형도에는 등고선에서 지형을 표현하는 것을 원칙으로 하지만 큰 바위가 있는 곳, 모래가 많은 특수한 장소에서는 등고선을 대신하거나 또는 이와 병용해서 특유의 기호를 사용하기도 한다. 또 산꼭대기 요지(凹地)의 낮은 곳 등, 특수한 지점에서는 표고점을 표시한다. 건물, 인공구조물 등 윤곽이 명료한 것은 위쪽에서 본 정사경을 표시하는 것을 원칙으로 한다. 작은 것과 특수한 것에 대해서는 기호화하는 것도 있다. 식생 토지이용 등 면적이 넓은 것은 그 분포범위에 기호를 표시하고 그 경계가 명확한 경우는 그것을 표시하는 계선도 표시한다. 원칙대로라면 땅속이나 다리 밑에 있는 구조물 등 위에서 보이지 않는 것은 표시하지 않지만 필요에 따라 사선을 이용하는 등 상공에서 보이는 것과 구별해서 표시한다. 지하개발이 추진되고 다수의 구조물이 지하에 분포해 있으면 이에 따른 적절한 표현방법이 필요하다. 지형도에 표현된 사항은 마치 현지에 있는 높은 곳에서 주변의 경치를 봄으로써 얻어지는 정보와 같이 여러 가지가 있다. 이것은 편차상, 지형, 지물 및 다른 것으로 나눌 수 있다. 지형은 토지의 표고, 기복, 요철(凹凸) 등을 말하고 지물은 공작물, 식생, 토지이용경관, 지형 이외의 유형물을 말한다. 그리고 지명, 행정구역의 경계 등이 있다. 지형의 유무에 관계없이 대축척도 일반을 가리켜 평면도(planimetric map)라 한다.

축척(scale)은 실제의 거리를 지도상에 어느 정도로 축소하여 표현하고 있는

가를 표시하는 지표이다. 지표상의 2점 사이 길이와 이에 대응하는 실제의 직선 거리의 비를 분자 1로 하는 분수로 표시하는 값이다.

축척의 크고 작음을 비교할 때는 분수의 값의 크기에 의한다. 예를 들면, 실제는 100 m의 거리를 지도에서 1 cm로 표시하는 지도의 축척은 1/10,000이라고 할 수 있다. 이와 비교해 1/5,000의 축척을 가진 지도가 있다고 가정할 때 1/5,000의 지도가 1/10,000의 지도보다 축척이 크다. 지도와 도면에는 지도나 도면상에서의 거리가 실제 지면에서의 거리와 일치하게 그려진다. 축척에 따라 지도를 크게 세 가지로 분류하면 표 7.3과 같다.

지형도 작성방법은 종래의 지상측량에 의한 방법과 사진측량에 의한 수치지도 제작방법이 있다. 수치지도 제작방법은 수치지형모델(DTM; digital terrain model)에 의해 지형의 기복이 표현되는 방법을 말한다.

표 7.3 축척에 따른 지도 분류

지도 종류	축척에 의한 분류기준
대축척 지도(large scale map)	1/5,000 정도 이상인 지도
중(축)척 지도(medium scale map)	1/10,000~1/100,000인 지도
소축척 지도(small scale map)	1/200,000 정도 이하인 지도

[2] 일반측량에 의한 지형도 작성

우리나라는 항공사진측량(aerial photogrammetry) 방법으로 1/50,000 기본도를 중심으로 제작되어 있어서 소규모 지형도 작성에만 전통적인 방법을 일부 실시하고 있다. 이 절에서는 재래적 측량방법을 간단히 소개한다.

우선 삼각측량, 삼변측량, 고저측량 등을 이용해 기준점측량을 실시하여 먼저 기준점을 정한다. 삼각측량, 고저측량, 다각측량 등에 의해 도근점(圖根點) 측량을 하여 일정한 간격의 도근점을 설치한 후, 이 도근점을 기준으로 세부측량을 실시하여 측량원도를 작성한 다음 지형도를 작성한다. 세부적인 순서를 살펴보면 다음과 같다.

(1) 측량계획

지형도 작성을 위한 측량계획 때 지형도 작성의 목적에 적합한 측량범위, 축척,

도식, 정확도 등을 결정하고 지형도의 작성에 가능한 자료를 수집해야 하며, 축척에 주의해야 한다. 각 축척마다 실제 거리에 대응하는 도상(圖上)의 길이는 표 7.4와 같다.

표 7.4 도상거리와 실제 거리의 관계

축척	지도상의 1 cm에 대한 실제 거리	지도상의 30 cm에 대한 실제 거리	지도상의 50 cm에 대한 실제 거리
1/500	6 m	180 m	300 m
1/1,000	10 m	300 m	500 m
1/3,000	30 m	900 m	1,500 m
1/5,000	50 m	1,500 m	2,500 m
1/10,000	100 m	3,000 m	5,000 m
1/25,000	250 m	7,500 m	12,500 m

(2) 도근점 측량

도근점(圖根點)이란 새로운 평면위치 및 높이를 관측하여 결정되는 기준점을 말한다.

(3) 세부측량

표현할 지물의 위치, 형상 등을 정해진 도식을 이용하여 평판 상에 작도하는 작업이다.

기설(旣設)의 기준점은 빠짐없이 사용하고, 측점 수를 적게 하기 위해서는 될 수 있는 한 전망이 트인 곳에 측점을 설치하는 것이 좋다. 접합부에서는 인접구역과 공통된 기준점을 이용하며 공통된 측점을 설치하고, 다른 측량구역과 접합부에서 어긋나지 않도록 한다.

지물측량은 지상지물의 수평위치 형상을 결정하여 표시하는 측량으로 대표적 지물들의 위치관측의 진행방법을 간단히 설명하면 다음과 같다.

시가지 및 촌락의 경우 이들의 지물측량 시 구조물이 많아 시야가 가려지는 것이 보통이다. 그러므로 먼저 전진법, 교선법 등에 따라 굴뚝, 고층 건축물 등의 위치를 결정하면 후속작업이 쉽다.

도로 및 철도에서 도로는 주요도로로부터 고속도로, 일반국도, 특별시도, 지방도, 시・군도 등의 순으로 측량한다. 주요도로의 중심선을 따라 전진법에 의해 기준점을 설치하고 이것을 골격으로 하여 이 점으로부터 도로에 접한 부근의 지물을 방사법 등으로 결정한다.

하천은 평수위의 형상을 그리고 합류점・만곡점 등 주요점은 교선법에 의해 결정한다. 호수・항만 등은 주위의 기준점으로부터 수애선(水涯線)의 주요점을 교선법에 의하여 정하고, 수면의 표고를 주위의 기준점으로부터 구하여 설치한다.

해안은 해안선을 따라 전진법에 의해 결정된 점을 중심으로 연안(沿岸)의 주요부를 교선법으로 결정한다.

지모측량은 지표면의 기복상태를 관측하는 것으로 주로 등고선으로 표시한다. 특히 지성선의 표시가 정확도를 좌우한다. 이러한 지형측량 방법은 항공사진측량이 실시되면서 과거의 방법이 되었다.

[3] 사진측량 방법에 의한 지형도 작성

지형도 작성은 국토지리정보원에서 항공사진측량 방법으로 제작되고 있다. 또한 인공위성 영상으로도 지형도를 제작한다. 인공위성 영상과 항공사진의 차이점은 항공사진이 중심투영체계에 의해 얻어지는 데 반해 인공위성 영상은 전파주사방식에 의해 수치화된 영상을 얻는 것이다. 이는 여러 가지 수치영상처리 방법을 거쳐 원격탐사 방법으로 토양도, 산림도, 작물현황도 등의 주제도(主題圖)를 작성하는 데 이용할 수 있다. 최근에는 인공위성을 이용해 넓은 지역의 사진을 찍을 수 있기 때문에 위성 영상이 지형도 제작에 유용하게 이용되어 많은 연구가 이루어지고 있다. 사진측량에 의한 지형도 제작은 일반적으로 다음과 같이 세 과정에 의해 이루어진다.

(1) 촬영

촬영은 필요한 정확도에 의한 촬영기선길이, 촬영고도, 소요사진축척 등을 고려해 촬영계획을 세우고 촬영하여 음화(陰畵)필름을 얻는다. 촬영에서 얻어진 음화필름으로부터 세부도화에 필요한 양화(陽畵)필름과 지상 기준점측량에 필요한 밀착 인화사진 및 현지조사에 쓸 확대 인화사진을 제작한다. 대상지역을 결정할 때는 여유 있게 포괄할 수 있도록 사진 1매의 피사면적, 중복도를 고려해서 결정한다. 넓은 지역 촬영 시 사진 상 지형의 그림자가 상하(上下)방향으로 생기므로 동서방향으로 촬영하며 남북으로 긴 지역은 남북방향으로, 선형물(도로,

하천 등)은 직선촬영경로로, 중복도는 종중복 60%(최소 50%), 횡중복 30%(최소 5%)로 촬영한다. 촬영 시 주의사항은 다음과 같다.

우선 촬영일시를 정할 때 가능한 한 적설기, 홍수기는 피하고 지면이 잘 드러나는 가을에서 이른 봄이 좋다. 구름이 거의 없는 청명한 날을 택하고 지형 그림자가 적은 시간(오전 10시~오후 2시)에 촬영하는 것이 좋으며, 태양고도는 산지에서는 30° 이상, 평지에서는 25° 이상, 45° 이하가 바람직하다.

(2) 기준점측량

세부도화에 필요한 수평위치기준점 및 수직기준점 좌표를 얻기 위해 지상측량 방법을 이용하는 측량이다. 사진에 뚜렷이 나타나는 자연물(예: 묘소의 반석)이나 대공표지(air target)를 측량한다.

(3) 세부도화

세부도화(細部圖化)란 지형측량의 세부측량에 해당하는 작업으로 주로 정밀입체도화기(stereo plotter)를 이용한다. 투명양화를 정밀입체도화기에 장치한 다음 내부, 상호표정을 거쳐 기준점 성과를 이용하여 절대표정을 한다. 절대표정을 하면 사진 상의 상과 대응되는 대상물과 상사관계가 이루어진다. 절대표정이 끝난 후 대상의 지형지물을 최종도면축척으로 세부도화 하여 지형에 관한 측량원도가 작성된다.

내부표정은 투영기에 촬영당시와 똑같은 상태로 투명양화를 장착하는 과정으로 초점거리조절, 건판신축, 대기굴절, 지구곡률보정 등으로 이루어지며, 상호표정은 좌우투영기의 종시차를 소거하여 완전한 입체모형이 구성되도록 하는 과정이다. 그리고 접합표정은 한 입체모형을 기준으로 그 다음 입체모형을 몇 개의 표정점을 이용하여 접합시키는 과정이다. 절대표정은 상호표정에 의한 입체모형을 실제지형과 같게 하는 과정이다.

7.5 지형의 표시방법

지형도의 표시방법에는 지형법, 음영법, 영선법, 단채법, 점고법, 등고선법이 있다.

(1) 지형법

지형법(地形法; topographical model)이란 실물의 크기를 축소하여 실물과 비슷한 모양으로 표현하는 방법으로 위치상태 및 고저요철 등을 표현할 때 사용되는 방법이다.

(2) 음영법

음영법(陰影法; shading)은 태양광선이 수직 또는 서북 경사방향에서 비칠 때 생기는 그림자로 지표경사가 완만한지, 급한지를 표시하는 방법이다. 서북쪽에서 45° 각도로 비친다고 가정했을 때 지표의 기복에 따라 각각의 명암을 지도상에 2, 3가지 이상의 색으로 채색하여 지형에 입체감을 효과를 주는 방법이다.

(3) 영선법

영선법(影線法; hachuring)은 '게바'라는 단선 상의 선으로 기복을 나타내는 방법으로 선의 사이 간격, 길이 및 굵기에 따라 지표를 표시하는 방법이다. 이 방법을 게바법 또는 우모법(羽毛法)이라고도 하며 경사에 따른 표시방법은 급경사는 굵고 짧게, 완경사는 가늘고 길게 사선으로 표시한다.

(4) 단채법

단채법(段彩法; layer system)은 채색법이라고도 하며 등고선에 지형의 고저에 따라 색(色)의 농도를 변화시키면서 채색함으로써 지형의 고저 변화를 표시하는 방법으로 지리계통의 지도에 사용한다.

육지의 고지(高地) 및 해양의 저지(低地)에 따라 짙은 색으로 표시하는 것으로 예를 들어 고원지대는 암갈색, 평지는 청색으로 한다.

(5) 점고법

점고법(點高法; spot system)은 지표면상의 임의 점의 표고를 지도상에 숫자로 표시하여 지표를 나타내는 방법으로 항만, 해양, 하천, 호수 등에서 수심측량 결과인 깊이를 숫자로 지도에 표시한다. 일반적으로 해도에 사용하는 지형표시 방법이다.

(6) 등고선법

등고선법(等高線法; contour system). 지표에 같은 높이의 점들을 연결한 곡선을 등고선이라 한다. 등고선법은 1730년 네덜란드의 크루키스(Cruquis)가 메르웨드(Merwede)의 하저를 등고선으로 표시한 것으로부터 시작되었다.

| 예제 7-1 |

육지 일부분을 주로 나타내는 일반지도에는 등고선으로 기복을 표현하고 있으며, 해도에는 점고법으로 되어 있는데 동일하게 등고선으로 하지 않는 이유를 설명하시오.

풀이 육지의 동일하지 않은 지도에서 등고선은 육안 실측이 가능하므로 기준이 되는 점의 높이를 보간법으로 연결하여 등고선을 작성한다. 그러나 해도는 실제로 측량한 지점의 수심만을 기록하므로 선박운항의 안전성을 두고자 하는 것이다.

7.6 등고선

[1] 등고선의 성질

같은 등고선 위에 있는 모든 점은 같은 높이이며 그림 7.7에서 a, b, c, d 점은 160 m의 같은 표고를 갖는다.

등고선은 지도의 안 또는 밖에서 폐합하는 폐곡선이며 낭떠러지나 동굴을 제외하고는 서로 합쳐지거나 만나지 않는다. 등고선은 급경사지에서는 등고선 간격이 좁아지고 완경사지에서는 간격이 넓어져 경사가 같은 곳에서는 등간격을

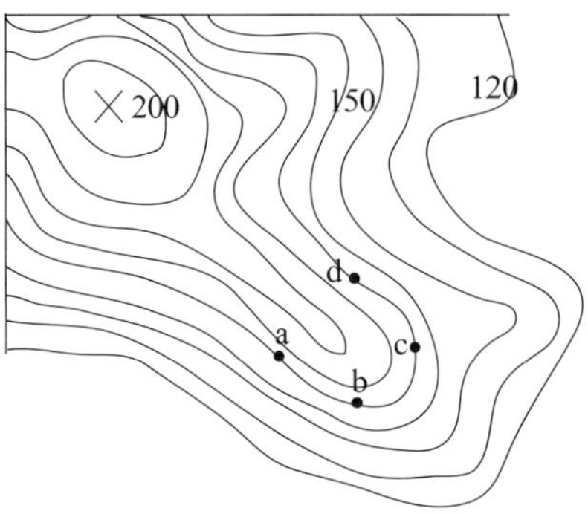

그림 7.7

그림 7.8 계단식 논

나타내며, 등고선끼리의 수평거리는 서로 같다. 또한 등고선끼리의 최대 경사선은 등고선과 직각으로 만나며, 등고선이 계곡을 횡단할 때에는 한쪽 비탈을 따라 거슬러 올라가서 계곡선에서 직각으로 만난 다음 반대쪽 다른 비탈을 따라 내려온다. 그리고 한 쌍의 블록부가 마주보고 있는 곳은 고개를 나타낸다.

[2] 등고선의 종류 및 간격

등고선의 종류에는 주곡선, 계곡선, 간곡선, 조곡선의 네 가지가 있으며 색깔은 주로 청색 또는 갈색을 사용해서 표시한다.

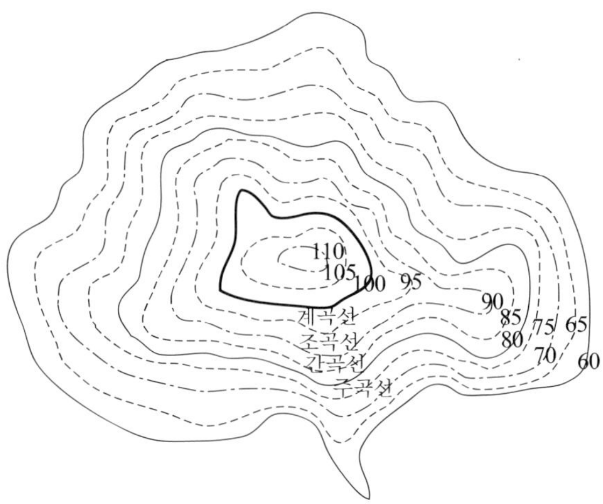

그림 7.9
등고선의 종류

표 7.5 등고선의 종류, 기호 및 간격

축척 종류	표시 방법	등고선의 간격 [m]					
		1/500	1/1,000	1/5,000	1/10,000	1/25,000	1/50,000
계곡선	굵은 실선	5	10	25	25	50	100
주곡선	가는 실선	1	2	5	5	10	20
간곡선	가는 파선	0.5	1	2.5	2.5	5	10
조곡선	일점 쇄선	0.25	0.5	1.25	1.25	2.5	5

① **계곡선(計曲線)**: 주곡선 5개마다 굵게 그려진 곡선으로, 표고를 읽기 편리하도록 표시하며 굵은 실선을 사용한다.

② **주곡선(主曲線)**: 지형표시의 기본으로 지형 전체에 일정한 간격으로 그려

진 주된 곡선이다. 표시는 갈색(또는 청색)의 가는 실선으로 표시한다. 1/50,000 지형도의 주곡선은 20 m이다.

③ 간곡선(間曲線): 주곡선 1/2마다 파선 또는 1점 쇄선을 사용하여 표시하며, 주곡선의 보조역할을 한다.

④ 조곡선(助曲線): 간곡선 1/2마다 점선을 사용하여 표시하며, 간곡선의 보조역할을 한다. 등고선의 간격은 지도축척분모의 1/2,000(또는 1/2,500)을 주곡선의 간격으로 하며 표 7.5와 같다.

[3] 지성선

지표는 오목선(凹線), 볼록선(凸線), 경사변환선, 최대경사선으로 구성되어 있으므로 등고선을 효과적으로 이해하려면 지성선을 기본으로 삼아야 한다. 지성선(topographical line)은 지형의 뼈대를 나타내는 선이라 할 수 있다.

계곡선은 계곡의 가장 낮은 지점을 연결하는 선으로 오목선(凹線)이라고도 한다.

능선은 지표면의 꼭대기 점을 연결한 선으로 빗물이 좌우로 흐르게 되므로 분수선이라고도 한다.

경사변환선은 산 능선이나 계곡선의 경사상태가 변하는 점을 맺은 선으로, 동일 방향의 경사면에서 경사의 크기가 다른 두 면의 접합선이다.

최대경사선은 지표의 그 경사가 최대로 되는 방향을 표시한 선으로 등고선과 직각으로 교차한다. 그리고 물이 흐르는 방향이라는 뜻으로 유하선(流下線)이라고도 한다.

7.7 등고선의 측정방법

등고선의 측정법은 크게 직접측정법과 간접측정법으로 분류된다. 직접측정법은 대축척도에 쓰이지만, 정밀도는 좋은데 비해 작업 소요시간이 많으므로 특별한 지형 이외에는 간접측정법이 많이 쓰인다.

[1] 직접측정법

직접측정법은 대축척의 지형측량에 쓰이는 방법으로 직접수준측량으로 일정한 높이에 있는 등고선이 지나는 여러 점을 현지에서 측정하고 이들 위치를 도면에 그려 직접 등고선을 구하는 방법이다.

이 방법은 정확도가 높으며, 시간은 많이 소요되나 등고선 간격이 작을 때, 대축척의 지형도를 얻고자 할 때, 지면의 경사가 완만한 경우 이용된다. 따라서 소축척지도에는 부적당하다. 직접측정법에는 사용되는 측량기구에 따라 평판에 의한 방법과 레벨에 의한 방법이 있다.

평판에 의한 방법은 다음과 같다. 앨리데이드에 의하여 등고선 상의 각 점에 세운 표척 또는 시준판의 눈금을 읽고, 방사법에 의하여 그 점의 위치를 구하는 방법이다. 예를 들어, 평판을 세운 지점이 39.2 m일 때, 40 m 지점은 시준판 높이를 0.8 m가 시준되는 지점을 구하는 것이다.

레벨에 의한 방법은 일정표고의 지점을 기계로 환산하여 측점을 구한다. 평판측량과 같이 기계고를 40.0 m로 하여 40 m 표고지점을 찾는 방법이다.

그림 7.10
레벨에 의한 방법

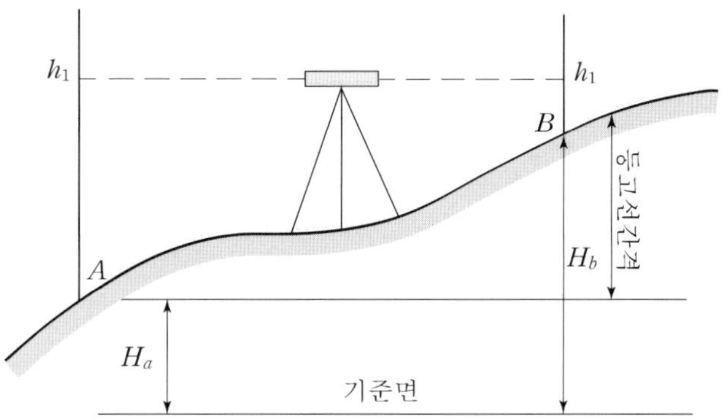

[2] 간접측정법

간접측정법은 지형상의 중요한 점, 즉 지성선의 방향 또는 경사가 변하는 점의 높이를 측정하는 것이다. 간접측정법으로는 기지점의 표고를 이용한 방법, 방사법, 방안법 등이 있다.

기지점의 표고를 이용한 등고선 관측법은 두 점 사이에 각 등고선이 통과하는 점을 비례계산을 이용해서 구하는 방법이다.

그림 7.11
기지점 표고 이용

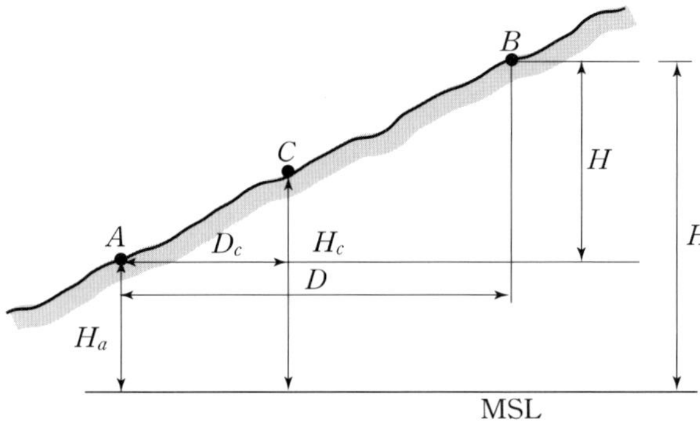

| 예제 7-2 |

점 A와 점 E의 고도를 각각 82.40 m, 98.60 m라 하고, AE 간의 수평거리를 80.0m라고 할 때 5m마다 등고선을 기입하시오(단, AE 사이를 등경사로 간주한다).

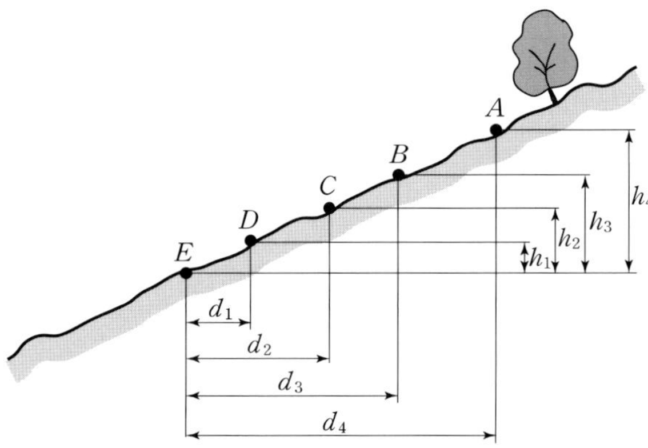

풀이 먼저 AE 간의 고저차를 구하면

$$h_4 = (98.60 - 82.4) = 16.2\ \text{m}$$

따라서 AE 사이에 5 m 간격으로 3개의 등고선이 들어가면 된다. 이때 각 등고선까지의 수평거리를 각각 d_1, d_2, d_3라고 하면

$$d_1 = \frac{80}{16.2} \times (85.0 - 82.4) = 12.8\ \text{m}$$

$$d_2 = \frac{80}{16.2} \times (90.0 - 82.4) = 37.5\ \text{m}$$

$$d_3 = \frac{80}{16.2} \times (95.0 - 82.4) = 62.2\ \text{m}$$

따라서 각각 12.8 m, 37.5 m, 62.2 m 인 거리상에 85, 90, 95 m 표고의 등고선이 위치하게 된다.

방사법은 경사가 변하는 점의 위치 및 높이를 측정하고, 그 사이에 일정한 간격으로 등고선을 삽입하는 방법이다. 그림 7.12에서 A 점의 44.7 m와 23.5 m를 보간법으로 25, 30, 40 m 지점을 표시한다.

방안법은 한 측정구역을 정사각형 또는 직사각형으로 나누고, 격자점의 높이를 측정하여, 도상에 등고선을 삽입하는 방법으로 정지작업을 할 때 많이 이용한다. 그림 7.13에서 격자점 사이에 들어갈 등고선의 해당 표고점을 보간법으로 구한다.

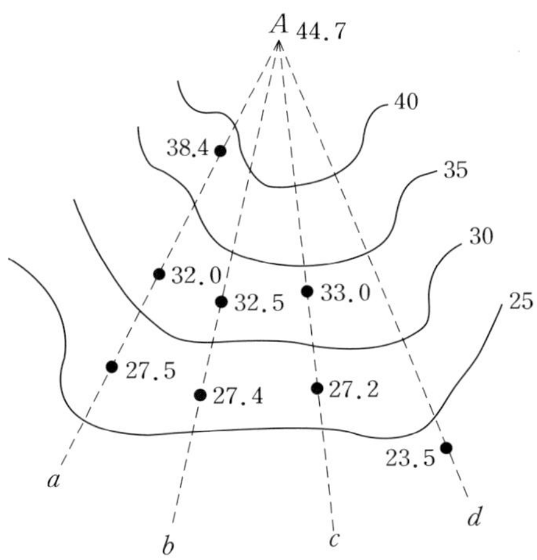

그림 7.12 방사절측법

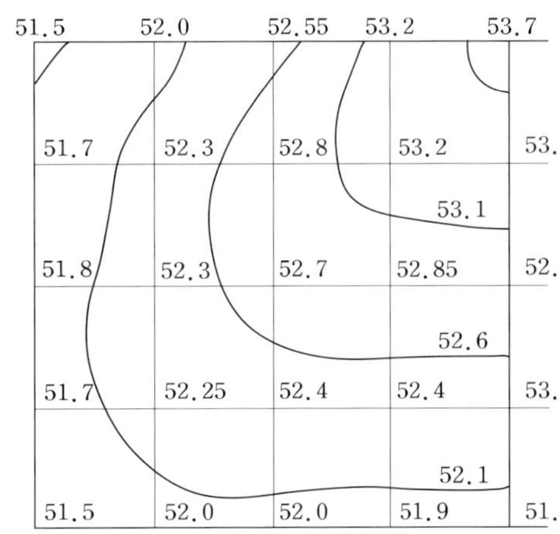

그림 7.13 방안법

7.8 지형도의 활용

[1] 위치결정

지형도의 경위도를 기준으로 하여 도상 임의의 점의 경위도를 결정할 수 있다. A, B의 경도와 위도를 각각 (λ_1, ϕ_1), (λ_2, ϕ_2)라고 할 때 도상거리 x, y만큼 떨어진 곳에 있는 점 $P(\lambda, \phi)$의 경위도는 다음 식과 같다(그림 7.14 참조).

$$\lambda = \lambda_1 + \Delta\lambda \times \frac{y}{b} \tag{7.1}$$

$$\phi = \phi_1 + \Delta\phi \times \frac{x}{a} \tag{7.2}$$

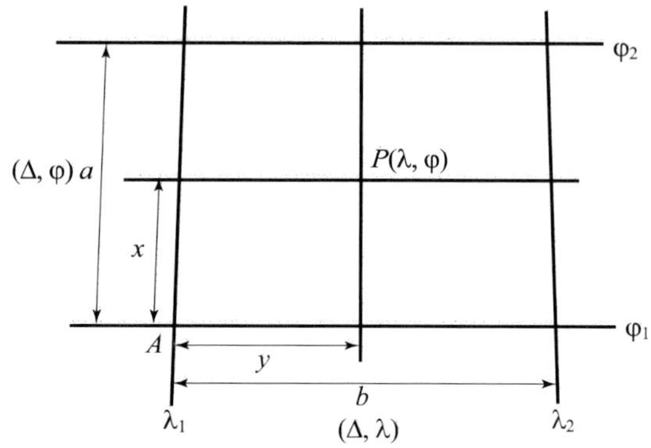

그림 7.14
지형도에 의한 경위도 결정

[2] 표고결정

그림 7.15에서 등고선 상에 있는 점이나 그 외 점의 표고는 주위의 등고선을 보고 간단한 계산으로 각 점들의 표고를 결정할 수 있다. 표고 H_1과 H_2인 등고선 사이에 있는 점 P의 표고를 구하는 식은

$$H_p = H_1 + \frac{d_1}{d_1 + d_2} \times \Delta h$$

여기서, $\Delta h = H_2 - H_1 \quad (H_2 > H_1)$

$$\text{또는 } H_p = H_2 - \frac{d_2}{d_1 + d_2} \times \Delta h \tag{7.3}$$

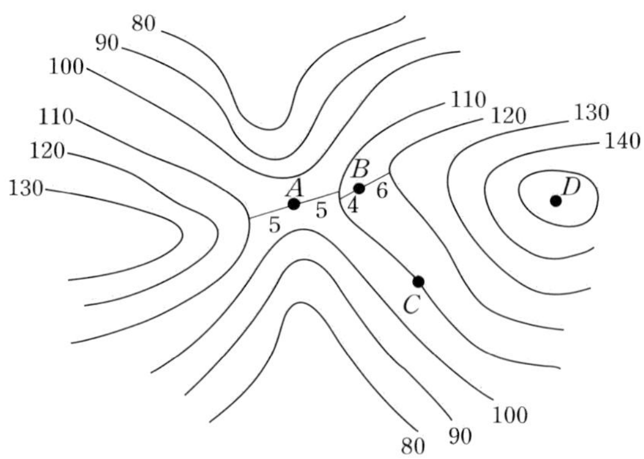

그림 7.15
지형도에 의한 표고결정의 예

각 점들의 표고를 식 (7.3)에 의해 직접 구해보면

$$H_a = 100 + \frac{5}{10} \times 10 = 105\text{ m} \quad \text{또는} \quad H_a = 110 - \frac{5}{10} \times 10 = 105\text{ m}$$

$$H_b = 110 + \frac{4}{10} \times 10 = 114\text{ m} \quad \text{또는} \quad H_b = 120 - \frac{6}{10} \times 10 = 114\text{ m}$$

$$H_c = 110\text{ m} \quad \text{또는} \quad H_d = 150 + \frac{1}{2} \times 10 = 155\text{m}$$

[3] 단면도의 제작

등고선도를 이용해서 임의의 선상에 대한 단면도를 그릴 수 있다. 제작방법은 등고선도 상에 임의의 선을 그어서 선과 등고선이 만나는 교점 아래의 어느 기선에 수선을 내려 소정의 축척에 의한 등고선의 높이를 기선 상에 단면도를 그리면 된다. 요즘은 수치지도를 가지고 원하는 단면도를 간단히 얻을 수 있다.

[4] 등경사선의 관측

등경사선이란 수평면에 대해 일정의 경사를 가진 지표면 상의 선을 말하는데, 등경사선을 구하면 곡선반지름, 거리, 지형 등을 고려하여 등경사선에 가까이 부착하여 중심선을 결정할 수 있다. 등고선 간격을 Δh, 필요한 등경사선의 경사를 i %, 수평거리를 L이라 할 때

$$L = \frac{100\,h}{i}$$

그림 7.16

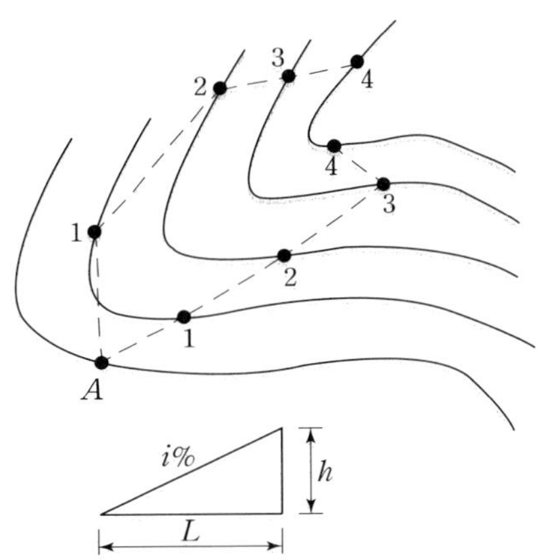

| 예제 7-3 |

등고선 간격 = 10 m, 제한경사(i) = 5%일 때, 등고선 간의 수평거리(L)를 구하고 축척이 1/2,500일 때 도상거리를 구하시오.

풀이 먼저 수평거리(L)을 구하면,

$$L = \frac{100 \times 10}{5} = 200\,\text{m}$$

축척이 1/2,500이므로 도상거리는

$$200\,\text{m} \times 100 \times \frac{1}{2{,}500} = 8\,\text{cm}$$

[5] 유역면적의 관측

댐을 계획할 때 그 지점에 대하여 하천유량을 결정해야 하는데, 이때 이용지점의 유역면적을 구한다. 유역면적은 구적기(planimeter) 또는 디지타이저를 사용해서 구한다.

| 예제 7-4 |

그림 7.17과 같은 지형의 댐을 만들어 저수하려고 한다. 저수지 수면이 100m라고 할 때 비예중항법을 이용해서 저수량을 구하시오. 단, 2 m 이하의 용량은 무시함.

40m 등고선의 면적: 4,000 m^2 60m 등고선의 면적: 8,000 m^2

80m 등고선의 면적: 20,000 m^2 100m 등고선의 면적: 36,000 m^2

그림 7.17
등고선도에 의한 체적계산

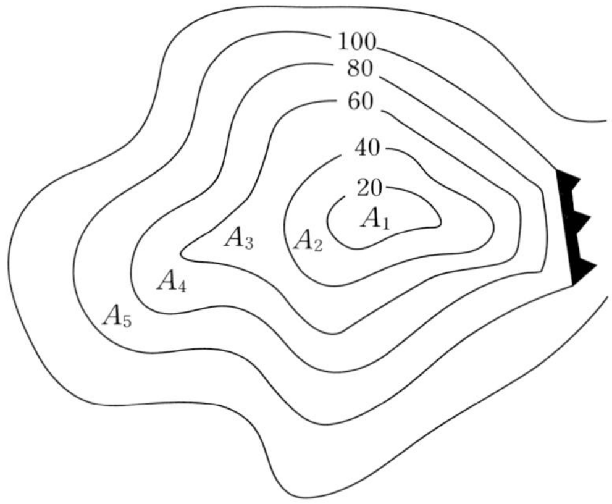

풀이 각 단면적은 $A_1 = 4{,}000\ \mathrm{m}^2$, $A_2 = 8{,}000\ \mathrm{m}^2$, $A_3 = 20{,}000\ \mathrm{m}^2$, $A_4 = 36{,}000\ \mathrm{m}^2$ 이고, 등고선 간격 $h = 20\ \mathrm{m}$ 이다.

$$\begin{aligned}\therefore\quad V &= \frac{h}{2}\left[A_1 + A_4 + 2(A_2 + A_3)\right] \\ &= \frac{20}{2}[4{,}000 + 36{,}000 + 2(8{,}000 + 20{,}000)] \\ &= 10\,[96{,}000] \\ &= 960{,}000\ \mathrm{m}^3\end{aligned}$$

따라서 총 저수량은 $960{,}000\ \mathrm{m}^3$이다.

댐의 저수량(貯水量)은 저수예정수면(貯水豫定水面)에서 밑까지의 등고선과 댐에 의하여 둘러싸인 면적을 각 등고선 간의 면적으로 구하고 그 총합에 의하여 저수량을 구한다. 그림 7.17에서 등고선 간격을 둘러싼 면적을 A_1, A_2, A_3, ⋯ 라 하면 구간의 저수량을 양단면 평균법으로 구하면 다음과 같다.

A_1, A_2 단면 사이의 부피를 구하기 위해 양쪽 단면적의 평균을 이용해서 구하는 방법을 공식으로 정리하면

$$V_1 = \left(\frac{A_1 + A_2}{2}\right)h$$

그러므로 총 저수량은

$$\begin{aligned}V &= V_1 + V_2 + V_3 + V_4 \\ &= \frac{h}{2}\left[A_1 + A_5 + 2(A_2 + A_3 + A_4)\right]\end{aligned}$$

로 되며 이를 일반식, 즉 A 가 n 개 있다고 생각하고 공식을 정리하면

$$V = \frac{h}{2}\left[A_1 + A(n+1) + 2(A_2 + A_3 + A_4)\right] \tag{7.4}$$

여기서, h : 등고선의 간격

| 예제 7-5 |

다음과 같은 등고선을 가진 지형을 굴착하여 도로 성토를 하려고 할 때 토량을 계산하시오. 단, 각 단면에 대한 단면적은 다음과 같다.

$A_0 = 1{,}400\,\text{m}^2,\ A_1 = 950\,\text{m}^2,\ A_2 = 600\,\text{m}^2,\ A_3 = 250\,\text{m}^2,\ A_4 = 100\,\text{m}^2$

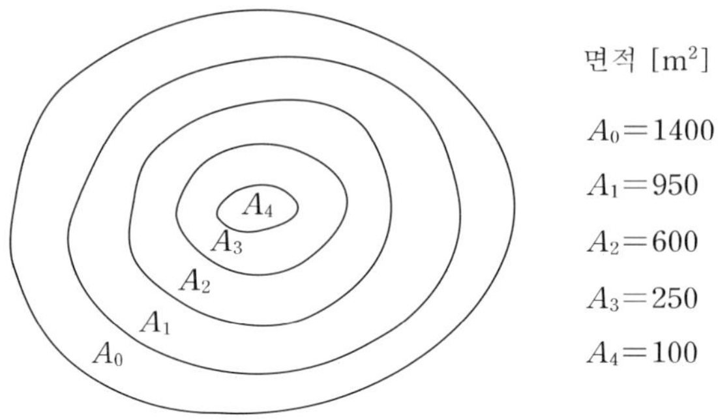

풀이 토량$(V) = \dfrac{h}{3}[A_0 + A_4 + 4(A_1 + A_3) + 2A_2]$

$= \dfrac{20}{3}[1{,}400 + 100 + 4(950 + 250) + 2 \times 600] = 50{,}000\,\text{m}^3$

7.9 수치지도 제작

수치지도(digital map)란 지표상에 나타나 있는 지형·지물의 위치, 형태, 속성 등의 관련정보를 컴퓨터에서 처리할 수 있도록 수치자료 형태로 표현되어 있는 지도이다. 이를 위해 이루어지는 작업을 수치지도 제작(digital mapping)이라 한다. 국토지리정보원 수치지도 제작 작업규칙에서는「수치도화, 지도입력 등 지형·지물을 수치데이터로 취득하여 목적에 따라 편집하는 것」이라고 정의되어 있다. 수치화에 의한 정확도조건, 표준도식, 표준코드에 따라 일반지도를 개선 확장한 형태로 최근에 실용화되고 있다. 일반지형도, 항공사진, 위성사진 상의 지형지물에 대한 정보를 디지타이저(digitizer), 스캐너(scanner), 해석도화기 등에 의해 수치자료로 취득하는 작업으로 지도의 자동화, 기능화 등을 추구하는 작업이며 지형지물에 대한 각종 정보를 취득하여 지리정보(GIS) 데이터베이스를 구축하는 작업이라 할 수 있다.

수치지도 용어를 정의하면 다음과 같다.

수치지도 작성은 컴퓨터를 이용한 수치도화, 지도입력 등 지형 · 지물을 수치데이터로 취득하여 목적에 따라 편집하는 것이고, 수치도화는 측량용 항공사진 또는 위성영상의 지형 · 지물을 해석도화기 또는 좌표입력장치 부착도화기에 의하여 수치데이터로 취득하며, 이를 컴퓨터에 수록하거나 수록된 데이터를 이용하여 정위치 편집, 구조화 편집 또는 도면제작 편집을 실시하는 것이다.

지도입력은 이미 제작된 지도, 또는 측량도면을 수동독취기(디지타이저) 또는 자동독취기(스캐너)에 의하여 수치데이터로 취득하며, 이를 컴퓨터에 수록된 데이터를 이용하여 정위치 편집, 구조화 편집 또는 도면제작 편집을 실시하는 것이다. 표준코드는 수치지도를 구성하는 도엽코드, 레이어코드 및 지형코드로 구분되며, 국토지형 데이터베이스의 구축을 용이하게 하고 자료의 호환성을 확보하기 위하여 일정한 형식으로 구성한 코드이다.

표준도식은 수치지도를 구성하는 도형의 형태, 크기, 선호, 구조 및 방향을 정하여 도면의 통일을 기하기 위한 도식이며, 지리조사는 정위치 편집을 하기 위하여 항공사진을 기초로 도면상에 나타내어야 할 지형 · 지물과 이에 관련되는 사항을 현지에서 직접 조사하는 것을 말한다.

수치도화 및 지도입력 공정은 다음과 같다.

수치도화의 공정별 작업순서는 작업계획수립, 대공표지의 설치, 항공사진의 촬영, 지상기준점 측량, 사진기준점 측량, 지리조사 및 현지보완 측량, 정위치 편집, 구조화 편집, 도면제작 편집, 원도 작성 그리고 수치지도 관리대장 작성이다. 그리고 지도입력의 공정별 작업은 작업계획수립, 지리조사 및 현지보완 측량, 지도데이터 입력, 벡터 변환, 정위치 편집, 구조화 편집, 도면 제작 편집, 원도 작성 그리고 수치지도 관리의 작성이다.

입력데이터의 검수는 모든 작업이 완료된 데이터를 가지고 국토지리정보원의 입력지침서에 준하여 입력되었는지 또는 지형 · 지물이 있는지 검수한다.

7.10 도식 및 기호

지도가 복잡한 것을 피하고 읽기에도 편리하고 보다 상세히 그리기 위해서 정해진 기호나 표현상의 약속이 필요하게 되는데 이를 도식이라고 한다. 모든 지도에 동일한 도식을 사용하면 매우 편리하겠지만 지도의 사용목적이나 축척이 각각 다르므로 이는 사실상 불가능하다. 일반적으로 지물은 실제 크기에 비례해서 표시하나 지물이 너무 작아서 표시하기가 곤란한 경우는 적당한 크기로 변화시켜서 표시한다. 그려지는 지물을 보다 알기 쉽게 하기 위해서 색채를 쓰는 경우도 있는데 이때 지도의 색이 너무 짙으면 이것을 이용할 때, 필요한 사항을 그려넣기에 불편하므로 옅은 색을 쓰는 것이 좋다. 특히 주목해야 하는 지물이나 기호에는 짙은 홍색을 사용한다. 그 이외에는 원칙적으로 실제의 색을 쓰도록 한다. 단, 채색은 글자나 선을 쓰기 전에 해야 한다. 도면이 다 그려지면 이것을 정리하고 체재를 정돈하여 내용의 설명 및 그림을 넣을 때에 필요한 사항 등을 남김없이 기재한다.

지형도에 쓰이는 도식 및 기호에 대한 예는 그림 7.18과 같다.

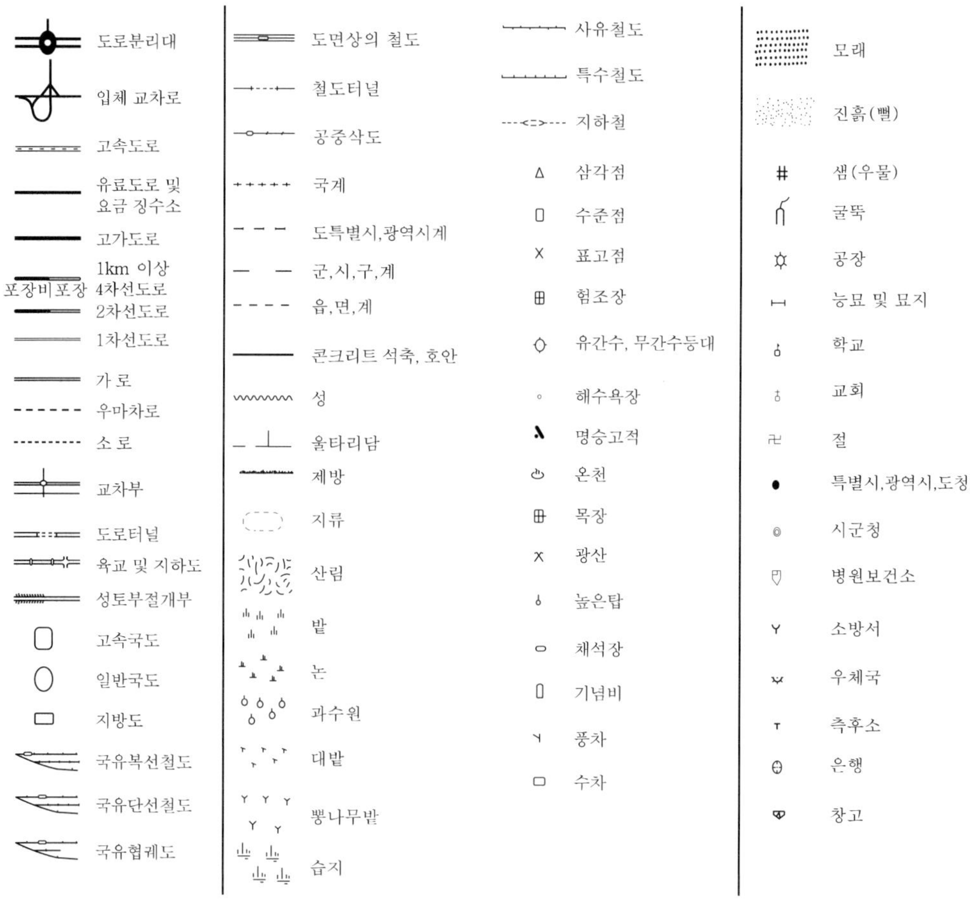

그림 7.18
도식 및 기호

연습문제

7-1 1 : 50,000 국토기본도에서 500 m의 산정과 300 m 산정 사이에는 주곡선이 몇 번 들어가 있는지 구하시오.

7-2 1 : 50,000 지형도상에서 두 점 간의 거리가 7.56 cm이다. 축척이 다른 지도의 같은 두 점 간의 거리는 47.81 cm이다. 이때 이 지도의 축척은 얼마인지 구하시오.

7-3 1 : 50,000 지도에서 계곡선의 간격은 얼마인지 구하시오.

7-4 표고가 각각 112 m, 142 m인 A, B 두 점이 있다. 두 점 사이에 130 m의 등고선을 삽입하고자 한다. 이 등고선의 위치는 A 점으로부터 AB 선상 몇 m에 위치하는지 구하시오. 단, AB의 직선거리는 200 m이고, AB 구간은 등경 사이다.

7-5 표고가 600 m, 625 m이고 AB 간의 거리가 50 m일 때, 620 m 등고선의 수평거리는 얼마인지 구하시오.

7-6 1 : 50,000 지형측량에서 위치의 도상오차를 평면에서는 0.2 mm, 높이에서는 ±0.5 m로 하는 경우 토지의 경사 30°에 대한 등고선의 오차를 구하시오.

7-7 지형의 표시방법에 대해 서술하시오.

7-8 등고선의 성질을 설명하시오.

7-9 등고선의 종류를 기술하고 축척에 따른 간격을 설명하시오.

CHAPTER 8

노선측량

이 장에서는 도로일반, 도로설계, 곡선계산을 다룬다.

8.1 도로일반

8.1.1 도로의 분류

우리나라 도로는 등급에 따라 표 8.1과 같이 분류한다.

표 8.1 우리나라 도로의 등급

등 급	관 리	지 정	비 고
고속도로	한국도로공사	대통령령	국가간선도로망
일반국도	건설교통부	대통령령	국가간선도로망
특별시도	특별시, 광역시	서울특별시장 광역시장	–
지 방 도	각 도	도 지 사	–
시 도	각 시	시 장	–
군 도	각 군	군 수	–

도로의 구조·시설기준에 따른 분류는 자동차 전용도로와 일반도로로 나누며 자동차 전용도로는 고속도로이고 일반도로는 주간선도로, 보조간선도로, 집산도로, 국지도로가 있다.

8.1.2 설계구간

동일한 설계기준이 적용되어야 하는 도로의 설계구간은 주요 교차로(인터체인지를 포함)나 도로의 주요 시설물 사이의 구간으로 한다. 또한 인접한 설계구간과의 설계속도의 차이는 시속 20km 이하가 되도록 해야 한다.

8.1.3 횡단면 구성요소

도로 횡단면의 구성요소에는 차도, 중앙분리대, 길어깨, 정차대, 보도(또는 자전차 보행자도), 자전차도, 식수대, 측도가 있다. 차도는 직진차로, 회전차로, 변속차로, 오르막차로, 양보차로가 있으며 차로 폭은 자동차 전용도로의 경우 3.5m이다. 자동차 전용도로에서 4차로 이상일 때 반드시 중앙분리대를 설치하고 중앙분리대 폭은 자동차 전용도로에서는 지방지역 3.0m, 도시지역 2.0 m이다. 길어깨는 차도, 보도, 자전차도와 접하는 부분으로서 도로의 주요부를 보호하는 기능을 가지며, 자동차 전용도로인 경우 최소 폭은 지방지역 3.0m, 도시지역 2.0m 이다.

8.1.4 교차로

교차로(intersection)란 2개 이상의 도로가 교차 또는 접속되는 공간 및 그 내부의 교통시설물을 말하는 것으로 교차로의 기하구조, 운영방법 등에 따라 운전자가 통행노선을 선정하는 의사결정지점이 된다.

일반적으로 교차로는 교차 또는 접속되는 공간 및 시설에 따라 평면교차와 입체교차로 구분된다.

[1] 평면교차로

평면교차로는 평면상에서 2개 이상의 도로가 서로 겹쳐지는 도로부분으로 4개 이하의 갈래로 구성되어야 한다. 평면교차로에는 도류로, 부가차로, 교통섬, 분리대, 보도 및 횡단보도로 구성된다. 도류로는 교통흐름을 분리하며, 부가차로는 직진주차로에서 독립하여 부가 설치한다. 교통섬과 분리대는 도류로와 함께 교통을 유도하는 역할을 하며, 횡단보도 폭의 최소값은 4.0m로 하고 위치는 차도 횡단거리가 가능한 짧고 교차면적은 최소가 되도록 한다.

평면교차와 그 접속기준을 보면 교차하는 도로의 교차각은 직각에 가깝게 해야 하며 교차로의 종단경사는 3% 이하여야 한다. 다만, 주변 지장물과 경제성을 고려하여 필요하다고 인정되는 경우에는 이를 6% 이하로 할 수 있다.

[2] 입체교차로

입체교차로는 불완전 입체교차형, 위빙형, 완전 입체교차형이 있다. 불완전 입체교차형은 다이아몬드형, 불완전 클로버(partial clover leaf)형, 4지교차 트럼펫형 그리고 3지교차 직결형이 있다. 위빙형에는 로터리형, 직결Y형의 변형이 있으며, 완전 입체교차형의 경우는 3지교차 직결형, 4지교차 직결형, 3지교차 트럼펫형 그리고 클러버형이 있다.

그림 8.1
UAE 두바이
입체교차로

입체교차로는 구조물을 설치하여 2개 이상의 도로 간 교통류 흐름을 각기 다른 층에서 교차해 원활한 소통을 위해 설치하는 도로의 체계이다.

입체교차시설은 연결로를 통하여 교차도로 상호 간의 차량통행이 이루어지는 인터체인지와 연결로가 없이 고가구조물 또는 지하차도 형식으로 교차되는 단순 입체교차시설로 나뉘며, 인터체인지는 자동차 전용도로 상호 간을 연결하는 분기점 인터체인지 및 일반도로와의 진출입을 위한 일반 인터체인지로 구분한다.

입체교차로 계획기준을 보면 고속도로나 주간선도로의 기능을 가진 도로가 다른 도로와 교차하는 경우 그 교차로는 입체교차로로 해야 한다. 다만, 교통량 및 지형상황 등을 고려하여 부득이하다고 인정되는 경우에는 그러하지 아니하다. 또한 고속도로 또는 주간선도로가 아닌 도로가 서로 교차하는 경우로 교통의 처리를 위하여 필요하다고 인정되는 경우 그 교차로는 입체교차로로 할 수 있다.

8.2 도로설계

8.2.1 곡선부의 기본요건

[1] 편경사

도로에서 곡선부 외측의 높이에 따른 경사를 편경사(slope)라 한다.

그림 8.2
곡선부의 횡단

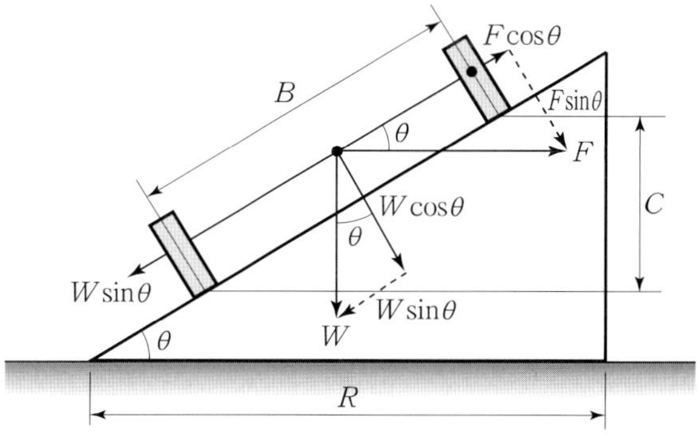

$$F\cos\theta - W\sin\theta \leqq f(W\cos\theta + F\sin\theta) \tag{8.1}$$

$$F\cos\theta \leqq W\sin\theta + (W\cos\theta + F\sin\theta)f$$

$$\frac{F}{W}(1 - f\tan\theta) \leqq \tan\theta + f$$

$$F = \frac{W}{R} \cdot \frac{\left(\frac{V}{3.6}\right)^2}{g} = W \cdot \frac{V^2}{127R}$$

$$\frac{F}{W} = \frac{v^2}{127R}$$

$\tan\theta = i, f \cdot i$ 이므로

$$i + f \geqq \frac{v^2}{127R}$$

$$\therefore\ i \geqq \frac{v^2}{127R} - f \tag{8.2}$$

여기서 i: 편경사

f: 노면과 타이어의 횡활동 마찰계수 f는 차량속도 70 km/hr 이하일 때 0.15, 이상일 때 0.1로 한다.

도로의 편경사 크기는 자동차의 속도와 곡선반경에 좌우되며, 편경사가 너무 큰 경우, 설계속도보다 작은 속도로 주행하는 차는 부자연스러우므로 보통 6~10%로 제한하고 있다. 직선부에서 주행을 위한 편경사는 필요 없으나 배수를 위해 포장도로에서는 1.5~2.0%의 경사를 주고 있다.

[2] 고도

차량이 곡선구간을 지나갈 때 원심력 때문에 접선방향으로 탈선하는 것을 방지할 목적으로 바깥쪽 노면을 안쪽 노면보다 높이는 양을 고도(cant 또는 superelevation)라 한다.

원심력: $F=\dfrac{MV^2}{R}$

차량중량: $W=M\cdot g$

차량중량에 의한 사면방향 분력: $M\cdot g\sin\theta$

원심력에 의한 사면방향 분력: $F\cos\theta=\dfrac{MV^2}{R}\cos\theta$

식 (8.1)에서 $W\sin\theta \fallingdotseq F\cos\theta$ 이므로

$$M\cdot g\sin\theta=\frac{MV^2}{R}\cdot\cos\theta \tag{8.3}$$

식 (8.3)에서 $\sin\theta=\dfrac{C}{B}$, $\cos\theta \fallingdotseq 1$ 이므로

$$M\cdot g\cdot\frac{C}{B}=\frac{M\cdot V^2}{R}$$

$$\therefore\ C=\frac{B\cdot V^2}{R\cdot g}\quad \text{또는}\quad C=\frac{B\cdot v^2}{127R} \tag{8.4}$$

$(\because\ g=9.8\ \mathrm{m/sec^2},\ V=\dfrac{v}{3.6}\ \mathrm{m/sec})$

| 예제 8-1 |

곡선반지름 500 m, 설계속도 80 km/h일 때 cant는? (단, 차륜간격은 1.5 m)

풀이 $B=1.5\ \mathrm{m}$

$V=80\ \mathrm{km/h}=22.222\ \mathrm{m/sec}$

$R=500\ \mathrm{m}$

$$\therefore\ C=\frac{B\cdot V^2}{R\cdot g}=\frac{1.5\times 22.222^2}{500\times 9.8}=0.151\ \mathrm{m}$$

[3] 확폭

차량이 곡선을 주행할 때 충분한 폭을 주어 차량이 안전하게 지나가도록 넓히는 차선폭을 확폭(slack)이라 한다.

그림 8.3
확폭

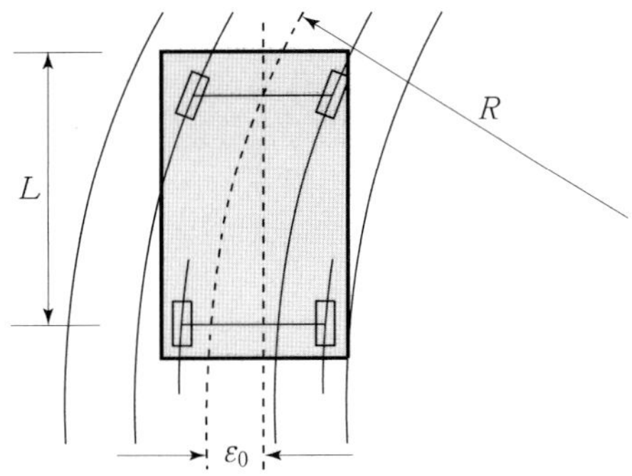

$$\epsilon_0 = R - \sqrt{R^2 - L^2}$$

$$L^2 \fallingdotseq 2R \cdot \epsilon_0 \;, \quad \therefore \epsilon_0 = \frac{L^2}{2R} \tag{8.5}$$

여기서, ϵ_0: 확폭량

L: 차량 전후 차륜의 고정간격(최대 9.0m)

R: 차량 중심의 회전반경

원곡선일 경우는 도로 이용 차종 중 최대 교정차축에 따른 확폭이 필요하며, 곡선반경에 따라 0.25~2.00m 정도이다.

완화곡선일 경우는 완화곡선길이에 비례 증폭한다.

$$\epsilon = \frac{l}{L}\epsilon_0 \tag{8.6}$$

여기서, L: 완화곡선 길이

l : 완화곡선 상 임의 점 거리

ϵ_0: 원곡선 확폭량

8.2.2 시거

시거에는 정지시거와 앞지르기시거가 있다. 정지시거는 운전자의 안전을 위하여 그 도로의 설계속도에 따라 필요한 길이를 전 구간에 걸쳐서 확보하는 것이고, 앞지르기시거는 양방향 2차로 도로에서 그 도로의 효율적인 운영을 위하여 그 도로의 설계속도에 따라 필요한 길이를 적정한 간격으로 확보하는 것이다. 설계속도가 60 km/hr과 100 km/hr일 때 정지시거는 각각 85 m와 200 m이다. 앞지르기구간이 그 도로의 전 구간에 걸쳐 얼마만큼 존재하는가를 앞지르기시거 확보구간의 존재율이라 한다.

정지시거의 계산은 반응시간 동안의 주행거리와 제동정지거리의 합으로 나타낸다. 반응시간 동안 자동차 주행거리 $d_1 = v \cdot t = \dfrac{V}{3.6}t$ 이며 d_1은 반응시간 동안의 주행거리, v, V 는 설계속도[m/sec, km/hr], t 는 반응시간(2.5초)을 나타낸다. 제동정지거리 $d_2 = \dfrac{v^2}{2gf} = \dfrac{V^2}{254f}$ 이고, d_2는 제동정지거리 v, V는 설계속도[m/sec, km/hr], g는 중력가속도[m/sec2], f는 노면과 타이어 간의 종방향 미끄럼 마찰계수이다. 따라서 정지시거는 $D = d_1 + d_2 = \dfrac{V}{3.6}t + \dfrac{V^2}{254f} = 0.694\ V + \dfrac{V^2}{254f}$ 로 나타난다.

교차로에서 최소한의 정지시거는 물론 운전자가 의사결정을 하는 데 필요한 시거도 있어야 한다. 이러한 시거를 판단시거(decision sight distance)라 하기도 하며 정지시거와 판단시거를 함께 고려하여 평면교차로의 시거를 검토한다. 교차로의 시거 산정은 반복적인 정지상태가 되므로 이를 고려하여 산정해야 한다. 신호교차로에서는 교차로 전방에서 신호가 인지될 수 있는 최소거리가 확보되어야 한다. 이 최소거리는 운전자가 신호를 보고 나서부터 브레이크를 밟을 때까지 주행하는 거리와 브레이크를 밟아 정지선 전방에 정지하기까지 주행하는 거리를 합한 것이다.

신호를 보고 브레이크를 밟을 때까지의 시간에는 미국의 AASHTO 설계기준에서는 10초로 잡고 있다. 따라서 신호를 인지하고 나서 정지하기까지의 주행거리는 다음과 같이 나타낼 수 있다.

$$S = \frac{V}{3.6} \cdot t + \frac{1}{2a} \cdot \left(\frac{V}{3.6}\right)^2 \tag{8.7}$$

여기서, S = 최소거리 [m]

V = 설계속도 [km/hr]

a = 감속도 [m/sec^2]

t = 반응시간 [sec]

설계속도 60 km일 때 반응시간 10초, 감속도 2 m/s^{2}이며 이때 최소시거는 240 m가 된다.

일시정지 표지를 인지한 운전자가 브레이크를 밟기까지의 시간은 운전자에 따라 다르겠지만 AASHTO에서는 2.5초로 잡고 있으며 이때 불쾌감을 주지 않을 정도의 감속도 $a = 2$ m/sec^2 반응시간 $t = 2.5$ 초를 적용하면 설계속도별 최소시거는 다음과 같다.

표 8.2 설계속도에 따른 최소시거

설계속도[km/hr]	20	30	40	50	60
최소시거[m]	25	40	60	85	115

오르막차로는 부가차선으로 설치하여 본선 차량은 적당한 속도를 유지할 수 있게 하고, 저속차량은 본선에서 이탈하여 운행하게 한다. AASHTO에서는 시간교통량이 경사구간 설계교통량을 20~30% 초과하면 오르막차로의 설치를 고려하도록 규정하고 있다.

8.2.3 평면 및 종단선형 조합

[1] 평면선형

평면선형설계에서 선형은 주변지형 및 조건에 적합하고 연속적이어야 한다. 또한 일부 구간에서 급한 평면곡선반경을 쓰는 일은 피해야 하며 종단선형과의 조화도 고려해야 한다.

직선과 원곡선 사이에 클로소이드를 삽입할 때, 클로소이드의 파라미터와 원곡선반경과의 사이에는 $R \geq A \geq \frac{R}{2}$과 같은 관계가 성립되도록 한다. $R = 1{,}500$ m 이상으로 매우 클 경우에는 $R \geq A \geq \frac{R}{3}$의 조건을 지키면 직선에서 원곡선으로서의 선형의 변화가 점차적으로 원활하게 된다. 두 클로소이드가 그 시점에서 반대방향으로 접속된 선형인 경우에는 두 클로소이드의 파라미터는 같은 편이 좋으며 두 원곡선을 같은 방향으로 복합시킬 경우에는 큰 원의 반경이 작은 원의 반경의 1.5배 이하가 되도록 한다.

직선의 적용은 운전자가 도로의 단조로운 연속성 때문에 주의력 집중이 어려워 운전자의 지각반응이 낮아져 사고 발생의 원인이 된다.

곡선을 적용할 때에는 가능한 한 큰 평면곡선반경으로 하고 전후의 선형요소와 전체적인 균형을 이루도록 한다. 작은 평면곡선반경과 급경사가 겹치게 되면 사고율은 높아지므로, 선형설계 시에는 평면곡선반경이 작은 구간과 급경사구간을 겹치지 않도록 한다.

전통적인 평면선형설계는 도로선형의 직선을 먼저 결정하고, 이를 원호로 연결하는 방법이다. 그러나 연속적인 곡선형에 의한 선형설계는 원곡선을 완만한 평면곡선반경으로 먼저 결정하는 것이다.

| 예제 8-2 |

도로설계 시 평면선형에서 직선과 곡선을 각각 우선하는 예를 그림으로 설명하시오.

풀이 ① 직선: 직선 위주의 설계는 먼저 직선을 결정하고 그것을 원곡선으로 연결하는 것이다.

② 곡선: 곡선 위주의 설계는 먼저 곡선을 결정하고, 그것을 완화곡선으로 연결하는 것이다.

[2] 종단선형

종단선형설계는 경제성과 함께 평면선형과 시각적으로 연속적이고 서로 조화로워야 한다. 종단경사의 선정은 자동차의 주행적 측면과 도로의 교통용량 등을 동시에 고려해야 한다. 내리막경사는 사고로 연결되기 쉽고, 오르막경사는 급하면 자동차의 속도가 뚜렷이 낮아져 교통의 흐름을 방해하므로 긴 구간에 급한 오르막경사가 있으면 오르막차로를 설치할 필요가 있다.

종단설계는 중간이 들어가 보이지 않는 선형은 피해야 한다.

오르막경사 앞에 내리막경사를 설치할 경우 내리막경사를 너무 급하거나 길게 두면, 과도한 속도를 내게 되며 사고의 위험성이 있으므로 오르막경사와 내리막경사 길이에 주의한다.

같은 방향으로 굽는 두 종단곡선의 사이에 짧은 직선경사 구간을 두는 것은 피하고 길이가 긴 연속된 오르막구간에서는 오르막경사가 끝나는 정상부근에서 경사를 가능한 완만하게 한다. 종단경사는 완만할수록 좋으나 노면의 배수를 고려해 최소 0.3%의 경사가 되도록 하며, 종단선형의 양부는 평면선형과 관련하여 결정되는 수가 많으므로 평면선형과의 조화에 주의하고, 입체적인 선형으로 양호한 것이 되도록 한다. 환기설비가 필요한 장대터널에서는 환기설비의 비용을 절감시키기 위하여 터널 내의 오르막경사를 완만하게 하여 배기가스 량을 최소로 할 필요가 있다. 이를 위하여 장대터널 내에서는 오르막경사를 3%가 넘지 않도록 하는 것이 좋다.

종단선형설계의 순서는 평면선형설계의 경우와 마찬가지로, 먼저 지형의 변화와 절성토 균형 등의 조건을 고려해 직선형으로 종단경사를 설정하고, 이들을 연결하는 직선의 경사에 따라 삽입시키는 형태로 진행되고 있다.

운전자의 시각은 경사에 민감하지 않으나 경사차이 인식은 민감하다. 따라서 종단곡선 길이가 너무 짧으면 도로가 부자연스럽게 단절되어 있는 것처럼 보인다.

[3] 평면 및 종단선형 조합

평면선형과 종단선형의 조합은 자동차의 운동역학조건, 운전자 시각 및 심리를 충분히 고려하여 설계한다.

선형이 시각적 연속성을 확보하고 평면곡선과 종단곡선의 크기가 균형을 이루고 노면의 배수 및 자동차의 운동역학조건이 조화로운 경사가 되도록 조합한다. 그리고 평면 및 종단선형 조화를 위하여 다음과 같은 두 선형의 조합을 피하는 것이 좋다.

종단곡선의 정점부 또는 저점부에 급한 평면곡선반경의 삽입과 배향곡선의 변곡점을 두는 것은 피한다. 또한 하나의 평면곡선에서 종단선형이 볼록과 오목을 반복하는 것이나 같은 방향으로 굽는 두 곡선 사이에 짧은 직선은 넣지 않도록 한다.

8.3 곡선계산

곡선은 크게 수평곡선과 종단곡선으로 나눈다. 그리고 수평곡선에는 단곡선, 복심곡선, 반향곡선, 완화곡선에는 클로소이드, 3차포물선, 램니스케이트곡선, sine 체감곡선이 있다. 종단곡선에는 원곡선, 2차포물선을 이용한다.

완화곡선 부분의 클로소이드곡선은 고속도로에서 많이 이용되며 3차포물선의 경우는 철도, 렘니스케이트는 지하철에서 주로 사용된다.

그림 8.4
곡선구간 공사현장

8.3.1 수평곡선의 설계

[1] 단곡선

도로, 철도 등에서 중심선에 곡선부분이 있을 때 곡선반지름이 일정한 구간으로 곡선반지름은 설계속도에 따라 정해지며, 원곡선(circular curve)이라고도 한다. 도로는 수평에서 보면 직선으로 가다가 곡선을 만나기를 반복한다. 그림 8.5에서 A까지 직선이며 C를 지나 B에서 곡선이 끝나며, B를 지나면 다시 직선도로인 것을 나타내고 있다.

단곡선의 기호 및 용어는 표 8.4와 같다.

그림 8.5
단곡선

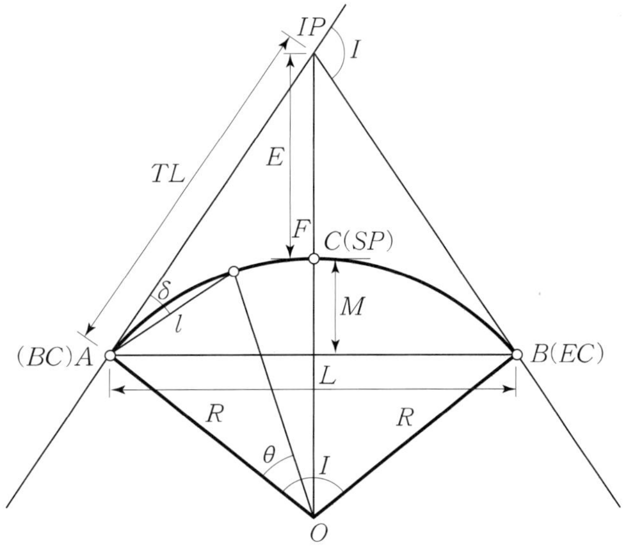

표 8.3 단곡선의 기호 및 용어

기 호	용 어	
BC	곡선시점	Beginning of Curve
EC	곡선종점	End of Curve
IP	교 점	Intersection Point
R	반 경	Radius of curve
TL	접선길이	Tangent Length
E	외선길이	External secant
M	중앙종거	Middle ordinate
CL	곡선길이	Curve Length
I	교 각	Intersection angle
δ	편 각	Deflection angle
θ	중 심 각	Central angle
L	장 현	Long chord
l	현 길 이	Chord length
I/2	총 편 각	Total deflection angle

단곡선의 공식은 다음과 같다.

① 접선길이(TL)

$$TL = R\tan\frac{I}{2} \tag{8.8}$$

② 곡선길이(CL)

$$CL = RI\,(\mathrm{Radian}) = \frac{RI^\circ}{\rho^\circ} = \frac{R\pi I^\circ}{180^\circ} = 0.0174533RI^\circ \tag{8.9}$$

(여기서, $\rho^\circ = \frac{180^\circ}{\pi}$)

③ 외선길이(E 또는 SL)

$$\cos\frac{I}{2} = \frac{R}{E+R}$$

$$E+R = \frac{R}{\cos\frac{I}{2}}$$

$$E = \frac{R}{\cos\frac{I}{2}} - R$$

$$\therefore\ E = R\left(\sec\frac{I}{2} - 1\right) \tag{8.10}$$

④ 중앙종거(M)

$$M = R - R\cos\frac{I}{2} = R\left(1 - \cos\frac{I}{2}\right) \tag{8.11}$$

그림 10.6에서 중앙종거(M)와 장현(L)과의 관계를 보면 다음과 같다.

$$M(2R-M) = \frac{L}{2}\cdot\frac{L}{2}$$

$$2MR - M^2 = \frac{L^2}{4}\ (\text{여기서 } M^2\text{는 생략})$$

$$\therefore\ M = \frac{L^2}{8R} \tag{8.12}$$

그림 8.6
중앙종거(M)와
장현(L)

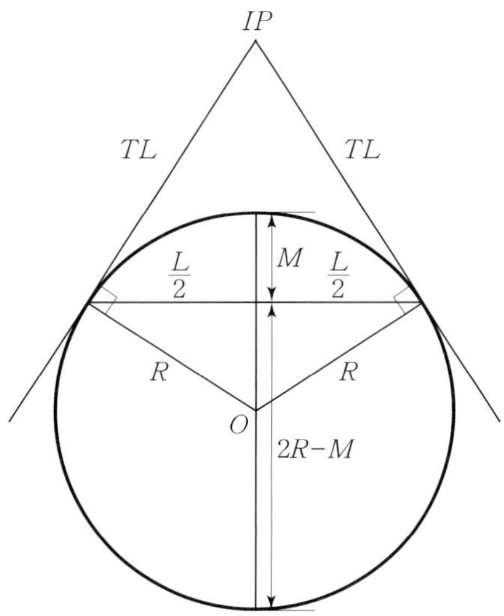

⑤ 장현(L)

$$L = 2R \cdot \sin\frac{I}{2} \tag{8.13}$$

⑥ 편각(δ)

$$\delta = \frac{\theta}{2} = \frac{l}{2R}(\text{radian}) = \frac{l}{R} \cdot \frac{\rho'}{2} = \frac{l}{R}\left(\frac{1}{2} \times \frac{180}{\pi} \times 60\right)'$$
$$= 1718.87\frac{l}{R}[\text{min}] \tag{8.14}$$

여기서, $l = R \cdot \theta$

| 예제 8-3 |

IP의 위치가 기점에서 143.25 m, 곡선반경 100 m, 교각 58°14′24″ 인 원곡선을 계산하시오. (단, 중심점 간 거리는 20 m)

풀이 ① $TL = R \cdot \tan\frac{I}{2} = 100 \times \tan 29°07'12'' = 55.705\text{ m}$

② $CL = 0.0174533RI° = 0.0174533 \times 100 \times 58.24° = 101.648\text{ m}$

③ $E = R\left(\sec\frac{I}{2} - 1\right) = 100(\sec 29.12°) = 14.468\text{ m}$

④ BC 위치(기점에서의 추가거리) $= 143.25 - 55.705 = 87.545\text{ m}$

$\therefore$ 20 m + 20 m + 20 m + 20 m + 7.545 m = No.4 + 7.545 m

⑤ 시단현의 길이 $l_1 = 20 - 7.545 = 12.455$ m

⑥ EC 위치(기점에서의 추가거리)= BC 위치 + CL 거리

$= 87.545 + 101.648 = 189.193$ m

⑦ 종단현의 길이= 180 m(No.9) + 9.193 m　　$\therefore\ l_n = 9.193$ m

⑧ 편각계산

시단현의 편각 $\delta_1 = 1718.87 \times 12.455/100 = 3°34'05''$

일반현 편각 $\delta = 1718.87 \times 20/100 = 5°43'46''$

종단현 편각 $\delta_n = 1718.87 \times 9.193/100 = 2°38'01''$

그리고 곡선상 중심말뚝의 편각 계산은 다음과 같다.

중심말뚝	현길이	편각	
No. 5	12.455	δ_1	3°34'05''
No. 6	20.00	$\delta_2 = \delta_1 + \delta$	9°17'51''
No. 7	20.00	$\delta_3 = \delta_1 + 2\delta$	15°01'37''
No. 8	20.00	$\delta_4 = \delta_1 + 3\delta$	20°45'23''
No. 9	20.00	$\delta_5 = \delta_1 + 4\delta$	26°29'09''
EC	9.193	$\delta_n = \delta_1 + 4\delta + \delta_n$	29°07'10''
검 산	101.648	$\delta_{1\sim n} = 1718.87 \times \dfrac{101.648}{100}$	29°07'12''

검산으로 현길이의 합이 곡선장과 같고, 종점에 대한 편각 δ_n와 교각 I의 반이 같아야 한다. 29°07'12'' − 29°07'12'' = 2'' 여기서 편각차가 2"이므로 측설에 영향을 주지 않기 때문에 그대로 사용한다. 곡선측설 방법은 다음과 같다.

① IP에서 TL만큼의 거리에 BC를 찾는다.

② BC 점에 측량기를 세우고 IP 점을 향하여 "0" set를 해준다.

③ 시단현의 편각만큼 관측하고 12.455 m인 지점을 찾아 표시한다.

④ 20 m에 대한 편각만큼 회전하여 20 m 추가된 점을 찾는다.

⑤ 동일한 방법으로 점을 찾아 측설해주면 원곡선이 설치된다.

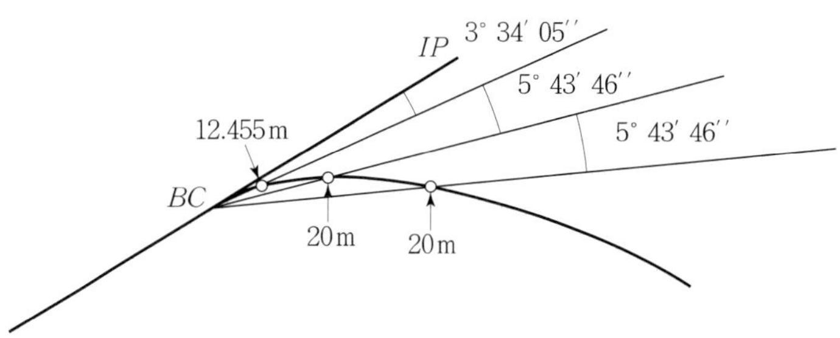

그림 8.7

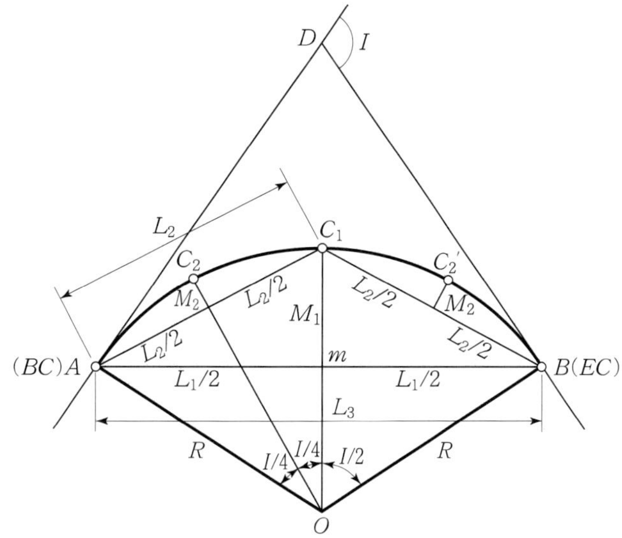

중앙종거를 이용한 곡선설치에 대해 알아본다. 그림 8.7에서 중앙종거 M_1을 구하고 M_2, M_3, ⋯ 차례로 구하여 곡선의 중심말뚝을 설치하는 방법이다.

계산식은

$$M_1 = R\left(1-\cos\frac{I}{2}\right)$$

$$M_2 = R\left(1-\cos\frac{I}{4}\right) \tag{8.15}$$

……

$$M_n = R\left(1-\cos\frac{I}{2^n}\right)$$

$$\frac{L_1}{2} = R\sin\frac{I}{2}$$

$$\frac{L_2}{2} = R\sin\frac{I}{4} \tag{8.16}$$

……

$$\frac{L_n}{2} = R\sin\frac{I}{2^n}$$

| 예제 8-4 |

교각(I)이 60°30′이고, 곡선반경(R)이 200 m일 때 원곡선을 중앙종거법으로 설치하시오.

풀이 M_1, M_2, M_3, M_4로 하여 설치할 때 계산값은 다음과 같다.

$$I/2 = 30°15' \qquad \cos I/2 = 0.86384$$

$$I/4 = 15°7'30 \qquad \cos I/4 = 0.96536$$

$$I/8 = 7°33'45 \qquad \cos I/8 = 0.99130$$

$$I/16 = 3°46'53 \qquad \cos I/16 = 0.99782$$

$$M_1 = R\left(1 - \cos\frac{I}{2}\right) = 200(1 - 0.86384) = 27.232 \text{ m}$$

$$M_2 = R\left(1 - \cos\frac{I}{4}\right) = 200(1 - 0.96536) = 6.928 \text{ m}$$

$$M_3 = R\left(1 - \cos\frac{I}{8}\right) = 200(1 - 0.99130) = 1.740 \text{ m}$$

$$M_4 = R\left(1 - \cos\frac{I}{16}\right) = 200(1 - 0.99782) = 0.436 \text{ m}$$

$$L_1 = 2R\left(1 - \sin\frac{I}{2}\right) = 400(1 - 0.86384) = 54.466 \text{ m}$$

$$L_2 = 2R\left(1 - \sin\frac{I}{4}\right) = 400(1 - 0.96536) = 13.856 \text{ m}$$

$$L_3 = 2R\left(1 - \sin\frac{I}{8}\right) = 400(1 - 0.99130) = 3.479 \text{ m}$$

$$L_4 = 2R\left(1 - \sin\frac{I}{16}\right) = 400(1 - 0.99782) = 0.871 \text{ m}$$

[2] 복곡선

반경이 다른 2개의 원곡선이 그 접속점에서 공통접선을 갖고 그것들의 중심이 공통접선과 같은 방향에 있는 곡선을 복곡선(compound curve)이라 한다. 또한 복곡선 접속점(point of compound curve; PCC)은 직선도로와 복곡선도로가 만나는 점이다.

일반적으로 큰 곡선반경(R_2)과 작은 곡선반경(R_1)의 관계는

설계속도 80 km/h 이상일 때, $R_2 \leq 1.5\,R_1$

설계속도 80 km/h 미만일 때, $R_2 \leq 2.0\,R_1$

복곡선의 기호는 그림 8.8과 같다.

$R_1, R_2, T_1, T_2, I_1, I_2, I$ 중에서 4개의 값만 주어진다면 나머지 3개의 미지수값은 공식으로 계산된다. 여기서 $vers\ \alpha = 1 - \cos\alpha$이다.

반향곡선(reverse curve 또는 s-curve)은 2개의 반원곡선의 중심이 반대위치하며 공통접선을 갖는 곡선이다.

그림 8.8

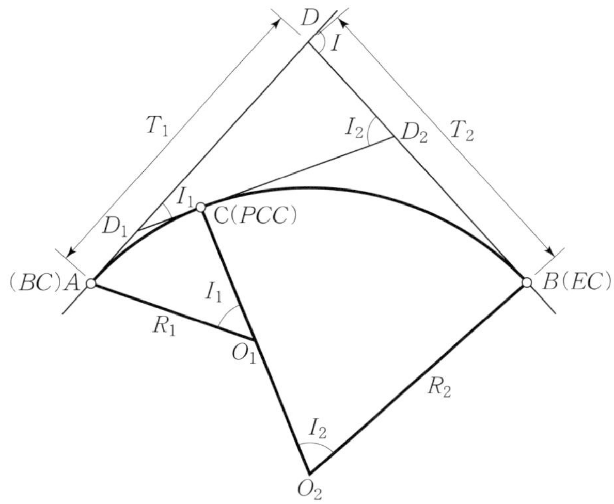

R_1 : 작은 원의 반경
T_1 : 작은 원의 접선길이
I_1 : 작은 원의 중심각
D_1 : 작은 원의 IP
O_1 : 작은 원의 중심
D : 복심곡선의 IP
A : 복심곡선의 종점(BC)
R_2 : 큰 원의 반경
T_2 : 큰 원의 접선길이
I_2 : 큰 원의 중심각
D_2 : 큰 원의 IP
Q_2 : 큰 원의 중심
I : 복심곡선의 교각 $I = I_1 + I_2$
B : 복심곡선 시점 EC
C : 두곡선의 교점(PCC)

| 예제 8–5 |

IP 위치는 기점에서 1324.65 m 이고, 교각(I)은 25°30′, 작은 원의 반경(R_1)은 300 m 라 할 때 복곡선을 설치하시오. (여기서 $T_1 = 900$ m, $T_2 = 110$ m)

풀이 복곡선 공식표 "라"항에서 예제의 주어진 R_1, T_1, T_2, I를 이용해서 계산한다.

① $\tan\dfrac{I_2}{2} = \dfrac{90\times\sin 25°30' - 300(1-\cos 25°30')}{110 + 90\times\cos 25°30' - 300\sin 25°30'} = 0.1533776$

$\therefore\ I_2 = 17°26'24$

② $I_1 = I - I_2 = 25°30' - 17°26'24'' = 8°3'36''$

③ 큰 원의 반경$(R_2) = 300 + \dfrac{90\times\sin 25°30' - 300(1-\cos 25°30')}{1-\cos 17°26'24''}$

$= 507.13$ m

④ 작은 원과 큰 원의 곡선길이 계산

$\widehat{AC} = CL = 0.0174533 \times R \times I° = 0.0174533 \times 300 \times 8°3'36'' = 42.20$ m

$\widehat{BC} = CL = 0.0174533 \times 507.13 \times 17°26'24'' = 154.36$ m

⑤ BC의 기점으로부터의 추가거리는

$1324.65 - T_1 = 1324.65 - 90 = 1234.65\ \text{m}$,

PCC의 기점으로부터의 추가거리는

$1324.65 + \widehat{AC} = 1324.65 + 42.20 = 1366.85\ \text{m}$ 이며

EC의 기점으로부터의 추가거리는

$1366.85 + \widehat{BC} = 1366.85 + 154.36\ \text{m}$ 이다.

⑥ 작은 원의 접선길이는 $\overline{AD_1} = R_1 \tan\frac{I_1}{2} = 300 \times \tan\frac{8°3'36''}{2} = 21.14\ \text{m}$

⑦ 여기서 PCC의 설치는 접선 $\overline{AD}$,$\overline{BD}$ 상에 각각의 점 D_1, D_2를 ⑥에서 계산한 $\overline{AD_1}$과 $\overline{AD_2}$를 이용하여 정하고 D_1과 D_2를 연결하면 $\overline{D_1D_2}$는 C점에서 접선이 된다. C점은 두 접선 상에서 $\overline{D_1C} = \overline{AD_1}$과 $\overline{D_2C} = \overline{BD_2}$이 되게 정하면 된다.

⑧ 다음으로 곡선설치는 작은 원과 큰 원으로 나누어 원곡선 설치법으로 한다.

| 예제 8-6 |

그림과 같이 교점에 장애물로 인해 교각을 관측하지 못하고 있다. 다음은 PA, PB선 상에 임의 점 C, D를 잡고 $\angle ACD$,$\angle CDB$ 및 CD의 거리를 관측하여 다음의 결과를 얻었다. 곡률반경(R)을 300 m라 하면 C점으로부터 곡선시점까지의 거리는 얼마인가? ($CD = 200\ \text{m}$, $\angle ACD = 140°$, $\angle CDB = 100°$)

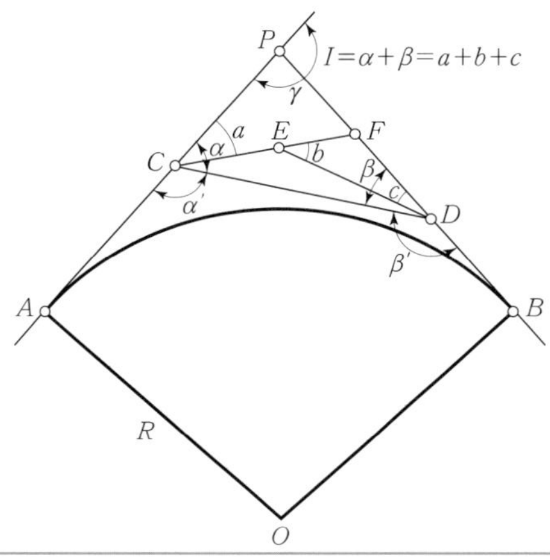

풀이 $I = \angle PCD + \angle PDC = 40° + 80° = 120°$

$$TL = R\ \tan\frac{I}{2} = 300 \times \tan 60° = 519.62\ \mathrm{m}$$

$\triangle PCD$에서

$$\frac{CD}{\sin(180° - I)} = \frac{PC}{\sin(180° - 100°)}$$

$$\therefore PC = \frac{200}{\sin 60°} \cdot \sin 80° = 227.43\ \mathrm{m}$$

C 점부터 곡선시점까지의 거리는 A 방향으로 $519.62 - 227.43 = 292.19\ \mathrm{m}$

| 예제 8-7 |

그림처럼 A로부터 Q까지 노선을 설치하고자 하는데 노선 중간에 연못이 있어서 BC는 연못 속에 있다. IP로부터 점 A에서 그림과 같이 $AB = 60\ \mathrm{m}$의 기선을 취하여 $\alpha = 85°$, $\beta = 70°35'$을 측설하였다. $I = 111°$, 곡선반경 $R = 70\ \mathrm{m}$로 정했을 때 TL, CL, E를 계산하고, 곡선시점 A부터 곡선종점 B까지의 거리를 구하시오.

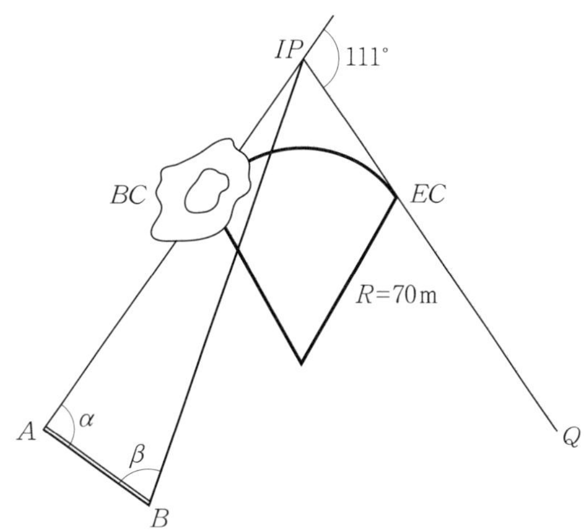

풀이

$$TL = R\ \tan\frac{I}{2} = 70 \times \tan 55°30' = 101.85\ \mathrm{m}$$

$$CL = RI\ \text{"}/\rho\text{"} = 70 \times 39960\frac{0}{206265} = 135.61\ \mathrm{m}$$

$$SL = R\left(\sec\frac{I}{2} - 1\right) = 70(\sec 55°30' - 1) = 53.59 \text{ m}$$

A부터 IP까지의 거리를 l이라 하고 $\triangle ABI$ 에서

$$\frac{AI}{\sin\beta} = \frac{AB}{[\sin 180 - (\alpha + \beta)]}$$

$$\alpha + \beta = 85° + 70°35' = 155°35'$$

$$\frac{l}{\sin 70°35'} = \frac{60}{\sin[180 - 155°35']}$$

$$l = 60 \times \frac{\sin 68°30'}{\sin 24°25'} = 135.05$$

따라서 A로부터 BC(시점)까지의 거리는 $135.05 - TL = 33.2$ m

[3] 완화곡선

도로의 직선과 곡선 사이에 주행을 부드럽게 하기 위해 넣은 곡선을 완화곡선(transition curve)이라 한다.

완화곡선의 성질을 보면 곡선반경은 완화곡선의 시점에서 무한대, 종점에서 원곡선의 반경이 되며, 완화곡선의 접선은 시점에서 직선, 종점에서 원호에 각각 접한다. 그리고 곡선반경의 감소율은 편경사의 증가율과 비례한다.

완화곡선의 종류(그림 8.9)는 다음과 같다.

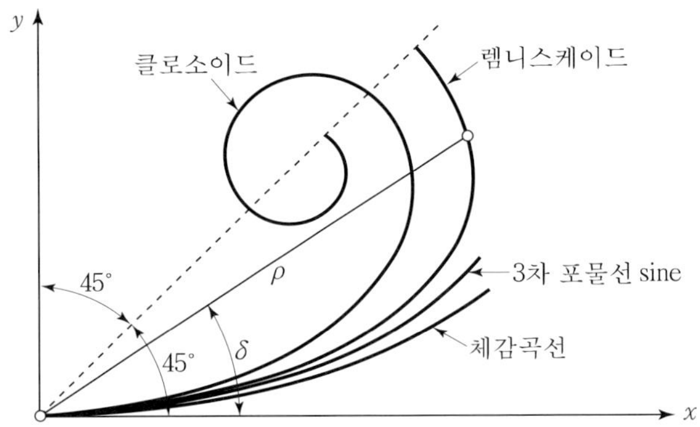

그림 8.9
완화곡선의 종류

① **클로소이드 곡선(clothoid)**: 곡선의 길이에 비례하는 곡선이며, 완화곡선에 비례하여 캔트의 증가, 곡선길이에 비례하여 곡률반경이 감소하며 주로 도로에 이용한다.

② **3차포물선(parabolic)**: 접선길이에 비례하여 편경사의 증가 또는 접선길이에 비례하여 곡률반경이 감소하는 곡선으로 주로 철도에 이용한다.

③ **렘니스케이트(lemniscate) 곡선**: 현길이에 비례하여 캔트의 증가, 곡선길이에 비례하여 곡률반경의 감소, 주로 도로에 이용한다.

④ **사인(sine) 곡선** : 캔트의 체감에 반파장 정현곡선을 이용한 완화곡선으로 BTC에 접선을 x축으로 하고 곡률 및 캔트의 체감형상을 $\sin(-\pi/2 \sim \pi/2)$의 곡선으로 한 것이다.

클로소이드 곡선의 기본요소는 곡선반경, 매개변수, 곡선길이이다.

① **곡선반경**: 곡선반경은 설계속도에 따라 정해지며, 최소곡선반경은 도로규격, 설계속도 및 최대편경사에 의해 정해진다. 설계속도 100 km/hr일 때 최소 460 m의 곡선반경을 갖는다.

② **매개변수(parameter)**: 도로에 이용되는 부분의 범위는 $\frac{R}{3} \leq A \leq R$로 원심가속도의 변화율($p$)와 매개변수의 관계는 다음과 같다.

$$p = \frac{v^3}{L \cdot R} \tag{8.17}$$

여기서, v: 주행속도 [m/sec]

L: 곡선길이 [m]

R: 곡선반경

식 (8.17)에서 클로소이드 기본식 $L \cdot R = A^2$, v[m/sec]를 V[km/hr]로 하여 대입하면 설계속도에 대한 허용최소 매개변수가 계산된다.

$$A = \sqrt{0.0215\frac{V^3}{p}} \tag{8.18}$$

단위 클로소이드는 클로소이드 기본식 $L \cdot R = A^2$에서 $A = 1$인 클로소이드이다.

표 8.4 설계속도와 완화곡선길이

설계속도 [km/hr]	120	100	80	60	50	40	30	20
완화곡선길이 [m]	100	85	70	50	40	35	25	20

③ **곡선길이**: 원심가속도 변화율 p의 허용량을 $0.35 \sim 0.75\ \mathrm{m/sec^2}$로 하고 핸들의 조작시간을 2초로 하면 2초간 주행하는 클로소이드 최소곡선길이는 다음과 같다.

$$L_t = \frac{V}{3.6} \cdot t \tag{8.19}$$

여기서, V: 설계속도[km/hr], t: 2초

단위 클로소이드 표(표 8.5)는 매개변수 A를 1로 하여 클로소이드 시점에서 곡선길이에 따른 각종 요소에 대해 계산한 표이다.

표 8.5 클로소이드 공식

구 분	공 식
곡선반경	$R = \frac{A^2}{L} = \frac{A}{l} = \frac{L}{2\tau} = \frac{A}{\sqrt{2\tau}}$
곡선길이	$L = \frac{A^2}{R} = \frac{A}{r} = 2\tau R = A\sqrt{2\tau}$
접 선 각	$\tau = \frac{L}{2R} = \frac{L^2}{2A^2} = \frac{A^2}{2R^2}$
매개변수	$A^2 = R \cdot L = \frac{L^2}{2\tau} = 2\tau R^2$
	$A = \sqrt{R \cdot L} = l \cdot R = L \cdot r = \frac{L}{\sqrt{2\tau}} = \sqrt{2}\,\tau R$
X 좌 표	$X = L\left(1 - \frac{L^2}{40R^2} + \frac{L^4}{3456R^4} - \frac{L^6}{599040R^6} + \cdots\right)$
Y 좌 표	$Y = \frac{L^2}{6R}\left(1 - \frac{L^2}{50R^2} + \frac{L^4}{7040R^4} - \frac{L^6}{1612800R^6} + \cdots\right)$
shift(이정)	$\Delta R = Y + R\cos\tau - R$
M의 X 좌표	$X_M = X - R\sin\tau$
단접선의 길이	$T_K = Y\operatorname{cosec}\tau$
장접선의 길이	$T_L = X - Y\cot\tau$
법선의 길이	$N = Y\sec\tau$
동 경	$S_0 = Y\operatorname{cosec}\sigma$

그림 8.10
클로소이드 곡선

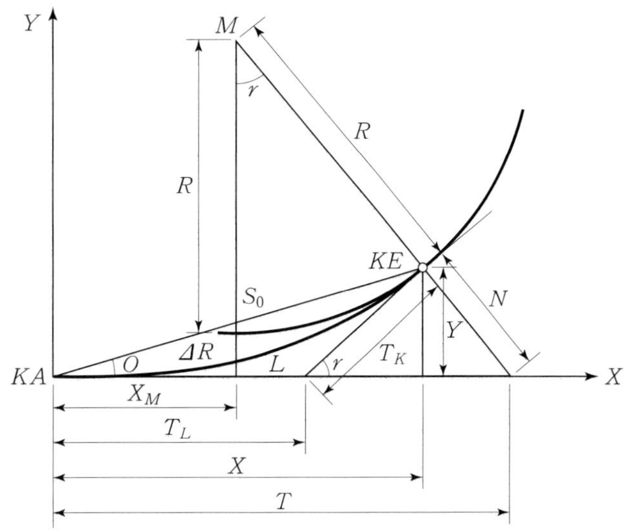

클로소이드 곡선에는 대칭기본형이 있으며, 비대칭기본형, 요철형 그리고 S형 클로소이드가 있다.

시속 100 km/hr 일 때 최소완화곡선 길이규정 ⇒ 60 m

$$L_t = \frac{V}{3.6} \cdot t = \frac{100}{3.6} \times 2 = 55.5 \fallingdotseq 60 \text{ m}$$

① **대칭기본형 클로소이드:** 클로소이드곡선을 완화곡선으로 사용할 때 원곡선 시점부, 종점부에 클로소이드를 설치하는 것을 말한다.
그림 8.11에서

$$I = \alpha + 2\tau$$

$$W = (R + \Delta R)\tan\frac{I}{2}$$

$$D = X_M + W$$

그림 8.11에서 반경 R을 알고 L을 약 $\frac{2}{3}D$로 하면

$$A \fallingdotseq \sqrt{R \cdot L}$$

이며, 매개변수는 $\frac{R}{3} \leqq A \leqq R$ 의 규정을 만족하도록 A값을 결정한다.

클로소이드 곡선길이 (L)과 단곡선길이 (L_c)의 관계와 shift(ΔR)는 $\frac{L_c}{2} \leqq L \leqq L_c$, $\Delta R > 0.2\ \text{m}$로 한다.

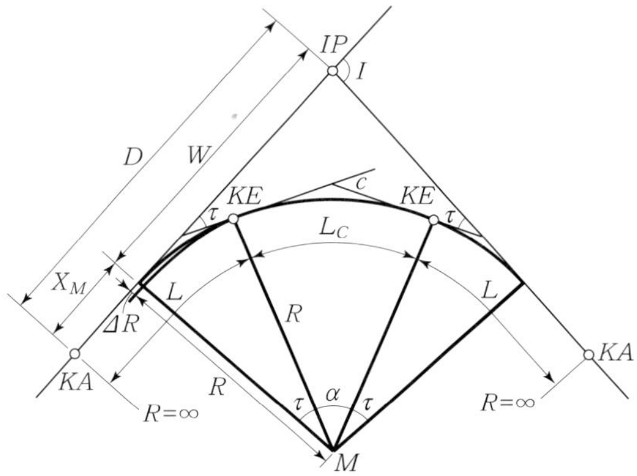

그림 8.11
대칭기본형
클로소이드곡선

| 예제 8-8 |

$I = 40°20'16''$, $D = 110\ \text{m}$인 경우, 대칭기본형 클로소이드를 설치하시오.

풀이 $L \Im E \frac{2}{3} \cdot D = 73\ \text{m}$ 이고

$$R \Im E L \cdot \cot\frac{I}{2} = 73 \times \cot\frac{40°20'16''}{2} = 172\ \text{m}$$

$$A \Im E \sqrt{199 \times 73} = 112\ \text{m}$$

따라서 A는 $\frac{R}{3} \leqq A \leqq R$ 조건을 만족한다.

$$L = \frac{A^2}{R} = 73.573\ \text{m},\ l = \frac{A}{R} = 0.608040\ \text{m},\ r = \frac{A}{L} = 1.657534\ \text{m}$$

먼저 단위 클로소이드 표를 이용하기 위해 각 값을 보정하는 보정계수를 구한다.

$$l \text{ 을 이용한 보정계수} = \frac{0.608040 - 0.511000}{0.723000 - 0.511000} = 0.458$$

그리고 클로소이드 표를 통해 다음 값들을 구할 수 있다.

$\tau = 7°28'50'' + (14°58'30'' - 7°28'50'') \times 0.458 = 10°54'47''$

$l = 0.608040, \quad r = 1.657534$

$\Delta r = 0.005556 + (0.015709 - 0.005556) \times 0.458 = 0.010206$

$\Delta R = \Delta r \cdot A = 1.235 \text{ m}$

$x_M = 0.255355 + (0.360678 - 0.255355) \times 0.458 = 0.303593$

$X_M = x_M \cdot A = 36.735 \text{ m}$

$x = 0.510130 + (0.718077 - 0.510130) \times 0.458 = 0.605370$

$X = x \cdot A = 73.250 \text{ m}$

$y = 0.022211 + (0.062562 - 0.022211) \times 0.458 = 0.040692$

$Y = y \cdot A = 4.924 \text{ m}$

$t = 0.513046 + (0.734843 - 0.513046) \times 0.458 = 0.614629$

$W = (R + \Delta R) \cdot \tan\frac{I}{2} = (199 + 1.235)\tan 20°10'8'' = 73.549 \text{ m}$

$D = W + X_M = 73.549 + 36.735 = 110.284 \text{ m}$

원곡선길이$(L_c) = R\frac{\alpha''}{\rho''} = 199 \times \frac{I - 2\tau}{206265}'' = 64.295 \text{ m}$이고

총곡선길이 CL는

$= L + L_c + L = 2L + L_c = 2 \times 73.573 + 64.295 = 211.441 \text{ m}$

② **요철형 클로소이드:** 직선–클로소이드–클로소이드–직선으로 이루어지는 경우에 설치되며 대칭형과 비대칭형이 있다. 요철형 클로소이드는 접속점에서의 허용곡선반경 R은 설계속도 V에 대해, $R > 10V$로 한다.

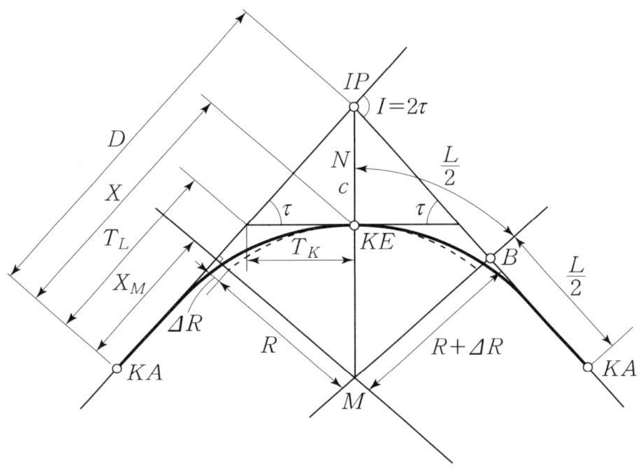

그림 8.12
대칭요철형 클로소이드

대칭형에서는 최소반경을 정하고 KE 점과 B 점의 길이를 클로소이드 곡선길이(L)의 1/2로 하여 R과 L을 구한다. 이것으로부터 매개변수 $A(=\sqrt{R\cdot L})$를 구하여 각 요소를 계산한다. 비대칭인 경우, $I=\tau_1+\tau_2$ 이며, 매개변수의 범위는, $\frac{R}{2}\leqq A_2\leqq 0.8R$ 이다. 여기서 A_2는 작은 곡선부의 매개변수이며 좌우 매개변수의 비는 $A_1\leqq 1.5A_2$ 이다.

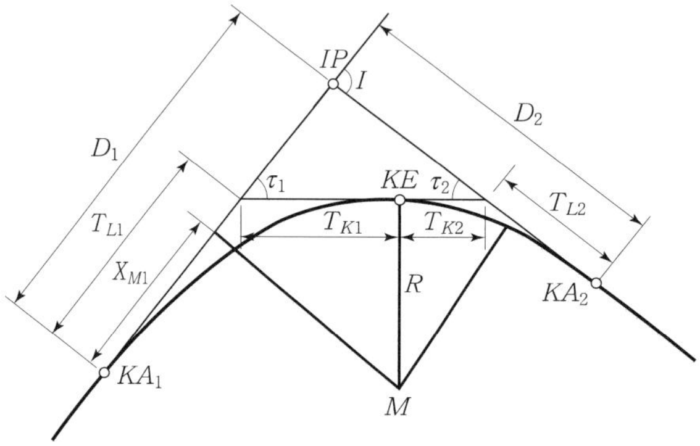

그림 8.13 비대칭요철형 클로소이드

| 예제 8-9 |

$I=14°57'40''$, $N\leq 3.00\text{ m}$인 대칭요철형 클로소이드 요소를 구하라.

풀이 $\tau=\frac{I}{2}=7°28'50''$

먼저 단위 클로소이드 표를 이용하여 다음 값을 구한다.

$l=0.51000$ $r=0.510130$

$x=0.510150$ $y=0.222110$

$t=0.513046$ $n=0.022402$

$A\fallingdotseq\frac{N}{n}=\frac{3}{0.022402}=133.92$

A값은 133.92보다 작은 값을 택해 $A=133\text{ mm}$로 한다. 그러므로 L, R, X, Y, t, N은 l, r, x, y, t, N 은 l, r, x, y, t, n값에 133을 곱해서 구한다.

$L=67.830$, $R=67.847\text{ m}$, $=67.850$

$Y=29.541$, $t=68.235$, $N=2.979<3\text{ m}$

③ S형 클로소이드: 반향곡선(S-curve) 중앙에 클로소이드로 연결하는 것을 S형 클로소이드라 하며 큰 곡선부의 매개변수 (A_1)이 작은 곡선부의 매개변수 (A_2)의 1.5~2.0배 이하로 한다.

8.3.2 수직곡선의 설계

[1] 종단곡선

종단노선의 경사가 변할 때는 두 경사선이 갑자기 변화하는 것을 피함으로써 시거확보를 위한 종단곡선(vertical curve)을 넣는다.

그림 8.14
포물선 종단곡선

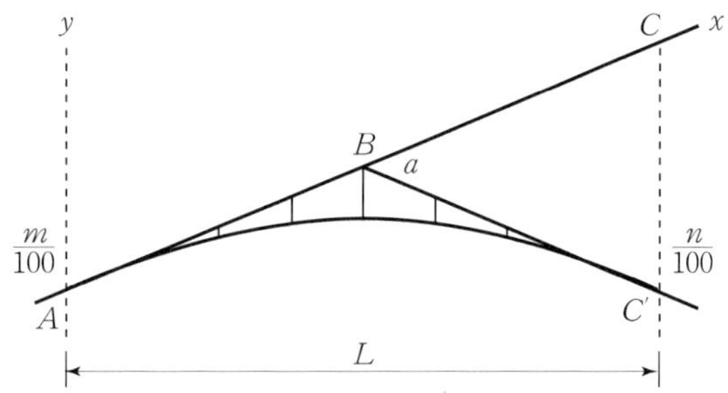

$$AB\text{의 경사} : +\frac{m}{100},\ BC'\text{의 경사} : -\frac{n}{100}$$

y축은 포물선축에 평행 x축은 접선이라 한다.

$$y = px^2, \quad \tan\alpha = \frac{m+n}{100}$$

$x = AC \fallingdotseq L$이라 하면

$$CC' = PL^2, \quad \therefore \tan\alpha \fallingdotseq \frac{CC'}{1/2L} \tag{8.20}$$

$$CC' = \frac{L}{2}\tan\alpha = \frac{L}{2}\left(\frac{m+n}{100}\right)$$

$$\therefore PL^2 = \frac{L}{2}\left(\frac{m+n}{100}\right), \quad P = \frac{1}{2L}\left(\frac{m+n}{100}\right) \tag{8.21}$$

$$\therefore\ y = \frac{1}{2L}\left(\frac{m+n}{100}\right)x^2 \tag{8.22}$$

종단곡선 상의 표고는 다음과 같다.

$$H' = H_0 + \frac{m}{100}x \tag{8.23}$$

$$H = H' - y \tag{8.24}$$

여기서, H': BC 에서 x만큼 떨어져 있는 AV'선상의 점의 표고

H_0: BC 의 표고

H: BC 에서 x만큼 떨어져 있는 종곡선 상의 점의 표고

그림 8.15
종단경사

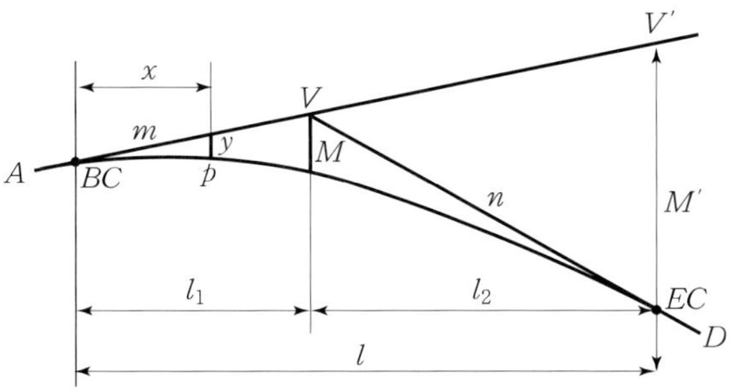

| 예제 8-10 |

$V = 60\ \text{km/hr}$이고 $i_1 = -4.0\%$, $i_2 = -0.226\%$인 경우 종단곡선을 설치하시오.

풀이 이 경우는 요철형이므로 종단곡선반경 $R \ge 1500$, 종단곡선길이 $L \ge 50\ \text{m}$로 한다.

$$R\ \frac{L}{|i_2 - i_1|} \times 100 \quad \text{으로부터}\ L\ \ge \frac{|i_2 - i_1|}{100} \times R$$

$$= \frac{3.774}{100} \times 1500 = 56.61\ \text{m}$$

L은 $70\ \text{m}$로 하면 위의 조건을 만족하나 수평곡선과 조화를 이루기 위해 $L = 230\ \text{m}$로 한다.

$$\therefore\ y = \frac{(i_1 - i_2)}{200L}x^2 = \frac{-3.774}{200 \times 230}x^2 = -\frac{x^2}{12189}$$

20 m 간격으로 측점을 설치하면

No. 1 $x=20$ $y_1=-0.033$

No. 2 $x=40$ $y_2=-0.131$

No. 3 $x=60$ $y_3=-0.295$

No. 4 $x=80$ $y_4=-0.525$

No. 5 $x=100$ $y_5=-0.820$

[2] 종단경사

도로의 종단경사는 가능한 설계속도에 가까운 속도를 유지하도록 하며 우리나라는 AASHTO 기준으로 제정되었다. 자동차 전용도로의 경우 설계속도 100~120km/hr일 때 평지 3%, 산지 4%로 되어 있다.

표 8.6 종단경사기준

설계속도 (km/시간)	최대종단경사 (%)							
	고속도로		간선도로		집산도로 및 연결로		국지도로	
	평지	산지	평지	산지	평지	산지	평지	산지
120	3	4						
110	3	5						
100	3	5	3	6				
90	4	6	4	6				
80	4	6	4	7	6	9		
70			5	7	7	10		
60			5	8	7	10	7	13
50			5	8	7	10	7	14
40			6	9	7	11	7	15
30					7	12	8	16
20							8	16

『도로의 구조·시설 기준에 관한 규칙』 2009

연습문제

8-1 도로측량의 순서와 방법에 관하여 논하시오.

8-2 노선설계의 기본과정에 대해 논하시오.

8-3 노선측량의 곡선설치에 있어서 곡선의 분류에 대하여 서술하시오.

8-4 곡부의 기본요건인 고도(cant), 편경사(slope), 확폭(slack)에 대하여 논하시오.

8-5 완화곡선의 성질 및 종류와 그 특성에 관해 논하시오.

8-6 외선장 $SL(E)$가 15 m, 교각 $I=120°$, 교점 IP가 기점($NO.0$)에 423.7 m라 하면 곡선종점 EC 는 기점($NO.0$)에서 몇 m인가 ?

8-7 아래 그림에서 $I=50°$, $E_0=18$ m , $R_0=120$ m 인 구곡선이 있다. 지금 구곡선의 양 접선을 이동하지 않고 $E_N=22$ m 로 하고, 구곡선 BC까지의 거리를 155.25 m 로 하면 신곡선 BC의 추가거리는 얼마가 되는가?

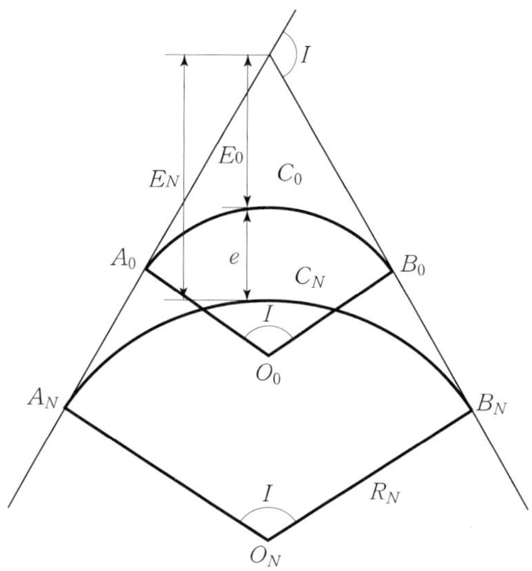

8-8 $R = 300\ \text{m}$, $X = 20\ \text{m}$인 3차포물선을 설치하시오.

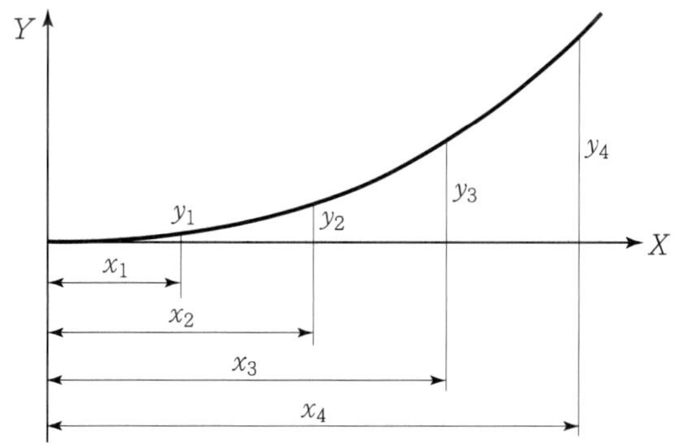

CHAPTER 9

토공량 산정

이 장에서는 면적, 토공량, 면적 및 토공량 정확도를 다룬다.

9.1 면적

측량의 목적 중 하나는 측점과 측선으로 경계 지어지는 토지의 면적과 체적을 정확히 산출하여 국토의 개발·보전에 활용하는 데 있다. 토지의 면적은 토지를 둘러싼 경계선을 기준면에 투영시켰을 때 그 선 내의 넓이를 말한다. 면적과 체적의 산정은 건설공사의 계획, 시공에 있어서 적정 계획면 설정, 토공량 산정, 수문량 조사를 위한 유역면적, 저수지의 담수량 산정 등에 널리 사용된다.

9.1.1 삼각형의 면적

삼각형법은 밑변(b)과 높이(h)를 관측하여 면적을 구하는 방법이다.

$$A = \frac{1}{2} \times b \times h \tag{9.1}$$

한 변의 길이와 그 양각을 측정한 경우는 식 (9.2)와 같다.

$$A = \frac{a^2 \sin B \sin C}{2\sin(B+C)} = \frac{b^2 \sin C \sin A}{2\sin(C+A)} = \frac{c^2 \sin A \sin B}{2\sin(A+B)} \tag{9.2}$$

두 변의 길이와 그 사이 각을 측정한 경우 면적을 구하는 방법은 식 (9.3)과 같고, 삼변법(Heron의 공식)은 삼각형의 세 변 a, b, c을 관측하여 면적을 구하는 방법으로 식 (9.4)이다.

$$A = \frac{1}{2} ab \sin C = \frac{1}{2} ca \sin B = \frac{1}{2} bc \sin A \tag{9.3}$$

$$A = \sqrt{s(s-a)(s-b)(s-c)}, \quad s = \frac{1}{2}(a+b+c) \tag{9.4}$$

| 예제 9-1 |

30 m에 대하여 2 cm 늘어난 줄자로 삼각형의 토지면적을 삼사법으로 구한 값이 52 cm^{2}였다면 적합한 면적은?

풀이

$$A_0 = A(1 \pm \delta)^2 = A\left(1 \pm \frac{\Delta l}{l}\right)^2 = 52 \times \left(1 + \frac{0.02}{30}\right)^2 = 52.069\ \text{m}^2$$

줄자가 늘어나면 +, 줄어들면 −로 계산한다.

| 예제 9-2 |

두 변의 길이가 각각 45.1 m, 41.2 m 이고 두 변의 협각이 77°18′ 일 때 삼각형의 면적은?

풀이

$$A = \frac{1}{2}ab\sin\alpha = \frac{1}{2} \times 45.1 \times 41.2 \times \sin 77°18' = 906.3\ \mathrm{m}^2$$

| 예제 9-3 |

어느 토지의 3변의 길이가 28.38 m, 48.13 m, 64.70 m 인 삼각형의 토지면적은 ?

풀이

$$A = \sqrt{S(S-a)(S-b)(S-c)}$$

단, $S = \frac{1}{2}(a+b+c) = \frac{1}{2}(28.38 + 48.13 + 64.70) = 70.61\ \mathrm{m}$

$$\therefore\ A = \sqrt{70.61(70.61-28.38)(70.61-48.13)(70.61-64.7)}$$

$$= 629.41\ \mathrm{m}^2$$

9.1.2 사각형의 면적

사각형의 면적은 2개의 삼각형으로 나누거나 꼭짓점의 좌표를 알 때 좌표법으로 구한다.

| 예제 9-4 |

사각형 대지를 두 개의 삼각형으로 나누어 면적을 구하는 것은 지적측량에서 사용하는 방법이다. A, B, C, D 점의 좌표를 알고 있을 때 좌표법을 사용하여 면적을 구하시오.

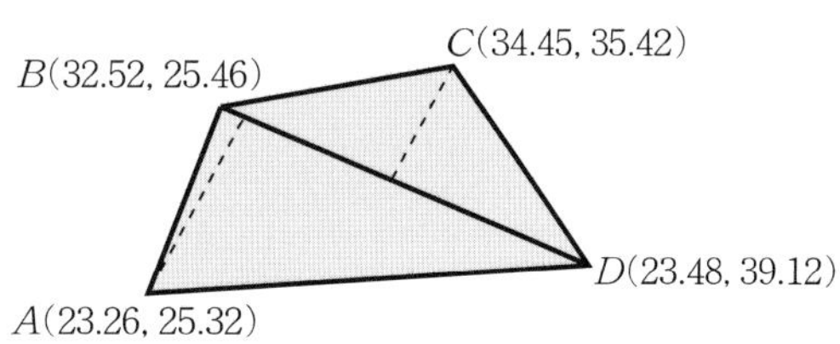

풀이

$$S = \frac{1}{2}\sum_{i=1}^{\infty} x_i(y_{i+1} - y_{i-1})$$

$$= \frac{1}{2}[23.26(25.46-39.12)+32.52(35.42-25.32)$$
$$+34.45(39.12-25.46)+23.48(25.32-35.42)]$$
$$= 122.08\ m^2$$

9.1.3 다각형의 면적

좌표법에 의한 면적계산은 다각측량에서 기술했으며 컴퓨터를 이용한 프로그램으로 쉽게 계산할 수 있어 비교적 많이 이용되는 면적계산법이다. 이 방법은 다각측량에서 경계선의 위거, 경거를 구했을 경우에 사용된다.

9.1.4 지거법

복잡하게 굴곡진 경계선 내의 면적을 구할 때는 앞의 방법만으로는 불충분하다. 일반적으로 도상에서 구적기를 사용하지만, 수치계산법으로 구하려면 평형직선이나 지거법을 사용한다.

일반적으로 측선으로부터 직각의 방향으로 관측한 거리를 지거 또는 오프셋(offset)이라 한다. 지거를 잴 때는 측선 상에 줄자를 잡아당긴 후, 다른 줄자의 한쪽 끝의 점 A에서 줄자를 측선으로 잡아당기고 지거 AB를 잰다. 이때 수선의 발 B의 위치는 지거가 짧을 때, 그림 9.1(a)처럼 목측하여 α와 β가 같게 한다. 지거가 길 때, 그림 9.1(b)와 같이 원호를 그려서 선분 CD의 중점을 구하여 B의 위치를 알아낸다. 또한 중요한 점의 위치를 결정할 때, 그림 9.1(c)처럼 3변의 길이를 측정하고, 이때 AB, AC를 사지거라 한다.

그림 9.1

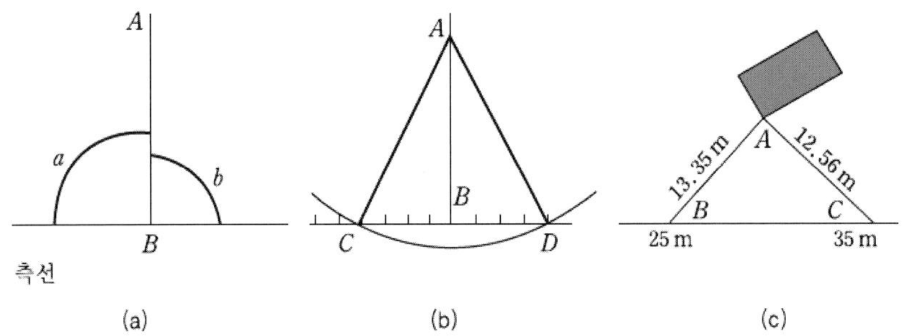

사다리꼴 공식의 경우 경계선의 굴절이 심한 경우 그림 9.2처럼 경계선을 직선으로 간주하고, 구할 면적을 몇 개의 대형으로 구분하여 구한다.

$$A = d\left(\frac{y_0 + y_n}{2} + y_1 + y_2 + \cdots + y_{n-1}\right) = d\left(\frac{y_0 + y_n}{2} + \sum_{i=0}^{n-1} y_i\right) \qquad (9.5)$$

식 (9.5)을 일반식으로 나타내면 식 (9.6)이 된다.

$$A = \frac{1}{2}\left[d_1 y_0 + (d_1 + d_2) y_1 + \cdots + (d_{n-1} + d_n) \cdot y_{n-1} + d_n y_n\right] \qquad (9.6)$$

여기서 지거의 간격이 같을 경우에는 $d_1 = d_2 = d_3 = \cdots = d_n = a$ 이므로

$$A = d\left(\frac{y_0 + y_n}{2} + y_1 + y_2 + \cdots + y_{n-1}\right) = d\left(\frac{y_0 + y_n}{2} + \sum_{i=0}^{n-1} y_i\right) \qquad (9.7)$$

로 된다.

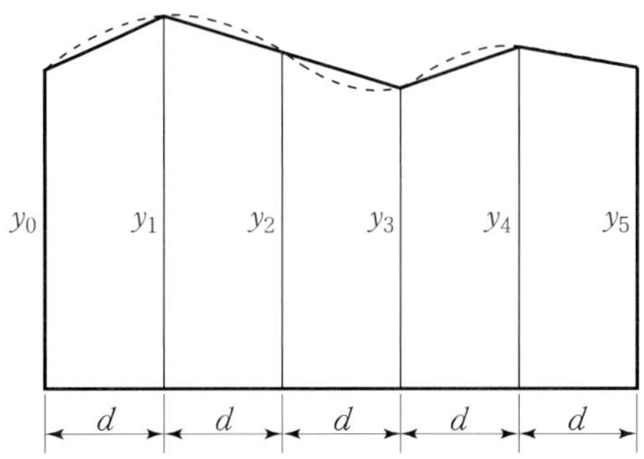

그림 9.2
지거법

9.1.5 심프슨 제1법칙

심프슨(Simpson)의 제1법칙은 지거 간격을 균등하게 나누고, 경계선을 2차포물선으로 가정하며 2구간을 1조로 하여 계산하는 방법이다. 그림 9.3에서 2구간을 1조로 한 도형 $ABCDE$의 면적 A_1을 구하면 식 (9.8)과 같다.

$$\begin{aligned} A_1 &= (\text{대형}\, ABCDE) + (\text{포물선}\, BCD) \\ &= \left(2d \times \frac{y_0 + y_2}{2}\right) + \frac{2}{3}\left(y_1 - \frac{y_0 + y_2}{2}\right) \times 2d \\ &= (y_0 + y_2)d + \frac{2}{3} \cdot \frac{2y_1 - y_0 - y_2}{2} \times 2d \end{aligned}$$

$$= \frac{d}{3}(3y_0 + 3y_2 + 4y_1 - 2y_0 - 2y_2) = \frac{d}{3}(y_0 + 4y_1 + y_2) \tag{9.8}$$

$$A = \frac{d}{3}\left[y_0 + y_n + 4(y_1 + y_3 + \cdots + y_{n-1}) + 2(y_2 + y_4 + \cdots + y_{n-2}) \right]$$

$$= \frac{d}{3}(y_0 + y_n + 4\sum y_{홀수} + 2\sum y_{나머지짝수}) \tag{9.9}$$

(단, n은 짝수이며 홀수인 경우 끝의 것은 사다리꼴로 계산함)

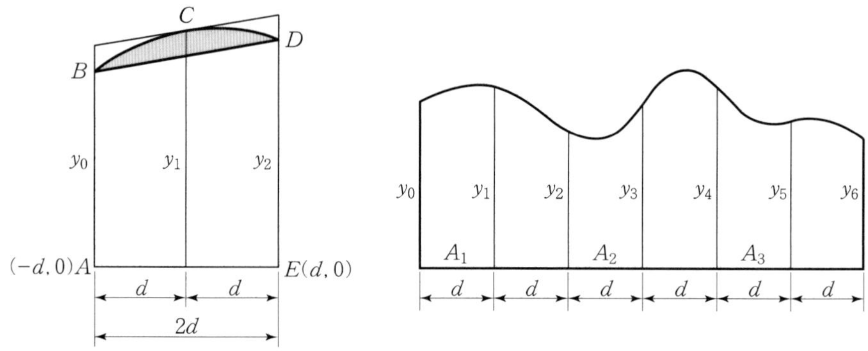

그림 9.3
심프슨 제1법칙

| 예제 9-5 |

심프슨의 제1법칙을 다른 방법으로 면적을 구하시오.

풀이

면적 $S = \int_{-d}^{d} (ax + bx + c)\,dx$

$= \left(\frac{a}{3}x^3 + \frac{b}{2}x^2 + cx\right)$

$= \left(\frac{a}{3}d^3 + \frac{b}{2}d^2 + c \cdot d\right) - \left(-\frac{a}{3}d^3 + \frac{b}{2}d^2 - c \cdot d\right)$

$= \frac{2a}{3}d^3 + 2cd$

A점에서의 $y_0 = a \cdot d^2 - b \cdot d + c$, $a = \frac{1}{d^2}(y_0 + bd - c)$이다.

O점에서의 $y_1 = c$, E점에서의

$y_2 = ad^2 + bd + cb = \frac{1}{d}(y_2 - ad^2 - c)$이다.

따라서

$$a = \frac{1}{d^2}(y_0 + y_2 - ad^2 - y_1 - y_1)$$

$$a = -a + \frac{1}{d^2}(y_0 + y_2 - 2y_1)$$

$$a = \frac{1}{2d^2}(y_0 + y_2 - 2y_1)$$

따라서

$$S = \frac{2}{3} \cdot \frac{d^3}{2d^2}(y_0 + y_2 - 2y) + 2y_1 \cdot d$$

$$= \frac{1}{3}d(y_0 + y_2 - 2y_1 + 6y_1)$$

$$\therefore\ S = \frac{d}{3}(y_0 + 4y_1 + y_2)$$

모든 면적을 더한 전체 면적은

$$S = \frac{d}{3}[y_0 + 4(y_1 + y_3 + \cdots + y_{2n-1}) + 2(y_2 + y_4 \cdots y_{2n})]$$

또 그림 9.2로부터

$$A_2 = \frac{d}{3}(y_2 + 4y_3 + y_4), \quad A_3 = \frac{d}{3}(y_4 + 4y_5 + y_6)$$

$$\cdots\cdots$$

$$A_n = \frac{d}{3}(y_{2n-2} + 4y_{2n-1} + y_{2n})$$

으로 되어 전 면적 A는 다음과 같이 표시된다.

9.1.6 심프슨 제2법칙

심프슨의 제2법칙은 역시 등간격으로 지거를 나누었을 때 3구간을 1조로 하여 계산한다. 그림 9.4에서 3구간을 1조로 한 구형 $ABCDEFG$의 면적 A_1을 구하면 식 (9.9)와 같다.

$$A_1 = (\text{대형}\,ABDE) + (\text{포물선}\,BCD)$$
$$= \left(3d \times \frac{y_0 + y_3}{2}\right) + \frac{3}{4}\left(\frac{y_1 + y_2}{2} - \frac{y_0 + y_3}{2}\right) \times 3d$$

$$= \frac{3}{8}d(4y_0 + 4y_3 + 3y_1 + 3y_2 - 3y_0 - 3y_3)$$

$$= \frac{3}{8}d(y_0 + 3y_1 + 3y_2 + y_3)$$

일반적인 경우

$$A_2 = \frac{3}{8}d(y_3 + 3y_4 + 3y_5 + y_6)$$

$$A_3 = \frac{3}{8}d(y_6 + 3y_7 + 3y_8 + y_9)$$

......

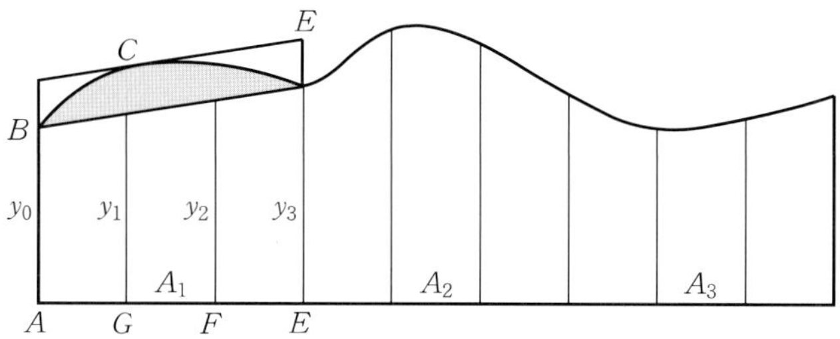

그림 9.4
심프슨 제2법칙

$$A_n = \frac{3}{8}d(y_{2n-3} + 3y_{2n-2} + 3y_{2n-1} + y_{2n})$$

$$A = \frac{3}{8}d\left[(y_0 + y_n + 2(y_2 + y_6 + \cdots + y_{n-3})\right]$$

$$+ 3(y_1 + y_2 + y_4 + y_5 + \cdots + y_{n-2} + y_{n-1})$$

$$= \frac{3}{8}d\left(y_0 + y_n + 2\sum y_{3\text{의 배수}} + 3\sum y_{\text{나머지 수}}\right) \quad (9.10)$$

(단, n은 3의 배수)

| 예제 9-6 |

3 m의 같은 간격으로 각 지거를 $y_0 = 3.8\text{ m}$, $y_1 = 9.7\text{ m}$, $y_2 = 13.4\text{ m}$, $y_3 = 11.2\text{ m}$, $y_4 = 7.6\text{ m}$로 하였을 때, 사다리꼴공식, 심프슨의 제1법칙, 제2법칙 공식에 의한 면적을 각각 구하시오.

풀이 • 사다리꼴공식

$$A = \frac{d}{2}(y_0 + y_n + 2\sum y_i)$$

$$= \frac{3}{2} \times [3.8 + 7.6 + 2(9.7 + 13.4 + 11.2)] = 120.0 \text{ mm}^2$$

• 심프슨의 제1법칙

$$\therefore \; A = \frac{d}{3} \left[y_0 + 2(y_2 + y_4 + \ldots\ldots +) + 4(y_1 + y_3 \ldots\ldots) + y_n \right]$$

$$= \frac{3}{3} [3.8 + 2^*(13.4) + 4^*(9.7 + 11.2) + 7.6] = 121.8 \text{ m}^2$$

• 심프슨의 제2법칙

$$A = \frac{3}{8} d \left[y_0 + y_n + 3(h_1 + h_2 + h_4 + h_5 + h_7 + h_8 + h_{10}) + 2(h_3 + h_6 + h_9) \right]$$

$$= \frac{3}{8} \times 3 \times [3.8 + 7.6 + 3(9.7 + 13.4) + 2 \times (11.2)] = 116.0 \text{ mm}^2$$

9.1.7 면적의 분할

삼각형의 분할에서 한 변에 평행한 직선에 의한 분할은, 삼각형면적을 m: n으로 분할할 경우 $\triangle ABC$의 높이를 h, 면적을 S, $\triangle ADE$의 높이를 h', 면적을 M이라 하면

$$m = \frac{1}{2} h' \cdot DE \;, \qquad S = \frac{1}{2} h \cdot BC$$

$$\frac{M}{S} = \frac{m'}{m+n} = \frac{h'}{h} \cdot \frac{DE}{BC} = \left(\frac{AD}{AB} \right)^2 = \left(\frac{AE}{AC} \right)^2 \therefore AD = AB \sqrt{\frac{m}{m+n}} \;,$$

$$AE = AC \sqrt{\frac{m}{m+n}} \tag{9.11}$$

그림 9.5

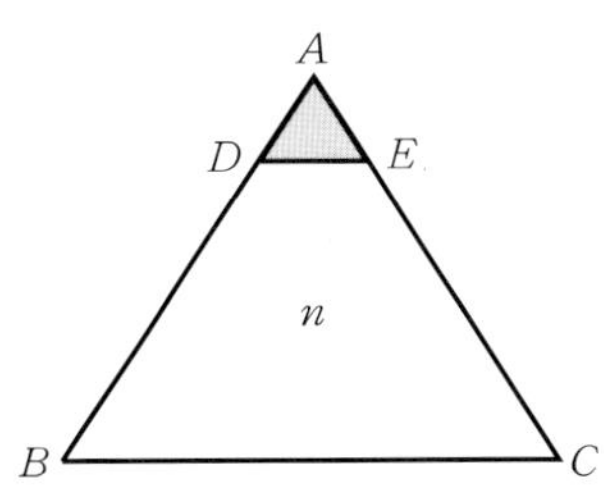

한 꼭짓점을 지나는 직선에 의한 분할은 다음과 같다.

$$M = \frac{1}{2}h \cdot BD, \quad N = \frac{1}{2}h \cdot CD$$

$$\frac{M}{S} = \frac{m}{m+n} = \frac{BD}{BC}, \quad \frac{N}{S} = \frac{n}{m+n} = \frac{CD}{BC}$$

$$\therefore BD = \frac{m}{m+n}BC, \quad CD = \frac{n}{m+n}BC \tag{9.12}$$

한 변상 고정점을 지나는 직선에 의한 분류는 다음과 같다.

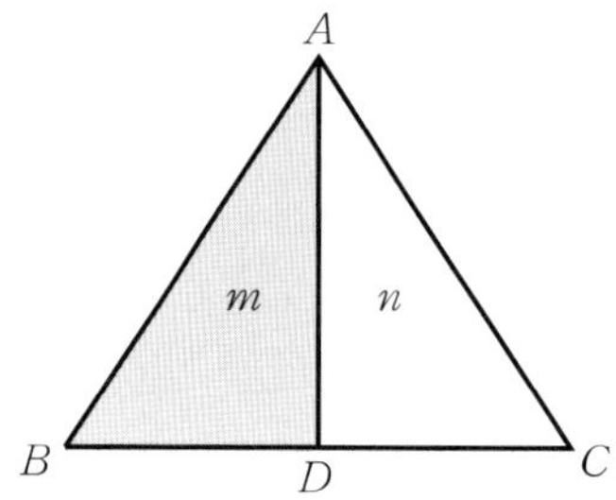

그림 9.6

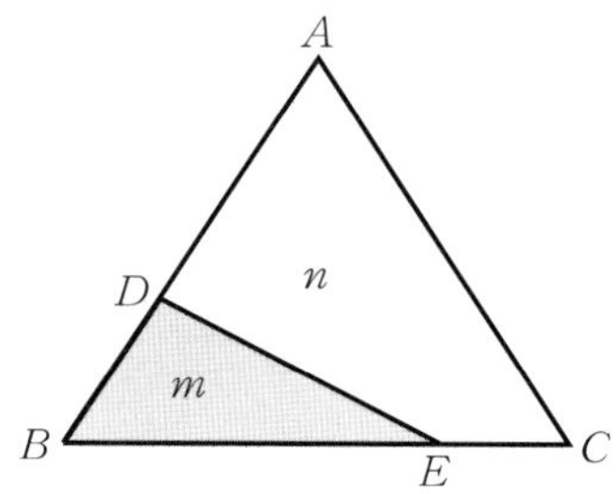

그림 9.7

- $M < \triangle BCD$일 경우

  $\triangle ABC$의 높이를 h, $\triangle BED$의 높이를 h'라 하면

$$h' = \frac{BD}{AB}h \text{ 이므로 } l' = l = BD = AB \Rightarrow h' = \frac{BD}{AB} \cdot h$$

$$\frac{h'}{2} \cdot BE = \frac{m}{m+n} \cdot \frac{h}{2} \cdot BC \Rightarrow \frac{M}{S} = \frac{m}{m+n}$$

$$\frac{h}{2}\frac{BD}{AB} \cdot BE = \frac{m}{m+n} \cdot \frac{h}{2} \cdot BC$$

$$\therefore BE = \frac{m}{m+n} \cdot \frac{AB}{BD} \cdot BC \tag{9.13}$$

- $M > \triangle BCD$일 경우

  $\triangle ABC$와 $\triangle ABC$의 변 AC에 수직한 높이를 h 및 h'라 하면

$$h' = \frac{AD}{AB}h \text{ 이므로,}$$

$$\frac{h'}{2} \cdot AE = \frac{n}{m+n} \cdot \frac{h}{2} \cdot AC$$

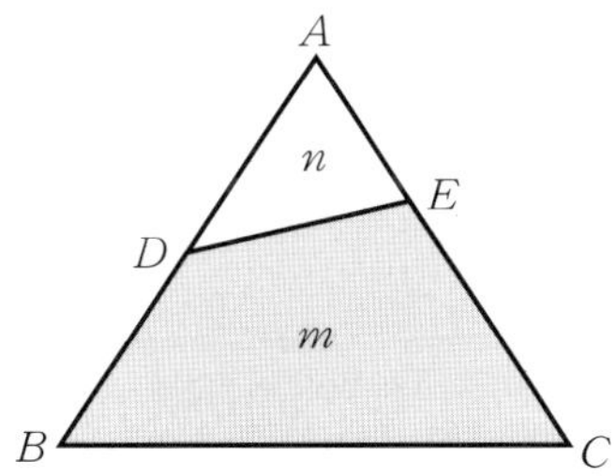

그림 11.8

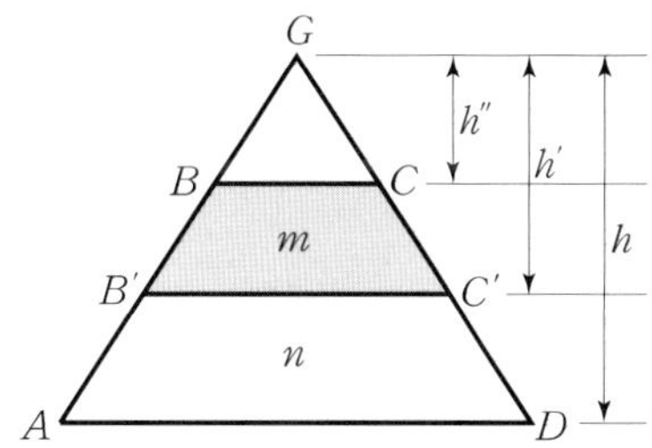

그림 11.9

$$\frac{h}{2}\frac{AD}{AB}\cdot AE = \frac{n}{m+n}\cdot\frac{h}{2}\cdot AC$$

$$\therefore\ AE = \frac{n}{m+n}\cdot\frac{AB}{AD}\cdot AC \tag{9.14}$$

사각형 분할의 경우, 그림 11.9와 같은 사다리꼴을 밑변에 평행한 직선으로 $m:n$으로 분할할 경우 $\triangle AGD \backsim \triangle GBC$에서 $\frac{h''}{h}=\frac{BC}{AD}$이며

$\triangle AGD \backsim \triangle GB'C'$에서 $\frac{h'}{h}=\frac{EF}{AD}$이다.

$$\triangle BCG = \frac{h''}{2}\cdot BC,\ \ \triangle EFG = \frac{h'}{2}\cdot EF,\ \ \triangle ADG = \frac{h}{2}\cdot AD$$

$$BCEF = \frac{m}{m+n}(\triangle ADG - \triangle BCG) = \triangle EFG - \triangle BCG$$

$$\frac{m}{m+n}\left(\frac{h}{2}\cdot AD - \frac{h''}{2}\cdot BC\right) = \frac{h'}{2}\cdot EF - \frac{h''}{2}\cdot BC$$

(h를 양변에 나눔)

$$\frac{m}{m+n}\cdot AD + \frac{n}{m+n}\cdot\frac{h''e}{h}\cdot BC = \frac{h'}{h}\cdot EF$$

$\frac{h''}{h}=\frac{BC}{AD},\ \frac{h'}{h}=\frac{EF}{AD}$이므로

$$\frac{m}{m+n}\cdot AD + \frac{n}{m+n}\cdot\frac{BC^2}{AD} = \frac{EF^2}{AD}$$

$$\frac{1}{m+n}(mAD^2 + nBC^2) = EF^2$$

$$\therefore\ EF = \sqrt{\frac{m\,AD^2 + n\,BC^2}{m+n}} \tag{9.15}$$

$$AE = \frac{AD - EF}{AD - BC} \cdot AB$$

| 예제 9-7 |

다음과 같은 조건 하에서 넓이의 비율을 $\frac{\triangle DBC}{\triangle ABC} = \frac{1}{4}$로 하고자 할 때, BE의 거리는 얼마인가? (단, $AD = DB$, $BC = 8\mathrm{m}$ 이다.)

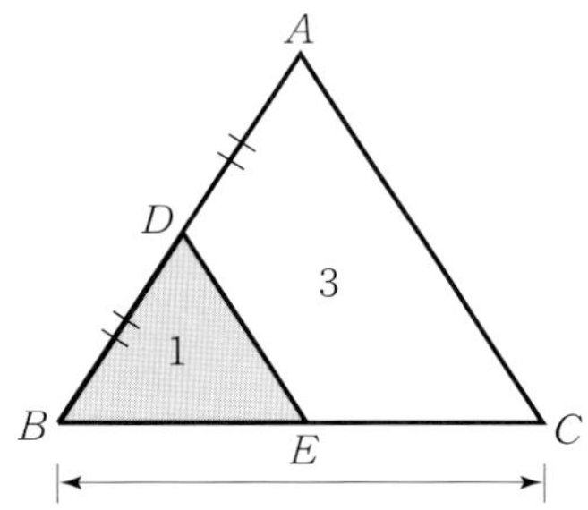

풀이 면적분할 중 변상의 고정점을 지나는 직선에 따른 분할에 관한 문제

$$BE = \left(\frac{m}{m+n}\right)\left(\frac{BC \cdot AB}{BD}\right) = \left(\frac{m}{m+n}\right)\left(\frac{BC \cdot 2BD}{BD}\right)$$

$$= \frac{1}{1+3} \cdot 2 \cdot 8 = 4\ \mathrm{m}$$

9.1.8 횡단면적을 구하는 방법

토공량을 알기 위하여 횡단면도를 만드는 데는 보통 종횡의 축척을 같게 하고, 방안지에 종횡측량의 결과 또는 지형도의 등고선으로부터 기준이 되는 점을 기입하고 이것을 직선으로 연결하여 만든다.

각 단면도 밑에는 측점번호, 단면도 내에는 그 단면적을, 단면을 쓰는 기준점에는 노반의 중심을 원점으로 한 좌표값(1.5/7.3 높이/원점으로부터의 거리)을 같이 표시한다. 이 경우 분모는 원점으로부터의 수평거리를, 분자는 계획고로부터의 높이를 표시한다.

9.2 토공량

토공량 산정은 단면법, 점고법, 등고선법 등이 있다. 철도·도로 및 수로 등을 축조할 때처럼 자세히 토지의 토공량을 산정하는 데는 단면법이 사용되고, 정지 작업을 할 때와 같이 넓은 면적의 토공량 산정에는 점고법, 등고선법이 사용된다. 저수지 용량의 산정은 특히 등고선법으로 한다.

9.2.1 도로 토공량

① 양단면 평균법

$$V = \frac{l}{2}(A_1 + A_2) \tag{9.16}$$

그림 9.10
양단면평균법

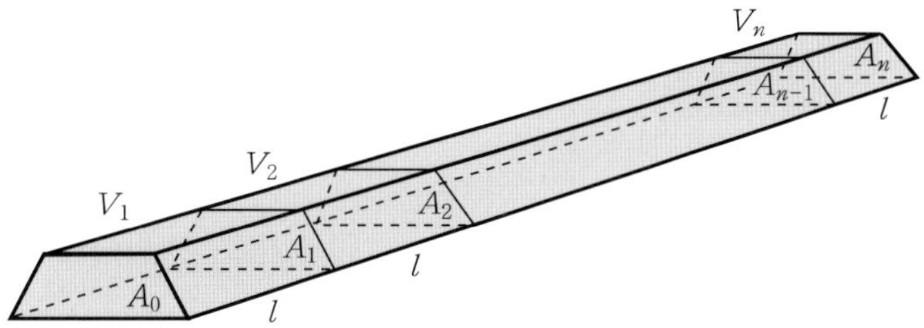

② 평균거리법

$$V = A_m \cdot \left(\frac{l_1 + l_2}{2}\right) \tag{9.17}$$

그림 9.11
평균거리법

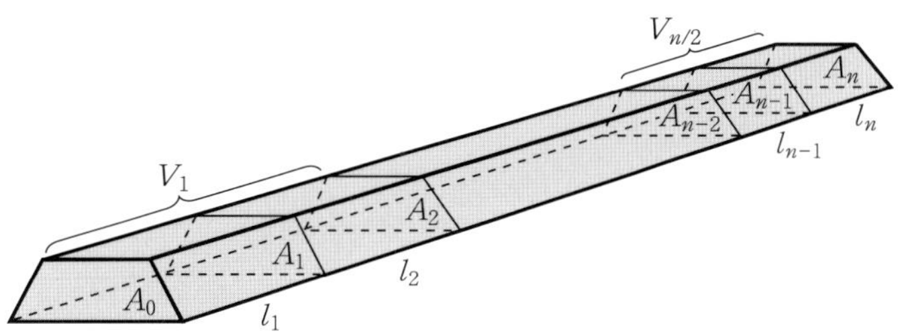

③ 각주공식

$$V = \frac{H}{6}(A_1 + 4A_m + A_2) \tag{9.18}$$

그림 9.12
각주법

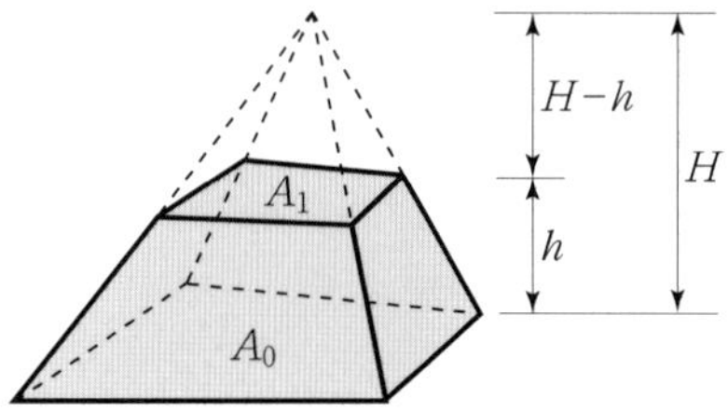

| 예제 9-8 |

그림에서 양단면 평균법 $V_{①}$, 평균거리법 $V_{②}$, 각주공식 $V_{③}$에 따라 체적을 구하여 비교하라.

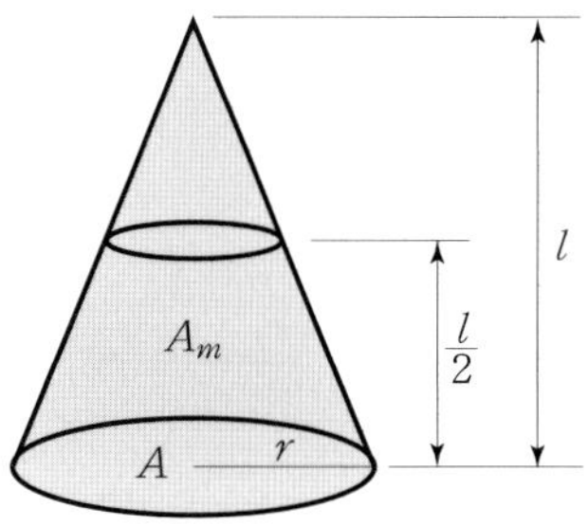

풀이

$$V_{①} = \frac{l}{2}(A+0) = \frac{1}{2}Al$$

$$V_{②} = A_m l = \frac{1}{4}Al$$

$$V_{③} = \frac{l}{6}\left(A+4\cdot\ \frac{A}{4}+0\right) = \frac{1}{3}Al$$

∴ 평균거리법 〈 각주공식 〈 양단면 평균법

9.2.2 점고법에 의한 체적

넓은 지역의 정지나 매립과 같은 경우의 토공량 산정에 많이 쓰이는 방법이다. 일정한 간격으로 측점을 설정하여 지반고를 잰 다음, 각 측점을 정점으로 하는 사각형 또는 삼각형의 면적과 계획지반고에서 높이차를 곱하여 토공량을 산정한다. 사각형분할법은 토지를 일정 크기로 분할하여 선분끼리 만나는 경우인 모서리 h_1, 외곽교차 h_2, 측면교차 h_3, 내부교차 h_4로 구분한다.

$$V = \frac{A}{4}(\Sigma h_1 + 2\Sigma h_2 + 3\Sigma h_3 + 4\Sigma h_4) \tag{9.19}$$

여기서, A: 단위면적$(a \times b)$

삼각형분할법

$$V = \frac{A}{3}(\Sigma h_1 + 2\Sigma h_2 + 3\Sigma h_3 + 4\Sigma h_4 + 5\Sigma h_5 + 6\Sigma h_6 + 7\Sigma h_7 + 8\Sigma h_8) \tag{9.20}$$

그림 9.13
점고법

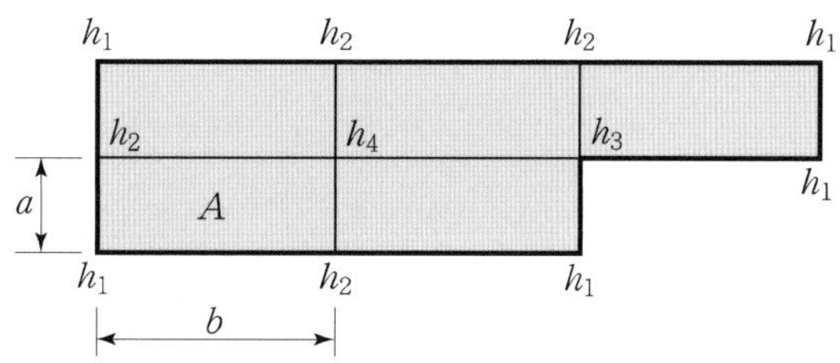

그림 9.14
삼각형점고법

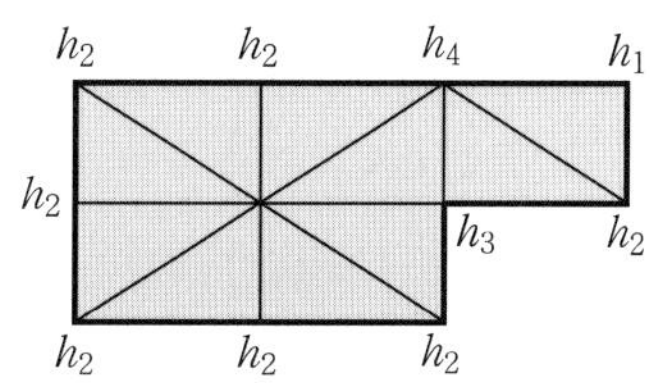

| 예제 9-9 |

다음 그림과 같은 지역의 토공량을 점고법으로 구하시오.

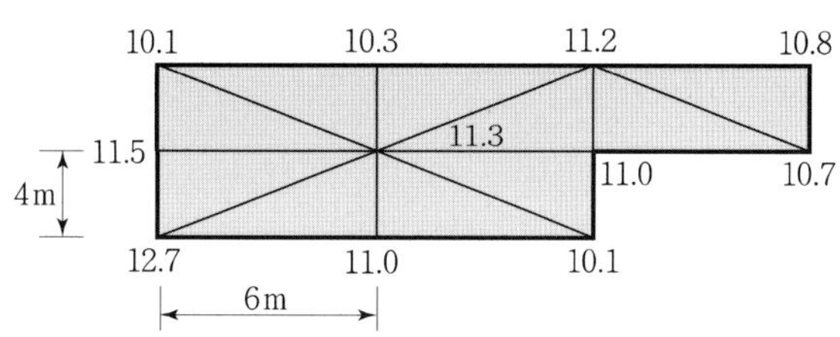

풀이 ① 사각형분할법

$$\sum h_1 = 10.1 + 10.8 + 10.7 + 10.1 + 12.7 = 54.4\ \text{m}$$

$$\sum h_2 = 11.5 + 11.0 + 11.2 + 10.3 = 44.0\ \text{m}$$

$$\sum h_3 = 11.0\ \text{m},\ \sum h_4 = 11.3\ \text{m}$$

$$V = \frac{24}{4}(54.4 + 2 \times 44.0 + 3 \times 11.0 + 4 \times 11.3) = 1323.6\ \text{m}^2$$

② 삼각형분할법

$$\sum h_1 = 10.8\ \text{m}$$

$$\sum h_2 = 11.0 + 10.1 + 10.7 + 10.3 + 10.1 + 11.5 + 12.7 = 76.4\ \text{m}$$

$$\sum h_3 = 11.0\ \text{m},\ \sum h_4 = 11.2\ \text{m},\ \sum h_5 = 0$$

$$\sum h_6 = 0,\ \sum h_7 = 0,\ \sum h_8 = 11.3\ \text{m}$$

$$V = \frac{12}{3}(10.8 + 2 \times 76.4 + 3 \times 11.0 + 4 \times 11.2 + 5 \times 0 + 6 \times 0$$

$$+ 7 \times 0 + 8 \times 11.3) = 1327.2\ \text{m}^2$$

9.2.3 등고선법에 의한 체적

지형도의 등고선을 이용하여 체적을 계산하는 방법으로 정지작업 또는 매립용량, 저수지 담수량 등의 체적산정에 쓰인다. 또한 저수지의 용량, 사방댐의 토사량, 토취장이나 채석장의 굴착량, 또는 역으로 사토장의 허용 토사량 등 넓은 부지의 토공량을 계산할 때 편리하다. 그림 9.15에서와 같이 평면도에 등고선을 기입하고 각 등고선으로 둘러싸인 부분의 면적을 각각 A_0, A_1, A_2, $\cdots$, A_n 등고선의 간격을 h라 하면 프리스모이덜(Prismoidal, 각주) 공식에 의하여 $A_0 \sim A_2$ 사이의 체적 V는 프리스모이덜 공식, 비례중항법, 양단면 평균법으로 구한다.

프리스모이덜 공식을 보면 각주의 높이를 $2h$(즉, 등고선 간격을 h)라 하면

$$V_1 = \frac{h}{6}(A_0 + 4A_1 + A_2)$$

$$V_2 = \frac{h}{6}(A_2 + 4A_3 + A_4)$$

$$+)\ V_n = \frac{h}{6}(A_{n-2} + 4A_{n-2} + A_n)$$

$$\sum V = \frac{h}{6}[A_0 + A_n + 4(A_1 + A_3 + \ldots A_{n-1})] + 2(A_2 + A_4 + \ldots . A_{n-2})$$

$$= \frac{h}{6}\left(A_0 + A_n + 4\sum_{r=0}^{r=\frac{1}{2}(n-2)} A_{2r+1} + 2\sum_{r=0}^{r=\frac{1}{2}(n-2)} A_{2r}\right) \tag{11.21}$$

여기서 n이 짝수일 때만 사용하고 n이 홀수일 때는 최후의 1구간은 양단면 평균법으로 구한다.

비례중항법은 1구간마다 추대공식을 준용하여 계산하는 것으로

$$V_1 = \frac{h}{3}(A_0 + \sqrt{A_0 A_1} + A_1) = \frac{h}{3}(A_1 + \sqrt{A_1 A_2} + A_2)$$

$$\cdots\cdots$$

$$+)\ V_n = \frac{h}{3}(A_{n-1} + \sqrt{A_{n-1}A_n} + A_n)$$

$$\sum V = \frac{h}{3}[A_0 + A + 2(A_1 + A_2 + \cdots + A_{n-1})]$$

$$+ (\sqrt{A_0 A_1} + \sqrt{A_1 A_2} + \cdots,\ \sqrt{A_{n-1}A_n})$$

$$= \frac{h}{3}A_0 + A_n + 2\sum_{r=1}^{r=n=1} A_r + \sum_{r=1}^{r=n}\sqrt{A_{r+1}\cdot A_r} \tag{9.22}$$

양단면 평균법은 평균단면법의 응용으로 비례중항법을 변경시킨 것이다.

$$V_1 = \frac{h}{2}(A_0 + A_1)$$

$$V_2 = \frac{h}{2}(A_1 + A_2)$$

$$\cdots\cdots$$

$$+)\ V_n = \frac{h}{2}(A_{n-1} + A_n)$$

$$\sum V = \frac{h}{2}[A_0 + A_n + 2(A_1 + A_2 + \ldots + A_{n-1})]$$

$$= \frac{h}{2}\left(A_0 + A_n + 2\sum_{r=1}^{n-1} A_r\right) \tag{9.23}$$

그림 9.15
등고선법

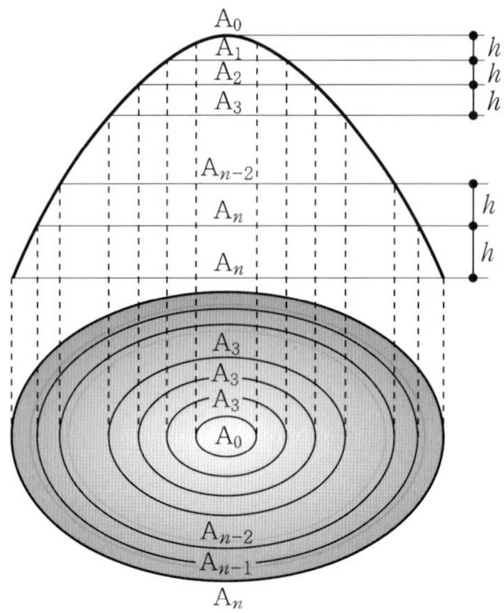

| 예제 9-10 |

그림과 같은 지형의 계곡에 댐을 만들어 저수하려고 한다. 저수지 수면을 130m로 하면 저수량은 얼마인가? 등고선법에 의해 계산한다. (단, 90m 이하의 용량은 무시한다.)

90m 등고선의 면적 4,500 m^2 100m 등고선의 면적 7,000 m^2

110m 등고선의 면적 19,600 m^2 120m 등고선의 면적 40,000 m^2

130m 등고선의 면적 89,700 m^2

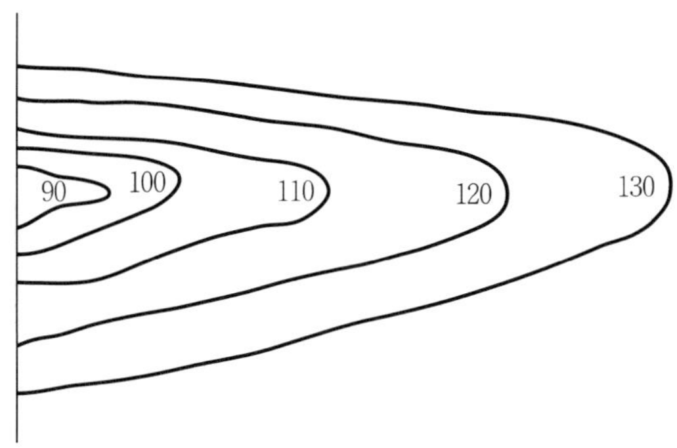

풀이 등고선법에 의한 체적 계산

$$V = \frac{h}{3}[A_1 + A_5 + 4(A_2 + A_4) + 2A_3]$$

$$= \frac{10}{3}[4,500 + 89,700 + 4(7,000 + 40,000) + 2(19,600)]$$

$$= 2,247,333.33 \text{ m}^3$$

9.2.4 유토곡선

(1) 유토곡선의 정의

유토곡선(mass curve)이란 공사시점과 종점까지의 토량의 변화를 곡선으로 표현한 것이다. 공사구간은 보통 20m 간격의 측점으로 나누어지는데, 각 측점마다 절토량과 성토량을 계산한 후 남는 토량, 또는 모자라는 토량을 점으로 표시해 곡선을 만든다. 유토곡선으로 토량을 배분하며 평균 운반거리를 산출할 수 있고, 적당한 토공기계를 선정하는 데 이용된다.

(2) 유토곡선의 성질

① 곡선의 하향과 상향은 각각 성토와 절토구간을 나타낸다.

② 곡선의 극대점은 절토에서 성토의 변위점이며, 극소점은 성토에서 절토의 변위점이다.

③ 유토곡선에 평형선을 그어 곡선과 교차할 때 인접하는 교차점 사이의 토량(절・성토량)은 서로 같다.

④ 평형선에서 곡선의 최대점과 최소점까지 높이는 절토에서 성토로 운반할 운반토량을 나타낸다.

⑤ 절・성토가 대략 평형이 되는 구간에 평형선을 그어 가장 유리한 평형점을 구한다. 이 평형선은 반드시 하나의 연속된 직선이 아니어도 되며, 토적곡선과 교차되는 점에서 끊을 수도 있다. 이때, 두 평형선 사이의 상・하 간격은 사토량을 표시한다.

⑥ 절토에서 성토의 평균 운반거리는 절토중심과 성토중심 간의 거리로 표시된다.

⑦ 토량곡선이 평형선 위쪽에 있을 때 절토는 왼쪽 → 오른쪽으로 운반되고, 반대로 아래에 있을 때 절토는 오른쪽 → 왼쪽으로 운반된다.

(3) 유토곡선의 작성법

유토곡선의 작성을 위해서는 우선 토량계산서를 만든다. 토량계산서 작성은 각

측점마다 절토와 성토의 횡단면적을 구한다. 토량변화율을 고려하여 토량을 구한다. 그리고 절토량에서 성토량을 뺀 차인토량을 구한다. 여기서 누가토량은 차인토량을 누계한 것이다.

X 축을 각 측점의 축으로 Y 축을 토량계산서에서 계산된 누가토량으로 하여 유토곡선을 작성한다.

| 예제 9-11 |

토적표를 계산하고 유토곡선을 그리시오.(단, 토량환산계수 $C=0.9$이다.)

측점	거리 [m]	절토			성토				차인토량 [m³]	누가토량 [m³]
		단면적 [m²]	평균단 면적[m²]	토량 [m³]	단면적 [m²]	평균단 면적[m²]	토량 [m³]	보정 토량[m³]		
No.0	0	0			35					
1	20	20			20					
2	20	50			30					
3	20	30			10					
4	20	10			40					
5	20	20			50					
6	20	10			30					
7	20	0			10					
8	20	10			0					

풀이

$$\text{평균 단면적} = \frac{A_1 + A_2}{2}, \qquad \text{토량} = \text{평균 단면적} \times \text{거리}$$

$$L = \frac{\text{흐트러진토량}[\text{m}^3]}{\text{본바닥토량}[\text{m}^3]}, \qquad C = \frac{\text{다짐토량}[\text{m}^3]}{\text{본바닥토량}[\text{m}^3]}$$

성토의 다짐토량을 본바닥 토량으로 환산한 토량이 보정토량이므로

$$\text{보정토량} = \text{성토량} \times \frac{1}{C}$$

차인토량 = 절토량 − 성토량(여기서, 성토량은 보정토량이다)

누가토량 = Σ 차인토량

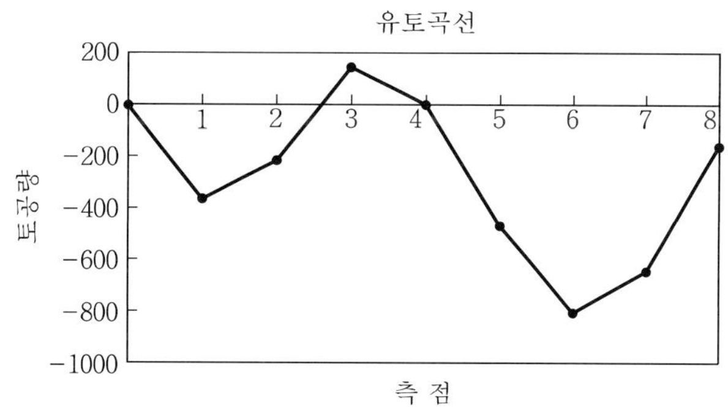

표 9.1

측점	거리 [m]	절토			성토				차인 토량[m^3]	누가 토량[m^3]
		단면적 [m^2]	평균단 면적[m^2]	토량 [m^3]	단면적 [m^2]	평균단 면적[m^2]	토량 [m^3]	보정 토량[m^3]		
No.0	0	0			30	15				
1	20	20	10	200	20	25	500	555.6	−355.6	−355.6
2	20	50	35	700	30	25	500	555.6	144.4	−211.2
3	20	30	40	800	10	20	400	444.4	355.6	144.4
4	20	10	20	400	40	25	500	555.6	−155.6	−11.2
5	20	45	27.5	550	50	45	900	1000	−450	−461.2
6	20	10	27.5	550	30	40	800	888.9	−338.9	−800.1
7	20	50	30	600	10	20	400	444.4	155.6	−644.5
8	20	10	30	600	0	5	100	11.1.1	488.9	−155.6

유토곡선과 불도저 시간당 작업량 등을 산출하여 토공계획을 세운다.

9.3 면적 및 토공량 정확도

9.3.1 면적의 정확도

그림 11.15와 같이 동일한 정확도로 거리관측을 실시하여 얻은 관측값 x, y에 대하여 오차 dx, dy가 생긴 것으로 한다. 거리오차 dx에 의한 면적오차를 dA_x, dA_y에 의한 것을 dA_y라 하면 $A = xy$, $dA_x = y\,dx$, $dA_y = x\,dy$이므로

$$\frac{dx}{x} = \frac{dA_x}{A},\ \frac{dy}{y} = \frac{dA_y}{A}$$

$dA = dA_x + dA_y$로 하면 $\dfrac{dA}{A} = \dfrac{dA_x}{A} + \dfrac{dA_y}{A} = \dfrac{dx}{x} + \dfrac{dy}{y}$

이다. 동일한 거리관측의 정확도를 K라 하면 $\dfrac{dx}{x} = \dfrac{dy}{y} = K$

$$\therefore \frac{dA}{A} = 2K \qquad (9.24)$$

즉, 이 경우에 면적측량의 정확도는 거리관측 정밀도의 1/2이 된다.

그림 9.16

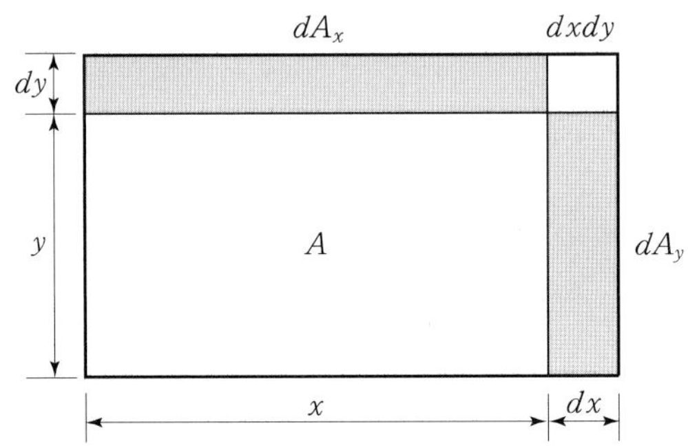

| 예제 9-12 |

면적 약 1000m^2인 지역을 0.1m^2까지 정확하게 관측하려 한다. 3개의 삼각형으로 나누려 할 때 거리관측의 정확도는 얼마로 해야 하는가?

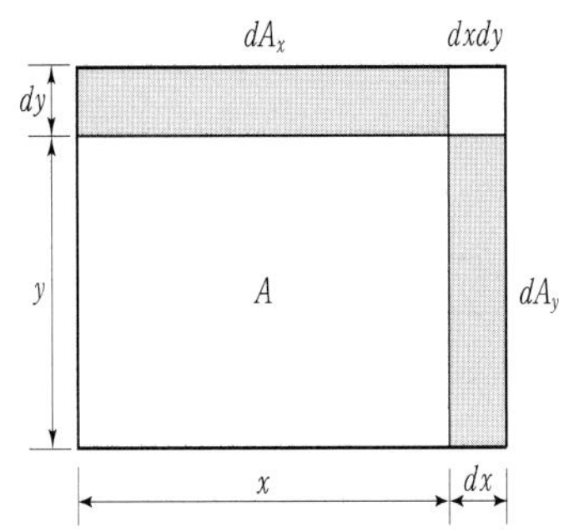

풀이 한 측선의 거리관측 정확도

$$\frac{dx}{x} = \frac{dy}{y} = K$$

라 하면, 삼각형 하나에 대하여 $\frac{dA}{A} = 2K$이므로 전체면적 1000m2에 대하여 허용오차 $0.1\,\text{m}^2$ 이내에 들게 하려면

$$3(2K) \leq \frac{dA}{A} = \frac{0.1}{1{,}000}, \qquad \therefore K \leq \frac{0.1}{6 \times 1{,}000} = \frac{1}{60{,}000}$$

9.3.2 토공량의 정확도

관측된 수평 및 수직거리 x, y, z의 거리오차를 dx, dy, dz라 하고, 거리관측의 정확도가

$$\frac{dx}{x} = \frac{dy}{y} = \frac{dz}{z} = K$$

로 동일하다고 할 때 체적오차 dV는

$$\begin{aligned} dV &= (x+dx)(y+dy)(z+dz) - xyz \\ &= xy\,dz + yz\,dx + zx\,dy + x\,dy\,z + y\,dz\,dx + z\,dx\,dy + dx\,dy\,dz \\ &\fallingdotseq xy\,dz + yz\,dx + zx\,dy \end{aligned}$$

이고,

$$\frac{dV}{V} = \frac{dx}{x} + \frac{dy}{y} + \frac{dz}{z} = 3K$$

가 되어, 이 경우 체적측량 정확도는 거리측량 정확도의 1/3이 된다.

연습문제

9-1 면적산정에서 심프슨 제1법칙을 유도하시오.

9-2 면적산정 방법을 열거하고 각각에 대하여 설명하시오.

9-3 면적 및 체적측량의 정확도에 대하여 기술하시오.

9-4 세 변의 길이가 60 m, 50 m, 81 m인 $\triangle ABC$의 넓이는 얼마인가?

9-5 축척 1/1200의 도면에서 구적기로 면적을 측정한 결과 17,850 m^2의 면적을 얻었다. 이때 제1독치는 8364를 얻었다면 단위면적은 얼마인가? (단, 제2독치는 2540이다.)

9-6 장변 30 m, 단변 25 m인 어떤 장방형의 면적을 구하려 한다. 이 경우 면적의 상대오차를 1/1000 이내로 하기 위해서는 각 변장의 오차를 어느 정도로 제한하는 것이 좋은가? 단, 변장의 측정정밀도는 동일한 것으로 한다.

9-7 측량결과 다음과 같은 값을 얻었다. 기본단위면적은 100 m^2일 때 기준면 상의 토량을 구하시오.

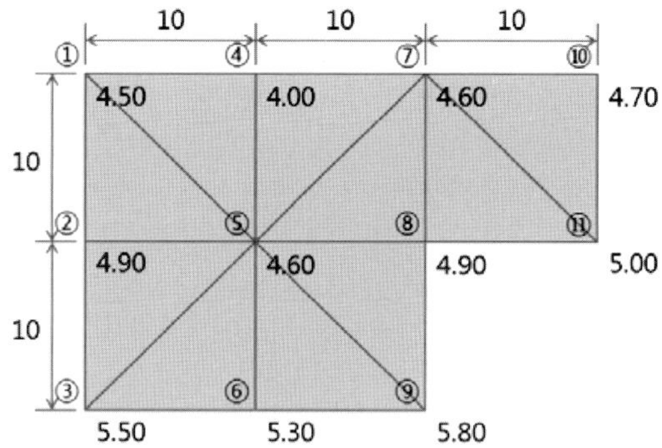

CHAPTER 10

하천 및 해양측량

10.1 하천측량

10.1.1 하천측량의 개요

하천측량(river surveying)은 하천 개수공사나 하천 공작물의 계획, 설계, 시공 및 유지관리 등에 필요한 자료를 수집하기 위하여 실시하는 측량이다. 하천조사는 하천의 계획과 설계방법에 따라 수문관측, 수량조사, 수질조사 등으로 구분하고 목적에 따라 치수와 이수로 나눈다.

하천의 형상, 수위, 수심, 단면, 경사, 지형지물 등을 측량하여 각종 수공물 설계, 시공에 필요한 자료, 평면도, 종단면도, 횡단면도, 유속, 유량 등을 작성한다.

10.1.2 하천측량의 작업순서

하천측량의 일반적인 작업순서는 계획, 외업, 내업단계로 나누어진다.

계획단계에서는 1/50,000의 지형도를 이용하여 유로상황, 지형지물, 토지이용상황, 교통이나 통신시설상황 등을 조사하는 도상조사와 홍수의 피해, 수리권 문제, 물의 이용상황, 각종 축척의 지형도, 기타 기존의 제반자료를 수집하는 자료조사로 이루어진다.

외업에서는 우선 도상조사, 자료수집을 기초로 현지를 답사하여 삼각점, 기선의 위치, 유량관측 지점, 수준점의 위치, 수목벌채의 필요성 등의 조사를 위한 현지답사를 한다. 그리고 평면도 작성을 위해서 삼각측량과 다각측량에 의하여 세부측량의 기준이 되는 골조측량을 실시하고 평판측량으로 세부측량을 실시한다. 수준측량으로는 유수부의 수심과 종·횡단면도를 구하기 위한 심천측량을 한다. 각 관측단면에서는 수위, 유속, 경사, 조도, 수심 등을 측정하여 유량을

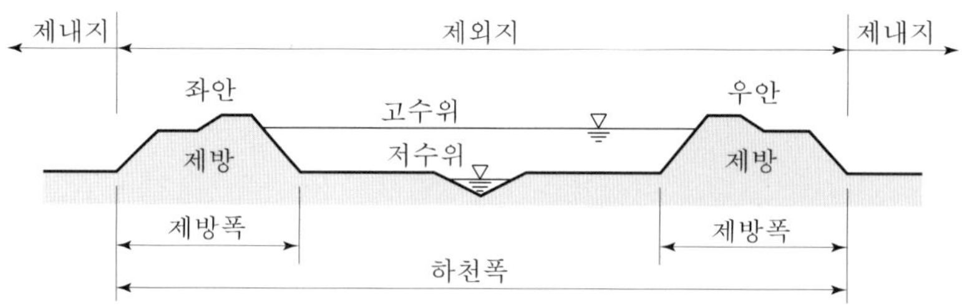

그림 10.1
하천부지단면도

계산한다. 필요에 따라 강우량, 수리권, 하천구조물, 토질 및 지질, 유사량 등에 대한 조사를 실시하는 기타측량을 한다.

내업에서는 계획, 외업단계에서 수집한 수치자료를 오차보정 하여 평면도, 횡단면도, 종단면도, 유량곡선 등을 작성한다. 하천에서 우안과 좌안은 하천흐름 방향을 기준으로 한다.

10.1.3 평면측량

하천측량을 하고자 하는 구역은 하천의 크기와 측량의 목적에 따라서 다르지만 일반적인 평면측량의 범위는 하천의 형태를 포함할 수 있는 크기로 하며, 제방이 있는 경우 제외지 및 제내지 300m 이내, 제방이 있는 곳에서는 홍수가 영향을 주는 범위보다 100m 정도 넓게 한다. 하천공사의 경우에는 하구에서 상류의 홍수피해가 미치는 구간까지 하고, 사방공사의 경우는 하구에서 수원지까지, 해운을 위한 하천개수공사에서는 하구까지 측량을 한다.

(1) 기준점측량

기준점측량은 평면도작성을 위한 세부측량에서 골격이 되는 기준점의 위치를 결정하기 위해서 실시한다.

보통 하천의 삼각측량은 폭이 좁고 거리가 먼 지역과 거리에 비해 관측점 수가 적어 신속한 측량을 할 수 있는 단열삼각망으로 하되, 삼각점은 기본삼각점부터 정하는 것을 원칙으로 하며, 삼각점은 2~3km마다 설치한다. 하천측량에서 기준점측량은 과거 삼각측량방법에서 EDM을 이용한 다각측량으로 하고 있으며 위성측량으로 발전하고 있다.

(2) 세부측량

세부측량은 지거측량, 평판측량 등으로 세부지형 측량을 실시한다.

지형도에 표시되는 물가선은 평수위에 있어서 수면의 위치로 표시한다. 하천의 형태, 제방, 지목별 하천의 부속공작물, 승선장, 도로, 철도, 도・군・읍・면・리의 경계와 농지나 수준기선, 양수표 등을 표시하고 기타 중요지물을 관측한다.

10.1.4 고저측량

고저측량은 종·횡단면도의 작성을 위해 실시되는 측량이다. 하천공사의 효율성을 위해 국가기준점(수준점; BM)으로부터 임시수준점(TBM; Temporary Bench Mark)을 측설할 경우에 안전하고 견고한 장소를 선정해 양안 5km마다 설치하며, 수위관측소에는 반드시 설치해야 한다.

고저측량에서 거리표(distance mark)를 설치하는 이유는 하천가에서 횡단면도 작성 시 횡단측량의 기준점으로 쓰이고 장래의 하상변동 상태를 조사하여 계획에 필요한 자료를 제공할 목적으로 설치한다. 거리표는 하구 또는 합류점으로부터 100 m 또는 200 m마다 한쪽 하안을 따라 설치한다. 종단측량(longitudinal leveling)은 수로의 종단 상의 고저를 측량하여 지반의 기울기를 표시한다. 허용오차는 4km 왕복측정 시 감조부 12 mm 이내, 완류부 15 mm 이내, 급류부 20 mm 이내이다. 종단측량의 축척은 종축(표고)의 경우 경사의 완급에 따라 1/100~1/200, 횡축(거리)은 하천의 규모에 따라 1/1,000~1/10,000 정도로 한다.

종단측량으로 얻어진 종단도와 횡단면도를 가지고 하저, 제방 등의 공사를 할 때 토공량 산정, 하천의 유량 산정 등에 이용한다.

횡단측량은 하도의 횡단면을 구하는 측량으로 200 m마다 양안에 설치한 거리표를 기준으로 하여 시통선 상의 고저 및 좌안을 기준으로 한 거리를 측량하는 것이다. 횡단측량에 의한 도면작성에서 축척은 높이가 1/100, 거리는 하폭에 따라 1/500~1/1,000로 한다.

그림 10.2는 하천 횡단면도 및 배치이다.

수심측량(sounding, 심천측량이라고도 함)은 하천에서 유수 부분의 횡단면을 구하는 측량으로 보통 5 m 구간으로 나누어 수심을 구하고 하저상황을 조사하는 동시에 토질 또는 토사의 대소 등을 측정한다.

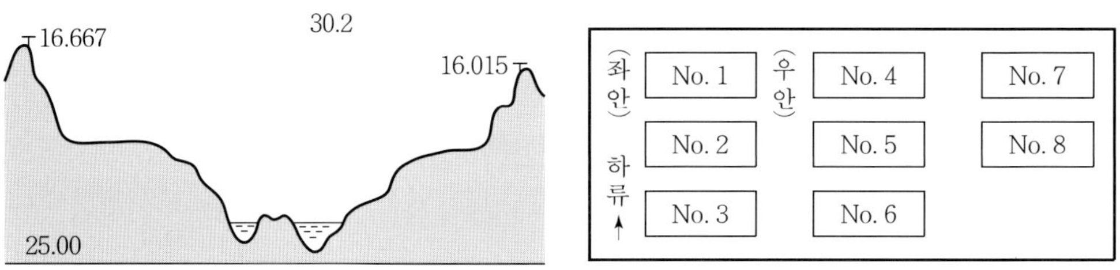

그림 10.2 하천 횡단면도 및 배치

수애선은 수면과 하안과의 경계선을 말하며, 하천수위의 변화에 따라 수애선이 변동하므로 평수위를 그 기준으로 한다.

10.1.5 수위관측

하천의 수위관측(observation of water level)을 하는 계기를 수위계(stage gauge)라 하며 보통수위계와 자기수위계로 대별할 수 있다. 주로 사용되고 있는 계기는 부자식 수위계(float-type stage recording gauge)이다.

하천의 수위관측은 하천 개수계획, 하천구조물의 신축공사, 하천수의 이수계획을 세우기 위해 하는 것으로 관측소는 다음과 같은 사항을 고려하여 적당한 장소를 선정한다.

① 관측소의 위치는 그 상・하류의 상당한 범위까지 하상과 하안이 안전하고 굴과 퇴적이 생기지 않아야 한다.

② 상・하류의 길이는 약 100 m 정도의 직선이어야 하고 유속의 변화가 크지 않아야 한다.

③ 수위를 관측할 경우 교각이나 기타 구조물에 의 수위에 영향을 받지 않아야 한다.

④ 홍수 때는 관측소가 유실, 이동 및 파손될 염려가 없는 곳이어야 한다.

⑤ 평시는 홍수 때보다 수위계를 쉽게 읽을 수 있는 곳이어야 한다.

⑥ 지천의 합류점 및 분류점으로 수위의 변화가 생기지 않는 곳이어야 한다.

그리고 하천수위의 종류는 다음과 같다.

① **최고수위(HHWL; Highest High Water Level)**: 어떤 기간의 최고수위를 말하며, 연 단위나 월 단위로 표시한다.

② **최저수위(HLWL; Highest Low Water Level)**: 어떤 기간의 최저수위를 말하며, 연 단위나 월 단위로 표시한다.

③ **평균수위(MWL; Mean Water Level)**: 어떤 기간 동안 관측수위의 합계를 관측횟수로 나눈 값을 말한다.

④ **평균최저수위(NLWL; Normal Low Water Level)**: 어떤 기간에 있어서 연, 월의 최저수위의 평균값을 말한다.

⑤ **평균최고수위(NHWL; Normal High Water Level)**: 어떤 기간에 있어서 연,

월의 최고수위의 평균값을 말한다.

⑥ 평수위(MWL; Median Water Level): 어떤 기간에 있어서의 수위 중 이것보다 높은 수위와 낮은 수위의 관측횟수가 똑같은 수위를 말하며, 일반적으로 평균수위보다 약간 낮다.

⑦ 갈수위(DWL; Droughhty Water Level): 1년 동안 그 수위 이하로 내려가는 것이 10일 이내인 수위이다.

⑧ 저수위(LWL; Low Water Level): 1년 중 275일은 이보다 내려가지 않는 수위를 말한다.

⑨ 고수위(HWL; High Water Level): 매년 반드시 1~2회 발생할 정도의 높은 수위를 말한다.

⑩ 홍수위(Flood Water Level): 몇 년 만에 한 번씩 발생할 정도로 홍수 때의 수위를 말한다.

⑪ 최다수위(Most Frequent Water Level): 수년을 통하여 가장 많이 일어나는 수위를 말한다.

10.1.6 유속관측

유속관측은 유속계에 의한 방법, 부자에 의한 방법 등을 주로 이용하며 직접 유속을 측정할 수 없을 때에는 하천기울기를 이용한 방법을 사용한다.

유속측량의 관측 장소를 선정할 때는 직류부에서 흐름이 일정하고, 하상의 요철이 적고, 하상경사가 일정한 곳이어야 하고, 수위의 변화에 따른 횡단형상이 급변하지 않아야 한다. 그리고 지질이 양호하며, 하상이 안정되어 세굴 퇴적이 일어나지 않는 곳이어야 하고, 관측 장소의 상·하류의 유속이 일정한 단면을 가진 곳과 교량 등 지형·지물을 이용할 수 있어 관측이 편리한 곳이어야 한다.

하천단면의 유속분포는 어떤 깊이의 유속을 측정하느냐 하는 것이 중요하다. 일반적으로 다음과 같은 깊이의 지점에서 측정하여 평균유속을 이용하고 있다.

① 1점 측정

수면으로부터 수심이 6/10이 되는 곳의 유속을 측정하여 $V_m = V_{0.6}$ 이 평균유속이 된다.

그림 10.3
유속분포

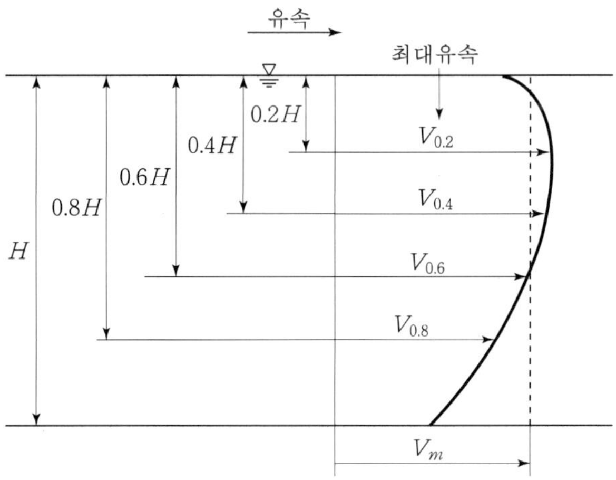

② 2점 측정

수면으로부터 수심 2/10과 8/10이 되는 곳의 유속을 측정하고 $V_m = \frac{1}{2}(V_{0.2} + V_{0.8})$을 이용하여 유속을 구한다.

③ 3점 측정

수면으로부터 수심 2/10, 6/10, 8/10 되는 곳의 유속으로 $V_m = \frac{1}{4}(V_{0.2} + 2V_{0.6} + V_{0.8})$ 을 이용하여 유속을 구한다.

④ 4점 측정

이 방법은 수심 1.0 m 내외의 장소에서 적합하고, 평균유속은 다음 식으로 구한다.

$$V_m = \frac{1}{5}\left[(V_{0.2} + V_{0.4} + V_{0.6} + V_{0.8}) + \frac{1}{2}\left(V_{0.2} + \frac{V_{0.8}}{2}\right)\right]$$

| 예제 10-1 |

하천의 유속측정에서 수면으로부터 0.2, 0.4, 0.6, 0.8 깊이의 유속이 각각 1.256 m/sec, 1.121 m/sec, 0.895 m/sec, 0.564 m/sec일 때 1점법, 2점법, 3점법, 4점법의 평균유속은 얼마인가 ?

풀이 1점법 $V_m = V_{0.6} = 0.895\ \text{m/sec}$

2점법 $V_m = \frac{1}{2}(V_{0.2} + V_{0.8}) = \frac{1}{2}(1.256 + 0.564)$

$= 0.910\ \text{m/sec}$

3점법 $V_m = \frac{1}{4}(V_{0.2} + 2V_{0.6} + V_{0.8})$

$$= \frac{1}{4}(1.256 + 2 \times 0.895 + 0.564) = 0.903 \text{ m/sec}$$

4점법 $V_m = \frac{1}{5}\left[(V_{0.2} + V_{0.4} + V_{0.6} + V_{0.8}) + \frac{1}{2}\left(V_{0.2} + \frac{V_{0.8}}{2}\right)\right]$

$$= \frac{1}{5}\left[(1.256 + 1.121 + 0.895 + 0.564) + \frac{1}{2}\left(1.256 + \frac{0.564}{2}\right)\right] = 0.921 \text{ m/sec}$$

10.1.7 유량관측

유량관측은 하천과 기타 수로의 각종 수위에 대해 유속을 측정하고 이것에 따라 각 수위에 대한 유량을 계산하며 수위와 유량의 관계를 명확히 하고 하천계획과 댐계획 등의 기초자료를 작성하는 데 목적이 있다.

유량을 측정하려면 다음 조건을 만족하는 곳에서 실시해야 한다.

① 유량을 측정하기 전에 하상을 잘 조사하고 특히 저수위일 때 실시한다.
② 측정 장소에서는 절대로 물이 제방을 흘러 넘지 않아야 한다.
③ 측정 장소로부터 적어도 상・하류에 하천 폭 3~4배의 구간은 직류이고, 퇴적, 세굴이 생기지 않는 곳이어야 한다.
④ 측정 장소 전후의 수로는 항상 일정한 단면을 가지고 있는 곳이어야 한다.
⑤ 교량이나 그 밖의 구조물에 의한 영향을 받지 않는 곳이어야 한다.
⑥ 합류에 의하여 불규칙한 영향을 받지 않는 곳이어야 한다.
측정 장소의 선정이 끝나면 그 위치를 명시하기 위한 표지를 만들어 지도상에도 이것을 명기해야 한다.

직접측정법은 큰 하천의 유량측량의 경우에는 평균유속(V_m)에 횡단면적(A)를 곱하여 유량(Q)로 표현하고 작은 하천에서는 둑(weir)을 만들어 여기에 흐르는 물의 높이를 재서 유량을 측정한다.

간접측정법은 수면경사, 경심, 조도계수로 유속공식에 따라 유속을 구하고, 이것을 단면적에 곱하여 유량을 산출한다.

10.2 해양측량

10.2.1 해양측량의 개설

[1] 개요

해양측량(sea surveying)은 해도를 만들기 위한 수로측량으로 진행되어 왔다. 즉, 해양측량은 해안선의 형상, 해저지형, 해저지질, 조석이나 호수 흐름 등의 측량 및 조사를 하고 그 성과를 이용할 뿐만 아니라 항만공사, 해안공사 및 다른 해중공사에도 활용되어 왔다. 특히, 육상의 자원이 한계점에 도달한 오늘날에는 해양에 포함된 생물자원, 광물자원뿐 아니라 조석에너지, 파랑에너지, 열에너지 등이 다양한 에너지원으로 각광받고 있으며, 해상공항, 해저저장, 해양휴양 등 다방면에 걸쳐 해양공간의 이용이 활성화되어 이들에 대한 정밀측량이 요구되고 있다.

이외에도 해양측량은 해상위치결정, 수심관측, 해저지형의 기복과 구조, 해안선의 결정, 조석의 변화는 물론이고 해수의 흐름과 특성 등 해양에 관한 제반 정보를 체계적으로 수집·정리하여 해양을 이용하는 데 필수적인 자료를 제공하기 위한 해양과학의 한 분야로써의 역할도 한다. 그러나 해양측량의 경우 조석과 같은 파랑운동으로 인한 해안선의 변동을 우선적으로 고려해야 하는 점이 있다. 왜냐하면, 우리나라의 해안선의 형태는 바다의 운동에 의하여 결정되고, 이러한 바다의 운동 중에서 조석의 영향이 가장 탁월하기 때문이다.

해양측량의 분야를 세분화하면 조석, 해상위치측량, 수심측량, 해저지형측량, 해저지질측량, 해안선측량, 해도작성을 위한 측량, 해양중력측량, 해양지자기측량, 해양기준점측량 등이 있다.

① **해상위치측량**: 해상에서 선박의 위치를 정확하게 결정하기 위한 측량으로 연안, 항로, 대양 등 측량지역과 측량목적에 따라 널리 이용된다.

② **수심측량**: 해수면으로부터 해저까지의 수심을 결정하기 위한 측량으로 음향측심(sounding)이라고도 한다.

③ **해저지형측량**: 해저지형의 기복을 정확하게 결정하기 위한 측량으로 해상위치측량과 수심측량을 동시에 실시하는 방법이 이용되며, 직접잠수에 의한 측량, 항공 및 수중사진에 의한 측량도 있다.

④ **해저지질측량**: 해저지질 및 지층구조를 조사하기 위한 측량으로 음파조사에 의한 방법, 시추공에 의한 방법 등이 있다.

⑤ **조석관측**: 해수면의 주기적 승강의 정확한 양상을 파악하기 위한 관측으로 연안 선박통행, 수심관측의 기준면 결정, 항만공사 등 해양공사의 기준면 설정, 육상수준측량의 기준면 설정 등에 이용된다.

⑥ **해안선측량**: 해안선의 형상과 성질을 조사하는 측량으로 일반적으로 해안선 부근의 육상지형, 소도, 천출암, 저조선 등과 같이 측량한다.

⑦ **소해측량**: 천초, 천퇴, 침선 등과 같은 모든 장해물을 수색하여 선박의 안전 항행을 위한 최대 안전수심을 보장하기 위한 측량이다.

⑧ **해양중력측량**: 해양 또는 수중에서 중력을 관측하여 해면 지오이드 결정과 같은 해양측지학, 해양지구물리, 해저지각구조 및 자원탐사 등의 자료를 제공하기 위한 측량이다.

⑨ **해양지자기측량**: 해양의 지자기 3요소를 관측하여 항해용 지자기분포도, 해양자원탐사자료 등을 작성하기 위한 측량이다.

⑩ **해양기준점측량**: 원점측량이라고도 하며, 해안 부근의 육상지형, 해안선, 도서 지방 등의 정확한 위치결정에 필요한 기준점을 설정하기 위한 측량이다.

⑪ **선박속력시험표측량**: 선박의 정확한 속력을 구하기 위해 일정한 방향과 거리마다 시험표를 설치하는데 이러한 시험표를 정확히 설치하기 위한 측량이다.

⑫ **해도작성을 위한 측량**: 수로측량이라고도 하며, 선박의 안전항행을 목적으로 실시하는 측량으로 측량대상지역에 따라 항만측량, 항로측량, 연안측량, 대양측량, 보정측량이 있다.

표 10.1 해도작성을 위한 측량

구분	측량 대상
항만측량	1/10,000을 표준축척으로 항만 및 그 부근을 대상으로 측량 준설지역, 장해물, 천소 등은 축척과 무관하게 모두 측량
항로측량	항로의 폭은 통항선박 길이의 5배가 확보되도록 측량 준설지역, 장해물, 천소 등은 축척과 무관하게 모두 측량
연안측량	1/50,000을 표준축척으로 연안지역을 그 대상으로 측량
대양측량	1/200,000을 표준축척으로 대양을 그 대상으로 하며 항해에 필요한 모든 해저지형을 측량
보정측량	해저기복의 국지적 변화에 대응한 해도 정비, 항만 정비에 따른 준설구역, 해안선 및 항로의 변동, 박지의 수심보정, 해양시설물 준공 확인측량

[2] 해도

해도란 항해안전으로 항해상 필요한 연안의 지물 및 해면 아래의 상황을 정확하고 알기 쉽게 표현한 바다의 지도이다. 해도는 수로측량의 성과를 기초로 하며, 기재내용에 변화가 생길 때에는 즉시 항로고시로 그의 현상을 항해자에게 통보하여, 안전항해 하도록 한다. 이와 같이 해도는 항해자에게는 없어서는 안 될 기본헌장과 같은 것이며, 해상시설물 건설 및 정비, 해양자원개발, 어업, 해상교통, 관광 등에도 이용되며, 또한 최대축척의 해도 상에 기재된 저조선은 국제해양법상 영해의 폭원을 정하는 중요한 기준이 되기도 한다. 해도는 그 대상지역 및 사용목적에 따라 크게 바다의 기본도, 항해용 해도, 특별해도로 구분된다.

(1) 바다의 기본도

해양에 대한 정보를 갖고 있는 도면으로 축척에 따라 다음 표 10.2와 같다.

표 10.2 바다의 기본도

축척	내용
1: 10,000	국가 간의 영해의 폭을 결정하며 또한 해저자원과 밀접한 관계가 있는 대륙붕 분할의 기선 항만계획, 해안방재계획, 해양구조물 실시계획 등의 기본도
1: 50,000	해양개발계획을 위한 개찰도로 적합 국가의 중요정책으로 추진 중인 해양자원개발과 해양환경에 기초적인 자료가 되는 해저지형 및 해저지질구조 등에 관련시켜 1979년부터 영해 12해리까지를 70 해역으로 구분, 총 178,000해리를 대상으로 이 해역의 해도는 물론 해저지형 및 해저지질구조의 파악을 위한 측량 실시
1: 200,000	해양수산부에서는 경제수역 200해리까지를 대상으로 한국연안주변의 대륙부 및 대륙사면하부까지 전 해역을 42개로 구분하여 측량하였으며, 그 성과로 해저지형도, 해저지질구조도, 지자기전자력도, 중력이상도를 간행하여 해양의 물리적인 요소를 구명하는 종합적인 자료를 제공

(2) 항해용 해도

일반적으로 해도란 항해용 해도를 가리키는 것으로 항해용 해도란 항해의 안전을 목적으로 항로, 해저수심, 장해물, 목표물, 연안지형지물, 좌표, 방위, 거리 등 항해상 필요한 제반사항을 정확하고 이용하기 쉽게 표현한 도면이다. 항해용 해도는 항만, 박지 등 대축척으로 표현되는 항박도로부터 광대한 구역을 포함한 소축척의 총도까지 여러 가지가 사용되며, 축척에 따라 다음 표 10.3과 같이 5종류로 구분된다.

표 10.3 항해용 해도

구분	축척	내용
총 도	1 : 400만 이하	광대한 구역을 일괄하여 볼 수 있게 만든 해도로, 원양항해나 항해계획수립용으로 사용
원양항해도	1 : 100만 이하	원양항해에 사용되는 해도로 외해의 수심, 주요 등대, 등부표, 또는 원거리에서 관측 가능한 육지의 지물표 등을 표시함
근해항해도	1 : 30만 이하	육지를 멀리 바라보며 가시거리를 유지하여 항행할 때 사용되는 해도로 선박위치는 육지의 여러 가지 물표나 등대, 등부표 등으로 결정
항 박 도	1 : 5만 이상	항만, 박지, 어항, 수도 비교적 소구역을 대상으로 상세히 표시한 해도로 착안시설 등을 상세히 표시함
해 안 도	1 : 5만 이하	연안항해에 사용되는 해도로 연안의 여러 가지 지형, 물표가 상세하게 표시되어 있으며 통일된 연속도로 하는 것이 원칙

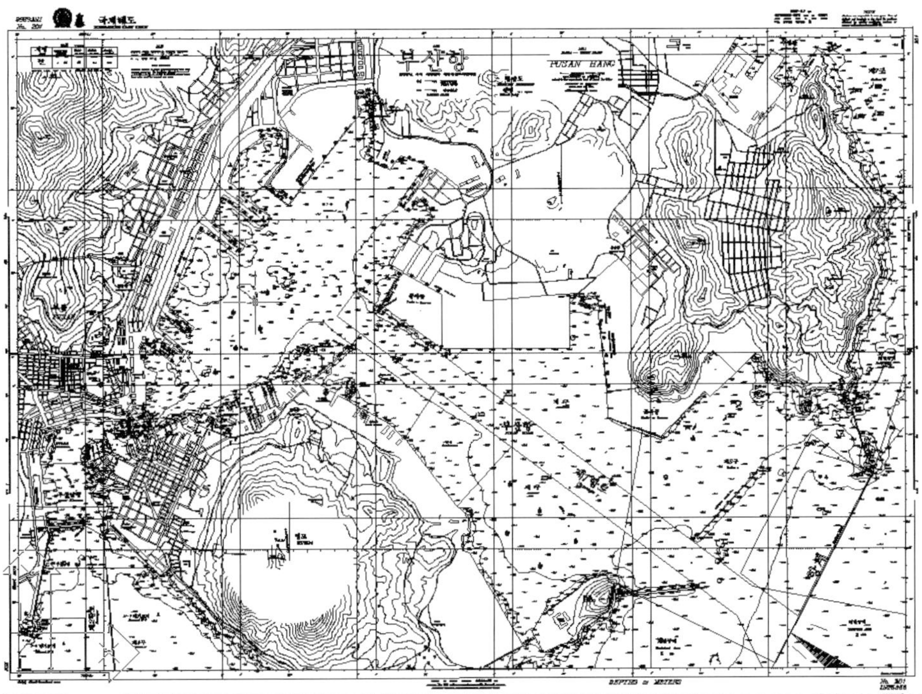

그림 10.4
부산항의 전자해도

(3) 특별해도

특별해도란 특별의 해도를 의미하는 것이 아니라 기본도, 항해용 해도와는 별도의 내용을 구비한 여러 가지 참고용 해도를 말한다. 특별해도에는 수심도, 해저지형도, 어업용도, 전파항법도, 조류도 등이 있다.

[3] 해양측량의 순서

해양측량은 선박을 이용하여, 측량기를 적재하고 작업하게 된다. 육지와 바다는 그의 환경이 다르므로 해양측량에는 특별한 계기가 사용되며 측량방법도 육상과는 다른 방법을 쓰게 된다.

(1) 자료의 수집 및 준비

측량작업하기 전에 측량지의 상황을 사전에 조사해 필요한 자료를 준비하거나 정보를 수집해 두는 것이 매우 중요하다.

(2) 측량계획의 수립

측량지 부근을 포함한 개간해도, 지형도와 같은 재료도를 측량원점의 표척과 동일 표척으로 척도하면 현지에서 얻은 신측 재료와 비교 검사할 때에 매우 편리하다.

(3) 설표

설표는 현지작업 중 최초로 착수하는 작업이다. 측량 전에 작성된 설표도에 따라, 해상위치결정을 쉽게 할 수 있도록 적당한 장소에 기준점을 선정하여 다음과 같은 표지를 설표한다. 원점기준점에는 측표, 기표, 항공사진촬영 시에는 대공표지, 보조점에는 백도표 및 위표, 그리고 자연물표나 건조물 등을 이용하게 된다.

(4) 기선의 측정

주로 국립지리원 삼각측량의 성과를 사용하여 실거리의 보정치를 이용하고 있으며 기선은 일반적으로 200m 이상이 필요하다.

(5) 원점측각

설표가 완료된 후, 측각작업을 하게 된다. 원점계산이 필요한 기표 등에는 정밀하게 측각한다.

(6) 원점거리계산

측각결과에 따라 각 점 간의 거리를 계산한다. 계산은 정현비례법에 의하는 것이 원칙이나, 삼각양각법 및 이변내각법을 이용할 때도 있다.

(7) 원점기입

원점거리계산이 완료된 후에는 원점도에 계정된 측각점을 정확히 기입한다. 주요 원점은 직각좌표에 따라 기입하는 것이 원칙이며 기타의 보조적인 것은 거리 및 각도에 따라 기입한다.

(8) 지형측량

지형측량은 해안선측량과 동시에 할 수 있으며 항해상 필요한 산 모양, 해안선 부근의 지형, 지물을 주안으로 한다. 보통 국립지리원의 국가기본도나 항공사진측량의 성과를 많이 이용하고 있다.

(9) 해안선측량 및 저조선측량

해안선측량은 해면이 최고고조면에 달할 때에 육지와 해면의 경계를 측정하고 이에 해안선 부근의 노출암, 간출암 및 해안선 부근의 지형, 지표의 위치, 형태를 측정하여 해안선을 작성한다. 저조선측량이란 간출선의 측량을 말하며 해면이 최저저조면에 달할 때 수제선을 측정한다.

(10) 고저측량

등대, 등표, 가공선, 교량의 높이, 산정, 도정 등을 측정한다. 여기서 가공선 및 교량의 높이는 최고고조면에서 최저부까지의 높이로 표시되며 나머지는 평균해면에서의 높이로 표시된다.

(11) 조석관측

조석관측은 일반적으로 측량지에서 장기간에 걸쳐 관측하게 되며 수심 및 보정의 기준이 되는 해수면을 결정하며 또한 측량 시의 측고도 알 수 있게 된다.

(12) 수심측량

수심측량은 수심을 측정하는 동시에 해저지질을 식별하는 작업으로 음파측량이 원칙이다. 음파측량의 측심은 매우 높은 정도의 성과를 얻을 수 있으며, 이에 따라 해역 내의 해저상태를 완전히 파악할 수 있다.

(13) 부해측량

등정구역 내의 수심을 측정하는 것이 목적이 아니라 선박이 안전하게 항해할 수 있는 범위와 일정한 부해심도를 표시하기 위하여 측량하는 것이며 Wire-부해법과 Bar-부해법 등이 있다.

(14) 저질조사

저질이란 해저를 구성하는 암석 또는 퇴적물을 말하며 종측에 의해서 또는 채니기에 의해서 채취하여 조사한다.

저질을 조사하는 밀도는 대략 해상에서 3~5 cm마다 식별을 하며 또한 10~15 cm마다 채니기로 채취한다. 저질은 묘박의 가부를 판단하거나 추측항해 시에 이로 인해 추정위치를 결정하는 데 중요한 요소다.

(15) 측량원점의 작성

측량원점이란 측량원도작성을 위한 모든 자료에 의해서 일정한 도식에 따라 도시한 해도별 작용의 원고도면을 말한다. 즉, 측량원도에는 측량한 구역의 해안선의 형태, 수심, 자연, 인공목표, 조수의 형태 등을 도시한 것이다. 그리고 여기에는 횡메르카토르도법(UTM도법)이 주로 사용된다.

[4] 해양측량의 정도와 축척

(1) 지형표현과 축척 및 측심선 간격

상세한 해저지형을 표현하기 위해서는 대축척이 되어야 하며, 측심선의 간격은 작아야 하며 이를 위해서는 측정의 정도를 높여야 한다. 해양측량에 있어서 일반적인 지형표현과 축척 및 측심선 간격의 관계는 다음 표 10.4, 표 10.5와 같다.

이와 같은 기준은 해저지형도뿐 아니라 지질구조도, 지자기분포도, 중력이상도 등을 작성하기 위한 해양측량에도 적용된다.

표 10.4 지형표현과 축척 및 측심선 간격

측 량 구 역	축 척	측심선 간격	보조측심선 간격
해안선부근	1: 10,000 이상	1∼2 m	
대 륙 붕	1: 50,000	5 m	
	1: 200,000	20 m	10 m
대륙붕사면	1: 200,000	100 m	50 m
대 양 저	1: 500,000	500 m	100 m

표 10.5 해저지질에 따른 등심선 간격 및 수심 간격

등심선 간격	측 심 간 격	
	사니질 해저	암초 해저
1 m	80 m	0∼7 m
10 m	400 m	70 m
100 m	4,000 m	700 m
500 m	20,000 m	3,500 m

(2) 선박의 안전항행을 위한 측심선 간격

선박의 안전항행을 위한 수로측량은 최천부의 확인이 가장 주된 목적이므로 누락되는 부분이 없도록 정밀한 측량을 실시해야 하며, 수심 및 저질에 따라서 측량도의 축척과 무관하게 다음 표 10.6, 표 10.7과 같은 값들을 기준으로 한다.

여기서 주측심 폭은 음파의 지향각 밖에 있는 해저 면으로 음향측심이 되지 않는 폭을 말하며 단위오차(편위량)를 포함한 폭이다. 암반지역의 자연해저에 대해서는 위 기준의 2배 이상의 밀도로 측심한다. 또한, 수심측량결과를 검사하기 위한 검측심 폭은 주측심의 5∼10배를 기준으로 한다.

표 10.6 안전항행을 위한 측심선 간격

측 량 구 역	해저지질 및 수심	주 측 심 폭	측 심 등 급
항로, 박지 및 준설구역	암반 및 장해물 철거지역	0.5∼2 m	A급
	사니질 준설구역	3∼5 m	B급
	사니질 자연해저	3∼20 m 20∼50 m	C급 D급
기타 구역	수심 30 m 미만 수심 30 m 이상	50∼100 m 150∼250 m	

표 10.7 연안측량의 수심에 따른 측심선 간격

수 심	10 m	50 m	100 m
측심선 간격	200 m	300 m	500 m

10.2.2 해안선측량

[1] 개요

해안선측량이란 해안선 및 그 부근의 소도, 간출암, 간출선의 지형을 측정하여 그의 종별을 확인하는 동시에 해안선 부근의 육상지형, 구조물과 해안선과의 관계를 측정 조사하여 도상에 그리는 작업으로 해안 침식, 모래 조사에도 아주 중요하며, 또 항해와 영해 및 경제수역의 확정 기준이 된다. 교통부수로국의 수로측량업무지침에는 "해안선측량은 사진측량에 의함을 원칙으로 하되 이에 의할 수 없을 경우에는 실측한다"로 정해져 있다. 다시 말하면, 해안선측량은 일반적으로 항공사진측량에 의해서 해안선을 그리는 것이 통례이나, 사진측량에 의할 수 없을 경우에는 실측법에 의한다.

해안선이란 수로업무법 제10조 7항에 의하면 "해안선은 해면이 약최고고조면에 달하였을 때의 육지와 해면과의 경계로 표시한다"로 되어 있다.

해안선은 그의 형태에 따라 급사안, 절벽해안, 군석안, 사빈, 수목안, 인공안 등으로 구별된다. 급사안은 해면에서 45° 이상의 경사를 가지고 있으나, 그 높이는 그다지 높지 않고 거칠지 않은 것을 말하며, 암질안과 토질안으로 대별된다. 절벽사안은 급사안보다 더욱 경사가 급하며 90°에 가깝고, 높이가 10m 넘는 것을 말한다.

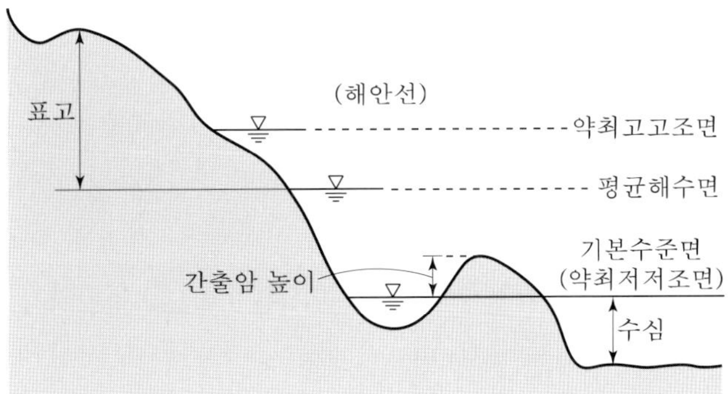

그림 10.5
하천 및 해안선

측량원도에는 측량원도 도식에 따라 각종의 해안선, 간출선 등을 나타내는 것이 원칙이다.

[2] 항공사진측량방법

해수면은 조석현상에 따라 변동하므로 촬영 당시 항공사진 상황과 실제 지도상에 표기해야 할 해안선의 관계를 정확하게 규명해야 한다.

항공사진측량에 의한 해안선측량 시 다음 요소들을 고려하여 사진판독을 해야 한다.

① 항만, 방파제 등의 인공안은 그대로 해안선으로 결정한다.
② 촬영시간이 최고고조 시와 일치할 때는 사진상 해면과 육지의 경계를 해안선으로 결정한다.
③ 해안경사가 완만한 바위 또는 모래해안에서는 해안에 떠밀려온 부유물의 흔적, 즉 고조흔을 해안선으로 한다.
④ 고조흔이 없는 지역에서는 촬영 시의 고조와 최고고조면의 조차를 현지의 조석표에서 구하고, 도화기로 해안선과 직각방향의 평균경사각을 구하여 보정량을 정한다.
⑤ 대축척항공사진(1 : 1,000~1 : 5,000)일 경우, 사진상 기준점의 높이를 기준으로 하여 최고고조 시의 높이를 도화기에 입력한 다음, 등고선도화와 같은 원리로 해안선의 위치를 결정한다.
⑥ 천연색 또는 적외선 사진을 사용하면 판독이 더욱 용이하다.
⑦ 촬영시각을 저조 때로 선택하면 저조선과 함께 암초, 간출암, 모래톱 등을 발견하는 데 도움이 된다.

[3] 실측법에 의한 해안선측량

(1) 실측법

실측에 의한 해안선측량에서는 일반적으로 육분의, 경위의, 줄자 등을 사용하는 기장식안측법이 적용된다. 그리고 대축척의 육지지형의 실측에는 평판측량을 사용하고 있으나, 해안선 부근에서는 평판의 사용이 어려울 때가 많고 또 해안선 부근의 측량축척은 1 : 10,000~1 : 50,000이 많이 채용된다. 따라서 1 m는 지도에서 0.1~0.02 mm 정도로 표현되므로 기장식안측법으로도 충분히 목적을 달성할 수 있게 된다.

(2) 보조점 측정방법

보조점은 원점과 원점 사이에 해안특성을 잘 나타내는 곳으로, 해안지형의 돌출점, 이암 등 해안선 형상을 형성하는 중요지점에 선정해야 한다. 해상에서 목표로 삼기에 적당한 바위, 나무, 첨탑, 산정 등을 보조점으로 선택하는 것이 좋다. 보조점 측정방법으로는 전방교회법, 후방교회법, 직선일각법, 측방교회법, 거리일각법 등이 사용된다.

(3) 고도의 관측

절벽, 암초, 소도, 등대, 기타 목표물의 높이는 대개 줄자로 직접 수면까지의 높이를 잰 다음 조고보정을 해야 하지만, 줄자로 직접 재기 힘든 경우에는 각종 간접수준측량방법 중 적당한 방법을 선택하여 이용하는데, 신속하게 측정 가능한 육분의에 의한 방법을 이용한다. 간접수준측량 또는 육분의를 이용한 높이 측정에서는 조고보정과 양차(기차, 구차)를 보정한다.

h를 해면으로부터 관측점까지의 높이, α, β는 수평선 및 목표물 정상 사이의 각 D, d는 보조점 관측에 따라 결정된 거리라 하면 목표물의 높이 H는 다음 식 (10.1)과 같다.

$$H = D\tan(\alpha - \beta) + h \qquad (10.1)$$

$$\tan\beta = \frac{h}{d}$$

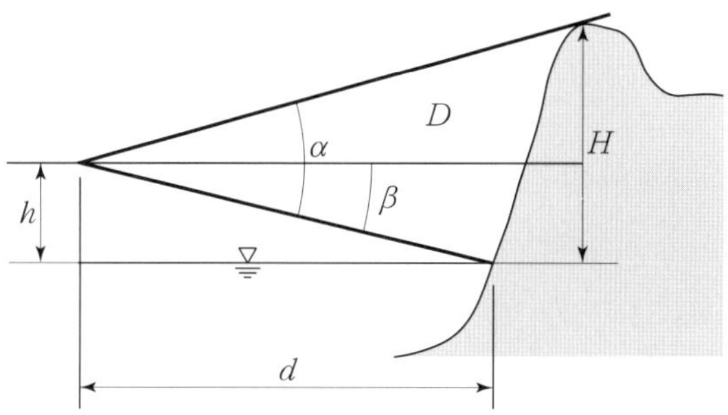

그림 10.6
육분의에 의한 고도 관측

| 예제 10-2 |

그림 10.9에서 전방교회법에 의해 관측된 보조점과의 거리 D는 100 m이다. 선상에서 육분의를 사용하여 각을 재었더니 $\alpha = 25°$이고, $\beta = 5°$이었다. 산정에서의 고도는 얼마인가? (단, 선상관측점까지의 높이 $h = 2\text{ m}$)

풀이 식 (10.1)에서 $H=100\tan(25-5)+2$

$\therefore\ H=38.4\text{ m}$

(4) 저조선의 관측

해면이 약최저저조면에 달하였을 때 간출된 선으로 육지와 해면의 경계를 나타내는 선이며 영해를 나타내는 기준선이 된다.

저조선(또는 간출선) 관측방법에는 측심법과 수준측량에 의한 방법이 있는데, 측심법은 수심측량기록에서 수심 0.0 m 되는 곳을 찾아 연결하여 결정하는 방법으로 저조선 부근의 지형기복이 복잡하지 않을 경우에 적합하다. 수준측량에 의한 관측은 암초가 많은 지역과 같이 해안지형이 복잡하여 측량선 통행이 곤란하거나 조차가 크지 않은 지역에 주로 사용된다.

10.2.3 해상위치결정

[1] 근거리해역의 위치결정

육상기지점에 측량기를 설치하여 측량선을 평행선, 방사선으로 위치를 결정하거나, 육상목표물을 기준으로 하여 일정거리와 방향을 유지하고 육분의에 의하여 유도선상 위치의 교점을 구하는 방식 또는 근거리용 전파측량체계 등이 있다. 그러나 최근에는 해상에서의 위치결정은 대부분 위성측량을 활용한다.

(1) 전방교회법

전방교회법이란 원점에서 구하는 지점인 보조점의 방향을 측정하고 그 방향선의 교차에 의해 결정하는 방법이다. 이 방법에서는 교회각이 30° 이상이며 90°에 가까운 것이 좋으며 방향선은 3선 이상 되도록 해야 한다. 그리고 측각의 기준이 되는 원점은 구점보다 멀리 있는 것을 선정한다. 그림 10.10에서는 육상기지점 A, B에서 해상구점(海上求點) P에 대한 내각 α, β을 관측해서 그 방향선의 교점으로 위치를 결정하고 있다. 또한 각 점으로부터의 거리 $\overline{AP}$, $\overline{BP}$, … 를 구할 필요가 있을 때에는 다음과 같이 사인법칙을 이용하여 구한다.

$$\overline{AP}\cdot\sin[180°-(\alpha+\beta)]=\overline{AB}\cdot\sin\beta,$$
$$\overline{BP}\cdot\sin[180°-(\alpha+\beta)]=\overline{AB}\cdot\sin\alpha \tag{10.2}$$

그림 10.7
전방교회법

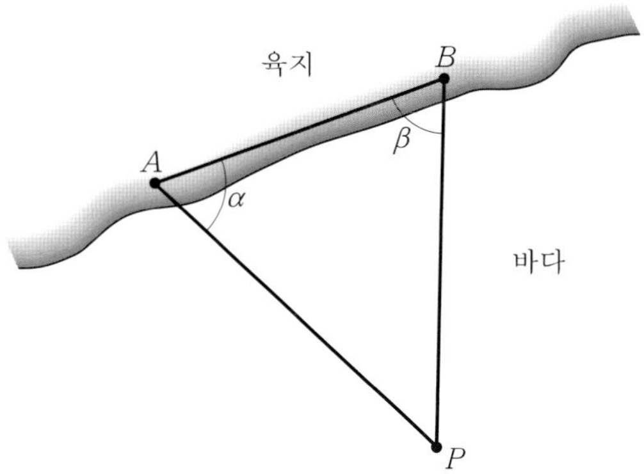

이므로 거리 $\overline{AP}$, $\overline{BP}$ 는 다음과 같다.

$$\overline{AP} = \frac{\overline{AB} \cdot \sin\beta}{\sin[180° - (\alpha + \beta)]}, \quad \overline{BP} = \frac{\overline{AB} \cdot \sin\alpha}{\sin[180° - (\alpha + \beta)]} \tag{10.3}$$

| 예제 10-3 |

그림 10.11에서 A, B 점의 좌표가 각각 (36500, 24300), (36600, 24500)이다. 육분의로 기지점 A, B 에서 미지점 P 에 대해 각 관측한 결과 $\alpha = 75°$, $\beta = 60°$를 얻었다. 미지점까지의 거리 $\overline{AP}$, $\overline{BP}$ 를 구하고 미지점 P의 좌표를 구하시오.

풀이 A, B사이의 거리: $\overline{AB} = \sqrt{(X_B - X_A)^2 + (Y_B - Y_A)^2} = 223.6$

$\overline{AB}$ 의 방위각: $\tan^{-1}\left(\frac{Y_B - Y_A}{X_B - X_A}\right) = 63°26'6''$

sin 법칙에 의해 $\frac{\overline{AB}}{\sin\angle P} = \frac{\overline{AP}}{\sin\angle\beta} = \frac{\overline{BP}}{\sin\angle\alpha}$ 이므로

$$\overline{AP} = 273.9, \quad \overline{BP} = 305.4$$

$\overline{AP}$ 의 방위각: $\overline{AB}$ 의 방위각$+\alpha = 138°26'6''$

P점의 X, Y 좌표: $X_P = X_A + \overline{AP}\cos\theta = 36295$

$Y_P = Y_A + \overline{AP}\sin\theta = 24482$

$\therefore$ P의 좌표는(36295, 24482)

(2) 후방교회법

후방교회법은 직선상의 사빈해안이나 수목해안과 같은 해안선의 특징을 가진 변곡점이 없는 곳, 지물을 보조적으로 선택했을 때 원점에서 시준할 수 없는 경우, 적당한 위치를 선택하여 그의 지점에서 기지점인 원점 3점 이상의 내각을 측정하여 위치를 구하는 방법으로 삼점양각법이라고도 한다. 이 경우 원점과 구점이 동일원주 상에 있을 때에는 부정이 되므로 주의해야 된다.

그림 10.11에서 보면, 해상에서의 미지점 P에서 육분의에 의하여 육상의 두 기지점 A, B에 대한 각 α을 관측하면, 위치선은 A, B, P를 지나는 원이 되며, A, B, C에 대한 각 α, β 을 관측하여 두 원호의 교점으로 위치를 결정하는 방식이다.

즉, 선상에서 두 대의 육분의로 육상 3점에 대한 두 각을 동시에 관측하기 적합하므로 연안항법에서 사용되는 방법이다.

그림 10.12 선상 S점에서 육분의로 육상기지점 A, B, C를 시측하여 α, β를 측정하고 삼각분도기에 의하여 위치를 결정한다.

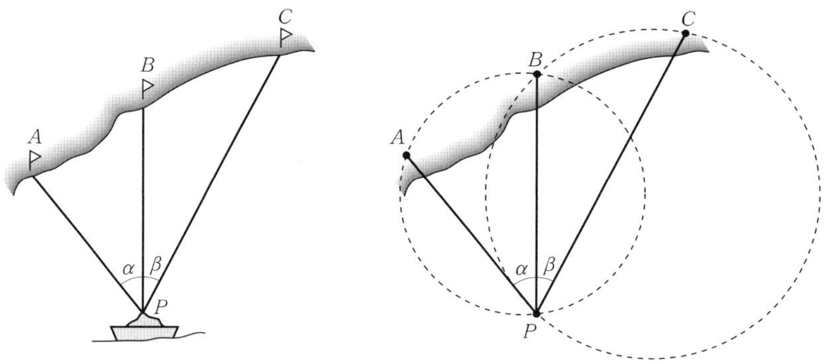

그림 10.8
후방교회법

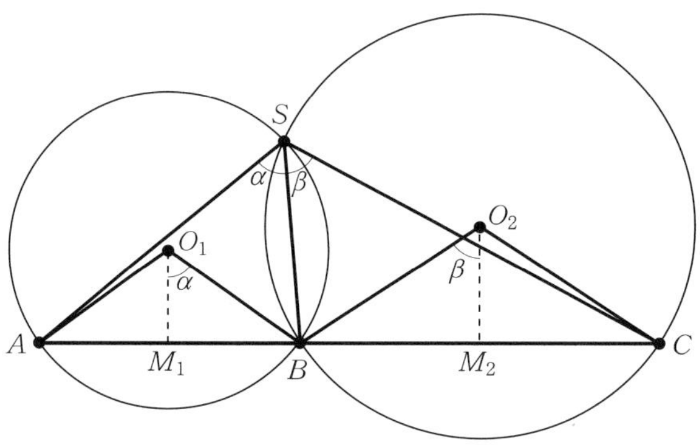

그림 10.9
육분의에 따른 위치결정

$$\alpha = \angle ASB = \frac{1}{2} \angle AO_1B \tag{10.3}$$

$$\beta = \angle BSC = \frac{1}{2} \angle BO_2C \tag{10.4}$$

$$\overline{M_1O_1} = \overline{BM_1}\cot\alpha, \qquad \overline{M_2O_2} = \overline{BM_2}\cot\beta \tag{10.5}$$

위의 식으로부터 2개의 원의 중심, O_1, O_2의 위치가 정해지면 선박의 위치 S는 2개의 원의 교점에 의해 구해진다. 육분의를 이용한 방법은 위성측량이 발달한 현대에는 점점 사라져가고 있다.

(3) 측방교회법

해안선이 깊숙이 만입되어 있어 2개의 원점만 볼 수 있는 만내에서 보조점을 결정할 경우 측방교회법에 의해 측정한다. 즉, 1원점에서 다른 원점을 기준으로 해서 보조점의 방향을 측정하고, 다음은 보조점에서 2원점의 내각을 측정하여 보조점의 위치를 결정한다. 이 경우 삼각형의 내각의 합은 180°가 되어야 하며 sin 법칙으로 계산한다.

sin 법칙에 의해

$$\frac{a}{\sin A} = \frac{b}{\sin B} = \frac{c}{\sin C}$$

여기서, a, b, c: 각에 대응한 변

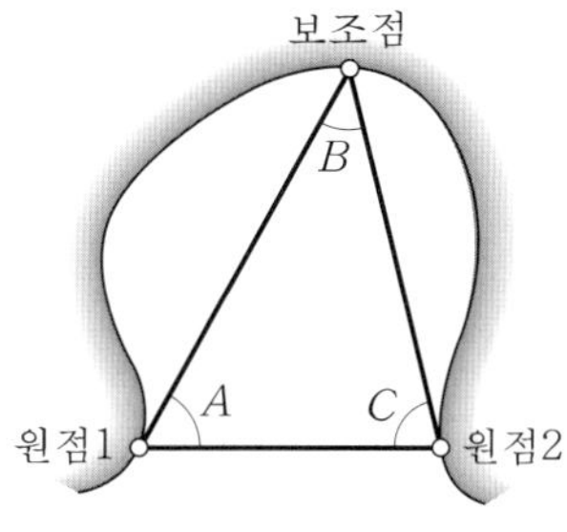

그림 10.10
측방교회법

(4) 거리관측법

그림 10.14와 같이 전자기파 거리측량기 등에 의하여 기지점 A, B, C로부터 미지점 P까지의 거리 S_1, S_2, S_3를 관측하면 위치선은 기지점의 중심, 반지름 S_1,

그림 10.11
거리관측법

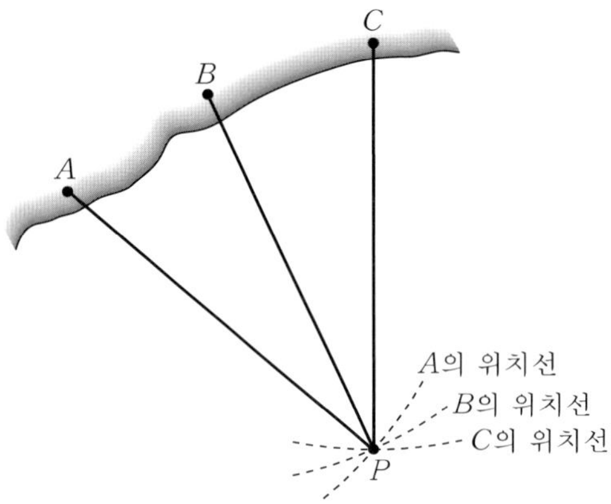

S_2, S_3인 원호가 되며 미지점 P의 위치는 각 원호의 교점으로 정해진다.

(5) 거리일각법

주로 광학기기와 전파거리측량기를 병용하는 방식에 쓰이는 방법으로, 방향각을 관측하면서 동시에 광파거리측량기 또는 전파측량기로 거리를 관측하여 직선과 원호의 위치선과 교점으로 위치를 결정하는 방법이다.

그림 10.12
거리일각법

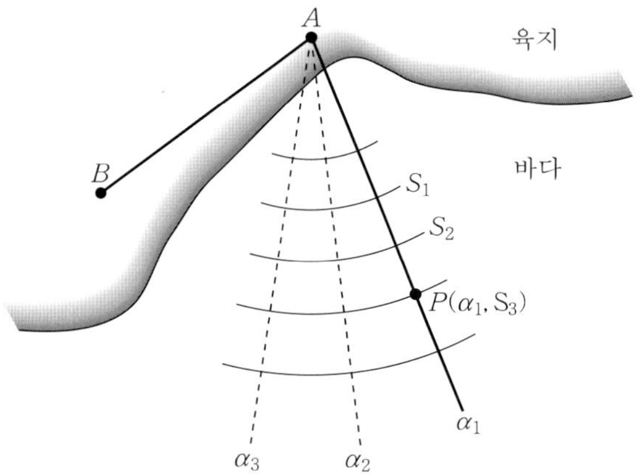

(6) 전파위치측량

전파위치측량은 전파를 이용하여 무선국 간의 거리, 거리차 또는 방위를 관측하여 위치를 결정하는 방법으로, 일조나 기상상태에 관계없이 사용할 수 있는 장점을 갖고 있으며, 전파측량방식은 유효거리, 위치선 형상, 주파수 등에 의하여 분류할 수 있다.

(7) 궤적항법

주요항로, 박지의 수로측량에서는 측심선 간격을 조밀하고 정확하게 유지하여 수심측량을 실시해야 한다. 이와 같은 경우 일반적 항법으로는 충분한 정확도를 얻을 수 없으므로 육상의 정점이나 목표물에 의하여 측량선을 유도하는 궤적항법을 사용한다. 궤적항법에는 직선유도법과 원호유도법이 있다.

① 직선유도법

육상정점에 트랜싯을 세워 측량선의 방향을 유도하거나 2개의 목표가 겹쳐 보이는 방향으로 측량선을 유도하는 방법을 사용하며, 평행선법과 방사선법이 있다.

유도된 측심 선상의 위치결정은 별도의 정점이나 목표물에 의한 절점으로 구해지며 절점은 평행선, 방사선 또는 육분의에 의한 원호 중 적당한 것을 선택한다. 이밖에도 해안에 세운 목표의 각 점에 대한 수직각 또는 수평각 관측에 의하여 결정하는 방식을 사용하기도 한다. 수직각 관측의 경우 거리는 D, 목표의 높이를 H, 수직각을 θ라 하면,

$$D = H\cot\theta \tag{10.6}$$

이고 각 관측의 오차를 $\Delta\theta$라 하면, 거리오차 ΔD는

$$\Delta D = -\frac{H\Delta\theta}{\sin^2\alpha} \tag{10.7}$$

이며, 일반적으로 육분의 관측에 의한 경우 $\Delta\theta = 3'$ 정도이다.

② 원호유도법

원호유도법은 육분의에 의한 방법과 근거리용 전파측량기에 의한 방법이 있다. 육분의에 의한 방법은 육상의 두 정점에 대하여 일정한 교각을 유지하는 방식으로, 선상에서 두 목표의 교각을 일정하게 유지하면서 측량선을 유도하며, 절점은 다른 두 정점에 대한 원호상 절선과의 교점으로 한다. 근거리용 전파측량기에 의한 방법은 육상의 한 정점에 대한 일정거리법으로 육상정점에 설치된 무선국과 일정한 거리를 유지하며 측량선을 유도하고, 각 절점은 다른 1조의 무선국에 의한 원호와의 교점으로 한다.

[2] 지문항법(geographical-navigation)

지문항법이란 한 지점으로부터 다른 지점까지의 방위와 거리를 결정하거나, 한 지점으로부터의 방위와 거리에 의하여 다른 지점의 위치를 결정하는 항법 또는 연안의 지물(地物)이나 항로표시 등에 의하여 선박위치를 결정하는 항법을 말한다.

[3] 천문항법(astronomical navigation)

항성이나 태양 등 천체를 관측하여 선박위치를 결정하는 방법으로 근본적으로 천문측량과 동일한 원리와 방법을 사용하며, 선상에서 관측할 경우 주로 육분의에 의하므로 천정각거리나 방위각 대신 고도와 시각을 관측한다.

[4] 전파위치측량

전파위치측량은 전파를 이용해 무선국 간의 거리, 거리차 또는 방위를 관측함으로써 위치를 결정하는 측량법이다. 항해를 목적으로 할 경우에는 전파항법(electronic navigation)이라 한다.

[5] 관성항법

관성항법은 관성항법장치에 의해 출발점으로부터의 이동경로에 따른 순간순간의 가속도를 구하여 위치를 결정하는 방식으로 이것은 전파항법, 위성항법과 함께 대양을 항행하는 선박이나 항공기에 사용되는 위치결정법이다.

[6] 위성항법

인공위성은 지구중력장의 성질을 반영하면서 궤도운동을 하므로 위성궤도를 관측함해 지구의 중력장해석, 지오이드결정 등과 같은 측지학, 지구물리학적 연구에 중요한 자료를 제공할 수 있을 뿐만 아니라, 인공위성으로부터의 전파교신을 수신함으로 수신점의 위치를 결정할 수 있다.

위성항법은 전파신호를 이용하여 위성과 관측자 사이의 거리 및 거리변화율을 관측함으로써 위치를 결정하며, 현재 미해군항해위성체계인 NNSS(Navy Navigation Satellite System)에서 위성측량(GPS; Global Positioning System)으로 변화되었다. 특히, 위성측량은 총 24개의 위성으로 지구 전체를 포괄하여 지구상 어느 지점, 어느 시각에서도 위치결정이 가능하도록 계획된 방식이다. GPS는 도플러효과와 함께 전파도달시간차에 의한 거리관측을 병용한 원리에 의하며 수초 이내에 위치결정이 가능하고, 상대정확도 $10^{-6} \sim 10^{-7}$으로 정확도면에서도 매우 양호하므로 앞으로 범세계 측지측량망결합 및 기준점측량에서도 활용이 기대된다.

10.2.4 수심측량

수심측량은 수면에서 해저까지의 음파신호의 왕복시간을 관측하여 수심을 알아내는 음향측심(音響測深, echo sounding)으로 한다.

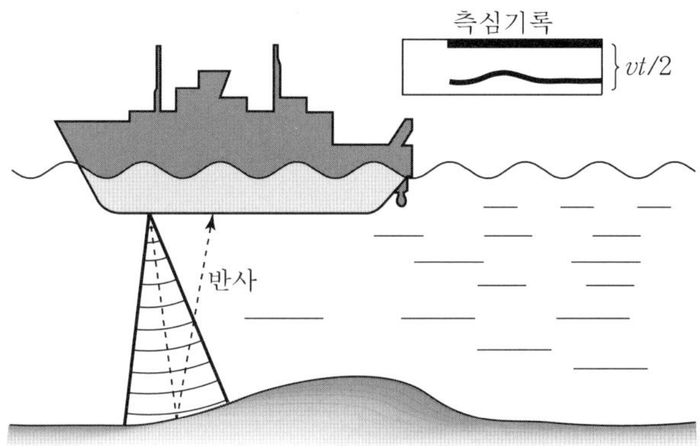

그림 10.13
음향기를 이용한 측정방법의 모식도

[1] 음향측심의 원리

음파신호를 해수면에서 해저에 수직으로 발사하면 해저에서 일부는 해저로 투과되고 대부분은 반사되어 수면으로 다시 도달한다. 송신음파와 수신음파의 도달시간차 t, 수중음속 V을 알면 수심 D는 다음 식 (10.8)로 구해진다.

$$D = \frac{1}{2} Vt \tag{10.8}$$

일반적으로 음향측심기는 가정음속 $V = 1500\,\mathrm{m/sec}$을 기준으로 설계되며 시간차는 $10^{-3}\mathrm{sec}$ 단위로 관측한다. 따라서 $K = V/2$를 상수로 취급하여

$$D = Kt \tag{10.19}$$

와 같이, 수심을 길이단위 [m]로 표시할 수 있다. 실제 수중음속은 염분, 수온, 수압 등에 의해 미소하게 변화하므로 정확한 관측값을 구하려면 관측 당시의 실제음속을 구하여 음속도 보정을 해 주어야 한다. 이밖에도 수심의 기준면과 관측 시 해수위 차이를 고려하는 조고보정, 수면으로부터 음파송출기까지 깊이를 고려하는 흘수보정 등을 해야 한다.

수심측량의 결과는 해도 또는 해저지형도로 작성된다. 해도는 일정 간격마다 각 점의 수심을 점고법으로 표시하고, 해저지형도는 육지의 등고선과 동일한 성질을 갖는 등심선(depth contour 또는 equal depth line)으로 나타낸다.

[2] 음향측심의 보정

음향측심기에 의한 관측값은 측심기 자체의 기차, 음속도 변화, 송수파기의 깊이, 조고 등에 대한 보정을 해야 한다.

(1) 음속도 보정

음향측심기는 음속도가 일정한 가정음속 1,500 m/sec을 기준으로 설계되어 있고, 실제 음속은 수온, 수압, 염분 등에 따라 변화하므로 정확한 값을 얻기 위해서는 음속도 변화에 대한 보정을 해야 한다.

(2) 흘수보정

송수파기는 수면으로부터 일정한 깊이에 잠겨 있으므로 흘수량을 더해 주어야 한다. 천해용 측심기에서 흘수량은 일반적으로 0.6~0.8 m 정도이다.

(3) 조고보정

해수면의 높이는 조석의 영향 때문에 수시로 변하므로 측량 시의 조석의 높이를 고려해 음향측심기록에 보정을 가해야 한다. 우리나라 수심의 기준면은 약최저저조면을 사용하므로 측량수역의 조석관측기록에서 측량시각의 조석의 높이와 기본수준면의 차이를 구하여 측심기록상에 기입하여 조고보정을 한다.

$$\text{조고보정량} = \text{조석의 높이} - \text{기본수준면의 높이}$$

보정값은 일반적으로 거의 양(+)의 값을 갖지만 연중 최저조시일 때는 음(−)의 값을 보일 때도 있다. 조고보정량은 기록지 상에 약 5분 간격으로 기입하며 기록단위는 보통 1 cm로 한다. 또한 수심이 깊은 경우, 즉 수심 200 m 이상에 대해서는 일반적으로 조고보정을 생략한다.

(4) 기준면의 선택

수심측량기준면은 수심측량에서 기준이 되는 면으로 수심관측값은 이 면에 대하여 보정된다.

[3] 음향측심기록

(1) 기록도형의 특성

음향측심의 송파기에서 발사된 음파는 주축을 중심으로 일정한 범위, 즉 유효지향각만큼 확산되며, 해저에서의 방향은 거의 동일한 경로를 거쳐서 수파기에 도달한다. 음향측심기록은 확산범위 내에서 최단거리의 음파를 기록하는 특성이 있기 때문에 해저가 수평, 평탄할 때 음파가 조사하는 해저면은 원형이다. 음향측심기록은 정확한 수심을 나타내지만 해저지형이 경사면, 요철기복, 돌출부 등일 경우에는 지형의 특성에 따라 음향측심상 기록도형은 실제 지형과는 다른 형태로 나타나게 된다.

(2) 해저의 이상기록

자연상태의 해저는 대체로 경사변화가 심하지 않으므로 기록도 비교적 단순한 모양으로 나타난다. 해저 또는 수중에 어군, 산호, 해초, 준설지역, 침선 등 장해물, 기타 각종 잡음 등이 존재할 때는 음향측심기록이 특별한 형태로 되거나 매우 복잡한 양상을 띠게 된다. 이들 이상 기록은 재측, 측량선속도를 매우 느리게 하여 측심하는 보측, 투연 또는 직접 잠수 확인 등에 의하여 그 형상, 최천수심 등을 가능한 한 정확히 판별해야 한다.

(3) 경사측심의 기록

수심측량 구역을 빠짐없이 직하측심으로 하는 것은 시간과 비용이 많이 소요되므로 일반적으로 측심되지 않는 미측심폭을 두고 측심선을 계획하며, 이때 직하측심과 함께 수직방향에서 어느 정도 경사진 방향으로 음향빔을 송출하는 경사측심을 많이 활용한다.

일반적으로 경사측심의 경사각은 20° 지향반각은 6° 이내를 사용한다. 경사측심의 기록은 수심측량값으로 채택하지는 않으며, 직하측심기록과 대조하여 거의 비슷한 형태를 보이는지 살피고, 특별히 다른 형태를 보일 때 그 사이에 철부가 존재하는지의 여부를 판단하는 자료로 이용된다.

(4) 음향측심의 정확도

수심의 정확도는 수심 자체의 관측오차와 위치관측오차의 함수이지만, 여기서는 수심관측오차만을 생각한다. 수심관측오차(평균제곱근오차) M_D는 일반적으로 수심관측에 관계되는 제반요소에 대한 오차, 즉 기계적 오차 m_m, 수심읽기오차 m_r, 음속수정값의 오차 m_v, 파에 대한 오차 m_w, 기준면결정의 오차 m_d, 조고보정의 오차 m_t 등에 의하여 다음과 같이 정해진다.

$$M_D^2 = m_m^2 + m_r^2 + m_v^2 + m_w^2 + m_d^2 + m_t^2 \tag{10.10}$$

기계적 오차는 각 기계에 따라 그 값이 주어져 있고, 수심읽기오차는 최소눈금의 1/2로 본다. 수중음속 수정오차는 일반적으로 수심 50 m까지는 음향표적법에 의하며, 그보다 깊은 경우는 해상관측 결과로부터 계산법에 의하여 구한다. 계산법의 경우, 수정오차 m_v는 염분, 온도, 중력 등에 대한 수정값의 오차 $m_s, m_t,\ m_{s,t,p},\ m_g$ 로부터 다음과 같이 구해진다.

$$m_v^2 = m_s^2 + m_t^2 + m_{s,t,p}^2 + m_g^2 \tag{10.11}$$

m_s, m_g는 각각 약 $D/15{,}000$(D는 수심) 정도, m_t는 ±0.1℃에서 $D/3{,}000$ 정도이다. m_w는 파와 놀에 의한 것으로, 파는 주기 5~8초 정도로 음향측심기록 상에서는 해저의 기록을 분리시키지 않으나, 놀은 주기 40초 정도로 해저가 평탄한 경우에는 음향측심기록 상의 산보다 1/3 정도 아래로 읽어야 해저수심이 구해질 정도의 오차가 생긴다.

한편, 조고에 대한 오차는 주요 4분조에 대한 것은 1년 이상이면 큰 문제가 없으나, 관측수역 부근의 측지학적인 조위와 조석관측소의 조위의 상관관계를 잘 고려해야 한다.

10.2.5 해양조석

[1] 개요

조석은 해양의 대파동으로 뚜렷하고 규칙적인 해면의 승강을 일으킨다. 조석파의 파장이나 주기는 일반적인 풍파의 것보다 훨씬 크며, 자유파가 아니라 강제파로서 그의 원인력을 피할 수 없으며, 계속적으로 동작한다. 이와 같이 조석파는 지구와 달, 대양의 운동에 기인하는 파동의 하나이다.

조석은 강제파이므로 먼저 그 원인을 보면 움직이는 해수입자와 달, 태양 사이의 만유인력이 조석파를 일으킨다. 그러나 실제의 해양은 복잡한 형태와 수심을 갖고 있기 때문에 단순한 이론으로 조석 또는 조류의 원인을 해결할 수는 없다. 해상의 몇몇 지점에서의 조석 또는 조류의 실측결과를 얻으면 이론과 결합시켜 문제해결의 기초로 삼으며 또한 미래의 조석 또는 조류현상을 예보하는 체계를 수립하고 있다.

[2] 조석의 특징

해수면은 잠시도 정지하지 않고 끊임없이 변동을 거듭하며, 이러한 변동은 조류, 해류와 같이 규모가 큰 흐름이 있는 반면 흐름이 비교적 소규모인 바람에 의한 풍랑, 놀 등이 있다. 이외에도 지진에 의한 쓰나미나 폭풍성 해일, 항만 내부 진동과 같은 파동운동도 있다. 이러한 여러 가지 파동운동 중에서 가장 주기적인 성격을 가진 파동을 조석이라고 할 수 있다.

조석은 해면의 주기적인 승강운동을 말한다. 참고로 조석운동에 의하여 발생되는 파를 조파 또는 조석파라고 한다. 그런데 이러한 조석은 전체의 주기적인 운동, 즉 달과 태양의 만유인력에 의하여 발생되므로 그 승강운동이 매우 규칙적이다. 따라서 이러한 조석운동은 예측이 가능하다. 그러나 이렇게 주기적으로 운동을 하지만 해저지형이나 해안형태에 따라 조석운동이 매우 복잡하여 예측이 어려운 경우도 있다. 즉, 해안의 크기, 형태, 수심 등에 따라 조석의 현상이 현저히 달라질 수가 있다. 이러한 조석에 의한 수위변동 크기와 양상을 정확하게 관측하고 그 성질을 규명하는 것은 연안수로의 이용면에서 뿐만 아니라, 육상고저측량의 정확한 기준면 결정, 지오이드 결정, 측지학 및 지구물리학적 연구에 있어서도 대단히 중요한 것이다.

조석운동 중에서 해면이 고조로 되었을 때를 고조(high tide) 또는 만조라 하며, 최저로 되었을 때를 저조(low tide) 또는 간조라고 한다. 이러한 고조와 저조의 차이를 조차라 하며, 이러한 조차가 클수록 조석운동이 강하게 작용한다. 그리고 이러한 조차는 곧바로 해수면의 형태, 즉 해안선의 형태나 조간대의 형태를 변화시키며, 이것에 따라 공유수면의 면적이 거의 결정된다. 따라서 이러한 만조와 저조의 주기적인 운동을 예측함으로 해안의 전반적인 형태를 정확하게 예측할 수가 있다.

[3] 조석의 분조

조석운동은 어느 지역에서 주기적인 운동을 하지만 전체의 운동, 해안의 크기, 형태, 수심 등 복잡한 인자들의 복합적인 작용에 의하여 발생한다. 즉, 조석을 일으키는 여러 가지 종류의 조석인자가 있다. 해안에서 눈으로 조석의 변동을 보면 매우 단순해 보이지만 사실은 여러 가지 주기성분을 가진 조석들이 서로 합쳐져서 하나의 현상을 일으키고 있다. 이러한 조석의 주기적인 성분을 조석의 분조라고 한다.

일반적으로 조석의 분조 중에서 가장 탁월한 주기성분이 일주조(diurnal tide)나 반일주조(semi-diurnal tide)성분이다. 일주조성분이라 하면 약 1일(24시간)의 주기를 가지고 해면의 승강운동이 일어나는 것을 말하며, 반일주조성분은 하루에 두 번의 승강운동이 일어나는 것을 말한다. 지역에 따라서 일주조성분이 탁월하게 나타날 수 있고, 반일주조성분이 나타날 수 있다. 예를 들면, 우리나라의 남해안이나 서해안은 반일주조성분이 탁월한 반면 동해는 일주조성분이 탁월하다.

[4] 조석현상

조석은 달과 태양의 만유인력에 의한 해면의 주기적인 승강운동으로 해면이 최고로 되었을 때를 고조 또는 만조라 하며, 최저로 되었을 때를 저조 또는 간조라 한다.

해면이 상승하는 동안 저조로부터 고조까지를 장조(상조, 들물)라 하며, 해면이 하강하는 동안을 낙조(하조, 썰물)라 하며, 고조면과 저조면과의 수직거리를 조차라 한다. 조석의 규칙성은 달과 태양의 인력효과의 주기성과 관련되며 그의 높이는 그 인력에 의한 물의 다중량과 관련된다.

조석의 주요부분은 반일주기와 1일주기의 파랑이 중복된 것으로 반일주기의 조석을 반일주조, 1일주기의 조석을 일주조라 한다. 반일주조인 경우, 그 주기는 평균 10시 25분으로 매일 약 50분씩 늦어진다. 그리고 고조나 저조의 시각은 달의 운행과 밀접한 관계가 있어 달이 관측지의 자오선을 경과한 후 일정시간이 된 후에 고조 또는 저조가 된다. 이 시간을 각각 고조간격 및 저조간격이라 하며 양자를 월조간격이라 한다. 양개월에 걸친 고조간격의 평균값을 평균고조간격(MHWI), 저조간격의 평균값을 평균저조간격(MLWI)라 한다. 또한 하루 두 번의 고조와 저조의 높이는 약간씩 다르며 이러한 현상을 조석의 일조부등이라 한다. 이때 고조 중 높은 쪽을 고고조(HHW) 낮은 쪽을 저고조(LHW)라 하며 저조 중 높은 쪽을 고저조(HLW) 낮은 쪽을 저저조(LLW)라 한다.

일조부등은 계절에 따라 변화하며 달과 태양, 특히 달이 적도 부근에 있을 때 적으며 적도로부터 멀어질수록 뚜렷하다. 즉, 춘추절의 삭·망에는 일조부등이 작아 조석은 규칙적이며 춘추절의 상·하현에는 일조부등이 뚜렷하다. 이에 반해 하동절의 삭·망에는 일조부등이 뚜렷하지만 상·하현에는 일조부등이 작다. 달이 적도 부근에 있을 때의 일조부등이 작은 조석을 분점조라 하며, 달이 적도로부터 가장 멀어졌을 때의 일조부등이 가장 뚜렷한 조석을 회귀조라 한다.

조차는 삭으로부터의 날짜인 월령에 따라 변화한다. 즉, 최대의 조차는 삭 및 망 후 1~3일에 발생한다. 이를 대조 또는 사리라 한다. 또 최소의 조차는 상현 및 하현 후 1~3일에 발생하는데 이를 소조 또는 조금이라 한다. 대조 때의 조차의 평균값을 대조차라 하고 소조 때의 조차의 평균값을 소조차라 한다. 1개월 또는 수개월에 걸친 모든 조차의 평균값을 평균조차라 한다. 월령이 같아도 달의 거리에 따라 조차가 다르다. 달이 근지점 부근에 있을 때 최대이며 근지점조라 하고, 원지점 부근에 있을 때 최소이며 원지점조라 한다. 그러나 거리에 따른 조차의 변화는 월령에 따른 변화에 비해 아주 적으므로 조차의 변화는 주로 월령에 지배된다.

조석은 매월 변해가지만 어느 기간 후에는 거의 같은 값을 가지며 일정기간, 즉 1일, 1개월, 1년 등 해면의 평균높이에 해당하는 면을 그 기간의 평균해면이라 한다.

표 10.8 한국 근해 주요지점의 조석

지 명	평균고조간격		대조차[m]	소조차[m]
	(h)	[m]		
청 진	2	54	0.2	0.1
흑 호	2	56	0.2	0.1
울 산	7	25	0.5	0.2
부 산	8	18	1.2	0.4
제 천	10	31	2.0	0.8
목 포	2	21	3.2	1.7
군 산	3	10	5.7	2.8
인 천	4	28	8.0	3.5
남 포	8	37	4.8	2.4
용 암 포	9	20	4.2	2.3

[5] 기조력

기조력은 지구의 각 점에 조석을 일으키는 힘으로 주로 달과 태양이 지구에 미치는 인력에 의한 것이므로 정확한 해석을 위해서는 지구-달-태양계를 계통적으로 해석해야 한다. 먼저 간단히 하기 위해 지구와 달만이 존재하며 지구는 구이며 자전하지 않으며 지표면에 일정한 깊이로 해수가 분포하고 지표면과 해수 사이의 마찰과 점성저항이 없다고 가정한다.

[6] 조석의 조화분석

기조력은 각 천체와 지구상의 각 지점과의 상대적 위치에 따라 변화하기 때문에 실제로는 달과 태양 대신 천구의 적도상을 일정한 거리를 유지하며, 또 일정한 주기로 진행하는 가상천체를 생각하여 이것들에 의해 규칙 바른 조석이 지구상에 일어나고 있다고 생각한다. 이와 같이 규칙 바른 많은 조석으로 분해하는 것을 조석의 조화분석이라 하며, 각각의 조석을 분조라 한다. 여기서 실용적으로 매우 중요한 것은 다음의 M_2, S_2, K_1, O_1의 4개 분조이다.

- 주태음반일주조(M_2): 달의 천구상 평균적인 일주진동에 기인하는 주요분조
- 주태양반일주조(S_2): 태양의 천구상 평균적인 일주진동에 기인하는 주요분조

표 10.9 주요분조 일람표

분 조	기 호	명 칭	주 기[hr]
반일주조	M_2	주태음반일주조	12.42
	S_2	주태양반일주조	12.00
	N_2	주태음타원조	12.66
	K_2	월일합성반일주조	11.97
일주조	K_1	일월합성일주조	23.93
	O_1	주태음일주조	25.82
	P_1	주태양일주조	24.07
	Q_1	주태음타원조	26.87
	S_1	기상일주조	24.00
배조	M_4	태음1/4일주기	6.21
	S_4	태양1/4일주기	6.00
	M_6	태음1/6일주기	4.14
복합조	MS_4	(M_2+S_2)	6.01
	$2MS_2$	(M_4-S_2)	12.81
	$2MN_2$	(M_4-N_2)	12.19
	$2SM_2$	(S_4-M_2)	11.59
장주기조	M_f	태음반월주조	327.86
	M_m	태음월주조	661.30
	S_{sa}	태음반년주기	4382.76
	S_a	태음연주기	8765.52

- 일월합성일주조(K_1): 태양의 황도상 평균운행에 대한 달과 태양의 상대위치에 기인하는 주요분조
- 주태음일주조(O_1): 적위가 변화하는 달의 천구상 일조진동에 의한 주요분조

10.2.6 해저지질조사

육지에서의 지하자원탐사, 터널, 댐, 교량, 건물 등 각종 시설물의 건설에 지형뿐만 아니라 지질구조를 정확하게 파악해야 하는 것과 마찬가지로 해양자원탐사 및 각종 해양시설물 건설에 있어서도 해저지질 및 그 구조에 대한 정보가 중요하다. 더욱 크게 생각하면 해저지질은 지구과학에 대한 기초정보로 중요하다. 또

한 해저지질에 관한 자료는 수심과 함께 묘박의 적합 여부 판정에도 필요하므로 해도 상에는 반드시 해저지질이 표시되어야 한다.

저질조사의 결과는 저질채취 지점도로 작성되며, 이 도면에는 저질명, 수심, 채취번호 및 채취위치 등이 기재된다. 해저질채취 지점도는 직접 조사자료와 함께 해도작성을 위한 측량원도 상에 S(모래), R_k(바위), Cl(점토) 등과 같은 소정의 기호로써 기입된다.

연습문제

10-1 하천측량의 주요목적에 대해서 서술하시오.

10-2 하천측량의 작업순서에 대해서 서술하시오.

10-3 하천측량에서 거리표의 설치이유와 순서에 대하여 서술하시오.

10-4 하천수위의 종류에 대해서 서술하시오.

10-5 항측에 의한 해안선 측량 시 고려할 사항에 대하여 설명하시오.

10-6 근거리해역에서의 위치결정방법에 대하여 설명하시오.

10-7 수심측량의 목적과 방법에 대하여 간단히 설명하시오.

10-8 음향측심을 이용한 수심측량에서 보정해야할 사항에 대하여 간단히 설명하시오.

10-9 하천측량에서 평면측량 범위와 방법에 대해 간단히 설명하시오.

10-10 유속관측 방법 4가지를 설명하시오.

10-11 유량관측에 관해 간단히 기술하고, 유량관측을 위한 지형적 조건을 4가지 이상 서술하시오.

CHAPTER 11

지적측량

11.1 지적의 정의 및 개론

지적은 국가가 토지에 대한 물리적 현황과 권리관계를 공시할 목적으로 필지단위로 행한 기록이다. 지적의 일반적 기능으로는 토지의 거래 안전, 과세자료, 토지분쟁해결을 위한 소송자료로서의 기능을 가지고 있다. 이밖에도 법적 효력과 공시기능, 도시 및 국토계획의 원천, 지방행정의 자료, 토지감정평가의 기초, 토지유통의 매개체, 토지 관리의 지침기능 등이 있다. 지적의 어원은 희랍어에서 유래된 'Katastikhon'로 장부(notebook)를 의미하는 경우와 라틴어에서 유래된 'Capitastrum'으로 로마가 지배하는 영토에서 징수되는 과세대장을 의미하는 두 가지가 있다.

지적측량(cadastral surveying)은 토지에 관해 필요한 정보의 수집과 물권이 미치는 한계를 밝히는 사법적인 측량을 말하며, 엄격한 규범 속에서 국가가 시행하는 행정행위에 속하는 귀속측량이다.

11.1.1 지적삼각측량의 개념

지적삼각측량은 지적삼각점, 지적삼각보조점의 신설, 보수 도근측량 및 세부측량의 골격이 되는 기준점의 위치를 정밀하게 결정하기 위하여 실시하는 측량을 말한다.

지적측량을 실시하는 이유는 국토를 지구(地區)로 세분화하거나 나누거나, 나누어진 구획이나 지역의 전체 소유권과 경계의 관리를 명확히 하는 경우, 울타리 등으로 결정된 소유권의 경계와 각 필지의 면적을 측정하여 공부(토지대장, 임야대장, 지적도, 임야도, 수치지적부)에 등록을 위해 기본 자료를 얻기 위한 경우이다. 또한 등록된 토지의 경계 복원 그리고 한 필지의 토지를 2필지 또는 그 이상의 필지로 나눌 때, 그리고 필지 내에 있는 건축물 또는 지하시설물 등의 상호위치관계를 나타내기 위해 실시한다. 지적측량과 일반측량을 비교해 보면 다음 표 11.1과 같다.

표 11.1 지적측량과 일반측량

구분	지적측량	일반측량
목적	토지소유권 확보	공사시행
이론	측량 기본이론	측량 기본이론
이익관계	토지소유자 대행	기업자의 입장
기본단위	1필지 중심	현장 중심
법률효력	영속적인 법적 효력	기본측량(삼각점, 수준점)

11.2 지적측량의 대상

우리나라의 경우 지적법에서는 다음에 해당하는 경우 지적측량을 해야 한다고 규정하고 있다.

① 측량지역의 지형 상 지적삼각점이나 지적삼각보조점의 설치 또는 재설치가 필요한 경우
② 지적도근점의 설치 또는 재설치를 위하여 지적삼각점이나 지적삼각보조점의 설치가 필요한 경우
③ 세부측량을 하기 위하여 지적삼각점 또는 지적삼각보조점의 설치가 필요한 경우
④ 축척변경을 위한 측량을 하는 경우
⑤ 도시개발사업 등으로 인하여 지적확정측량을 하는 경우
⑥ 도시지역에서 세부측량을 하는 경우
⑦ 측량지역의 면적이 해당지적도 1장에 해당하는 면적 이상인 경우
⑧ 세부측량을 하기 위하여 특히 필요한 경우

11.3 지적용어의 정의

지적측량은 물권의 한계를 밝히는 것이 목적이므로 법률적인 용어가 많이 등장해 기본적인 법률적 용어의 정의를 살펴본다.

(1) 지적공부(cadastral record)

토지대장 · 지적도 · 임야대장 · 임야도 및 수치지적부지적파일을 말하는데 토지에 대한 물리적 현황과 법적 권리관계를 등록 공시하는 국가의 공적 장부로 행정기관의 장인 시장 · 군수 · 구청장이 지적서고에 비치하여 보관하고 이를 영구히 보존하고 있다. 지적법상의 정의는 "지적공부라 함은 토지대장 · 지적도 · 임야대장 · 임야도 및 수치지적부지적파일로서 행정자치부령이 정하는 바에 의하여 작성된 대장 및 도면과 전산정보처리조직에 의하여 처리할 수 있는 형태로 작성된 파일"이다.

(2) 소관청(competent agency)

지적공부를 관리하는 시장(구를 두는 시에서는 구청장을 말한다), 군수를 말한다.

(3) 필지(parcel, land unit)

법적으로 물권이 미치는 권리의 객체(object)를 말하는데 소유자가 동일하고 지반이 연속된 동일 성질의 토지로 지적공부에 등록하는 토지의 등록단위를 말한다. 지적법상의 정의는 "필지라 함은 하나의 지번이 붙는 토지의 등록단위를 말한다"고 정의한다.

(4) 지번(parcel number)

토지에 붙이는 번호를 말하는데 토지의 고정성과 개별성을 확보하기 위하여 소관청이 지번지역인 법정 리 · 동 단위로 기번하여 필지마다 아라비아 숫자인 1, 2, 3, … 등으로 순차적으로 연속하여 부여한 번호를 말한다. 지적법상의 정의는 "토지에 붙이는 번호를 말한다"라고 정의하고 있다.

(5) 지번설정지역

지번설정지역이라 함은 리 · 동 또는 이에 준하는 지역으로 지번을 설정하는 단위지역을 말한다.

(6) 지목(land category)

토지의 주된 사용 목적에 따라 토지의 종류를 구분하여 표시하는 지적법에 규정된 명칭을 말한다. 토지를 인위적으로 전 · 답 · 과수원 · 목장용지 등 토지의 사용 목적이나 성질 등에 따라 28개 종목으로 구분하여 필지단위로 지적공부에 등록하는 토지의 종류이다. 28개의 지목은 다음과 같이 구분된다.

(7) 경계(boundary)

우리나라에서는 지적법에서 경계를 "지적도나 임야도 위에 지적측량에 의하여 지번별로 확정하여 등록한 선 또는 수치지적도에 등록된 좌표의 연결"을 말하는 것으로 규정하고 있다.

(8) 좌표

좌표(coordinate)란 기초점 또는 경계상의 굴곡점(이하 경계점이라 한다)의 위치를 평면직각 종횡선 수치로 표시한 것을 말하며, 토지구획정리사업지구 등 확정측량시행지역 내 각 필지에 대한 경계점의 위치를 평면직각종횡선 수치로 표시한 것을 뜻한다.

(9) 면적(area)

지적측량 성과에 의하여 지적공부에 등록된 토지의 수평면적을 말하며 밭이나 임야와 같이 경사를 이루고 있는 토지는 물론 지적공부에 등록된 모든 토지의 면적은 경사면적이 아닌 수평면적으로 등록하고 있다.

(10) 신규등록(new registration)

토지를 새로이 지적공부에 등록하는 것을 말하며 토지의 소재·지번·지목·경계 또는 좌표와 면적·소유자 등을 조사 결정하여 새로이 지적공부에 등록하는 행정처분을 말한다.

(11) 등록전환(registration conversion)

임야대장 및 임야도에 등록된 토지를 토지대장 및 지적도에 옮겨 등록하는 것을 말하며 산림훼손허가, 개간허가 등의 준공에 따라 임야대장과 임야도에 등록된 사항을 말소하고 이를 토지대장과 지적도에 옮겨 등록하는 행정처분을 뜻한다.

(12) 축척변경(scale change)

지적도나 임야도의 정밀도를 높이기 위해 다른 축척으로 변경하는 것을 말하며 지적도 또는 임야도의 소축척을 대축척으로 바꾸어 등록하는 행정처분을 뜻한다.

(13) 분할(partition, subdivision of lot, division of land)

지적공부에 등록되어 있는 한 필지를 2필지 이상으로 나누어 등록하는 것을 말하며, 분할측량을 실시한 후 소관청의 검사를 마친 측량성과도에 의하여 지적공부에 등록하는 행정처분이다

(14) 합병(annexation, consolidation)

지적공부에 등록된 2필지 이상을 1필지로 합하여 등록하는 것을 말하며 토지이동조사를 실시하여 등록하는 행정처분이다.

(15) 지목변경(conversion land category, land category change)

지적공부에 등록된 지목을 다른 지목으로 바꾸어 등록하는 것을 말하며 산림법 · 도시계획법 · 건축법 등 관계법령에 의한 인허가 및 준공 등에 의하여 토지의 주된 사용 목적이 변경됨에 따라 지적공부에 등록된 지목을 다른 지목으로 바꾸어 등록하는 행정처분이다.

(16) 토지표시

지적법상의 정의를 보면 "토지의 표시라 함은 지적공부에 등록된 토지의 소재 · 지번 · 지목 · 경계 · 좌표 또는 면적을 말한다."

(17) 토지이동(land alteration)

등록된 토지의 지번 · 지목 · 경계 · 좌표 또는 면적이 달라지는 것을 말하며 공유수면의 매립준공, 등록전환, 분할, 합병, 지목변경 등의 사유가 발생하거나 토지구획정리, 경지정리, 지번경정, 행정구역변경 등의 사유가 발생한 것을 뜻한다.

(18) 지적측량기준점

지적법상의 정의를 보면 "지적측량기준점이라 함은 지적삼각점, 지적삼각보조점 및 도근점을 말한다."

11.4 지적측량의 분류

지적측량제도는 토지의 경계표시방법에 따라 도해지적측량(圖解地籍測量)과 수치지적측량으로 나눈다. 우리나라는 도해지적측량으로 시작되었으나 도시지역과 구획정리지구 등에는 수치지적측량제도를 채택하고 있다.

11.4.1 도해지적측량

토지의 경계점을 도해적으로 도면에 표시하는 지적측량제도로 우리나라에서는 지적제도 창설당시 채택된 것으로 전국의 토지가 거의 도해지적이며, 신지적법에서의 수치지적과 대립되는 개념이라 하겠다. 토지의 경계를 도면으로 결정하는 방법은 평판측량 방식으로 현지에서 직접 측량하여 도화하는 방법이다.

도해지적측량(graphical cadastral surveying)은 토지의 경계점을 지적도 또는 임야도 등의 도면에 등록하여 소관청에 비치하고, 토지의 경계점은 이 도면에 나타난 경계에만 의존하는 지적제도이다. 토지의 경계는 도면을 기준으로 결정하여 도시한다.

도해지적측량은 지적도의 작성에 있어서 평판측량 방법과 같이 현지에서 직접 도화한다.

지적정보의 신뢰성은 일필지의 경계가 표시될 수 있는 기하학적인 정확도에 따라 좌우되며, 정확도는 ±10cm～±100cm 정도가 된다. 오늘날에 있어서 이러한 정확도는 충분한 정확도라고 말할 수 없다.

11.4.2 수치지적측량

수치지적측량(numerical cadastral surveying)은 토지의 경계점을 도해적으로 표시하지 않고 수학적인 좌표로 표시하는 지적측량제도로 1975년 12월 3일 개정되어 시행하고 있는 측량제도이다. 현행 지적법에 필요한 지역에 수치지적측량을 실시할 수 있도록 규정하고 있으며 수치지적측량은 도해지적측량보다 훨씬 정밀한 결과를 가져오나 그 과정이 매우 복잡한 지적측량으로, 수치지적은 측량의 최종 성과로서의 지적도가 다음과 같은 방법으로 조제되었을 경우를 의미하고 있다.

① 지상측량에서 수치측량으로부터 얻은 데이터로부터 조제한 경우(경위의 측량, total station 측량)
② 항공사진을 이용하여 해석사진측량 방법으로 얻은 좌표를 이용하여 조제한 경우(항공사진측량)

현재, 측량기술로는 평균제곱근오차가 ±10cm 이내인 수치데이터를 쉽게 구할 수 있다. 그러므로 수치지적을 채택한 경우에도 토지구역의 현황을 알아볼 수 있는 정도의 도면은 따로 있어야 한다. 수치지적은 토지의 경계점을 한 개도 빠짐없이 측지학상의 좌표로 계산해야 하기 때문에 일필지의 면적이 넓고 토지의 형상이 정사각형에 가까워 굴곡점이 적을 경우에 편리하다. 일반적으로 수치지적은 국지적인 수치데이터로 작성된 것을 의미한다.

11.5 지적측량의 방법

지적측량은 일필지의 소유관계 및 권리관계를 확정하는 측량으로 측판측량, 경위의 측량, 전파 또는 광파기측량, 사진측량, 위성측량 등의 방법이 있다.

지적측량은 다음의 순서에 따라 진행된다.

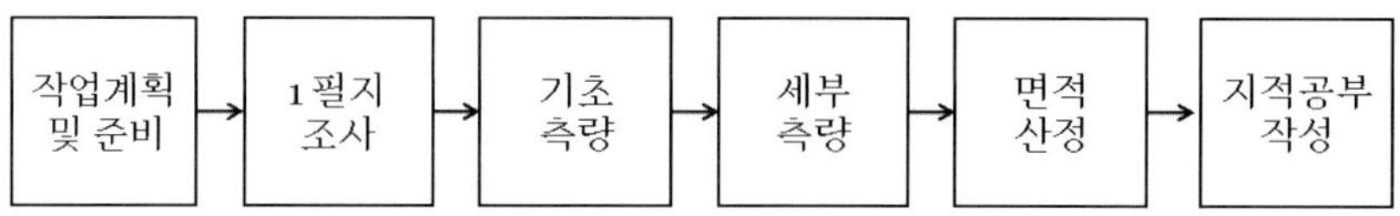

그림 11.1 지적측량의 순서

지적측량에서의 결과물이라고 할 수 있는 지적공부에 대해서 살펴보면, 지적공부(cadastral records)는 토지를 측량하여 구획된 단위토지인 일필지를 등록하여 비치하는 장부로 소유권 및 제반 법적 권리관계를 포함하고 토지정보를 유지관리하기 위한 공적인 장부를 말한다. 우리나라에서는 지적공부를 토지대장, 지적도, 임야대장, 임야도, 수치지적부와 토지기록 전산화에 따른 전산등록파일로 규정하고 있다.

지적공부 중 토지조사 당시의 도면에 대하여 설명하면 다음과 같다.

(1) 지적도

초기의 지적도는 세부측량원도를 점사법(點寫法) 또는 직접자사법(直接刺寫法)으로 작성했으며, 정식작업은 수기법에서 활판인쇄로 변경하여 지번, 지목도 번호기를 사용하여 작성했다. 또한 지적도와 일람도는 당초에 켄트지에 그린 그대로 소관청에 인계했으나 열람·이동정리 등 사용이 빈번하여 파손이 생기므로 1917년 이후에는 지적도와 열람도에 한지를 이첨했으며 이전에 작성된 것도 모두 추가로 한지를 이첨하여 사용했다. 지적도의 도곽은 남북으로 1척 1촌(33.33 cm), 동서는 1척 3촌 7분 5리(41.67 cm)로 했다.

(2) 임야도

임야도는 그 크기가 남북이 40 cm(1척 3촌 2리), 동서가 50 cm(1척 6촌 5리)이며, 등록사항은 임야경계와 토지소재, 지번, 지목이며, 지적도 시행지역은 담홍색으로 표시하여 구분했고, 하천은 청색, 임야 내 미등록 도로는 양홍색으로 표시했다.

(3) 간주지적도와 간주임야도

토지조사령에 의한 토지조사는 원칙적으로 임야(산림지대)를 제외한 우리나라 전체를 대상으로 실시했기 때문에, 지적도에 임야는 등록되지 못했다.

토지조사령에 의한 조사지역 밖의 임야에 대해서도 지목이 전, 답, 대 등 지적도에 등기해야 할 토지가 있는 경우 이를 신규측량한 후 지적도에 등록해야 하나, 이러한 토지는 토지조사 시행지역에서 약 200간 이상 떨어져 위치하고 있었기 때문에 기존의 지적도에는 등록할 수 없는 경우가 대부분이었다. 이러한 문제점으로 인해 새로운 증보도를 만들려면 많은 시간과 경비가 소요되고, 도면의 매수가 늘어남에 따라 취급이 어려워진다. 그러므로 산간벽지 또는 섬 지방에서는 임야대장규칙에 따라 이미 만들어져 있는 임야도를 지적도로 간주해 그 구역 안에 있는 전, 답, 대 등 이른바 과세지라고 해도 다시 지적도에 신규 등록한 것 없이 그 지목만을 수정해 임야도에 그냥 존치하였다. 이와 같이 지적도로 간주하는 임야도를 '간주지적도'라고 한다. 조선총독부가 1924년 임야도로 지적도에 간주한 지역을 고시하기 시작해 그 후 15차에 걸쳐 고시를 추가하였는데 우리나라의 산간벽지와 도시지방은 대부분 이 지역에 포함되었다. 간주임야도 시행지역은 전북 무주군 등의 5지역 68필지이다. 이와 함께 시행지역의 산림 중 임야 일필지가 너무 커서 임야도로 조제하기 어려운 국유임야 등에 대해서는 1/50,000 지형도를 간주임야도로 사용하기도 했다.

11.6 수치지적도 및 지적삼각측량

11.6.1 도곽선 및 도근전개

[1] 도곽선의 제도

도곽은 가로 40cm, 세로 30cm의 직사각형으로 되어 있다. 단, 기타원점의 도곽선의 수치는 그 원점을 기준으로 하여 도곽을 결정하게 되고, 도곽선의 수치는 도곽선의 왼쪽 아랫부분과 오른쪽 윗부분 바깥쪽에 2mm 크기의 아라비아 숫자로 제도하며 수치는 항상 정수가 되어야 한다.

도곽선은 인접 도면의 접합기준선이며, 측량원도와 준비도에서의 북방향선의 역할을 한다. 그리고 기준점 전개 시의 기준선이 되며 도곽선 신축량 측정의 기준선으로 면적 측정보정의 기초이다.

[2] 도근전개

기초측량의 성과를 지적도 또는 측량원도에 표시하는 작업을 도근전개라 한다.

기존의 측량지역은 축척에 의해 구획하고, 구획정리확정측량지역(1/1,000, 1/500)은 원점을 기준으로 구획한다. 측량원도의 도곽은 표 11.2와 같이 가로 40cm, 세로 30cm의 직사각형으로 하며 도곽선의 수치는 원점을 기준으로 한다.

표 11.2 도곽의 규격과 축척별 실거리

구분 / 축척별	도상거리		실제거리	
	종거[cm]	횡거[cm]	종거[m]	횡거[m]
1: 500	30.00	40.00	150	200
1: 1,000	〃	〃	300	400
1: 600	33.33	41.67	200	250
1: 1,200	〃	〃	400	500
1: 2,400	〃	〃	800	1,000
1: 3,000	〃	〃	1,000	1,250
1: 6,000	〃	〃	2,000	2,500

11.7 지적측량의 종류

11.7.1 세부측량의 정의

[1] 세부측량의 정의

세부측량이란 1필지마다 그 형상을 측정하여 지적공부에 정리(등록)하는 것을 목적으로 하는 측량을 말하며 일필지측량이라고도 한다. 지적세부측량은 일필지측량이라고도 하며, 지적삼각측량과 도근측량에서 얻어진 정확한 기초점을 근거로 행정구역경계와 일필지별 토지경계의 굴곡점을 결정해 지적도와 수치지적부에 등록하고자 하는 목적을 갖고 행하는 측량을 말한다. 측량방법은 방사법 또는 광선법, 도선법, 교회법, 지거법, 비례법과 수치지적 시행지역과 재조사지역에서는 경위의 측량방법과 항공사진측량방법으로 실시한다. 지적세부측량작업은 일필지조사, 일필지측량(측량결과도 정리, 필계점 자료정리), 경계점 좌표 및 면적계산, 검사 후 조서 및 토지대장 작성 등이 있다.

일필지의 경계는 지적측량에 있어서 가장 중요한 요소로 이를 설정하고 지적공부에 등록함으로써 경계에 대한 법적효력이 성립된다. 일반적인 경계의 형성방법은 점을 사용하게 되며 필지의 경계는 직선의 형태로 이루어진 울타리, 벽, 담, 도로, 하천 등의 가장자리를 따라 결정하는 것이 일반적이다. 일필지의 경계는 경계설정 기준으로 설정된 내용에 따라 국가가 지적측량이란 수단으로 결정 · 등록함으로써 확고하게 공시된다. 이와 같이 국가가 필지의 경계를 결정 · 등록하는 이유는 토지의 외형은 자연형상이나 인위적인 원인에 의해 변모가 가능하므로 경계를 가변적인 지표상황에만 의존하게 되면, 경계의 안전성을 보장할 수 없기 때문이다. 일필지의 경계를 지적공부에 등록하는 방법으로는 지표상에 설정된 경계를 정해진 축척에 따라 측량하고, 그 성과를 지적(임야)도에 선으로 등록하는 도해지적방법과 경계의 굴곡점을 평면직각좌표로 등록하는 수치지적방법이 사용된다.

우리나라에서는 토지조사측량으로 작성된 지적도에 의한 도해지적방법을 대부분의 지역에서 사용하고 있으며, 최근에 와서 일부 구획정리지구에 대해서는 수치지적방법을 도입하고 있으나 차츰 경지정리지역에 대하여도 수치지적방법을 채택하고 있다.

(1) 도해적방법 특성

도해법에서는 축척에 따르는 제도오차가 필연적으로 따르게 되는데 보통 도해적 오차는 0.3 mm 정도로 축척 1/500에서 지상 15 cm, 축척 1/1,000에서 지상 30 cm의 오차가 생길 수 있다.

(2) 수치적방법 특성

수치적 측량방법은 높은 정밀도를 요구하는 법지적 제도에 주로 사용되어 왔으나 최근에는 농촌지역보다는 시가지에서 토지경계를 명확하게 관리하고 복원이 용이하도록 하여 소유권 보호의 큰 목적으로 축척의 영향이 없는 비교적 높은 정확도를 갖고 있는 방법이다. 수치지적시스템은 수치가 있는 지적도 형식으로 그 내용은 좌표, 방위각, 경계굴곡점 표지 사이의 거리 등을 측량하고, 이 측량성과를 공부로 등록 관리하는 것이다. 수치지적측량은 토지경계점의 측량성과에 대한 제도오차나 축척오차의 영향이 전혀 없으며, 현지에서 축척 1: 1의 개념으로 측량되어 오랜 사용으로 인한 도면의 신축 등의 영향과 무관하므로 필요한 경우에는 언제든지 필요한 축척으로 도면화할 수 있다.

[2] 경계설정기준

지적도나 임야도 위에 지적측량에 의하여 지번단위로 등록한 선 또는 수치지적부에 등록된 좌표의 연결을 말한다. 경계를 새로이 정하기 위하여 토지의 구획이 되는 지형·지물 또는 지상구조물을 경계로 설정할 때에는 다음에 의한다.

① 연접되는 토지 사이에 고저가 없는 경우에는 그 지물 또는 구조물의 중앙
② 연접되는 토지 사이에 고저가 있는 경우에는 그 지물 또는 구조물의 하단부
③ 지가 해면 또는 수면에 접하는 경우에는 최대 만조위
④ 도로·구거 등의 토지에 절토된 부분이 있는 경우에는 그 경사면의 상단부
⑤ 공유수면 매립지의 토지 중 제방, 등 토지에 편입하여 등록하는 경우

[3] 경계의 일반원칙

경계일반원칙에 대하여 축척종대의 원칙, 경계불가분의 원칙, 민법상의 경계는 다음과 같다. 동일한 경계가 축척이 다른 도면에 각각 등록되어 있는 경우 축척이 큰 것에 따르는 축척종대의 원칙과 토지의 경계는 어느 한쪽의 필지에만 전

속하는 것이 아니고 인접토지에 공통으로 작용하기 때문에 이를 분리할 수 없다는 경계불가분의원칙이다.

민법상의 경계는 실제 토지 위에 설치된 담장이나 전·답 등의 구획된 둑 또는 주요 지형지물에 의하여 구획된 것을 말하는데 일반적으로 지표상의 경계를 의미한다.

[4] 측량계산의 단수처리

지적측량에 따른 방위각의 각 치·종횡선의 수치·거리의 계산·면적의 측정 시에는 5사 5입의 원칙을 적용한다. 5사 5입법은 일반적으로 사용하고 있는 4사 5입법의 결함인 단수오차의 누적을 적게 하기 위해서 사용되는 것으로 구하고자 하는 자릿수의 뒤 숫자가 5인 경우 구하고자 하는 자릿수가 짝수이면 단수를 버리고 홀수이면 올리는 방법이다.

11.7.2 지적확정측량

지적확정측량이라 함은 도시계획사업, 토지구획정리사업, 농지개량사업 및 기타 법령의 토지개발사업 등에 의하여 토지를 구획정리하고 환지를 하거나 공영개발방식에 의하여 토지를 개발하고 이를 정리하기 위하여 토지의 지번·지목·면적 및 경계 또는 좌표를 지적공부에 새로이 등록하는 이동측량을 말한다(지적법 시행령 제2조). 또한 사업규모가 크고 지적정리 상 필요하다고 인정되는 사업은 지적확정측량의 대상이 될 수 있다.

택지개발의 유형은 도시계획법에 의한 주택지조성사업, 도시개발사업, 형질변경사업, 토지구획정리사업법에 의한 토지구획정리사업, 택지개발촉진법에 의한 택지개발사업, 주택건설촉진법에 의한 대지조성사업, 산업기지개발촉진법에 의한 단지조성사업 등이 있다.

개발방식, 즉 토지획득방법은 다음과 같은 것들이 있다.

① **단순개발방식**: 지주가 자력으로 개발하는 것으로 토지의 형질변경, 토지의 원형·지표·지질·용도 등을 변경하는 것으로 규모는 약 10,000 m^2 미만이다.

② **환지방식**: 이 방식은 주로 토지구획정리사업에 적용한다. 과거에는 가장

보편화되었으나 개발이익의 사회적 환수가 제대로 이루어지지 않는 단점이 있다.

③ **매수방식**: 공영개발사업의 가장 보편화된 방식이다. 이 매수방식에 의한 사업지역은 10,000 m^2 이상의 주택지조성사업과 택지공영개발사업 등 면적이 대규모이다.

④ **혼합방식**: 매수방식 및 환지방식을 혼합한 방식으로 도시개발사업, 대지조성사업, 단지조성사업 등이 있다.

⑤ **합동·신탁개발방식**: 자금조달자와 시행자가 분리된 형태의 개발방식이다.

토지구획정리사업은 도시의 건전한 발전과 공공복리의 증진에 기여하기 위해 일정한 구역 안의 토지를 대상으로 도로 · 공원 · 상수도 · 학교 · 광장 등의 시설을 설치 변경하거나 토지의 구획과 형질을 질서 있게 정리 변경한 뒤에 종전의 권리관계를 그 내용의 변동 없이 새로운 획지에 이전시키는 사업으로 환지를 수반하는 사업이다.

토지구획정리사업은 도시계획과의 관계에 따라 도시계획사업인 구획정리사업과 도시계획정리사업이 아닌 구획정리사업으로 나눌 수 있다.

[1] 수치지적도

지적도는 7가지의 축척(1 : 500, 1 : 600, 1 : 1,000, 1 : 1,200, 1 : 2,400, 1 : 3,000, 1 : 6,000)이 사용되고 있으며, 1:600 지적도에는 경계선, 지번(본번 및 부번), 지목(전답, 과수원, 도로, 철도, 하천 등), 기초점, 도곽좌표, 행정구역 경계 등의 도형정보가 표시된다. 지적도는 토지경계 표시방법에 따라 도해지적과 수치지적으로 분류되는데, 도해지적(圖解地籍)은 토지경계점의 위치를 도화하여 표시하는 지적이며, 수치지적(數値地籍)은 수치로 표시하는 지적이다. 우리나라의 지적제도는 아직 도해지적을 기본으로 하고 있으나 최근에는 도시지역에 수치지적제도를 채택하고 있다.

서울시의 경우 수치지적 44%, 도해지적 56%이며 수치지적은 구획정거지구, 도해지적은 농경지와 임야지역이다. 도해지적은 토지조사사업이 실시된 1910년에 평판측량에 의해 작성된 도면을 대부분 그대로 사용하고 있으며, 훼손, 마모된 부분만 재조제하고 있는 실정이다. 종이에 도해된 지적도면은 관리에 있어서 열람이나 등사로 인한 마모, 복사 시 빛과 열에 의한 변형 그리고 습기에 의한 변형 등 많은 문제가 있다. 과거에는 훼손된 도면을 수작업에 의해 재조제하였는데 이 과정에서 오류는 피할 수 없었다. 1978년부터는 컴퓨터를 사용해 지적도를 재조제하고 있으나, 자동재조제도 많은 문제를 가지고 있다.

지적도의 좌표독취 시 개인오차 및 숙련도에 따른 측정값의 차이가 발생한 종이도면은 부위와 지질에 따라 신축정도가 균일하지 않으므로 좌표보정을 다르게 해주어야 하는데, 이를 일률적으로 보정함으로써 도곽접합 시 토지경계선이 정밀하게 접합되지 않는 경우가 있다. 그리고 도면이 심하게 훼손되어 좌표독취 시 식별이 곤란한 경우와 도곽간 불부합이 발생하기도 한다.

이러한 경계 불부합은 동일축척의 지적도 도곽간 발생하는 경우, 서로 다른

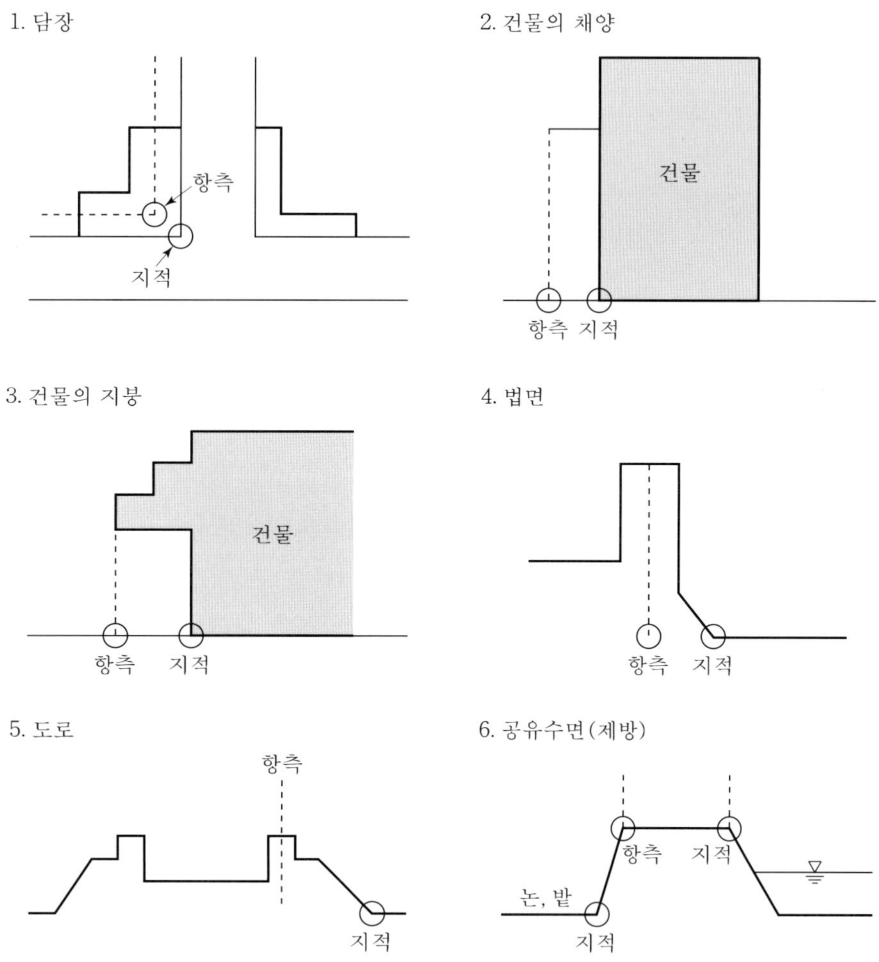

그림 11.2
항측과 지적의 경계개념 차이

축척의 지적도 도곽간 발생하는 경우, 법정동 경계에서 지적도 도곽을 접합할 때 발생하는 경우 등이 있으며, 중복되는 경우, 이격되는 경우, 서로 어긋나는 경우, 부분적으로 지적도가 현황과는 전혀 맞지 않는 경우 등으로 나누어 볼 수 있다. 이러한 지적도 자체 부정확의 문제는 결국 항측과의 불부합을 발생시킬 수밖에 없다. 항측과 지적이 서로 맞지 않는 또 다른 원인은 토지의 경계를 벗어나 무단으로 건물이나 담장을 축조하여 도로나 국공유지를 점용하는 경우가 많이 있기 때문이다.

지적도의 필지경계는 1910년 토지조사사업 당시 처음 만들어진 것으로 이후 토지이동에 따른 많은 경계변동이 있었으며, 급격한 도시화 과정에서 시가지 주위의 농경지가 택지로 개발되면서 건축물경계가 필지경계와 맞지 않는 경우가 많이 발생하였다. 우리나라 건물의 내구연한을 평균 20~30년으로 보면, 1910년 이후 적어도 3~4회의 건물 신축 또는 증축이 발생하였다고 볼 수 있으며, 그때마다 정확한 토지경계를 지키지 않고 건축행위가 일어남으로써 항측에서 실제 건물을 도화한 것과 지적도의 필지경계선이 일치하지 않은 경우가 많다.

1985년 이후에는 건축법상의 규제로 공공용지 점용 시 준공이 되지 않기 때문에 공공용지 무단점용은 많이 줄었으나, 그 이전에 건축된 건물은 15~20% 가량이 도로, 하천, 구거 등을 무단점용하고 있는 것으로 밝혀지고 있다. 지적법과 항공사진측량 법상에 규정된 경계에 대한 설정기준이 다른 점도 지적 불부합의 한 가지 원인이 되고 있다.

지적법의 경계설정기준은 인접되는 토지 사이에 고저가 없는 경우에는 그 지물 또는 구조물의 중앙, 연접되는 토지 사이에 고저가 있는 경우에는 그 지물 또는 구조물의 하단부, 토지가 해면 또는 수면에 접하는 경우에는 최대만조위 또는 최대만수위가 되는 선, 도로구거 등의 토지에 절토된 부분이 있는 경우 그 경사면의 상단부, 공유수면 매립지의 토지 중 제방 등을 토지에 편입하여 등록하는 경우에는 바깥쪽 어깨부분이다. 항공사진측량 법상 경계는 법규로 제정되지 않았으나, 도식규정과 수치지도작성 및 작업규칙에 규정된 건물, 담장, 법면, 도로 등에서 항측지형의 경계개념은 그림 11.2와 같이 지적경계와는 차이를 보이고 있다.

11.7.3 다목적 지적

[1] 다목적 지적의 정의

다목적 지적은 토지관련 정보의 계속적인 종합기록을 제공하고, 이 정보는 필지 단위로 나타내는 방법에 의하여 설계되어 지속적이며 쉽게 정보를 얻을 수 있게 한다. 공공 목적상 토지 관련정보를 제공하여 주는 행정적인 종합토지정보시스템이라고 할 수 있다.

유네스코 회의보고서에 의하면 "다목적 지적은 지리학적 위치측정의 기초이며 토지와 관련된 기술적, 법률적, 재정적 및 경제적 정보의 기본이 된다"라고 정의하고 있다.

[2] 다목적 지적의 특징 및 요소

다목적 지적은 토지보유 및 토지가격정보만이 아니라 다양한 필지관계정보를 기록, 보관, 제공하기 위하여 고안된 것이고, 이것은 많은 분야로부터 정보와 자료를 받을 뿐만 아니라 많은 사용자에게 여러 가지 목적으로 관련 용역과 성과물을 제공한다.

다목적 지적의 3대 기본요소는 기준망, 기본도, 지적도 등이다.

11.8 평판측량의 개요

평판(plane table), 앨리데이드(alidade) 등을 이용하여 현지에서 도해적 방법(graphical method)에 의하여 지형 및 지물 등을 직접 도면화하는 수평위치결정 방법 측량이다. 정밀도가 가장 낮은 측량이지만 현지에서 직접 작성하므로 「ground true surveying」이라고도 한다. 대축척 지도제작, 소단위 면적의 지형도 제작, 지적측량, 건설공사측량에 이용된다.

지적측량에서는 측판측량이라 하며, 과거 도해적 방법으로 작성된 거리역의 경계복원에는 평판측량 방법을 사용한다. 평판측량의 장점과 단점은 표 6.1과 같다.

평판측량 기구에는 평판(plane table), 삼각대(tripod), 추(plumbing bob), 컴퍼스(compass), 앨리데이드(alidade) 등이 있다.

전시준판에 새겨져 있는 한 눈금의 크기는 양시준판 간격의 1/100로 나누어져 있으며, 전시준판에 있는 시준사의 크기는 0.2~0.5 mm이고, 후시준판에 있는 시준공의 크기는 0.5~0.8 mm, 상시준공(35), 중시준공(20), 하시준공(0)이 있다. 그리고 양시준판의 간격은 22~27 cm이다. 구심기는 지상의 측점을 통한 연직선 상에 평판 상의 대응점을 일치시키기 위하여 사용하는 기구이다. 조사로 정준한 평판 상에 일점을 찍고 구심기의 선단을 항상 그 점에 일치되도록 하여 회전시켰을 때 추실의 선단이 항상 지상일정점을 유지하면 바르다. 다른 방법으로 삼각정규의 직각을 낀 두 변을 사용하여 검사할 수 있다. 또한 도지는 습기, 온도에 따른 신축이 1/1,000 이하여야 하며, 측점은 도상점에 세운 침을 측침이라 하고 선단에 의해 도상에 구멍이 생기는데, 그 공경은 일정하게 유지할 수가 있다. 그러나 보통 침을 단독으로 사용할 경우는 작업 시 넘어뜨리지 않도록 세심한 주의가 필요하며 침이 움직이면 공경은 크게 된다.

표 11.3 평판의 장·단점

장 점	단 점
① 현장에서 직접측량 성과를 도면화하기 때문에 필요한 사항들을 빠뜨리는 일이 적음 ② 측량의 과실을 쉽게 발견할 수 있음 ③ 측량방법이 간단하고 내업이 적어 측량이 신속함	① 외업이 많아 날씨의 영향을 많이 받음 ② 도지 신축으로 인한 오차 발생 ③ 높은 정확도를 기대하기 어려움

| 예제 11-2 |

평판측량에 필요한 기구를 열거하시오.

풀이 평판, 삼각대, 앨리데이드, 구심기, 추, 컴퍼스, 도지, 측침

11.9 평판의 설치

평판을 정치하는 데는 다음 세 조건을 만족하여야 한다.

① 수평맞추기: 평판을 수평으로 한다.

② 중심맞추기: 평판 상의 점과 지상의 측점을 동일 연직선상에 있도록 한다.

③ 방향맞추기: 평판을 일정한 방향으로 고정한다.

[1] 수평맞추기(정준: leveling)

평판을 수평으로 고정시키는 데는 삼각대 상부에 평판을 놓고 삼각대를 펴서 지면에 박아 측판이 지면에서 적당한 높이가 되게 해서 대략 수평이 되도록 한다. 다음에 양 삼각대 끝을 연결하는 방향에 평행하게 앨리데이드의 수준기를 판상에 놓고 정준조절나사 또는 전면의 삼각대를 좌우로 이동하여 기포가 중앙에 오도록 하고 다음에 수준기를 90° 돌려 기포가 중앙에 오도록 한다. 이것을 여러 번 반복하면 수평이 이루어진다.

[2] 중심맞추기(구심: centering)

도면상의 점이 그 연직선상에 있도록 하는 데는 수평맞추기에 의해 평판을 수평으로 한 후 구심기의 상단을 놓고 하단의 위치를 본다. 이것이 떨어져 있을 때는 중심이동기에 의하여 상단을 움직이지 않고 연직선상에 있도록 한다. 그러나 실제로 어느 정도 정확히 이 조건을 만족해야 하는가는 지도의 축척에 따라 다르다. 예를 들면 1/10,000의 축척에서는 1m 정도 지상의 측점으로부터 떨어져 있어도 정확도에 영향은 없다. 그러므로 평판의 중앙이 대략 지상의 측점 상에 있다면 충분하나 대축척일수록 정확도를 주의해야 한다. 다음의 표는 지도상의 오차를 0.2mm로 하였을 때 구심의 조건에 허용되는 편심거리를 표시하였다.

표 11.4 평판측량의 허용오차

축척	허용범위[cm]
1/100	1
1/500	5
1/1,000	10

[3] 방향맞추기(표정)

평판을 일정방향으로 고정하는 것을 평판의 방향맞추기(plane-orientation or derecting)라 한다. 정치의 조건 중 오차에 제일 큰 영향을 주므로 주의한다. 방법에는 도면상 기지측선의 끝점에서의 방향맞추기, 도면상 기지측선의 중간점에서의 방향맞추기 및 자침에 의한 방향맞추기의 세 가지가 있다.

11.10 평판측량의 방법

평판측량 방법에는 방사법, 전진법, 교회법이 있다.

11.10.1 방사법(radiation method)

한 측점에서 평판을 세워 점 주위의 목표점의 방향과 거리를 측정하는 방법이며, 시준장애물이 없는 소지역일 때 사용하고 평판 설치작업이 간단하다.

11.10.2 전진법(progression method)

모든 측점에 평판을 설치하는 것이 가능해야 하고 정확한 표정이 필요하므로 시간이 소요된다. 그리고 실측 도중에 정확도를 검사할 수 있고 많은 점의 시준이 안 될 때, 지형이 길고 좁은 지역에 적당하다. 또한 지형의 중앙에 장애물이 있어 측점 간의 투시가 불편한 경우에 사용한다.

| 예제 11-3 |

전진법에 의하여 6각형의 토지를 측정하였다. 측점 A를 출발하여 B, C, D, E, F, A로 돌아와 폐합오차가 30 cm일 때 측점 D의 오차분배량을 구하시오. (단, $AB = 60\text{ m}$, $BC = 40\text{ m}$, $CD = 30\text{ m}$, $DE = 50\text{ m}$, $EF = 20\text{ m}$, $FA = 50\text{ m}$)

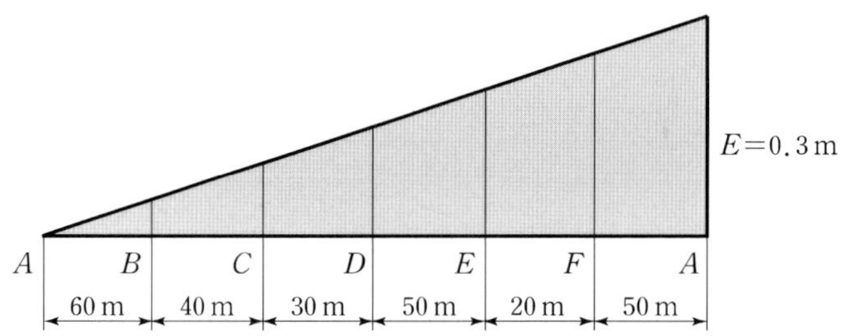

그림 11.3

풀이 각점의수정오차 $= \dfrac{\text{시점에서 수정할 점까지의 추가거리}}{\text{측선거리의 합계}} \times$ 폐합오차

$$= \frac{60+40+30}{250} \times 0.3 = 0.16\ \text{m}$$

전진법에서 단전진법은 자침을 이용하여 평판을 한 측점씩 건너뛰어서 표정하는 방법이며, 복전진법은 방향선에 따라 표정하는 방법이다.

방사절측법(method of radio-traversing)은 방사법과 절측법의 혼합형이고 도면상으로는 혼잡해 세부측량에는 부적합하다.

11.10.3 교회법

넓은 지역에서 세부 도근측량이나 소축척의 세부측량에 편리하다. 대축척에는 오차가 크기 때문에 사용되지 않는다.

교회법은 직접거리측량을 하기 어려운 경우 사용되며 많은 방향선이 존재해서 도면이 혼잡하고, 거리측정을 생략, 평판설치횟수를 감소시켜 정확도를 향상하고 측량을 간편화할 수 있는 특징이 있다.

[1] 전방교회법(method of intersection)

전방교회법은 기지점에서 미지점의 위치를 다음과 같이 결정하는 방법을 말한다.

그림 11.4
전방교회법

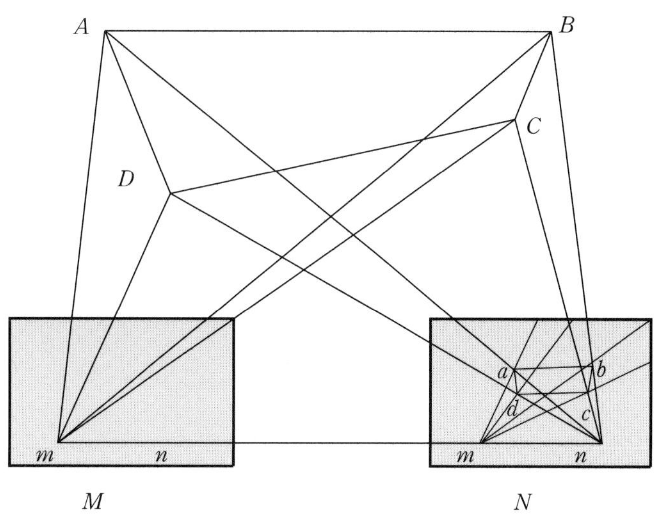

그림 11.4와 같이 $ABCD$를 측량해야 할 구역이라고 하면, 내부 또는 외부의 적당한 장소에서 지상에 양 점 M, N을 설치하고, 거리 M, N을 관측하여 도지상 적당한 위치에 소정의 축척으로 지상의 M, N을 나타내는 m, n을 긋는다. 그리고 다음에 M의 연직선상에 m을 둠으로써 평판을 표정한다. 그런 후 A, B, C 등의 점을 시준하여 ma, mb를 긋고, N의 연직선상에 n이 일치하도록 평판을 세워 표정한 다음 A, B, C 점을 시준한다. 그 후 새로운 방향선 na, nb 등을 그려 각 점에 대한 양시준선의 교점 a,b 등을 차례로 연결하여 지상의 $ABCD$를 도지상에 표시한다. 방향선의 교각은 30°~150° 범위를 벗어나지 않도록 하며 60~90°일 때 가장 정도가 높다.

[2] 측방교회법(method of side intersection)

그림 11.5와 같이 점 A, B의 평판 상의 위치 a, b가 기지인 경우에 A와 C에 평판을 세워 관측함으로써 C의 도상위치 c를 결정하는 방법을 측방교회법이라 한다. 이 방법은 한 기지점의 B에 평판을 고정할 수 없는 경우에 적합하며, 측방교선법에 의해 c의 대응점을 도상에서 구하려면, A에 평판을 세워 a가 A의 연직선상에 있도록 평판을 표정하고, a에 측침을 꽂고 앨리데이드로 C를 시준하여 무한직선 ac를 긋는다. 평판을 C로 옮겨 ca 직선에 평판을 표정한 후 b에 측침을 꽂고 앨리데이드로 C를 시준한다. 또 직선 bc를 그려 ac와 bc의 교점 C를 구하여 C의 대응점으로 한다. 단점은 대축척일 때는 구심의 불완전으로 인한 오차가 크다는 점이다.

그림 11.5
측방교회법

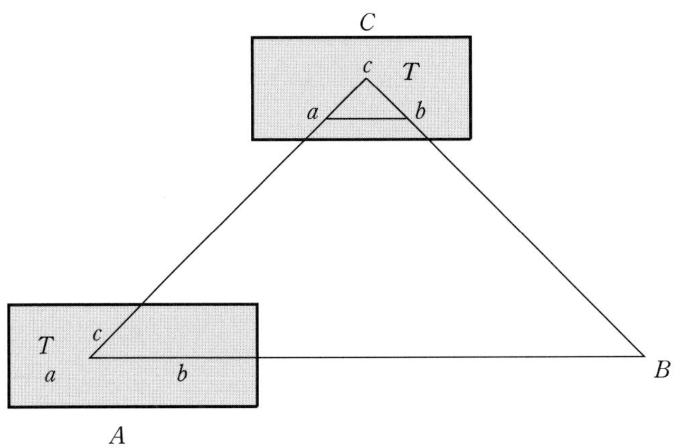

[3] 후방교회법(method of resection)

도면에 도시되어 있지 않은 미지점에 평판을 세우고 알고 있는 점을 시준하여 현재 평판이 세워져 있는 평판의 위치를 구하는 방법을 후방교회법이라 한다. 후방교회법인 경우 삼점 문제에서 생기는 시오삼각형 소거방법에는 레만(Lehmann)법, 베셀(Bessel)법, 투사지(tracing paper)법이 있다. 보통 3개의 기지점을 이용하는데, 각 관측의 오차로 인해 이들 세 방향선이 한 점에서 만나지 않고 하나의 삼각형을 이루는데, 이를 시오삼각형이라 한다.

| 예제 11-4 |

항구에 접근하는 선박이 후방교회법으로 자신의 현 위치를 찾는 방법을 설명하시오.

풀이 해도 상에서 송전탑과 교회, 그리고 교회와 방송탑을 후방교회시켜 만나는 점이 바다 위의 선박의 위치이다.

11.11 평판측량 오차

평판측량의 오차는 기계오차, 정치오차, 측량오차의 세 가지로 나눌 수 있다.

11.11.1 앨리데이드의 외심오차

보통 앨리데이드 가장자리와 시준선의 간격은 약 25~30 mm이며, 여기서 생기는 오차를 앨리데이드의 외심오차라 한다. 이것에 의하여 생기는 도상오차 e_1은 도면의 축척을 $1/M$이라 하면 다음과 같다.

$$e_1 = \frac{e}{M}[\text{mm}] \text{ 에서}$$

$$e_1 = \frac{25}{M}[\text{mm}], \qquad e_1 = \frac{30}{M}[\text{mm}]$$

그림 11.6
앨리데이드의 외심오차

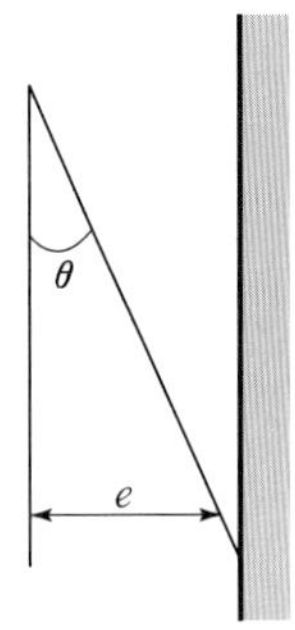

| 예제 11-5 |

외심오차가 30 mm인 앨리데이드를 사용해 축척 1/600의 측량을 실시하고자 한다. 이때 측점 A에서 40 m 떨어진 곳에 있는 측점 B를 시준하여 방향선을 그을 때 외심오차로 생기는 도상의 위치오차를 구하시오.

풀이

$$e_1 = \frac{e}{M}[\mathrm{mm}] = \frac{30}{600} = 0.05\,\mathrm{mm}$$

11.11.2 앨리데이드의 시준오차

앨리데이드의 시준공의 크기, 시준사의 굵기에 따라 생기는 오차이다. 이것에 의하여 생기는 도상오차 e_2는 다음과 같다.

$$e_2 = \frac{\sqrt{d^2+f^2}}{2c} \cdot l\ [\mathrm{mm}]$$

여기서, d: 시준공의 지름
f: 시준사의 지름
c: 전시준판과 후시준판의 간격
l: 도면상에서 시준선의 길이

| 예제 11-6 |

시준공의 지름 0.6 mm, 시준사가 0.4 mm, 양 시준판의 거리 22 cm의 앨리데이드를 사용할 경우, 방향선의 길이가 20 cm라면 도상에 얼마만큼의 변이가 생기는지 계산하시오.

풀이

$$e_2 = \frac{\sqrt{d^2+f^2}}{2c} \cdot l \text{ [mm]} = \frac{\sqrt{0.6^2+0.4^2}}{2\times 220} \cdot 200 = 0.33 \text{ mm}$$

11.11.3 자침오차

자침의 바늘이 정확히 일치하지 않는 데서 생기는 오차로 도상오차를 e_3라면 다음과 같이 표시된다.

$$e_3 = \frac{0.2}{K} l$$

여기서, $2K$: 자침의 전길이, l: 방향선의 길이

그림 11.7
자침

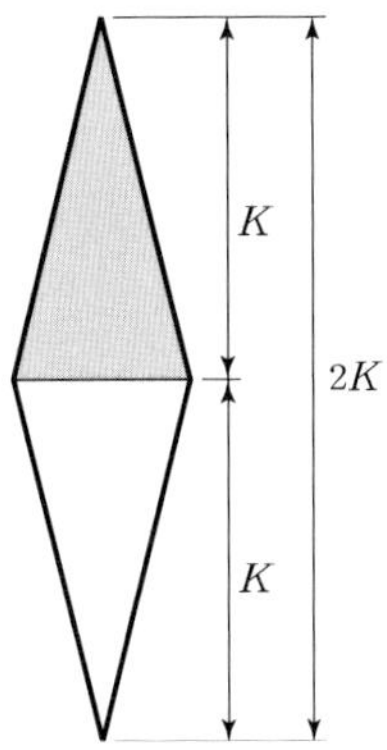

| 예제 11-7 |

자침의 길이가 7 cm인 평판용 자침판을 사용하여 평판을 표정할 때 ±0.2 mm의 표정오차가 생겼다고 하면 평판상에 옮긴 방향선의 오차가 최대 0.2 mm되게 할 때 도상의 방향선의 제한길이를 구하시오.

풀이

$$e_3 = \frac{0.2}{K} l, \quad l = \frac{e_3 \cdot K}{0.2} = \frac{0.2\times 3.5}{0.2} = 3.5 \text{ cm}$$

여기서, K: 자침의 중심에서 첨단까지의 길이

(주의) 자침의 중심에서 첨단까지의 길이인 경우는 정답이 7 cm가 된다.

11.11.4 평판의 경사에 의한 오차

평판이 수평이 아닌 경우에 방향 및 고저차에 의하여 오차가 생긴다. 시준선에 대한 평판의 경사를 $n/100$, 시준선의 길이를 l, 기포관의 곡률반지름을 r, 기포의 변위량을 a라 하면 경사에 의해 생기는 오차 e_4는 다음과 같다.

$$e_4 = \frac{2a}{r}\frac{n}{100}l\ [\text{mm}]$$

따라서 e가 0.2mm까지 허용되면 평판의 경사는 1/100까지 지장이 없다.

| 예제 11-8 |

기포관의 곡률반지름 2 m, 기포의 이동량이 7 mm, 시준선의 경사분획이 10일 때 방향선의 길이 20 cm인 도상의 편심은 얼마인지 구하시오.

풀이

$$e_4 = \frac{2a}{r}\frac{n}{100}l\ [\text{mm}] = \frac{2\times 7}{2000}\cdot\frac{10}{100}\cdot 200 = 0.14\ \text{mm}$$

11.11.5 평판의 구심오차

평판설치 시 지상점과 도상점이 동일 연직선상에 일치하지 않을 때 생기는 오차를 구심오차(centering)라고 한다.

도면의 축척을 $1/M$이라 하면 구심오차 e_5는

$$e_5 = \frac{2e}{M}\ [\text{mm}]$$

| 예제 11-9 |

평판측량에서 축척 1/1,200의 도면을 작성할 때 도상의 점 위치의 허용오차를 0.2 mm라 하면 측점의 구심오차는 어느 정도 허용되는지 계산하시오.

풀이

$$e_5 = \frac{2e}{M}\ [\text{mm}] = \frac{0.2\times 1200}{2} = 120\ \text{mm}$$

11.11.6 측량오차

[1] 방사법

시준오차와 거리측정오차 및 축척에 의한 오차를 종합한 것이다. 시준오차(m_1), 거리오차 및 축척오차(m_2)는 각각 독립적이다. 시준오차의 거리측정오차 및 축척에 의한 오차를 종합한 것으로 한 방향선에 대하여 시점, 종점의 양선단의 오차를 0.2 mm로 하면 다음과 같다.

$$M = \pm\sqrt{m_1^2 + m_2^2} = \pm\sqrt{0.2^2 + 0.2^2} = \pm 0.3\ \text{mm}$$

| 예제 11-10 |

평판측량의 방사법 관측 중 시준오차가 0.3 mm, 읽기오차가 0.5 mm였을 때, 방사법의 측정오차는 얼마인지 계산하시오.

풀이 $M = \pm\sqrt{m_1^2 + m_2^2} = \pm\sqrt{0.3^2 + 0.5^2} = \pm 0.58\ \text{mm}$

[2] 전진법

이 오차는 시준과 거리의 오차를 종합한 것과 측선수 n의 제곱근의 곱으로 표시한다.

한 방향선에 대하여 0.3 mm로 하면 측선 n 개의 허용오차는 다음과 같다.

$$M = \pm\sqrt{n(m_1^2 + m_2^2)} = \pm\sqrt{n(0.3^2 + 0.3^2)} = \pm 0.3\sqrt{n}\ \text{mm}$$

| 예제 11-11 |

평판측량에서 전진법에 의하여 측점 16개의 폐합 트래버스를 측정할 때 폐합차는 얼마까지 허용되는지 계산하시오.

풀이 $M = \pm 0.3\sqrt{n}\ [\text{mm}]\quad \pm 0.3\sqrt{16} = \pm 1.2\ \text{mm}$

[3] 교회법

교선법에서 2방향선의 교각을 θ, 방향선의 변위를 0.2 mm라 하면 교선점의 위치오차는 $M=\pm\sqrt{2}\dfrac{\alpha}{\sin\theta}$, 여기서 α를 도상허용오차 0.2로 주면 $M=\pm\sqrt{2}\dfrac{0.2}{\sin\theta}$이다.

| 예제 11-12 |

평판교회법 측량에서 도상교회점의 위치오차가 ±0.327 mm였다면 교회각의 크기가 얼마인지 구하시오.

풀이

$$M=\pm\sqrt{2}\frac{0.2}{\sin\theta}, \quad \theta=\sin^{-1}\left(\pm\frac{0.2\times\sqrt{2}}{M}\right)=60°$$

11.11.7 평판측량의 정도

평판측량은 구조가 간단하고 취급이 편리하여 세부측량에 많이 이용되나 조정이 어렵고 오차가 커서 높은 정도의 요구는 곤란하다.

허용정도는 표 11.5와 같은 범위로 하고 있다.

표 11.5 평판측량의 허용범위

평탄지(시가지)	1/1,000 이하
완경사지(평지)	1/600~1/800
복잡한지형(산지)	1/300~1/500

연습문제

11-1 지적측량의 정의에 대하여 기술하시오.

11-2 지적법에서 정하는 지적측량을 해야 할 대상에 대하여 기술하시오.

11-3 지적측량의 순서에 대하여 약술하시오.

11-4 지적측량과 일반측량을 비교・설명하시오.

11-5 지목 28가지를 기술하시오.

11-6 경계설정기준에 대해 설명하시오.

11-7 지적측량의 종류를 나열하고 이에 관해 간단히 설명하시오.

11-8 평판결합 트래버스로 기지점 1에서 A, B, C, D 점을 거쳐 기지점 2에 결합시킨 결과 1/1,000 도상에서 2 mm의 오차가 있었다. 각 측선의 길이는 $1A = 80$ m, $AB = 60$ m, $BC = 70$ m, $CD = 90$ m, $D_2 = 100$ m였다. 측량지역이 시가지일 경우 각 점의 조정오차와 재측의 여부를 판별하시오.

11-9 평판을 이용한 전진법으로 6각형의 토지를 축척 1 : 1,000으로 측정하였다. 이 때 폐합오차가 15 cm이었다면 측점 E점의 오차 보정량은 얼마인가? (단, AB = 40 m, BC = 60 m, CD = 20 m, DE = 30 m, EF = 50 m, FA = 50 m이다.)

11-10 평판측량의 정확도에 가장 큰 영향을 미치는 작업은 무엇인가?

11-11 교회법에서 교회각이 30°, 60°, 90°인 경우 방향선 제도의 변위를 도상 0.2 mm로 하면 이로 인한 교회점의 오차를 계산하고 가장 작은 것은 어느 경우인지 설명하시오.

11-12 방향선 길이 10 cm, 중공사용 기포관 곡률반지름 1 mm, 도상허용오차를 0.2 mm로 하면 평판경사의 제한은 몇 도 이내라야 하는지 구하시오.

11-13 평판측량의 특징에 대해 서술하시오.

11-14 다음 중 평판 측량기구가 아닌 것을 고르시오.

① 삼각대 ② 앨리데이드 ③ 구심기

④ 측침 ⑤ 플래니미터

CHAPTER 12

전자파 거리측량

근래 가장 많이 사용하고 있는 측량장비 및 방법은 전자파 거리측량이다. 그리고 앞으로도 위성측량과 함께 매우 유용하게 지형의 3차원 위치를 결정하는 데 사용될 것이다. 이 장에서는 전자파 거리측량의 원리, 측량방법, 삼변측량의 원리, 사변망 조정원리, 오차처리 등에 대하여 다룬다.

12.1 전자파 거리측량

12.1.1 개요

전자파에 의한 거리관측은 속도가 알려진 전자파 에너지가 두 점 사이를 진행한 시간을 측정하여 거리를 계산하는 방법을 사용한다. 이때 시간의 측정은 전자파의 파장을 이용하는 간접적인 방법을 사용한다. 다시 말하면, 파장이 알려진 전자파가 두 점 사이를 진행할 때 몇 개의 파장이 소요되었는가를 정확히 측정하여 전자파의 파장 길이로 곱하면 두 점 간의 거리를 알 수 있다.

전자파 거리측정기는 원래 빛의 속도를 결정하기 위하여 사용된 기술로부터 시작된다. 1849년 프랑스 물리학자 피조(Fizeau)는 톱니바퀴 변조기를 사용하여 17.26km의 직선 위에서 빛의 속도를 측정하는 데 성공하였다. 피조는 720개의 톱니를 가진 바퀴가 고속으로 회전할 때 바퀴의 톱니 사이를 통과한 빛이 8.63 km 떨어진 반대편에 세워진 거울에 반사되어 되돌아와 그의 첫 번째 톱니에서 차단될 때, 바퀴의 회전각속도가 12.6회전/초가 됨을 알았다. 이것은 바로 빛이 18,144(12.6×2×744)분의 1초 동안에 17.26 km(8.63 km의 왕복거리)의 거리를 통과한 것을 의미한다. 이와 같은 피조의 실험은 처음으로 고주파로 변조된 빛에 의하여 거리를 측정하는 원리를 제공하였으며 이 개념은 현대적인 EDM (electronic distance measurement)의 원리에도 사용되고 있다.

역사적으로 최초의 전자파 거리측정기는 1948년 스웨덴의 물리학자 에릭 베르크스트랜드(Erik Bergstrand)가 개발한 지오디미터(geodimeter; geodetic distance meter)라 할 수 있으나 이 장치는 원래 거리관측을 목적으로 한 것이 아니라 빛의 속도를 결정하기 위하여 고안된 실험적 장치였으며, 그 후 스웨덴의 AGA社에 의하여 세계 최초의 상업용 전자파 거리측정기인 지오디미터 NASM-2의 출현을 가져오는 계기가 되었다. 광파를 사용한 초기의 지오디미터는 매우 짧은 거리에서만 관측이 가능하였으나(야간에는 약 40 km까지 가능), 그 후 연속 전류수신방식인 헤테로다인(heterodyne)의 이론이 적용됨으로 위상차 측정에 의한 장거리의 정밀관측이 가능하게 되었다. 위상차 측정방법은 광파에서뿐만 아니라 라디오파까지 이용되기 시작하였으며 마이크로파를 이용한 텔루로미터(tellurometer)가 개발되기도 하였다.

텔루로미터는 1957년 남아프리카의 워들리(Wadley)에 의하여 처음으로 고안되었다. 이 장비는 주・야간 관계없이 80 km 이상의 거리관측이 가능하였으며 개발된 직후에는 오스트레일리아의 1등 측지망 구성(장거리 트래버스망)에 사용되기도 하였다. 이 장비는 1960년대 헬륨 네온 레이저를 이용한 전자파 거리측정기가 개발되기 전까지 장거리의 거리관측에 가장 많이 사용되었다. 1960년대 중반에 이르러 적외선을 이용한 단거리용 전자파 거리측정기가 개발되었으며, 근래에는 적외선과 레이저를 이용한 단・중거리용 전자파 거리측정기가 많이 개발되었다. 전자파 거리측정기는 서로 시통만 가능하면, 거리에 관계없이 보통의 줄자로는 관측이 불가능한 어떠한 지형이라도 쉽게 관측이 가능하다.

초기의 EDM(광파거리측량기)은 개발된 직후부터 현장 측량에서 매우 중요하게 사용되고 있었으나 가격이 비싸며 부피가 크고 무게가 무거워 불편함이 있었다. 더욱이 관측시간이 길고 또 관측된 결과는 직접 거리로 읽을 수 있는 것이 아니고 수학적인 계산 절차에 의하여 거리로 환산해야 하는 불편함이 있었다. 그러나 지금은 초기의 불편함과 단점들이 모두 제거되어 빠르고 쉽게 정밀한 관측이 가능하다.

현재 EDM의 특징은 전자 세오돌라이트와 마이크로컴퓨터의 조합으로 각과 거리가 동시에 관측되고 내장된 마이크로프로세서에 의하여 수평 거리, 연직거리 등 필요한 사항들이 실시간 동안 계산되며 관측된 모든 데이터는 자동적으로 기록되어 야장이 필요 없으며 주컴퓨터 등 다른 장치와 연결되어 후속 작업을 할 수도 있다. EDM과 각측량기 일체로 된 것을 토털 스테이션(total station)이라 한다.

12.1.2 EDM 관측의 원리

EDM의 기본원리는 "거리는 속도에 시간을 곱한 것과 같다"는 것으로부터 시작된다. 따라서 전자파의 속도와 전자파가 두 점 간을 진행한 시간을 안다면 두 점 간의 거리를 알 수 있다. 이 원리를 좀 더 자세히 알기 위하여 전자파의 물리적 성질에 대하여 살펴보기로 한다.

전자파의 전파속도와 파장과의 관계는 다음 식으로 표시된다.

$$\lambda = \frac{V}{f}$$

여기서, λ : 전자파의 파장, V : 전자파의 전파속도
f : 전자파의 주파수

전자파의 속도는 진공 속에서는 299,792,458 m/s이며 진공 속에서는 빛의 속도와 같다. 그러나 대기 중에서는 진공 속에서 보다 약간 작으며 다음 식으로 구한다. 즉,

$$V = \frac{V_0}{n}$$

여기서, V_0 : 진공 속에서의 전자파의 속도
n : 전자파의 굴절계수(index of refraction)(보통 1.0001~1.0005)

굴절계수는 대기온도와 기압에 의하여 달라진다. 주파수는 전자파가 단위시간 동안에 회전한 수를 말하며 보통 헤르츠 [Hz]로 표시한다. 따라서 1헤르츠는 전자파가 1초 동안에 1회전한 것을 뜻한다. 한편, 전자파의 파장 λ는 전자파가 진행한 거리를 나타내는 것으로 1파장의 길이는 전자파가 1회전을 완전히 진행한 거리를 말한다.

위상각 φ에 있는 한 점 A에서 송신된 신호는 다음과 같다.

$$v_A = V_A \sin(\omega t) = V_A \sin\phi$$
$$(\phi = \omega t, \quad \omega = 2\pi f)$$

여기서, V_A : 최대 볼트, ω : 각속도(또는 각주파수)
f : 전자파 신호의 주파수, t : 시간
ϕ : 위상각

따라서 위상이 $\Delta\phi$만큼 변화된 B점에서의 신호의 크기는

$$v_B = V_B \sin(\phi + \Delta\phi)$$

또는

$$v_B = V_B \sin\omega(t + \Delta t)$$

여기서, $\Delta t = \dfrac{m2\pi}{\omega} = \dfrac{m}{f} = mT, \qquad \Delta\phi = m2\pi$

그림 12.1
광파 거리측량의 원리

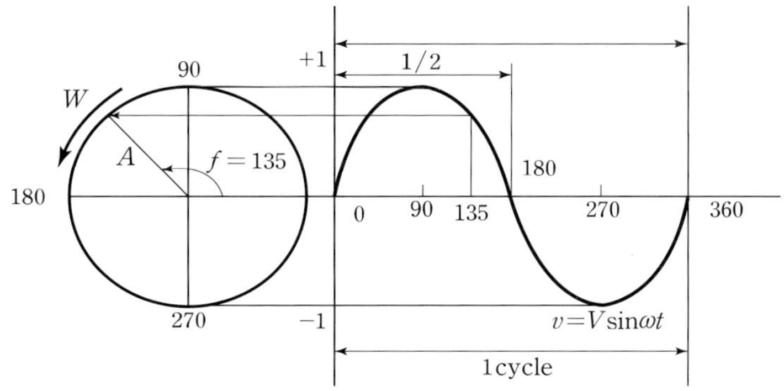

그림 12.2
위상이 다른 2개의
사인곡선

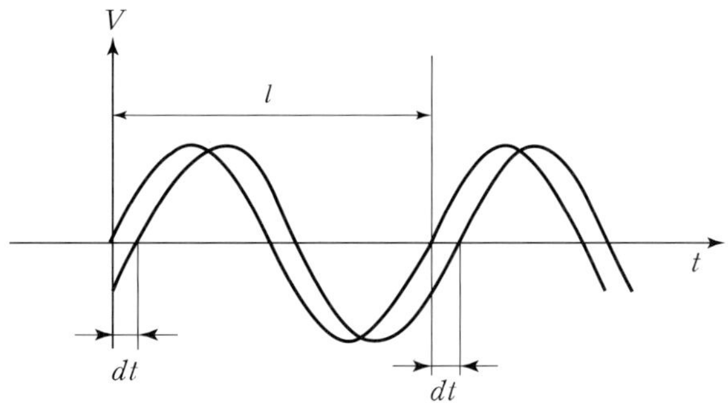

$$T = \frac{1}{f}$$

여기서, m : 임의의 정수 1, 2, 3, T: 주기

위상변화는 다음과 같이 시간 변화의 수로 나타낼 수 있다.

$$\Delta\phi = \Delta t \cdot \omega, \qquad \therefore \Delta t = \frac{\Delta\phi}{\omega}$$

정밀한 거리관측을 위해서는 매우 높은 정밀도의 시간측정이 필요한데 사실상 어렵다. 따라서 두 점 간을 왕복한 시간과 전자파의 전파속도를 이용하여 거리를 계산하는 방법 대신에 두 점 간을 왕복한 전자파의 파장수와 그 전자파의 파장의 길이를 이용하여 두 점 간의 거리를 계산하는 방법을 사용한다.

A 점에 세운 기계에서 송신된 파는 B 점에 세운 반사경에 의하여 전자파가 송신된 원래의 기계에 되돌아온다. 이때 A, B 간을 왕복한 전자파의 파장수에 파장의 길이를 곱하면 A, B 간의 거리의 두 배가 된다.

만일, 두 점 간을 왕복한 전자파가 정확히 파장 λ의 정수배인 n 개의 파장이었다면 두 점 간의 거리 L은 다음 식으로 계산된다.

$$L = \frac{1}{2} n \lambda$$

두 점 간을 왕복한 전자파의 총파장수가 단위파장 λ의 정수배가 아니고 파장 하나의 길이가 되지 않고 일정부분의 파장 P가 있을 경우에는 다음 식을 사용한다.

$$L = \frac{1}{2}(n\lambda + P), \qquad P = \frac{\Delta\phi^\circ}{360^\circ}\lambda$$

여기서, $\Delta\phi^\circ$: 위상차, n: 완전한 파장의 총수

λ: 기준전자파의 파장의 길이

P: 파장 하나의 길이가 되지 못하는 소수부분의 파장

이때 한 파장의 길이가 되지 않고 일정부분의 파장 P는 되돌아오는 반대파의 위상차 또는 위상각에 따라 결정된다.

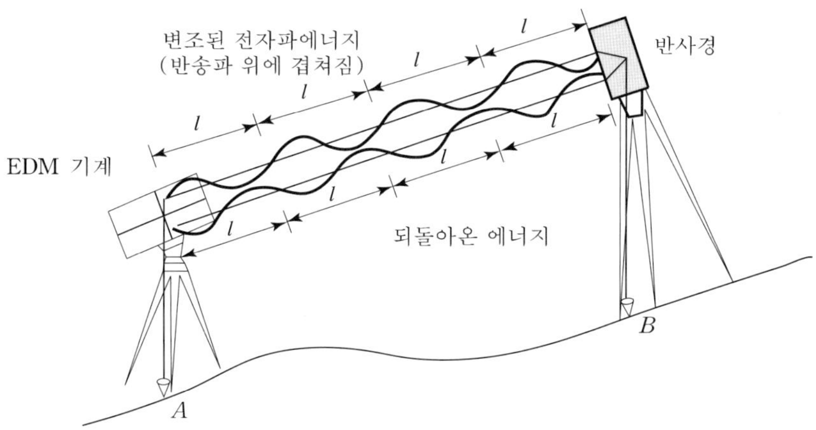

그림 12.3 전자파 거리관측의 원리

| 예제 12-1 |

기준전자파의 파장이 $\lambda = 20\,\text{cm}$ 이고 기준전자파가 출발할 때의 위상각 $0°$, 그 지점에서 반사파의 위상각이 $268°$였다고 한다. 파장의 총수가 8개일 때 위상차와 두 점 간의 거리 L은 얼마인지 구하시오.

풀이 위상차 $\Delta\phi = 268° - 0° = 268°$

$$L = \frac{1}{2}\left(8 \times 20\,\text{m} + \frac{268°}{360°} \times 20\,\text{m}\right) = 87.445\,\text{m}$$

12.1.3 반송파의 특성과 변조방법

전자파 거리측정기는 연속적인 형태의 전자파를 송신하는 송신장치와 송신된 전자파를 수신하는 수신장치로 구성된다. 이때 송신장치에서 송신되는 전자파를 반송파라 한다. 반송파는 주파수와 굴곡을 가지는 연속파이며 사인곡선으로 표시된다.

EDM에서 사용하는 전자파 중에서 가장 중요한 것은 적외선과 마이크로파다. 마이크로파는 보통 통신과 방송 또는 레이더 등에 많이 사용되며 두파(SHF)와 말라파(EHF)의 일부를 칭한다.

일반적으로 저주파를 이용하는 EDM은 관측범위가 넓은 장점이 있으나 반면에 매우 큰 송신장치를 필요로 한다. 특히, 온도와 기압과 같은 대기의 조건에 큰 영향을 받기 때문에 고주파를 이용하는 EDM보다 상대적으로 정밀하지 못하다. 선박 또는 항공기의 항로 등에 이용할 경우에는 장거리 관측이 필요하게 되며 또한 높은 정밀도가 필요하지 않기 때문에 영구적이거나 반영구적인 송신장치가 적절하다. 이와 같은 목적의 EDM에서는 보통 파장이 10~100 m인 중・저주파를 사용한다.

측량 현장에서 사용되는 EDM은 거의 모두 고주파를 사용한다. 광파를 이용하는 EDM은 안개, 비, 먼지 등에 의하여 매우 큰 영향을 받는 대신에 마이크로파의 EDM에서는 이들에 대한 영향이 거의 없다.

저주파를 사용하는 EDM에서는 기본 반송파를 위상차 측정에 직접 사용하기도 하나 고주파에서는 거의 이용하지 않는다. 고주파에서는 전파 특성을 정밀하게 결정하기가 어렵기 때문에 측정신호로 고주파를 직접 송신하는 것은 부적합하고 정밀한 위상차의 측정도 어렵다. 왜냐하면 파장이 너무 짧아 관측거리의 계산에 사용하는 것이 적절하지 않기 때문이다.

이러한 문제점을 해결하기 위해 도입된 방법이 전자파의 변조이다. 즉, 정밀하게 측정된 측정용 저주파신호를 고주파인 반송파에 덮어 씌워서 반송파와 함께 송신하며 측정용 저주파는 위상차 측정과 두 점 간의 거리 계산에 이용된다. 이때 전자파인 반송파는 정밀한 값의 주파수를 가질 필요는 없지만 효과적으로 변조가 가능한 전자파이어야 한다. 그러나 거리 계산에 사용될 측정용 기준전자파, 즉 변조된 전자파의 주파수는 매우 정밀해야 한다. 이와 같은 정밀한 주파수를 유지하기 위하여 보통 수정발진기를 사용한다.

반송파의 변조는 진폭변조와 주파수변조가 있다. 진폭변조에서는 반송파의 주파수와 위상은 변하지 않으나 진폭이 변한다. 주파수변조에서는 반송파의 진폭은 항상 일정하게 유지되는 반면에 변조된 신호의 크기와 부호에 따라 주파수가 변화한다. 일반적으로 광파에서는 AM 변조방법을, 마이크로파에서는 FM 변조방법을 사용한다.

12.1.4 위상차의 측정

위상차의 측정방법은 EDM의 설계에 따라 각각 다르나 대개 다음과 같이 세 가지 방법을 사용한다.

① 위상지연방법은 초기 EDM인 지오디미터에서 사용한 방법으로 송신된 반송파와 수신된 반사파 사이에 발생하는 위상차를 검출하고 송신회로와 수신회로 사이에 장치된 소위 지연장치라는 것을 사용하여 측정하는 방법이다.

② 위상변위방법은 송신된 반송파와 되돌아온 반사파 사이의 위상변위에 해당하는 고정자와 회전자로 구성된 분류에 의한 방법으로 2세대의 지오디미터 또는 텔루로미터와 같이 마이크로파를 사용하는 대부분의 EDM에서 사용된다.

③ 디지털 측정법은 최근에 개발된 가장 발전된 방법으로 헬륨 네온 레이저 또는 적외선을 사용하는 모든 광파거리 측정기에서 사용한다. 변조된 반송파가 O 축을 통과할 때 전기적 측정장치의 문이 열리며 반면에 반사경에 부딪쳐 되돌아오는 반사파가 O 축을 통과할 때 문은 닫힌다. 다시 말하면, 송신되는 반송파의 부호가 바뀔 때마다 문은 열리고 반면에 반사파의 부호가 변할 때마다 문이 닫힌다. 이때 펄스 측정장치의 문이 열려 있는 동안 문을 통과한 펄스의 총수가 측정되고 기록된다.

12.1.5 광파 거리측정기

광파 거리측정기(optical wave distance meter)는 수 미터부터 수 킬로미터까지의 단거리 측정용이 대부분이며 기준점 측량 및 일반적인 공사측량 등에 주로 사용된다.

광파를 이용한 EDM은 광파를 발생하는 광원, 광파변조기, 변조된 광파를 송신하고 수신하는 광학장치, 사진배율기(photo multiplier), 읽음장치 등으로 구성되었다.

대부분의 광파 거리측정기에서는 적외선과 레이저를 매개전자파로 사용하고 있다. 이것은 이들 광선들이 쉽고 직접적으로 변조가 가능하며 또 기계장치를 간단히 할 수 있기 때문이다. 초기의 모델은 텅스텐 전구 또는 수은 전구를 사용하였으나 부피가 크고 큰 용량의 전력이 필요했다. 적외선을 사용한 거리측정기는 관측거리가 비교적 짧으며 적외선을 생성하는 다이오드의 전력의 크기에 좌우된다. 반면에 레이저를 이용한 EDM은 상당히 먼 거리의 관측이 가능하다.

적외선을 이용한 거리측정기는 적외선 방출 반도체인 GAAS 다이오드(gallium arsenide diode)의 개발과 더불어 생산되었다. 이 다이오드에서 발생되는 적외선은 방사되는 빛의 세기가 다이오드에 흐르는 전류의 크기에 비례하기 때문에 직접 변조할 수 있다.

적외선을 방출하는 송신장치는 GAAS 다이오드를 사용한다. 반송파인 적외선의 변조는 진폭변조 방법을 사용하고 주파수는 수정발진기에 의하여 정밀하게 조정된다. 송신장치의 다이오드로부터 방출된 광선은 2개의 빔, 즉 측정용 외부빔과 내부 기준빔으로 분석된다. 외부빔은 목표를 향해 조준되어 송신되고 송신된 신호는 목표물에 세운 반사경에 반사되어 처음 송신된 곳으로 되돌아와 수신기에서 수신된다. 내부 기준빔은 필터를 통과하기 때문에 반사되어 되돌아오는 외부 신호빔의 세기와 비슷하게 조절되고 외부 신호와 함께 간섭필터에 들어간다. 이때 간섭필터에서는 햇빛과 같은 불필요한 에너지를 제거한다.

외부 측정용 빔과 내부 기준용 빔은 이들 광선을 전기에너지로 변환하는 변환장치를 통과하여 전기에너지로 변환된다. 이때 2개의 전기신호는 각각 다른 경로를 통하여 들어왔기 때문에 일정한 위상변위가 발생하게 되고 이들 위상변위는 위상측정기에 의하여 측정된다.

위상차 측정의 목적은 전자파가 두 점 간을 진행할 때 소요된 파장의 총수(단위파장의 정수배)와 파장 하나의 길이가 되지 못하는 소수부분을 결정하기 위함이다. 이러한 문제를 해결하기 위하여 보통 주파수가 각각 다른 여러 개의 변조된 주파수(일반적으로 10배의 배수)를 사용한다.

12.1.6 전파 거리측정기

광파 거리측정기는 주로 단거리용이지만 전파 거리측정기는 보통 수십 킬로미터 이상의 장거리 측정용으로 매우 중요한 거리관측 수단으로 사용된다. 전파 거리측정기는 원래 남아프리카의 워들리(Wadley)에 의하여 개발되어 1957년 텔루로미터(tellurometer)라는 이름으로 실용화되었다. 이 장치는 간결하고 작아서 삼각대에 설치할 수 있다.

전파 거리측량기를 사용하여 거리를 관측할 경우에는 똑같은 기계장치 2개가 필요하다. 기계 하나는 출발 측점에, 다른 하나는 목표점에 설치한다. 이때 출발 측점에 설치된 기계를 주국(master), 그리고 목표점에 설치된 기계를 종국(remote)이라 하며, 주국과 종국의 기계는 서로 바꾸어 사용할 수 있는 경우도 있고, 그렇지 못한 경우도 있다. 양 쪽에는 모두 관측을 위한 측량기사가 필요하며 기계에 부착된 통신장비에 의하여 상호통신이 가능하다. 변조된 신호는 주국으로부터 송신되어 종국에서 수신되고 수신된 신호를 다시 주국으로 되돌려 보내진다. 이때 변조된 송신신호와 반사신호 사이에는 일정한 크기의 위상차가 발생하고 측정된 위상차는 표시판에 나타난다. 표시판에 나타나는 위상차는 직접 미터 단위로 나타낼 수 있도록 되어 있으며, 관측자가 단계별로 스위치의 간단한 조작에 의하여 전체거리를 직접 읽을 수 있도록 되어 있다.

전파 거리측정기에서는 주파수 변조방법에 의하여 변조된 측정신호가 반송파에 합쳐져서 반송파와 함께 송신된다. 전파 거리측정기에서도 광파에서와 마찬가지로 위상차 측정방법을 사용하며 완전한 파장수의 계산을 위하여 여러 개의 파장을 사용한다. 전파 거리측정기는 비교적 장거리의 관측이 가능하여 안개, 비 등의 기상 상태에서도 관측이 가능하다. 광파 거리측정기에서는 대기온도와 기압이 전자파의 전파속도에 영향을 주기 때문에 반드시 측정되어야 하며, 전파에서는 상대습도까지도 측정되어야 한다.

① 전파 거리측정기를 사용하여 거리를 관측할 때는 2개의 똑같은 기계 2대가 필요하므로 두 명의 관측기술자가 필요하다. 그러나 광파에서는 한 사

람의 관측기술자와 반사프리즘을 맡은 한 사람만 필요하다. 이때 반사프리즘을 맡은 사람은 프리즘을 설치하는 단순한 일 이외는 할 필요가 없다.

② 구조물의 변형측정과 같은 특수한 응용측량의 경우, 양쪽에 기계를 설치하는 것이 불가능하거나 어려울 수가 있다.

③ 전파 거리측정기는 광파에 비하여 대기조건에 더 심각한 영향을 받는다.

④ 전파의 처짐 현상들로 인하여 정밀도가 떨어질 수 있다. 전파측정기에서 방출하는 빛은 원뿔 형태로 퍼지며 퍼짐각은 약 1도 30분이다. 전파측정기의 수신기로 수신되는 전파가 반송파인지 반대파인지 구분할 수는 없으므로 기계에 도달한 위상차로 이를 구분한다. 특히 평평한 평원이나 바다와 같이 넓은 수면 위를 통하여 장거리를 관측할 경우에는 이에 대한 영향이 크다.

⑤ 일반적으로 말해서 전파 거리측정기는 광파에 비하여 정밀도가 떨어진다.

12.1.7 굴절계수와 그 영향

진공 중에서 전자파의 전파속도와 대기 중에서의 전자파의 전파속도의 비를 굴절계수라 한다. 즉,

$$n_a = \frac{V_0(\text{진공})}{V(\text{공기})}$$

여기서, V_0: 진공 속에서의 전자파의 전파속도

V: 공기 중에서의 전파속도

공기 중에서의 광파와 전파의 굴절률은 기온, 대기압, 수증기압 등에 따라 다르며 온도와 습도에 의하여 좌우된다. 따라서 이러한 대기조건을 정확히 아는 것은 정확한 굴절률과 공기 속에서 전자파의 전파속도를 계산하는 데 필요하다. 광파와 전파는 대기조건의 변화에 따라 각각 다르게 반응하기 때문에 각각 다르게 취급된다.

광파에 대한 굴절률 n_g는 표준대기조건에서 다음 식으로 주어진다.

$$n_g = 1 + (287.604 + 4.8864\lambda_c^{-2} + 0.068\lambda_c^{-4}) \times 10^{-6}$$

여기서, λ_c는 μm로 표시되는 광파의 파장으로 GAAS 다이오드에 의하여 생

성된 0.90 μm ~0.93 μm의 근적외선 파장과 헬륨 네온(HeNe) 레이저에 의하여 생성된 파장 0.6328 μm의 레이저광이다.

표준대기조건이 아닌 일반적인 대기조건에서 1 ppm 정도의 정밀도를 얻기 위해서는 다음과 같은 공식을 사용해야 한다.

$$n_a = 1 + \frac{0.359474(n_g - 1)P}{2.732 + t} - \frac{1.5026\,e\,(10^{-5})}{273.2 + t}$$

여기서, P : 대기압(mmHg), t : 대기온도(t ℃), e : 수증기압(mmHg)

따라서 $\lambda_c = 0.90\,\mu\text{m}$, 온도 20℃, 대기압 760 mmHg일 때 $n_a = 1.000294$가 된다. 실질적으로 현장 측량에서는 종종 다음과 같은 식으로 굴절률을 계산하기도 한다.

$$n_a = 1 + 10^{-6}N$$

이 식으로부터 $n_a = 1.000294$라고 하면, N의 값은 294가 된다. 이때 N의 단위는 ppm으로 표시된다. 일반적으로 EDM은 N에 대한 어떤 특정값에서 관측된 거리가 표시되도록 고안되었다. 실제로는 관측자로 하여금 특정한 N의 값에 대한 어떤 보정값을 직접 입력하도록 고안되었다. 이것을 대기보정이라 한다. 예를 들면, $N = 294$ ppm으로 설계된 EDM을 사용할 때 실제 상황에서 N의 값이 298 ppm이라고 하면, 기계에 입력하여야 할 대기보정값은 ±4 ppm으로 입력하여야 한다.

굴절량이 거리관측에 미치는 영향과 이를 줄이는 방법에 대하여 생각해 보자.

변조된 전자파의 전파속도는 각각 다른 조건의 대기상태에 따라 변화하며 결과적으로 전자파의 파장의 길이가 달라져 파장으로 계산한 관측거리에 영향을 준다. 이러한 영향을 줄이기 위해서는 광파의 경우 두 측점에서 동시에 온도와 기압을 측정하여 평균값을 사용해야 한다. 광파 거리측정기에서는 온도 ±6℃, 기압 ±25 mmHg의 차이가 발생할 경우 10 ppm의 거리오차를 가져 온다. 따라서 온도계는 반드시 그늘진 곳 땅 위 공간에 설치되어야 한다. 전파 거리측정기에서는 건구와 습구온도계에 의하여 결정되는 수증기압을 결정해야 한다.

일상적인 표준조건(20℃, 760 mmHg)에서 건·습구의 1℃ 차이는 약 ±7 ppm의 거리오차를 가져온다.

12.1.8 정밀도와 오차

[1] 정밀도

EDM의 정밀도는 일반적으로 정오차인 기계오차와 관측오차에 의하여 다음과 같이 표시된다.

$$\sigma_D^2 = e^2 + (D \cdot p \cdot 10^{-6})^2$$

여기서, D : 관측된 총거리, e : 기계오차

p : 관측오차에 비례하는 관측오차로의 표준오차[±emm ±pmm/km]

관측거리가 짧을 경우(예: 100 m)에서는 정오차 e 가 관측오차 p 보다 더 중요하게 작용하고 반면에 장거리(예: 10 km)에서는 p 가 e 보다 더 중요하게 작용한다. 기계오차 e 는 주로 위상측정기 또는 다른 전자 부품의 민감도에 의하여 영향을 받으며, 관측오차 p 는 변조과정의 정확성과 굴절계수 n 의 정확성에 의하여 결정된다.

관측오차에 의한 정밀도는 정밀한 EDM의 경우 약 1 ppm까지 얻을 수 있으나 정확한 굴절계수의 계산은 매우 어려운 문제 중의 하나이다. 전파 거리측정기에서는 수증기압 1 mb의 변화에 따라 +5.1 ppm의 거리오차를 가져오는 반면에 가시광선을 이용한 광파 거리측정기에서는 수증기압 1 mb의 변화가 거리오차에 미치는 영향은 무시할 수 있다. 따라서 전파거리 측정기에서는 수증기압의 정확한 예측을 위하여 건·습구의 온도를 1℃ 이하까지 측정해야 한다.

[2] 오차와 원인

EDM에서 발생하는 오차는 다음과 같다. 이들은 일반적으로 측량에서 발생하는 오차와 마찬가지로 개인적 오차, 기계오차, 자연오차 등으로 구분할 수 있다.

① 기계나 반사프리즘을 측점에 정확히 세우지 못할 때 또는 기압, 온도, 습도 등을 정확히 측정하지 못할 때

② 위상측정을 수행할 때의 기계의 부정확성

③ 위상측정에 사용되는 광선의 영점이 기계의 이론적 중심과 불일치할 때 발생하는 오차

④ 반사프리즘의 실제적인 중심이 이론적인 중심과 불일치할 때 발생하는 오차
⑤ 변조된 실제적인 주파수가 이론적인 주파수와 다를 때
⑥ 굴절률의 부정확성

①과 ②는 우연오차의 성격인 반면에 ③과 ④는 정오차이다. 이들 4개의 오차의 크기는 관측거리에서 독립적이다. 예를 들면, 어떤 EDM의 정밀도가 ±(5 mm +3 mm)라고 할 때 이들 4종류에 의하여 발생되는 오차의 합은 관측된 길이의 크기에 관계없이 ±5 mm가 된다. ⑤와 ⑥에 의한 오차는 관측거리에 직접 영향을 받으며 표척오차와 같아진다. 예를 들면, 정밀도 ±(5 mm+3 mm)의 EDM으로 관측할 때 이들 두 종류의 오차로 인하여 발생하는 오차의 합은 관측한 거리의 ±3 ppm으로 예측된다.

위상측정과 대기조건으로부터 발생하는 오차는 설치된 기계와 반사프리즘에서 한번 설치된 위치의 변동 없이 같은 장소에서 많은 반복 관측을 시행하고 그의 평균값을 사용하여 오차를 줄일 수 있다. 그러나 중심의 불일치로 인하여 생기는 오차는 기계와 반사프리즘을 각각 다른 장소에 여러 번 다시 세워 반복 관측함으로써 줄일 수 있다. 그러나 ③, ④, ⑤는 반복 관측에 의해서도 제거할 수 없다. ⑥의 경우는 온도 1℃, 기압 2 mmHg 정도로 관측할 때 굴절률은 $1/10^6$까지 측정할 수 있다. 이것은 대부분의 정밀관측에서 충분하다.

그림 12.4
광파기 설치

12.2 삼변측량(trilateration)

12.2.1 개요

삼변측량은 3개의 변 길이를 먼저 측정하고, 3개의 내각은 계산으로 구한다. 측정된 3개의 변 길이로부터 3개의 내각을 계산할 때는 코사인 제2법칙 또는 반각공식을 사용한다.

삼각측량과 삼변측량은 트래버스 측량과 더불어 평면위치를 결정하는 기준점측량방법으로 널리 사용되어 왔으며, 그 중에서도 삼각측량은 기준점측량의 기본방법처럼 사용되어 왔다. 이와 같이 기준점측량을 대부분 삼각측량으로 실시한 것은 변의 측정에 비하여 각 측정의 정밀성에 그 근거를 두었기 때문이다.

최근 EDM의 혁신적인 발전은 상대적으로 매우 먼 거리를 높은 정밀도로 신속한 측량을 가능하게 함으로써 삼변측량의 중요성과 활용성을 크게 높여 주고 있으며 삼각측량을 대신할 수 있는 획기적인 측량방법으로까지 생각되었다. 그러나 변의 수가 증가함에 따라 방위각오차가 급격히 누적됨을 알게 되었고, 이를 보완하기 위하여 많은 양의 방위각측정이 필요하게 되었다. 또한 삼변측량은 각의 측정이 전혀 필요 없으므로 삼각측량에 비하여 매우 신속하고, 경제적인 방법으로 생각될 수 있으나 이러한 사실은 모두 측정할 거리의 크기와 필요로 하는 정밀도에 전적으로 달려 있다.

삼변측량 방법이 삼각측량 방법을 완전히 대신하지 못하는 이유는 삼각망의 기하하적 도형조건 때문이기도 하다. 예를 들어 설명하면, 삼각형에서 3각을 측정하면 하나의 도형조건이 성립하는 반면에 3변을 측정하였을 경우에는 아무런 도형조건도 성립되지 못한다. 각이 측정된 사변형 삼각망에서는 4개의 조건(각조건 3, 변조건 1)이 성립되지만, 변만을 측정한 사변형 삼변망에서는 단 한 개의 조건식만이 형성된다. 이러한 현상은 여러 개의 삼각형으로 망을 형성할 때 더욱 심각하다. 따라서 삼변측량 방법을 도입할 경우에는 정밀도를 검증하기 위해 많은 검증조건이 필요하게 되며, 이러한 잉여조건을 충족시키기 위해서는 복잡한 기하학적인 도형이 필요하게 된다. 예를 들면, 삼각측량의 경우 사변형과 같은 잉여조건을 얻기 위해서는 삼변측량에서는 적어도 서로 보이는 모든 변(10변)이 측정된 오각형이 필요하게 된다.

이론적으로 살펴보면 유심오각형 또는 유심육각형이 삼변망에서 가장 이상적인 도형이다. 그러나 실제적으로 현장에서 모두 이러한 도형으로 삼변망을 구성한다는 것은 불가능하다. 실제적으로 그림 12.5와 같이 추가측선을 가진 유심사각형 또는 유심오각형이 실제적으로 가장 바람직한 삼변망이다. 이때 각을 추가적으로 측정하면 조건식이 늘어나기 때문에 정도가 높은 삼변망이 될 수 있다.

삼변측량에서 삼각형의 내각의 크기는 삼각측량의 경우와 같이 보통 25° 이상이어야 하며, 어떠한 경우에도 15° 이하여서는 안 된다. 변의 크기도 정밀측량의 경우 10 km 이상이 바람직하다.

삼각측량의 경우 평지에서 약 20 km 정도 떨어진 점을 관측하기 위해서는 보통 관측탑을 설치해야 하나 삼변측량에서는 관측탑을 세울 필요 없이 단지 안테나 또는 반사프리즘을 약 13 m 정도 높여줌으로서 정밀도에 큰 영향을 주지 않고 측정이 가능하다. 이러한 방법으로 약 50 km까지는 측정이 가능하다.

거리측정에 사용되는 EDM은 삼변측량 결과에 결정적인 영향을 주므로 선택에 세심한 주의가 필요하다. 1.2등과 같은 삼변측량의 경우 1/750,000~1/1,000,000, 3.4등과 같은 보통의 경우는 1/250,000~1/450,000의 측정정밀도를 가지는 EDM을 사용해야 하며, 측정된 거리는 모든 기계적 오차와 기상에 대한 보정을 실시해야 한다.

EDM으로 측정한 거리는 경사거리이므로 삼변측량 계산에 사용하기 위해서는 이들 경사거리를 평균해면상의 수평거리로 환산해야 한다. 따라서 두 측점 사이의 연직각 또는 표고차가 필요하다. EDM에 의한 거리측정은 어느 특정한 기

그림 12.5
삼변측량망

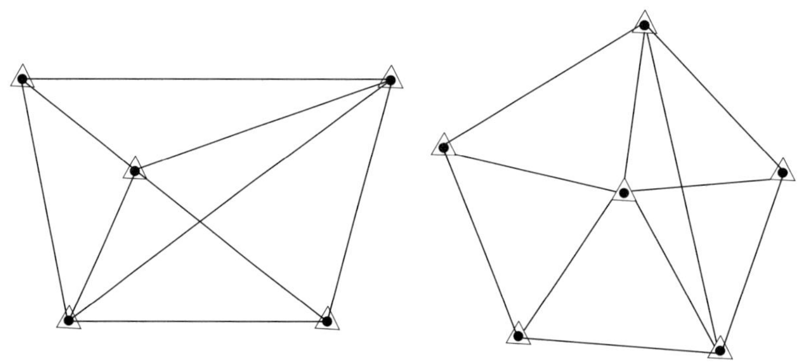

표 12.1 삼각망과 삼변망의 조건식 수

구분 \ 도형	단삼각형	사변형	유심오각형	오각형	육각형
삼변망	0	1	1	3	6
삼각망	1	4	7	9	16

상조건에서 검정된 전자파를 이용한다. 그러나 측정 현장의 기상조건은 검정 당시의 조건과 상이하므로 이에 대한 보정이 필수적이다. 가장 이상적인 보정을 위해서는 측정 시에 발사되는 전자파의 전 경로를 따라 그 주변의 모든 기상조건을 알아야 하는데, 이것은 사실상 불가능하다. 따라서 실제 측정작업에서는 두 측점에서 측정한 대기온도와 기압만을 사용한다. 이때 측정은 정밀하게 검정된 온도계와 기압계를 사용하여 거리 측정과 동시에 이루어져야 한다.

연직각 측정에서도 비슷한 주의가 필요하다. 높은 정밀도를 얻기 위해서는 정밀 세오돌라이트를 이용하여 양끝에서 동시에 측정되어야 한다. 만일 한쪽 끝에서만 측정되었다고 하면 측정된 결과를 기차와 양차에 대하여 보정을 해야 한다.

12.2.2 삼변측량의 조건

1개의 삼각형을 구성하는 측점결정에는 3변을 측정할 필요가 있다. 이 삼각형에 연속하여 1개의 측점을 결정함에는 2개의 변장을 추가 측정할 필요가 있다. 이와 같은 방법으로 1개의 새로운 점을 추가함에 따라 2개의 측변을 추가하게 된다. 따라서 기지점 1점 이하의 경우 조건수는 다음과 같이 된다.

$$l-\{2(n-3)+3\}=l-2n+3$$

여기서, l : 초변수, n : 측점수

다음에 기지점이 2점 이상일 경우는 $1-2n$ 이 조건의 수가 된다. 이 경우 n 은 새로운 점의 추가이며 l 에는 기지변이 포함되지 않는다.

현실적인 조정조건법은 측점조건, 다각조건, 면적조건, 체적조건 등이 고려될 수 있다.

12.2.3 변장에서 각도를 구하는 방법

그림 12.6과 같이 삼각형의 삼변의 길이 a, b, c가 측정될 경우 삼각형의 내각 A, B, C를 구하는 방법은 다음과 같다.

그림 12.6
삼각형

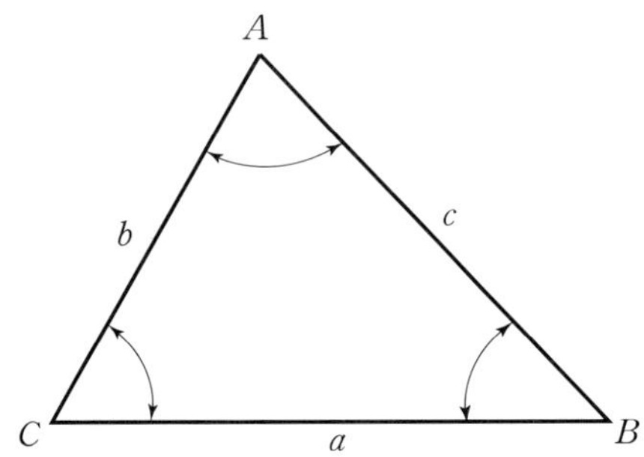

① 정현(sin) 공식에 의한 방법

$$\sin A = \frac{2}{bc}\sqrt{s(s-a)(s-b)(s-c)}$$

$$\sin B = \frac{2}{bc}\sqrt{s(s-a)(s-b)(s-c)}$$

$$\sin C = \frac{2}{bc}\sqrt{s(s-a)(s-b)(s-c)}$$

$$\text{단, } s = \frac{a+b+c}{2}$$

② 여현(cos) 공식에 의한 방법

$$\cos A = \frac{b^2+c^2-a^2}{2bc}$$

$$\cos B = \frac{c^2+a^2-b^2}{2ca}$$

$$\cos C = \frac{a^2+b^2-c^2}{2ab}$$

③ 정접(tan) 공식에 의한 방법

$$\tan\frac{A}{2} = \sqrt{\frac{(s-b)(s-c)}{s(s-a)}}$$

$$\tan\frac{B}{2} = \sqrt{\frac{(s-a)(s-c)}{s(s-b)}}$$

$$\tan\frac{C}{2} = \sqrt{\frac{(s-a)(s-b)}{s(s-c)}}$$

단, $s = \dfrac{a+b+c}{2}$

12.2.4 측량방법

점 P_0, P_A 간의 거리를 측정할 때는 측점 P_0와 P_A 위에 기계본체 및 반사경을 설치하고, 발사광선의 중심이 반사경프리즘의 중앙에서 반사되어 되돌아오도록 기계의 방향을 고정하여 관측한다.

그림 12.7과 같이 선분 P_0P_A의 지상거리 L, 측기(E점)와 반사경(R)의 측정경사거리 L'는 동일값이 아니므로 관측사거리, 즉 지상사거리를 구한 다음 수평거리로 환산한다.

보정을 위하여 측정천정각 ϕ, 각측기(I)와 측거기(E)의 높이 d, 선 ET'와 IT 및 ER'를 h, RT'를 h'로 하면 삼각형 ETR'에서

$$\sin\Delta\phi = \frac{h'}{L}\sin(180° - \phi)$$

$\Delta\phi$가 미소하므로

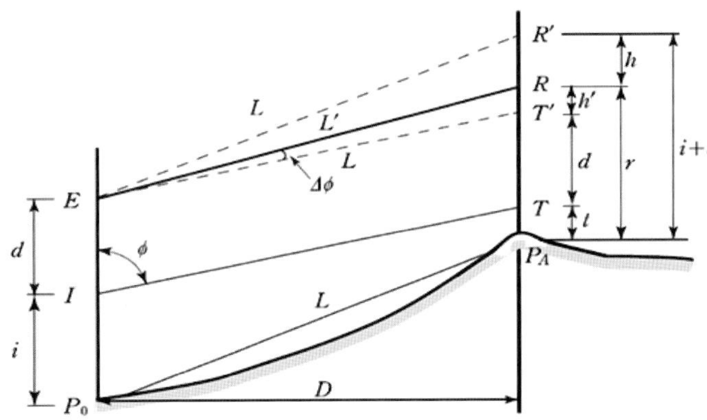

그림 12.7
지상경사거리와
측정경사거리의 관계

$$\Delta\phi''\Delta\phi'' = 206{,}265\,\frac{h'}{L'}\sin\phi$$

여기서, $h' = r - t - d$

삼각형 ERR'로부터 코사인 제2법칙에 의하여 지상거리 L은 다음과 같다.

$$L^2 = L'^2 + h^2 - 2L'h\cos(\phi - \Delta\phi)$$

여기서, $h = i + d - r$

위의 식은 0°~180°에 대하여 r이 I보다 크거나 같거나 작은 모든 경우에 성립한다.

한편 그림 12.8과 같이 EDM과 세오돌라이트가 ΔHI만큼 떨어져 있어 각이 $\Delta\alpha$로 읽어질 때, 또 목표판(target)과 프리즘이 ΔHR만큼 차가 있을 경우에는 다음 식에 의해 보정해야 한다.

$$\sin\Delta\alpha = \frac{(\Delta HR - \Delta HI)\cos\alpha}{L}$$

$$\therefore\ \Delta\alpha = \frac{(\Delta HR - \Delta HI)\cos\alpha}{L\sin l}$$

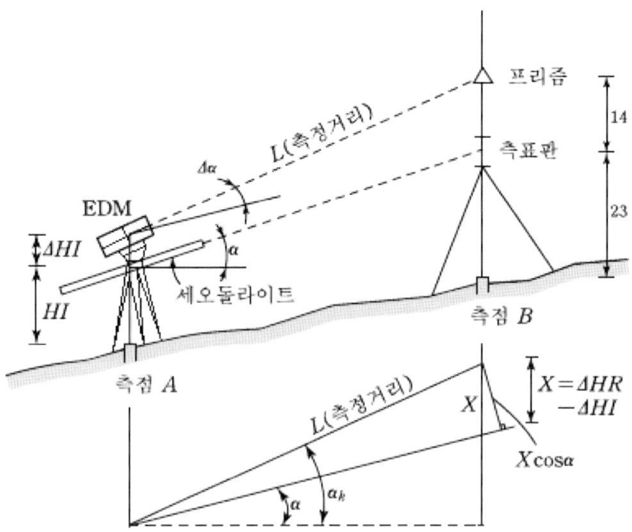

그림 12.8
EDM에 의한 측정원리

12.2.5 유심삼변망의 조정

[1] 각 조건에 의한 조정

그림 12.9에서 평면삼각법의 코사인 제2법칙을 적용하면 보정은 다음과 같이 된다.

$$\delta_i = k \cdot m_i \quad (i = a, b, \cdots, f)$$

$$k = -w / (m_a^2 + m_b^2 + m_c^2 + m_d^2 + m_e^2 + m_f^2)_i \ (i = a, b, \cdots, f)$$

그림 12.9
삼변유심

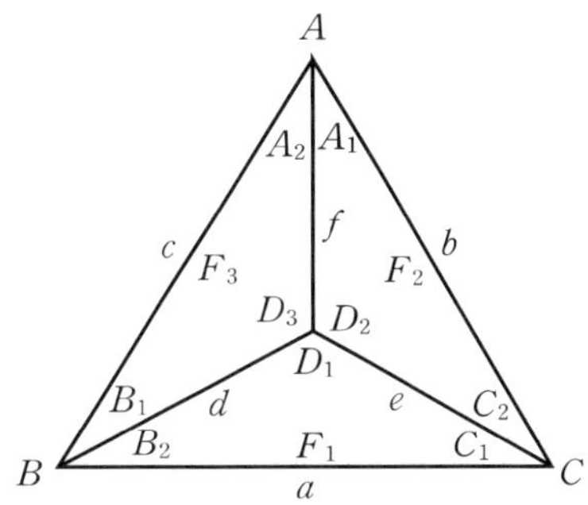

[2] 면적조건에 의한 조정

$\triangle ABC$의 면적을 F라 하면 헤론(Heron)의 공식을 이용하여 다음과 같이 보정이 가능하다.

$$\delta = k \cdot n \ (단,\ n = a, b, c, d, e, f)$$

$$k = -w / (n_a^2 + n_b^2 + n_c^2 + n_d^2 + n_e^2 + n_f^2)$$

[3] 변장으로부터 각 측점의 좌표계산

삼변측량에 의한 좌표계산은 기지점이 1점인 경우는 좌표계산상 방위각을 별도로 측정해야 함에 비하여 기지점이 2점 이상일 경우는 2점의 좌표로부터 방위각을 계산할 수 있기 때문에 좌표계산에는 편리하다.

2개의 기지점 P_1, P_2에서 구점 P_3까지의 수평거리를 측정함으로써 구점의 좌표를 구하는 방법이다.

그림 12.10
좌표계산

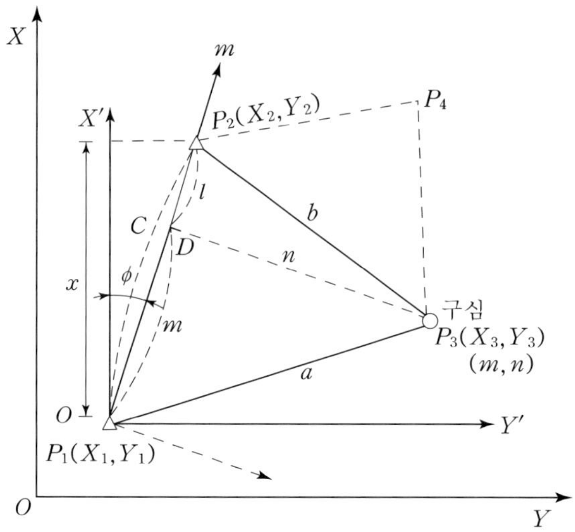

그림 12.10과 같이 $P_1(x_1, y_1)$, $P_2(x_2, y_2)$는 기지이며 이 기지점에서 P_3까지의 거리 a, b를 측정하면 다음의 순서에 따라 P_3의 좌표를 구할 수 있다.

① 삼각형 P_1, P_2, P_3 중의 기지변 P_1, P_2를 m 축으로 하는 직각표계 $O'mn$을 생각하고 P_3 점의 좌표값(m, n)을 구한다.

$P_1, P_2 = c$, P_1, P_2의 방위각은 ϕ, $a \cdot \cos \angle P_2, P_1, P_3 = m$ 이므로

$$c = \sqrt{(x_2 - x_1)^2 + (y_2 - y_1)^2} = l + m$$

$$\cos\phi = \frac{x_2 - x_1}{c}, \quad \sin\phi = \frac{y_2 - y_1}{c}$$

$$l = \frac{b^2 + c^2 - a^2}{2c}, \quad m = \frac{a^2 + c^2 - b^2}{2c}$$

$$n = \sqrt{a^2 - m^2} = \sqrt{b^2 - l^2}$$

② $O'mn$ 좌표계의 좌표값(m, n)을 $O'X'Y'$
좌표계의 좌표값(X_3', Y_3')로 변환한다. 변환식은 다음과 같다.

$$x_3' = m\cos\phi - n\sin\phi$$

$$y_3' = m\sin\phi - n\cos\phi \tag{12.2}$$

③ 최후로 $O'X'Y'$ 좌표계로부터 전체 좌표계 OXY 좌표값$(x_3,\ y_3)$으로 변환한다.

$$
\begin{aligned}
x_3 &= x_1 + x_3{'} = x_1 + m \cdot \cos\phi - n \cdot \sin\phi \\
&= x_2 - l \cdot \cos\phi + n \cdot \sin\phi \\
y_3 &= y_1 + y_3{'} = y_1 + m \cdot \sin\phi + n \cdot \cos\phi \\
&= y_2 - l \cdot \sin\phi - n \cdot \cos\phi
\end{aligned}
\qquad (12.3)
$$

이상의 순서에 따라 점 P_3의 좌표값이 결정된다. 연속적으로 P_4에 대해서도 계산하여 구점의 좌표값을 구한다.

이 방법의 주의점은 n을 구할 때 양(+), 음(−)의 값이 있으므로 현지에서 측점배치를 고려하여 부호를 정해야 한다.

연습문제

12-1 전자파 거리측량의 측량장치를 간단히 분류하시오.

12-2 광 0℃, 760 mmHg, CO_2 농도, 0.03 %인 건조한 공기에서 파장 $\lambda = 0.6341$ μm 인 광선의 전파속도는 얼마인지 구하시오. 단, 진공 중의 광속은 299,792 m/s, 0℃, 760 mmHg, CO_2 농도, 0.03 %인 건조한 공기에 대한 표준상태의 굴절률 n_0는 카우치(Cauchy)의 식을 참조하시오.

$$n_0 = 1 + (287.604 + 4.8864/\lambda^2 + 0.068/\lambda^4)10^{-6}$$

12-3 점 A 표고(1740.36 m)에 EDM을 설치하고, 점 B 표고(1786.56 m)에 반사프리즘을 세워 A, B 간의 거리를 측정한 결과 229.437 m를 읽었다. 기계고가 1.21 m, 프리즘의 높이 0.78 m라면 두 점 간의 거리는 얼마인지 구하시오.

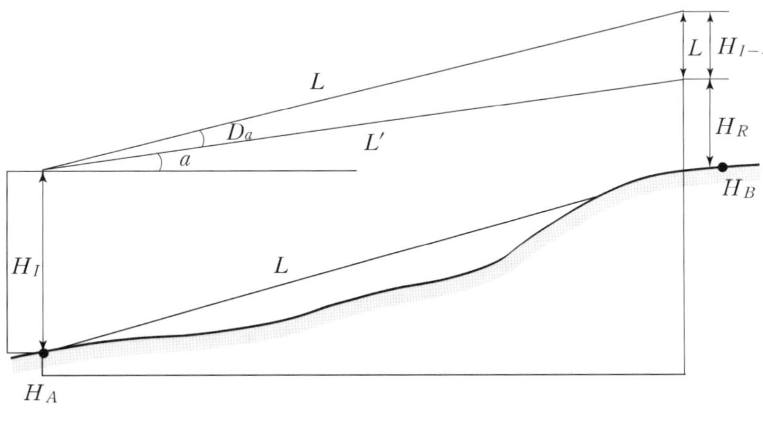

12-4 그림과 같은 간단한 삼변삼각형이 있다. 각 측선의 길이와 A, B의 좌표가 다음 표와 같다고 한다. C점의 좌표를 계산하시오.

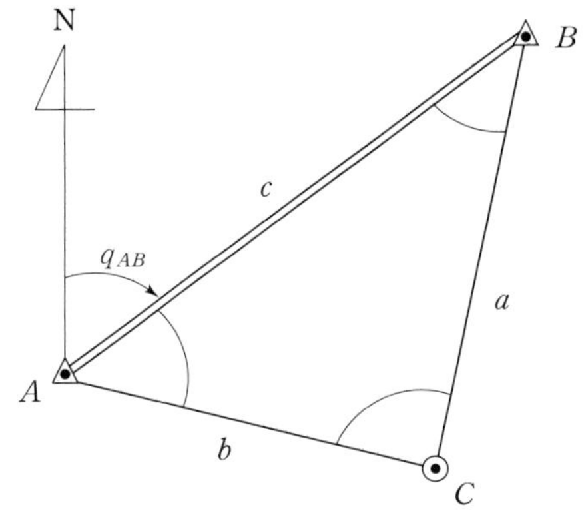

측선	측정거리[m]	측점	좌표[m]	
			E	N
a	1,814.05	A	1,500.00	2,500.00
b	1,463.87	B	3,312.16	3,379.14

12-5 EDM에서 발생하는 오차의 종류를 나열하고 이를 분류하시오.

12-6 삼변측량의 조건과 삼각망 형태에 따른 삼변측량의 차이점을 적고, 이유를 설명하시오.

CHAPTER 13

위성측량

위성측량은 현대 측량의 최첨단 방법으로 소개되고 있다. 아직 3차원 위치결정에 완벽한 적용은 어렵지만, 2차원 평면위치결정의 적용은 이미 확인되었고 활용 중에 있다. 그리고 표고관측으로의 소개는 아직 연구 중에 있지만 매우 정밀한 표고결정이 가능한 것으로 소개되고 있다. 이 장에서는 위성측량의 원리, 관측방법, 측위방법, 오차처리와 함께 현장에서 직접 적용할 수 있도록 absolute GPS 방법과 differential GPS 방법에 대한 현장적용 예제를 포함하여 다가오는 위성측량시대에 충분히 대비할 수 있는 내용들을 다룬다.

13.1 지도투영

13.1.1 지도투영(map projection)의 기초

구면을 평면으로 투영하면 한 점에서 각은 투영법에 따라 변한다. 티소(Tissot)는 어떤 투영법이든 간에 구면의 각 점에서 다른 각들은 원래 위치와 다를지라도 투영도상에 수직으로 나타날 수 있는 적어도 한 쌍의 수직교선이 존재한다는 변형의 법칙(law of deformation)을 밝혔다. 이 수직교선의 방향에 따른 축척계수(scale factor)의 차를 계산하면 지도투영(map projection)법에 따른 차이를 알 수 있다.

투영면의 점에 생기는 각과 면적의 변형량을 설명할 때 티소의 지시타원(indicatrix)이 사용된다.

원 ABCD는 지구타원체나 구를 정의한 것이며, A′B′C′D′은 Tissot′s indicatrix이며 이를 평면으로 투영한 결과이다. 단면 OA는 OA′으로, 단면 OB는 OB′으로 변환된다. OA와 OA′이 같지 않고, OB와 OB′이 같지 않듯이 이들은 선형으로 변환되지 않는다. 각 MOA는 일그러진 타원체 상의 각 M′OA′으로 변환되는데 이는 각의 변형으로 인해 M′OA′ < MOA가 되기 때문이다. 정의에 따라 원 ABCD의 넓이를 1이라 하면, 넓이의 변형이 일어나 타원체 A′B′C′D′의 넓이는 1보다 작아진다.

그림 13.1
지시타원

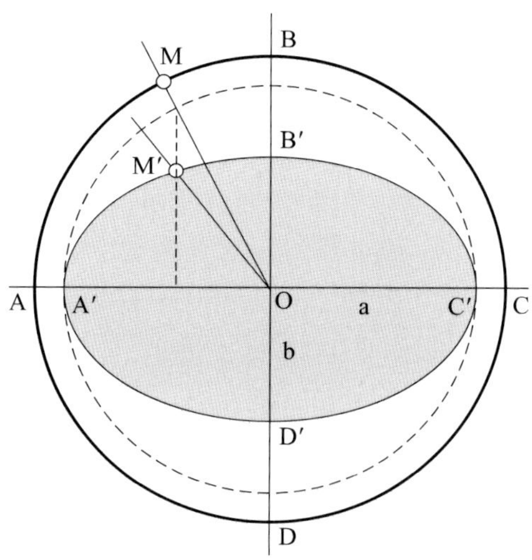

13.1.2 지도투영의 분류

지도투영은 방법, 투영식, 형태, 투영축으로 분류할 수 있다.

투영방법에 의한 분류는 크게 투시도법과 비투시도법으로 나눌 수 있으며, 투시도법에서는 시점의 위치에 따라 정사(orthographic), 외사(external), 평사(stereographic), 심사(gnomonic)도법으로 나눈다.

투영식에 의한 분류는 투영식에 따라 직교좌표와 극좌표로 나눈다.

형태에 따라서는 투영법은 경선에서 직선으로 나타나는 원추도법과 선이 임의의 곡선으로 나타나는 편의도법으로 크게 나누어지는데, 원추도법은 지구를 평면에 투영하는 평면도법과 원추면에 투영하는 원추도법 및 원통면에 투영하는 원통도법으로 나눈다(표 13.1 참조).

표 13.1

	횡축법	비고
방위도법	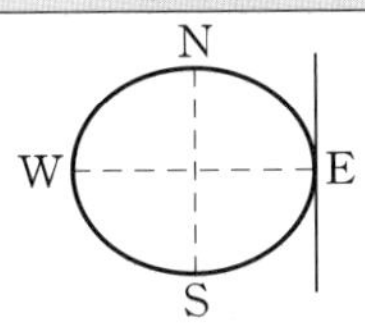	
원추도법	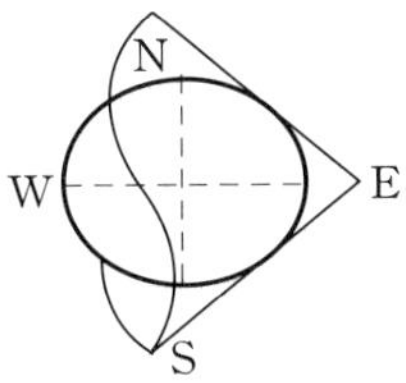	
원통도법	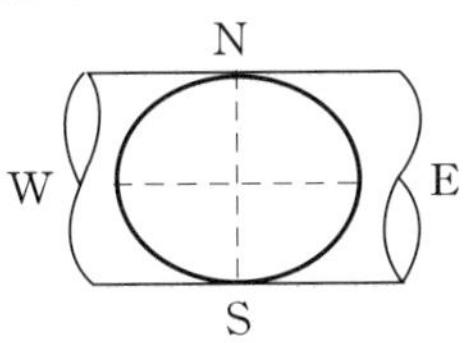	횡메르카토르도법

투영축에 따른 분류를 보면 투영면의 축과 지축이 일치하는 경우를 정축법(normal case)이라 하며, 투영축을 자유로이 이동시키면 정축법에서 원하는 지점을 중심으로 하는 변형형태를 만들 수 있다. 이를 사축법(oblique case)이라 하며, 시점이 임의이므로 유용하게 쓰인다. 그리고 투영축을 적도상으로 이동한

경우를 횡축법(transverse case)이라 하며, 그 대표적인 예는 횡메르카토르도법이다.

또한 성질에 의한 분류를 보면 모든 지점들이 어떤 성질을 갖느냐에 따라 등각도법(conformal projection), 등적도법(equal-area projection)으로 나눈다.

13.1.3 원통도법

원통도법(cylindrical projection)에는 등거리 · 등적 · 등각원통도법이 있으며, 경위도는 모두 직선으로 나타나고 투영식은 다음과 같다.

$$x = Rf(\lambda), \qquad y = Rf(\rho)$$

등거리원통도법은 방안도법이라고도 하는데 이 도법은 작도가 용이하며 전체적으로 변형이 적게 나타나므로 세계지도를 만드는 데 사용된다. 투영식은 다음과 같다.

$$x \equiv R\lambda, \qquad y = R\varphi$$

등적원통도법은 투시도법에서 정사도법과 동일한 원리로부터 유도되며, 정사원통도법이라고도 하고, 투영식은 다음과 같다.

$$x = R\lambda, \qquad y = r\sin\varphi$$

등각원통도법은 보통 메르카토르(Mercator)도법이라 하며 항정선(航程線; loxodrome)이 직선으로 표시되는 특징이 있어 항법상 많이 쓰이며, 투영식은 다음과 같다.

$$x = R\lambda \qquad y = 2.30258\,R\log\tan\left(45° + \frac{\varphi}{2}\right)$$

13.1.4 횡원통도법

원통도법(transverse cylindrical projection)은 적도에서 지구와 원통을 접하여 투영하는 것이므로 길이가 정확히 투영되는 곳은 적도 부근이다. 그러므로 어떤 경선을 따라 남북으로 긴 지역은 부적합하다. 이와 같은 지역에 대해서는 원통을 그 지역의 중앙을 통과하는 경선을 따라 투영하면 그 대권을 따라 길이가 정확히 투영된다. 이 경우 경선에 원통을 접하여 투영하는 방법을 횡원통도법(TM; traverse mercator)이라 한다.

정축원통도법이 적도로부터 위도가 높을수록 변형이 커지는 것과 같이 기준경선으로부터 멀어질수록 변형이 커지므로 대축척 또는 측량좌표계용 도법으로 이용할 경우에는 기준경선을 중앙에 놓고 그 양측에 투영하는 범위를 정한다.

가우스 이중투영은 타원체에서 구체로 등각투영하고, 구체로부터 평면으로 등각횡원통 투영하는 방법으로 두 번 투영한다는 뜻에서 이중투영이라 한다. 이와 같이 투영하면 회전타원체로부터 평면으로 투영되는 것과 같은 결과를 얻게 된다. 이 방법에는 지구 전체를 구에 투영하는 경우와 일부를 구에 투영하는 경우가 있으며 전자는 소축척의 지도에, 후자는 대축척도와 측량에 이용된다.

가우스 이중투영에 의한 계산식은 부록에 자세히 설명되어 있다.

13.2 위성측량의 개요

측점의 위치를 결정하는 데 삼각측량, 다각측량과 같이 각과 거리가 반드시 필요한 측량방법은 관측할 수 있는 시준거리의 한계 때문에 넓은 지역 또는 먼 거리의 측량에서는 많은 어려움이 따른다. 특히 먼 거리의 관측을 위해서는 꼭대기에 올라가야 하거나 높은 관측탑을 설치해야 하는 불편함이 있었다.

최근에는 첨단 항공우주산업과 전파기술의 발달로 인공위성으로부터 송신되는 신호를 수신기로 수신하여 측점의 3차원 위치를 결정하는 위성측량(global positioning system surveying) 방법이 개발되어 그 중요성이 점점 증대하고 있다.

위성측량은 인공위성으로부터 관측된 모든 자료를 이용해 지표면 또는 해상의 한 점에 대한 절대적 위치 또는 상대적 위치를 결정하는 방법을 말한다. 일반적으로 상대위치 결정법이 절대위치 결정법보다 더 활용성이 있으며 정밀도도 높다.

위성측량은 눈이 오거나 비가 오거나 또는 밤이나 낮이나 측점이 서로 보이거나 말거나 언제 어떤 상태에서든지 3차원 위치결정이 가능하다는 특징이 있다. 위성측량 방법은 전통적인 지상측량 방법에 비해 다음과 같은 특징이 있다.

먼저, 위성측량으로부터 얻어진 위치는 3차원좌표이다. 각과 거리를 관측하는 전통적인 측량방법에서는 평면좌표와 표고좌표를 분리하여 독립적으로 계산된다. 더욱이 평면기준점들은 산꼭대기에, 표고기준점들은 도로를 따라 평평한 곳에 위치한다. 그리고 전통적인 측량방법에서는 두 측점 간에 서로 시통이 되어야 하나 위성측량에서는 시통 여부가 필요 없으므로 원하는 곳이면 어느 곳이나 바로 기준점으로 사용할 수 있다는 것이다.

인공위성은 원래 군사적인 목적으로 개발되었으며 초기에는 수신장치의 부피가 크고 가격이 높았으며 관측시간도 상대적으로 길었고 정밀도도 낮았다. 그러나 오늘날에는 매우 효과적이고 정밀한 위성측량체계가 개발되어 군사적인 목적뿐 아니라 건설 분야에서도 그 중요성이 크게 높아지고 있다.

그림 13.2

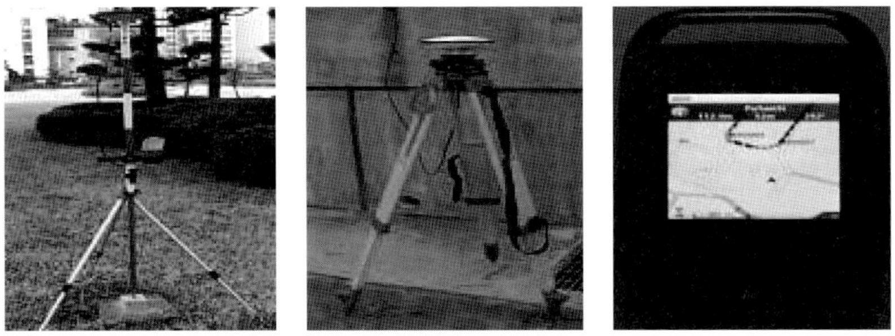

13.3 위성측량의 특징

위성측량은 일반측량과 달리 다음과 같은 특징을 갖고 있다.

① 지상 장애물의 시통에 관계없다. 일반측량은 측량기와 표적 간에 시통이 되어야만 측량이 가능하다. 그러나 GPS 측량은 위성과 시통만 되면 측량이 가능하다.

② 날씨와 밤낮에 관계없다. 광파측량기의 경우, 적외선 또는 가시역의 전파를 이용하여 거리를 측량하므로 시정 내의 장애물 등으로 인하여 가용거리가 대략 2.5~5 km 정도이다. 또한 안개, 비, 눈, 분진 등 날씨에 제약을 받고, 야간작업이 불가능하다. 그러나 GPS 측량은 거리뿐 아니라 비, 눈, 안개의 제약이 없고 24시간 작업이 가능하다.

③ 정밀한 시공이 가능하다. RTK는 측점설치가 가능한 측량기법으로서 망실된 기준점이나 도근점의 복원이 가능하며, 시공측량 때 점, 선, 호, 경사면의 측량이 가능하므로 정확한 시공이 가능하다.

④ 개인적인 오차가 적다. 일반적인 측량은 측량기의 시준상태에 따라 개인오차가 발생할 수 있으나 GPS 측량은 수신기에 스스로 수신되므로 개인오차가 발생할 기회가 적다.

13.4 위성측량의 구성

GPS는 현재 미국 로스앤젤레스 공군기지에 있는 종합통제소가 1973년 이래로 현재까지 다음 3개의 부분을 관장하고 있다.

NAVSTAR GPS는 지상관제 부문(control segment), 우주 부문(space segment), 사용자 부문(user segment)의 3개 부문으로 구성되어 있다. 각 구성요소에 대해서 자세히 살펴보자.

13.4.1 지상관제 부문

주관제소(master control segment)는 콜로라도 스프링스의 폴컨 공군기지에 있으며 5개의 무인 관제소를 세계에 설치했다. 그 위치는 그림 13.3과 같이 콜로라도 스프링스, 하와이, 어센션, 디아고 가르시아, 코저린이며 어센션, 디아고 가르시아, 코저린에는 무인 관제소가 함께 설치되어 있다.

또한, 어떠한 치명적인 고장이 발생할 경우를 대비하여 캘리포니아의 서니베일(Sunnyvale)과 메릴랜드(Maryland)의 록빌(Rockville)에 예비 주관제소를 설치했다.

무인 관제소에서는 모든 GPS 위성을 추적하여 위성으로부터 신호데이터를 수집한다. 수집된 자료를 이용하여 각 위성의 위치를 나타내는 궤도정보(ephemeris)와 위성에 탑재된 시각데이터를 평가하여 위성의 항로를 예측하고, 이 정보는 DSCS(defense satellite communication system)를 통하여 콜로라도 스프링스에 있는 주관제소로 보내지게 된다. 이것을 개념적으로 그림 13.3에 나타냈다.

그림 13.3
지상관제소 위치

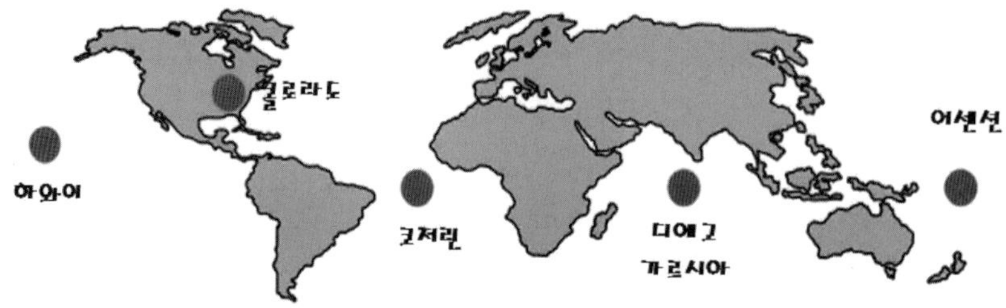

그림 13.4
수정된 오차의 전송경로

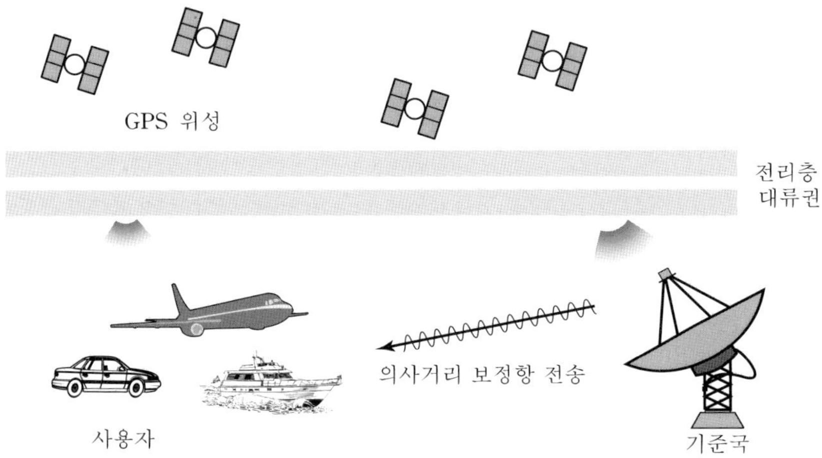

주관제소에서는 보정된 위치와 시각데이터를 주기적으로 지상안테나를 이용하여 각 위성으로 전송하며 각 위성은 보정된 데이터를 24시간 송출하여 최종 사용자가 이용할 수 있도록 함으로써 매 시간마다 위성의 위치와 시각에 대한 오차를 최소화했다.

위성의 개별 궤도정보를 ephemeris data라고 하며 GPS 위성측량을 실시한 후 수신된 데이터를 처리할 때 사용된다. 그리고 모든 위성의 궤도정보를 almanac data라고 하는데 이는 GPS 위성측량을 하기 위한 계획단계에서 관측의 최적 시간대를 선정하기 위해 사용한다.

또한, 위성측량 방법 중에서 항법을 위하여 실시간적으로 위치정보가 필요한 사용자는 방송 천측력(broadcast ephemeris) 데이터를 이용하여 위치를 결정하게 되고 정밀 1차, 2차 기준점 측량과 같은 측지기준점 측량 그리고 지각변동과 같은 정밀한 후처리를 하는 사용자의 경우 정밀 천측력(precise ephemeris) 데이터를 사용한다.

13.4.2 우주 부문

GPS 위성은 그림 13.4와 같이 명칭은 NAVSTAR이며 Rockwell International社에서 제작하였다. 중량은 약 900kg이며, 태양전지판을 전개했을 때 5m 정도의 크기이다. GPS 위성은 11개의 Block I 위성과 28개의 Block II 위성을 제작하였다.

Block I 위성의 경우 프로토타입(prototype)으로써 11개 중 1981년 12월 18일 7번 위성이 발사에 실패한 것을 제외하고는 총 10개의 위성이 발사에 성공하였으며 현재 10번 위성 1개가 작동하고 있다.

Block II 위성은 1989년 2월 14일 14번 위성이 처음으로 발사되었으며, 1996년 3월 28일 33번 위성까지 모두 발사에 성공하였다. 만약 Block Ⅱ 위성이 작동을 중지하게 되면 Block II R과 Block II F 위성으로 대체될 것이다.

Block Ⅲ 위성의 경우 차세대 위성으로 현재의 위성보다 많은 부분에서 개선이 될 것으로 예상된다. 여기에는 GPS 시스템을 보다 독립적으로 운용하기 위해, GPS 위성 간의 데이터를 전송할 수 있는 기능이 포함되도록 했다. 또한 자동항법(Auto-Nav) 기능에 의해 광범위한 지상추적 없이도 GPS 위성의 위치가 계산되도록 계획되었다.

현재 GPS 위성은 기본적으로 21개의 위성과 3개의 예비위성이 배치되어 모두 24개의 위성이 작동하고 있다. 위성은 고도 약 20,200km 상공에서 6개의 궤도로 운항하고 있으며 적도를 중심으로 55도 각도로 기울어져 있다. 각 궤도마다 60도 간격으로 4개의 위성이 배치되어 있고 위성의 공전주기는 약 24시간이다.

그림 13.5
GPS 위성

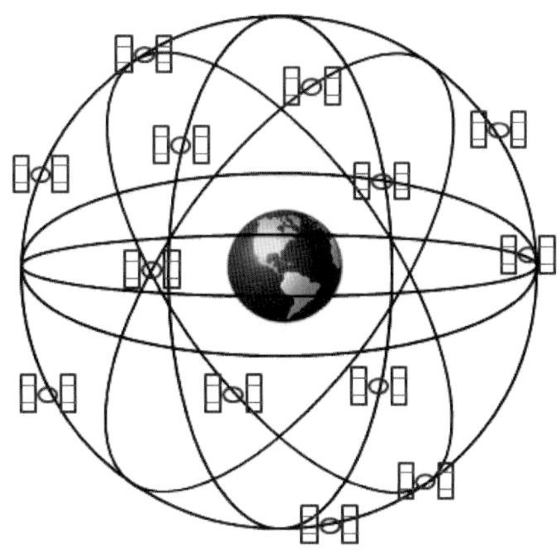

이러한 위성의 배치는 지상의 모든 장소에서 5개에서 8개의 위성을 항상 관측할 수 있게 하기 위한 것이다. 위성의 제작비용은 개당 약 4000만 달러이며 발사용 로켓인 Delta II호는 1억 달러, 시스템 전체 비용은 약 100억 달러 정도이다.

13.4.3 사용자 부문

GPS의 사용자 부문은 GPS 수신기와 사용자로 구성되어 있다. 사용자는 GPS 수신기와 안테나 그리고 해석용 소프트웨어를 가지고 있어야 하며, GPS 수신기는 위성신호를 수신하여 수신기의 위치, 속도, 시간정보로 변환해 준다.

위치(X, Y, Z)와 시간의 4차원 해석을 위해서는 4개의 위성이 필요하고, GPS 위성정보를 이용하여 각종 항법, 위치결정, 시간정보를 제공한다.

항법용 수신기는 그림 13.5와 같이 도로안내에 이용되며, 개인 휴대용으로 만들어져 조난구조용, 레저용으로 사용하고 있다.

그림 13.7의 GPS 상시 관측소는 기준점에 GPS 수신기를 설치하고 원격수신기에 대한 상대위치 자료와 수정량을 제공하는 방법으로 정밀위치를 결정할 수

그림 13.6
car navigation의 GPS 이용

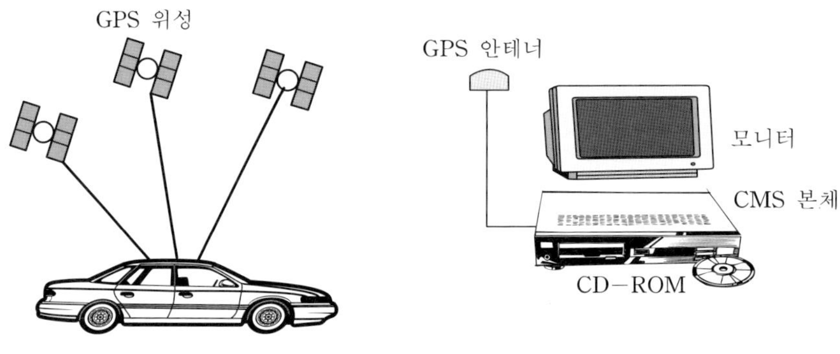

그림 13.7
GPS 상시 관측소

있으며 일반측량, 측지측량, 판구조 연구 등에 사용한다. 위성에 탑재된 정밀시계와 지상의 관제소에서 관제된 시간과 주파수를 이용하여 천문관측, 원격통신 시설, 그리고 특수 목적을 위한 GPS 수신기의 시간과 주파수를 정확하게 맞출 수 있다. 또한 GPS 위성신호는 대기권의 변수관측을 위해 사용되기도 한다.

13.5 위성측량의 신호

각각의 GPS 위성은 1575.42 MHz(1.57542 GHz)와 1227.60 MHz(1.2276 GHz)의 두 가지 라디오 주파수를 가진 L_1 및 L_2 반송파를 전송하고 있다. 이 라디오 반송파 신호는 pseudo-random, binary, bi-phase modulation code를 합친 것으로 PRN(pseudo-random noise) 코드라고 한다. 이것을 간단히 말하면 정규파의 위상(파의 상하 위치)을 앞뒤(bi-phase)로 변환시킴으로 변조시키고, dash dot dash dot …(2진수)와 같은 모스 부호의 일종으로 중요한 정보를 반송한다.

신호의 변조는 점(dot)과 선(dash)으로 이루어진 신호이며 매우 길고 복잡하기 때문에 이것이 무엇을 의미하는지는 알 수 없으나 만약 알고 있다면 아주 유용하므로 pseudo-random noise인 것이다.

GPS는 pseudo-random noise code string이 있는데 civil code라고 하는 C/A 코드(coarse acquisition code)와 P 코드(protected 또는 precise code)의 두 가지 코드로 전송하고 있다.

13.6 위성측량의 종류

13.6.1 절대위치법

절대위치법(absolute GPS)은 일반항법이나 군사용 독도법 그리고 광역 GIS를 위한 데이터 획득에 주로 이용된다. 실시간 처리 방식일 때 그 정도는 PPS를 사용할 경우 16 m, SPS를 사용할 경우 100 m가 된다. 후처리 방식을 사용할 경우 지구 중심을 기준으로 1~2.5 m 이내의 절대위치를 얻을 수 있으며 상시관측을 하는 상설 기준국의 경우에는 active control point의 개념으로 기준점 역할 그리고 과학적인 목적으로 지각판(plate)의 이동량을 관측하는 역할과 지진예측 등의 목적으로 사용된다.

13.6.2 상대위치법

상대위치법(differential GPS; DGPS)은 그림 13.9와 같이 정밀항법이나 그림 13.9와 같이 정밀기선측량에 주로 사용되는 기법이다.

C/A 코드를 이용할 경우 1~10 m , P 코드를 이용할 경우 1 m 이하, 반송파의 위상을 이용할 경우 1~20 cm의 정도로 위치를 결정할 수 있다.

이것을 관측방법별로 분류하면 그림 13.8과 같이 후처리(post processing) 과정을 통하여 정밀위치를 결정하는 방법과 실시간으로 위치를 결정하는 방법으로 크게 나눌 수 있다.

그림 13.8
DGPS 측량의 분류

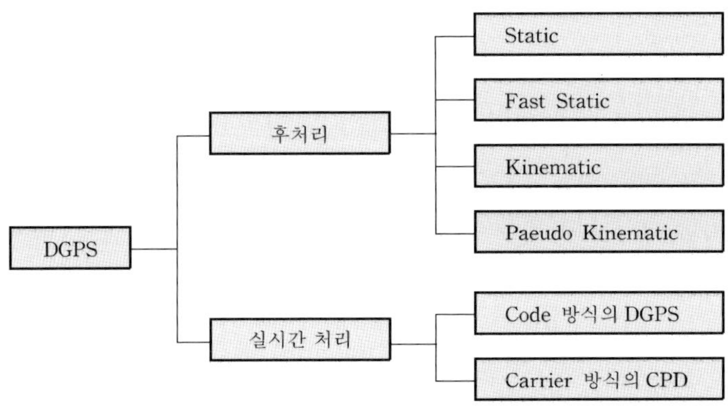

그림 13.9
정밀기선측량의 원리

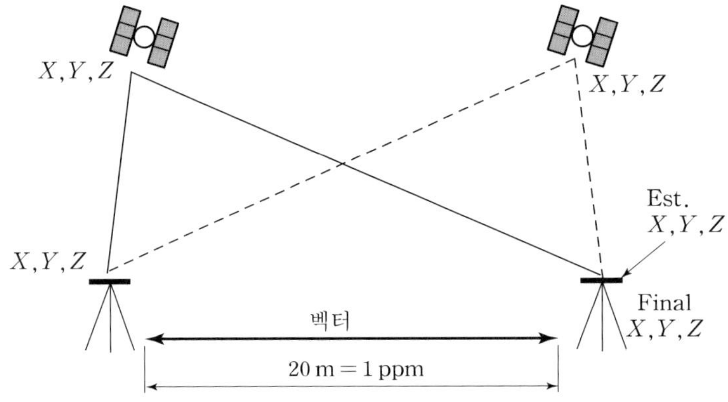

후처리 과정을 통하여 위치를 결정하는 측량방법으로 정지측량(fast static, short static, rapid static), 이동측량(kinematic), 유사이동측량(pseudo kinematic)으로 나눌 수 있으며, 실시간(real time)측량의 경우 코드방식과 캐리어(carrier)방식 측량법으로 분류할 수 있다. 이때 사용되는 신호의 종류에 따라 코드만을 사용하는 RTCM과 NMEA 그리고 캐리어방식의 CPD 등으로 나눌 수 있다. 일반적으로 정밀한 측량에 주로 사용되는 방법으로는 CPD에 의한 상대적 위치결정법을 사용한다.

GPS 측량은 일반측량과 동일한 방식으로 망을 형성하여 관측하게 된다. 이것을 세부적으로 작성한 것을 세션계획(session planning)이라고 한다. 또한 GPS 측량을 실시할 때는 항상 관측점의 명칭, 안테나의 높이, 로크 온(lock on) 위성개수, PDOP, 관측의 시작시간 및 종료시간, 그 외 특이 사항 등을 야장에 기록해야 한다.

[1] 정지(static)측량법

정지측량법은 정밀 1차, 2차 기준망을 구성할 때와 이동측량이 불가능한 지역에서 사용한다. 이 관측법의 특기사항은 다른 시간대에 반복하여 장시간 위성데이터를 수신함으로 다량의 데이터로 정밀도를 향상시킬 수 있다. 또한 정지측량법은 초장기선간섭계(VLBI; very long baseline interferometer) 관측법과 같이 동일한 시간대에 동시에 데이터를 수신해야 한다. 일반적으로 약 1시간 동안 위성데이터를 수신하게 되는데, 2주파 수신기의 경우 기선길이가 15 km 이내일 경우에는 데이터 수신간격을 10초 정도로 줄이고 세션 당 5~10분 정도의 관측시간으로도 10~25 mm 이내의 오차타원으로 정확한 위치를 결정할 수 있다.
정지측량의 경우 관측점 사이의 이동거리, 상공의 시계확보 및 위성의 배치상황, 인접 위성 장애물, 측량하려는 점간의 거리와 데이터 수신간격, 그리고 최근의 almanac데이터 등을 고려하여 세션계획을 수립해야 한다.

[2] 이동(kinematic)측량법

이동측량은 기지점에 설치한 기지국에서 연속적으로 위성자료를 수신하면서 동시에 이동 중인 이동국을 하나 또는 그 이상의 대수로 항상 수신기 전원을 켠 상태로 관측 예정점을 순회하면서 데이터를 수신하는 방법을 말한다. 일반적으로 이동국은 하나의 관측점 당 약 1분 정도 데이터를 수신한다. 물론 수신기에 미리 데이터 개수 12개, 수신간격 5초와 같이 설정해 두어야 한다.

관측을 시작하기에 앞서 위상의 모호성, 즉 초기정수를 확정하기 위하여 2~5분간 정지 모드로 위성 자료를 수신한 후 출발하도록 한다. OTF 기능의 출현으로 초기정수화 기구를 사용하여 안테나를 교체할 필요가 없으며 측량작업 기간 동안에는 계속하여 최소 로크 온(lock on) 위성개수가 4개 이상 확보되어야 하고 모호성(ambiguities) 수치는 항상 고정된 상태를 유지한다.

이동측량법은 상공의 시계가 양호한 지형에 적합하며 우리나라 대부분의 산악지역에서는 부적합하나 매립지나 해양공사 지역에서는 적합한 측량법이다. 북미지역은 헬리 키너메틱 기법을 이용하고 있으며 러시아의 위성인 글로나스(GLONASS)를 이용하게 될 경우 GPS+GLONASS 시스템으로 활용되어 산악지역에서의 정밀도와 정확도 향상이 크게 기대된다.

이동측량을 계획할 경우 고려사항으로는 최소의 로크 온 위성수를 확보하기 위하여 이동경로의 천정개방 현황이 좋아야 하고 관측예정지의 천정개방 상황이 좋아야 한다. 그리고 mission planning 모듈을 이용하여 최적 관측시간대를 선택하여 관측해야 하며 이동시간과 배터리 사용시간 등 세부계획을 수립해야 한다.

[3] 유사이동(pseudo kinematic)측량법

유사이동측량의 경우, 관측은 이동측량과 동일한 방법으로 실시하되 관측값의 처리는 정지측량법으로 한다.

데이터의 수신시간은 약 5분에서 10분 정도이며 위성의 기하학적 배치가 변경된 후, 즉 일반적으로 1~2시간 이후에 재관측함으로써 반복 관측한다. 특이사항은 위성의 로크 온 상태를 유지할 필요가 없다는 것이다. 유사이동측량법을 이용하여 측량할 경우에 고려해야 할 사항은 천정의 개방 현황 및 위성 출현 개수 및 경로 이동시간의 합계 등이다.

13.6.3 실시간 위치결정법

후처리 과정으로 위치를 결정하는 일반적인 GPS 위성측량방법은 높은 정도의 성과를 얻을 수 있으므로 기준점측량에 주로 사용되고 있지만, 많은 데이터의

그림 13.10
실시간 GPS 위성측량의 개념

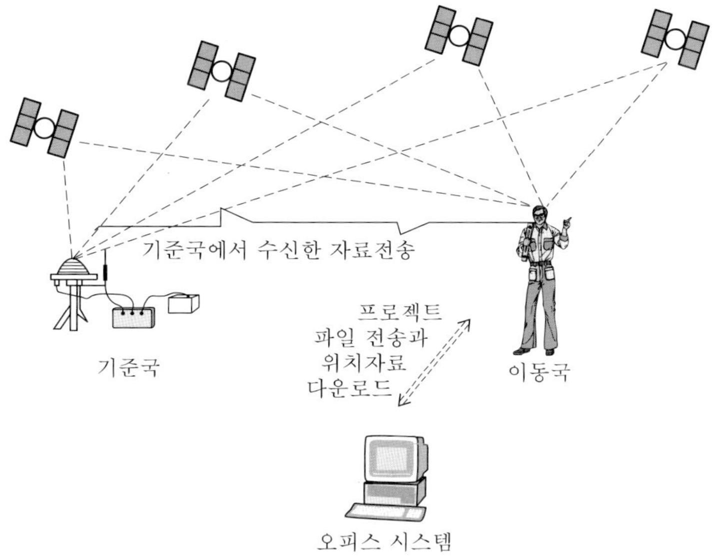

편집과 수정이 필요하다. 그리고 세부측량을 위한 다수의 데이터가 필요한 측량의 경우 1점당 10분에서 60분 정도 소요되므로 불편한 점이 많다.

이러한 여러 가지 단점들 때문에 현장에서 직접 눈으로 성과를 확인하는 기법이 필요하게 되었다. 이것이 실시간 GPS 위성측량방법으로 그림 13.10과 같이 기지국을 중심으로 모뎀을 이용하여 이동국에 그 오차량을 전송함으로써 이동국의 위치정도를 향상시키는 방법이다.

실시간 GPS 위성측량의 주 구성요소는 기지국과 이동국으로 구성되어 있으며 각각의 구성요소를 살펴보면 기지국은 위성신호를 수신하는 위성안테나와 기지좌표성과의 차이를 발견하고 그 차이값을 모뎀을 통하여 이동국으로 전송하기 위해 신호를 증폭시키는 앰프로 구성되어 있다. 이동국은 기지국에서 발송되는 전파를 수신할 수 있는 안테나와 위성신호를 수신할 수 있는 안테나, 그리고 관측점에 대한 자료입력을 위한 데이터 컨트롤러(controller)로 구성되어 있다.

실시간 GPS 위성측량은 현장에서 포터블 컴퓨터 기술인 전자평판과 조합할 경우 관측과 동시에 실시간적으로 도면을 작성할 수 있어 세부현황 측량에 유용하게 사용할 수 있다. 실시간 GPS 위성측량방법의 장점을 살펴보면 표 13.2와 같다.

실시간 GPS 위성측량은 크게 세 가지의 방법으로 자료를 획득할 수 있다. 첫째는 연속추적모드(trajectory)로 일정한 거리 및 일정시간마다 데이터를 수집하는 방법을 말한다. 둘째, 일시정지모드(quasi static)와 정지모드(static)로 단점 측량에 유리하며, 셋째 커브모드(curve)로 선형추적에 유리한 점이 있다.

표 13.2 실시간 GPS 측량의 장점

항 목	내 용
정 밀 도	후처리 결과보다 정도는 낮으나 mm급, cm급 정밀도
관측시간	빠른 시간 관측 가능
측량인원	1명
활용분야	이동측량, 경계복원, 측량 자동 시스템 구축

[1] 연속추적모드

일정시간이 경과하면 자동으로 데이터를 수집하는 방법(timed sequence data collection)으로 차량에 장착하여 자동적으로 데이터를 수집함으로써 수치지형 모델(digital terrain model) 생성을 위한 자료수집 및 GIS 기본도 작성을 위한 자료수집에 유용하다. 그리고 도로 선형 등의 측량에 유리하기 때문에 기본설계와 실시설계의 중복요인을 없앨 수 있는 장점이 있다.

[2] 일시정지모드와 정지모드

측량사가 측량폴을 직접 들고 다니면서 필요 지점에 대한 위치정보를 획득하는 방법이다. 지상표지에 연직을 이루도록 측량폴을 설치하고 각각의 관측점에서 계획된 데이터 수가 수신되면 다음 관측점으로 이동하는 방법으로 각 관측점을 지도부호 예를 들면, 전주, 맨홀, 표지판 등으로 기록함으로써 현황작성 및 도로의 경계선, 관로 등의 선형시설물 관측에 유리하다.

[3] 곡선모드

곡선상의 3점을 취득하여 곡선의 현황을 작성하기 위한 것으로 곡선의 시점 및 곡선부상의 임의의 점 및 곡선종점 관측에 유리하다.

상기와 같은 관측방법으로 실시간 GPS 위성측량을 실시할 경우 세부 점검사항과 기본 숙지사항을 살펴보면 작업가능지역은 표고정확도 20 mm를 제한값으로 가정하여 기지국을 중심으로 반지름 1 km 이내로 하며, 기지국에는 평균해면고

(MSL height)를 적용하고, 초기정수화 수치를 연속적으로 모뎀을 이용하여 관제하며 이동국에서 수신할 수 있도록 한다. 이러한 측량방식은 모든 반송파를 사용할 수 있는 CPD 모드가 가능한 장비를 사용한다. 그리고 RMS의 제한값을 자동으로 검색하여 그 한계를 초과하는 오차를 보일 경우 자동적으로 제거하도록 한다.

13.7 DGPS의 종류

13.7.1 후처리 DGPS

신설도로를 지도에 삽입하고자 할 때는 관측을 먼저 하고 이때 저장했던 측량자료를 후처리(post processing)하여 위치를 계산할 경우도 있다. 이때 이동하는 수신기는 위성신호의 수신자료와 시간만 저장하며 기준국은 동시에 보정값들을 계산하여 저장한다.

측량이 종료된 후 자료를 보정값을 이용하여 후처리하면 정밀한 위치정보를 획득할 수 있다. 이럴 경우 기준수신기와 이동수신기 간의 전파를 이용한 연결(radio link)은 필요하지 않으며 근처에 직접 보정값을 받을 수 있는 기지국이 없어도 가능하다. 현재 인터넷을 이용한 보정값 전송방법을 활발히 연구하고 있다.

2개의 수신기는 같은 시간에 같은 인공위성으로부터 자료를 수신 받아야 한다. 이동수신기에서 자료가 다 모아지면 기준수신기는 작동을 멈추고 두 수신

표 13.3 후처리 방법

측량방식	정지측량		신속정지측량		이동측량	
	1주파 수신기	2주파 수신기	1주파 수신기	2주파 수신기	stop과 go	연속이동
측량소요시간	1시간 이상	1시간 이상	4개 위성-10~20분 5개 위성-20분 이상	4개 위성-10~20분 5개 위성-20분 이상	5분 이내	1초
정밀도	mm	mm	cm	cm	cm	cm
이용관측요소	C/A코드 L1 위상자료	C/A코드 L1 위상자료 L1/L2 교차상관 L2 위상자료	C/A코드 L1 위상자료	C/A코드 L1 위상자료 L1/L2 교차상관 L2 위상자료	C/A코드 L1 위상자료	C/A코드 L1 위상자료

기에서 모아진 자료는 컴퓨터로 다운로드 된다. 이때 다운로드 된 자료는 수신기 제작 회사별로 형식이 다름으로 각 회사의 다른 형식에 상관없이 이용할 수 있는 RINEX(receiver independent exchange) 표준형식으로 바뀌서 전송된다. 후처리를 해야만 DGPS 위치를 얻을 수 있기 때문에 GIS용 데이터 취득에 이용되며, 수도관, 가스관, 전신주 조사 등에도 손쉽게 이용할 수 있다.

13.7.2 실시간 DGPS

기본적 개념은 후처리 DGPS와 같지만 차이점은 후처리 중 2개의 수신기에서 수신된 데이터가 나중에 프로세싱을 위해 다운로드 되는 것과 달리 수신기가 수신을 받는 즉시 기준수신기는 보정값을 계산해서 바로 이동수신기로 전송을 한다. 현장에서 정확한 위치를 구할 수 있기 때문에 해양측량, 도로 보수공사, 지하매설물 보수공사 등의 분야에 응용된다.

이때 기준수신기에서 이동수신기로 전송방법은 라디오 수신기를 통하거나 전송시간은 빠르나 비용이 많이 드는 셀룰러(Cellular) 전화선을 통해서 전송하는 방법이 있다. 실시간(real time) DGPS에서 가장 널리 사용되는 표준형식을 RTCM SC-104(maritime service special committee 104) 또는 간단히 RTCM이라고 한다.

13.7.3 Inverted DGPS

여러 대의 차량들을 운영하고 있고 매 순간마다 각 차량들이 어디에 위치해 있는지를 비교적 정확하게 알고 싶은 경우 가장 쉬운 방법은 각 차량마다 DGPS 수신기를 장착하고 매순간 자신의 정확한 위치정보를 관리국에 전송하는 것이다. 그러나 DGPS가 가능한 수신기의 단가가 매우 비싸기 때문에 전 차량에 설치하는 데는 많은 비용이 소요된다. 좀 더 저렴한 방법으로 이런 체계를 가능하게 하기 위해 고안된 방법이 inverted DGPS이다.

각 차량에는 일반 GPS 수신기를 장착하되 매 순간 각 차량은 자신의 위치정보를 관리국에 전송하게 된다. 이때 관리국에 DGPS의 기준이 되는 수신기가 설치되어 있다면 각 버스에서 전송한 위치자료를 보정할 수 있고 보정된 정확한 각 버스들의 위치정보를 지도에 표현할 수 있다. 이런 체계를 구축하는 데는 차량수만큼의 일반수신기와 차량에서 관리국까지의 전송시스템, 1대의 기준수신기와 보정값을 계산하는 데 필요한 컴퓨터가 필요하므로 모든 차량에 DGPS 수신기를 장착하는 것보다는 훨씬 저렴하다.

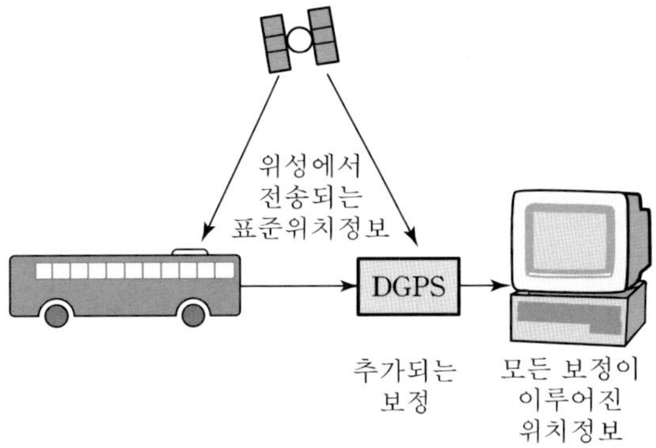

그림 13.11
inverted DGPS

13.8 기존 측량방식의 비교

기존의 측량방법과 GPS 위성측량 방법의 가장 큰 차이점은 지상에서 관측하고자 하는 제점 간의 상호 시통성 확보에 있으며, 표 13.4에 비교하였다.

표 13.4 기존 측량방식과 GPS 측량방식의 차이점

구분	기존 측량방식	GPS 위성측량방식
차원	1차원 또는 2차원(total station 제외)	4차원
기후의 영향	날씨에 제약을 받음	영향이 거의 없음
시준선	지상에서 반드시 확보	상공 시야의 확보
오차	작업자에 따른 개인오차 발생	개인오차가 없는 고정도의 성과 유지
좌표계	서로 다른 표준 좌표계	표준화 달성, WGS84와 PE90
소요 예산	과다	기존방식 기준의 20~50%
내업 및 계산	전문 기능인 필요	초보자 교육수료 후 단순 운용
품질관리	외업 중 품질관리 불가능	외·내업 시 품질관리 가능
투입 인력	노동집약적	1인 시스템 가능
정보화 전망	정보산업화의 어려움	측량정보산업화의 지름길

13.9 GPS의 오차

발생하는 오차 중 가장 큰 오차는 AS와 SA를 들 수 있으며, 그 이외에도 오차의 원인을 살펴보면 표 13.5와 같이 분류할 수 있다. 위성의 시계오차는 지상관제 부문에 의해 수정되지 않은 상태의 오차이며, 대류권오차는 지표에서 8~13km 사이에서 발생한다. 그리고 전리층은 지표에서 50~200km 사이에서 오차가 발생한다.

표 13.5 오차의 원인 및 오차량

오차의 원인 및 내용	오차량	비고
위성의 시계오차	0~1.5 m	DGPS로 오차소거
위성의 궤도정보오차	1~1.5 m	DGPS로 오차소거
대류권오차	0~30 m	대기굴절모델 이용
전리층오차	0~30 m	DGPS로 오차소거
수신기의 잡음	0~10 m	
multipath	0~1 m	

13.9.1 전리층·대류권 굴절오차

위성신호가 대기권을 통과할 때 온도나 기압 또는 대기 중의 수증기 밀도에 의해 신호의 굴절 및 속도가 감소됨으로써 오차가 발생하게 된다. 반송되는 라디오파의 속도는 빛의 속도인 300,000 km/s이다. 그러나 이것은 진공상태에서의 속도이지 엄격히 말하자면 대기권에서는 그렇지 않다. 따라서 위성신호는 지구의 약 300 km에 달하는 대기권을 통과하여 전달되고 있기 때문에 전리층과 대류권으로 인하여 장애를 받게 되어 오차를 발생시킨다.

그림 13.12와 같이 전리층은 50 km에서 200 km 상공에 위치한 전자입자가 있는 층이며, 대류권은 대기권으로 그 범위는 약 8 km에서 13 km이다. 이러한 각각의 층이 라디오파의 속도를 지연시킨다. 이러한 것들로 인하여 아주 작지만 심각한 휨현상이 생기게 된다. 이러한 라디오파의 휘는 현상을 굴절(refraction)이라고 하며 보다 큰 문제는 전리층이나 대류권이 각각 달리 굴절한다는 것이다. 전리층은 전자입자로 형성되어 있기 때문에 입사되는 신호가 방해를 받는다. 대류권은 수증기로 인하여 단지 그 비율이 다를 뿐 동일한 영향을 받는다. 이러한 문제들은

그림 13.12
전리층 및 대류권에
의한 위성신호의 굴절

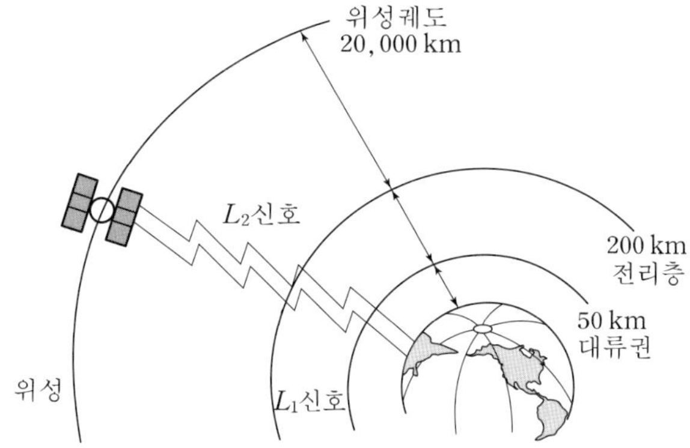

위성이 저고도일 때 영향이 크다. 위성 고도각이 낮을 때에는 고도각이 높을 때보다 전리층이나 대류권이 넓게 분포되기 때문에 지구에 도착하기까지 시간이 많이 소요된다. 그리고 대기의 변화에 따라 굴절도 변한다.

이러한 현상으로 인한 문제를 해결하기 위한 두 가지 방법이 있다. 첫째는 위성의 NAV-msg에 대기굴절모델을 부가시킴으로써 오차의 50~70%를 보정할 수 있다. 전리층굴절에 대한 보다 효과적인 방법은 L_1과 L_2 파 신호를 동시에 수신할 수 있는 2주파 수신기를 이용하여 동시에 관측하는 것이다. 굴절의 정도에 따라 라디오파의 형태는 반대로 그 주파수에 비례하게 되고 동일한 시각에 동일한 대기권을 통과하여 전송된 두 가지 다른 주파수를 이용하여 굴절이 어느 정도 이루어졌는지를 쉽게 계산할 수 있기 때문에 보정할 수 있다. 그러나 대류권에서의 굴절은 이러한 주파수에 의존하지 않기 때문에 이러한 방법으로는 보정할 수 없다.

13.9.2 위성의 입사각

2주파 수신기를 이용하면 실질적으로 전리층에 의한 굴절문제를 제거할 수 있지만 아주 가격이 비싸다. 보다 일반적으로 사용되고 있는 단주파 수신기(L_1 밴드만을 수신하는 수신기)를 가지고도 이러한 문제를 최소화할 수 있는데 그 방법이 위성의 마스크 각도를 이용하는 것이다. 거의 모든 GPS 수신기는 가격이 저렴하든 아니든 간에 마스크 각도를 세팅해 주어야 한다. 이것은 그림 13.13과 같이 사용자가 지정한 각도 이하의 위성의 신호는 받지 않겠다는 것을 의미하는데 가장 전형적인 입사각도(mask angle)는 일반적으로 10~15° 이다.

이것의 결점은 입사각도를 너무 높게 설정하게 되면 최소 4개의 위성을 관측할 수 없게 되는 경우가 발생할 수 있으며, 일반적으로는 15°에서 최고 20°까지의 입사각도를 유지하는 것이 좋다. 현재 미국방성의 GPS에 소속된 NAVSTAR위성 배치는 완료된 상태이므로 정도가 높은 위치결정을 하기 위한 적합한 시간대를 예상할 수 있다.

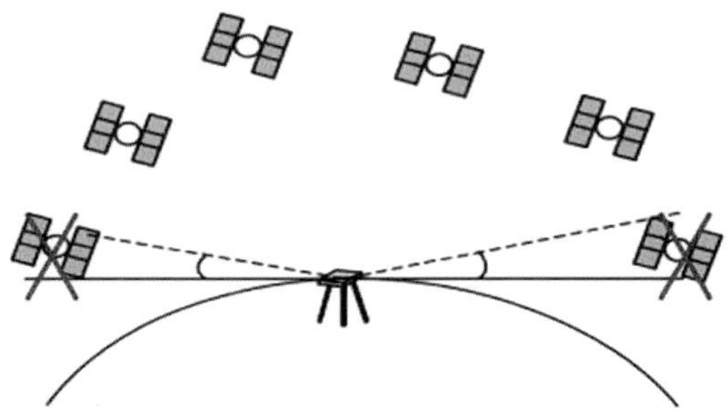

그림 13.13
위성의 입사각도

13.9.3 다중경로 오차

위성신호의 오차원인에서 상대적으로 작은 부분을 차지하는 것이 다중경로(multi-path)이며, 다중경로는 반사된 위성신호를 수신하는 것이다.

수신기는 위성으로부터의 신호를 바로 받는 것과 주위의 물건에 의해 반사되어 돌아오는 신호가 동시에 수신되는 것이다.

여기에서의 문제는 그림 13.14와 같이 위성에서 수신기까지의 거리계산에서 그 신호가 반사되어 옴으로써 직접 수신되는 거리보다 반사되어 수신된 거리가 더 길어진다는 것이다. 이것은 거리관측에서 저급수신기의 경우에 매우 혼란스러우며 부정확한 위치를 나타낸다.

대부분의 수신기는 보기(seeing) 기능이 있어 정확한 것과 부정확한 위성신호를 비교할 수 있으므로 반사된 멀티패스(multi-path) 신호는 보다 긴 궤적을 나타내기 때문에 몇 초 후에 조금씩 도착하게 된다. 그리고 직접 수신 받은 신호보다 그 무리가 작다. 이러한 두 가지 신호를 구별함으로써 하나는 옳고 나머지는 그르다는 것을 알 수 있다.

지도 제작이나 측량을 위한 수신기는 반지향성인 지상평면 안테나를 사용하는데 이는 수신기가 다루어야 할 멀티패스의 정도를 줄이기 위한 것이다. 반지

그림 13.14
다중경로

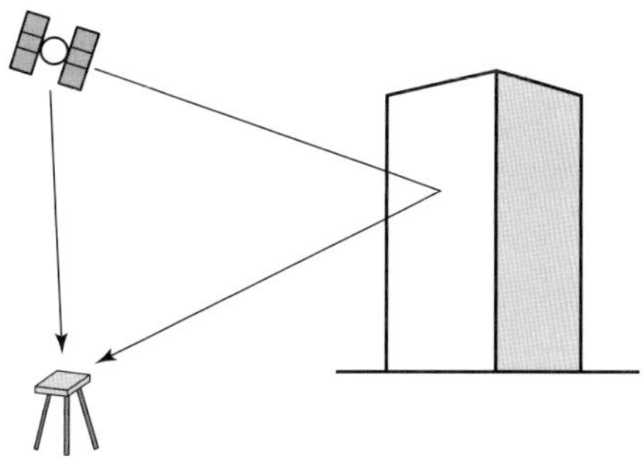

향성 안테나는 지구의 표면에 정접하는 것보다 낮은 모든 신호를 차단한다. 즉, 상향으로 진행되는 것은 선택적으로 차단한다는 것이다. 이것은 일반적으로 알루미늄 재질의 규격이 큰 평면 형태(지름 20~30 cm)로 수신기 상부에 설치되어 있다. 멀티패스는 수신기 안테나의 발생 위치에 따라 상부와 하부의 2종류로 나눌 수 있고 발생 위치에 따라 처리방법도 달라진다. 수신기 하부에서 발생한 반사파는 초크 링(choke ring) 형태의 안테나를 사용하여 처리할 수 있도록 single depth와 dual depth 형태로 구분된다. 그리고 수신기 상부에서 발생된 멀티패스는 여러 종류의 신호처리 방식을 사용하고 있다.

13.9.4 DOP

GPS 위성측량에서 위성의 시계오차, 위성궤도 정보오차, 전리층과 대류권의 굴절오차, 수신기 잡음, 멀티패스에 의한 오차, 그리고 가장 영향이 많은 S/A 등과 같은 여러 가지 오차원으로부터 모든 형태의 GPS 위치결정 정도가 떨어지게 된다.

오차는 각 요소로 발생되는 오차의 합으로 이루어지기 때문에 결국 오차의 합은 증가하게 된다. 이러한 오차를 최소한으로 하기 위하여 위성의 배치상황 등 여러 요소를 고려하여 최적의 GPS 위성관측 시간대를 결정할 수 있다. 그 기준이 되는 것이 DOP(dilution of precision)로 1에서 6까지의 수치로 나타내고 있다. 이러한 DOP의 수치가 낮을수록 위성의 기하배치가 좋기 때문에 그림 13.15(a)와 같이 위치의 모호성을 나타내는 겹치는 부분의 면적이 작으면 높은 정도를 얻을 수 있고 (b)와 같이 그 수치가 높을수록 정도는 떨어진다.

DOP의 종류를 살펴보면 전체적인 DOP를 나타내는 GDOP(geometric dilution of precision)가 있고, 가장 일반적으로 사용되는 3차원의 정도를 나타내는

그림 13.15
위성의 기하배치(DOP)

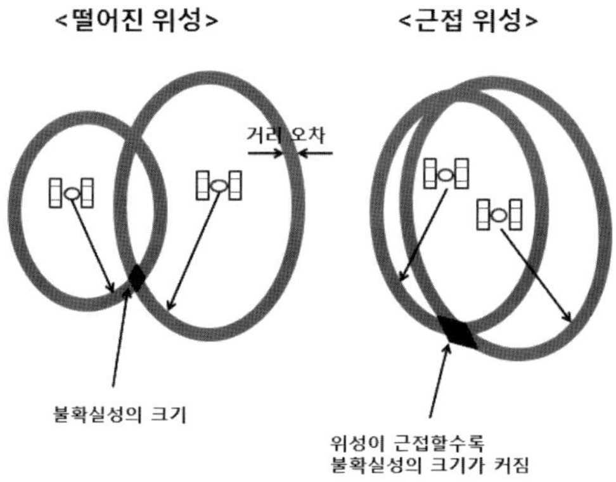

(a) (b)

PDOP(precision dilution of precision)와 2차원의 수평면에 대한 정도를 나타내는 HDOP(horizontal dilution of precision)이 있다. HDOP은 수직(높이)에 대한 고려를 하지 않기 때문에 PDOP에 비하여 상대적으로 낮은 수치를 나타낸다.

그리고 단지 높이에 대한 고려만 하는 VDOP(vertical dilution of precision)와 시간에 대한 TDOP(time dilution of precision)가 있다.

이러한 DOP의 수치는 표 13.6과 같이 그 수치가 2 이하인 경우가 가장 좋으나 이러한 위성배치는 좀처럼 이루어지지 않는다. 일반적으로 2~3 정도의 DOP 수치가 나타나면 아주 좋은 상태라고 판단해도 되고, DOP의 수치가 4 이하인 경우에는 사용하고 있는 장비의 정도로 관측을 실시할 수 있다.

DOP의 수치가 4 또는 5의 경우에는 보통의 경우로 아주 정도가 좋은 장비에 한하여 사용할 수 있으며, 6인 경우에는 일반적으로 항법용으로 사용할 수 있는 아주 낮은 정도의 자료를 수집할 수 있다. 그러나 DOP의 수치가 6을 초과하게 되면 위성신호를 수신할 수 있더라도 정확도는 크게 떨어진다.

표 13.6 DOP 수치별 관측정도

정 도	DOP 수치
아주 양호	1~3
양 호	4~5
보 통	6
나 쁨	> 6

Chapter_13

연습문제

13-1 위성측량에 대해 설명하시오.

13-2 위성측량의 특징에 대해 서술하시오.

13-3 위성측량의 구성에 대해 설명하시오.

13-4 위성측량의 신호에 대해 설명하시오.

13-5 기존 측량식의 비교에 대해 설명하시오.

13-6 GPS의 오차에 대해 서술하시오.

13-7 기종이 서로 다른 GPS 수신기를 혼합하여 관측하였을 경우 수집된 GPS 데이터의 기선 해석이 용이하도록 고안된 세계표준의 GPS 데이터 자료형식은 무엇인가?

13-8 RTK-GPS를 이용한 지형측량 시 고려해야 하는 사항을 설명하시오.

13-9 측점 간의 시통이 불필요하고 24시간 상시 높은 정밀도로 3차원 위치측정이 가능하며, 실시간측정이 가능하여 항법용으로 활용되는 측량 방법을 설명하시오.

CHAPTER 14

사진측량

이 장에서는 항공사진측량의 특성, 분류, 성질과 수치지도 그리고 사진판독을 다룬다.

14.1 개요

사진측량(Aerial photogrammetry)은 측정하고자 하는 대상을 사진으로 기록하여 정량적, 정성적으로 해석하는 학문이다.

일반측량과 달리 정량적, 정성적 해석이 가능하여, 정확도가 균일하며 움직이는 물체 또는 접근이 어려운 지역의 측량을 할 수 있다. 또한 축척변경이 쉬우며, 분업화로 작업능률이 높고, 측량지역이 넓을수록 경제적인 특성을 갖고 있다. 허용오차범위는 다음 표 14.1과 같다.

표 14.1 항공사진측량의 오차

구분	허용오차
평면	(10~30 μm)×축척 분모수
수직	(0.1~0.2 ‰)×촬영고도

우리나라에서 사진축척 1/6,000로 제작되는 1/1,200 항측도를 보면

$$평면 : 30\times10^{-6} \times 6,000=0.18 \Rightarrow 18\text{cm}\ (최소\ 6\text{ cm})$$

$$수직 : 0.2‰ \times 900=0.18 \Rightarrow 18\text{cm}\ (최소\ 9\text{ cm})$$

으로 수치지도 작성규칙에 보면 평면위치(최대오차 30 cm), 수직위치(최대오차 40 cm)로 되어 있고, 수치도화의 축척별 오차의 허용범위는 표 14.2와 같다.

표 14.2 수치도화 허용범위

도화축척	표준편차		최대오차	
	평면위치	표고점	평면위치	표고점
1/1,000	0.2 m	0.15 m	0.4 m	0.3 m
1/5,000	1.0 m	0.5 m	2.0 m	1.0 m
1/25,000	5.0 m	1.5 m	10.0 m	3.0 m

한편, 항공사진 촬영을 해야 하므로 항공기 구입 등의 시설비용이 많이 소요되고, 촬영 후 지상물체의 식별이 곤란하면 현지에서 재래적인 방법으로 측량을 해야 한다.

항공사진은 촬영방향에 따라 수직사진(vertical photograph), 경사사진(oblique photograph), 수평사진(horizontal photograph)으로 나눈다. 수직사진과 경사사진은 카메라 경사각 3° 이내를 기준하며, 수평사진은 지상에서 광축이 지평선과 일치되도록 촬영한 사진이다.

촬영위치에 따라 항공사진, 지상사진, 수중사진, 원격탐사, 비지형 사진으로 분류한다. 항공사진으로 수치지도 등 지형도를 제작하며, 지상사진은 구조물 변위 및 문화재 등을 조사한다. 원격탐사(remote sensing)는 주로 인공위성 영상 해석을 하며, 비지형 사진은 지형도 제작 이외의 의학, 고고학 등에 응용된다.

항공사진 축척분류의 경우 특별한 기준은 없으나 대축척은 1/2,500～1/3,000, 중축척 1/5,000～1/25,000, 소축척 1/50,000～1/100,000이 있다.

항공사진 촬영카메라는 일반도화 및 판독용은 광각사진기(wide angle)로 렌즈 피사각 90°, 초점거리 153mm, 사진크기 23×23cm, 필름길이는 120m이다.

14.2 항공사진의 기하학적 성질

14.2.1 중심투영

사진은 대상물의 반사된 빛이 렌즈중심을 통과하여 필름에 투영되며, 사진 상에는 사진중심에서 방사상으로 변위를 갖는데 이러한 투영을 중심투영(central projection)이라 한다.

지도의 경우 지상물체와 수직으로 대응되는 정사투영인 것을 알 수 있다.

그림 14.1
중심투영

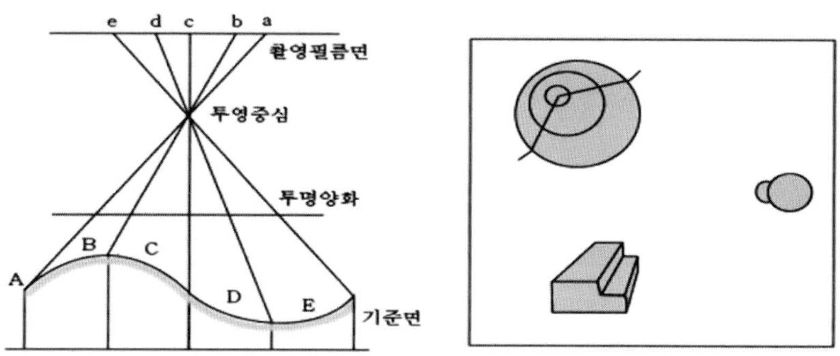

14.2.2 항공사진 특수 3점

항공사진의 기하학적 성질을 설명할 수 있는 주요한 점은 주점, 연직점, 등각점으로 이를 항공사진의 특수 3점이라 한다.

주점(principle point)은 사진의 중심점으로 투영중심에서 사진에 내린 수선의 발로서 사진지표(fiducial mark)의 대각선이 만나는 점(P)이다.

연직점(nadir point)은 렌즈중심을 지나는 연직선이 사진 면과 만나는 점(N)이며, 등각점(isocenter)은 주점과 연직점을 이루는 선분의 2등분선이 만나는 점(J)이다. 항공사진이 완전 수직사진일 때 특수 3점은 사진 상에서 모두 한 점이 되는 것을 알 수 있다.

$$\text{연직점 } pn = f\tan i \tag{14.1}$$

$$\text{등각점 } pj = f\tan\frac{i}{2} \tag{14.2}$$

여기서, i: 경사, f: 초점거리

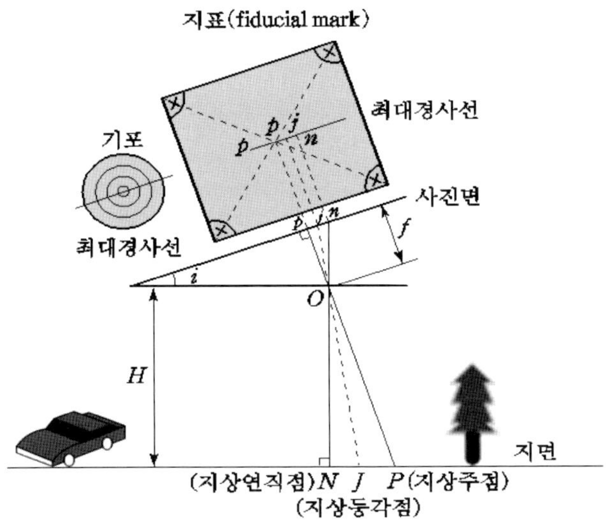

그림 14.2
항공사진의 특수 3점

14.2.3 기복변위

평지에서 일정 높이를 갖는 경우 중심투영의 성질 때문에 사진에서는 사진중심으로부터 멀어질수록 방사상의 변위가 생기는데 이를 기복변위(relief displacement)라 한다.

그림 14.3에서 A점은 정사투영인 지도상에 a점으로 나타난다.

$\triangle OP'N \backsim \triangle Opn$과 $\triangle OP'A \backsim \triangle Opa$에서

$$\frac{h}{\Delta R} = \frac{f}{r}, \quad \frac{\Delta R}{H} = \frac{\Delta r}{f}$$

$$\therefore \quad h = \frac{\Delta r}{r} \cdot H \tag{14.3}$$

여기서, Δr: 기복변위량 　　h: 비고
　　　H: 촬영고도 　　r: 주점으로부터의 거리

식 (14.3)에서 촬영고도, 기복변위량, 주점에서 거리를 알면 굴뚝이나 건물의 높이를 구할 수 있다. 이와 같이 한 장의 사진(단사진)을 가지고 항공사진측량으로 구조물의 높이를 구한다.

그림 14.3
기복변위

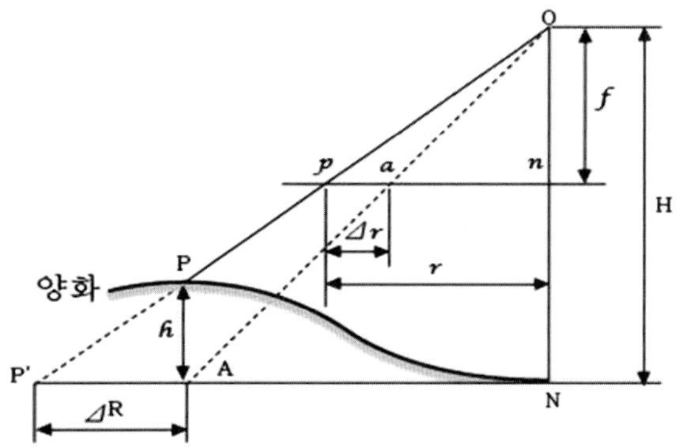

| 예제 14-1 |

촬영고도 900m에서 촬영한 사진 상에 굴뚝의 윗부분이 주점으로부터 80mm 떨어져 나타나 있으며, 굴뚝의 변위가 7.15mm일 때 굴뚝의 높이는 얼마인가 ?

풀이

$$h = \frac{\Delta r}{r} \cdot H = \frac{7.15}{80} \times 900 = 80.44 \text{ m}$$

14.2.4 회전변환

사진측량에서는 3축 방향으로 경사진 좌표계를 기준좌표계로 변환하기 위해서

는 3축(x, y, z) 방향에 대한 회전변환이 필요하며 x, y, z에 대한 각각의 회전각을 ω, ψ, κ라 하며, 그 회전행렬은 그림 14.4와 같다. x축은 비행방향, y축은 수평날개방향, z축은 천정방향이다.

그림 14.4
회전변환

* ω(omega), ϕ(phi), κ(kapha)

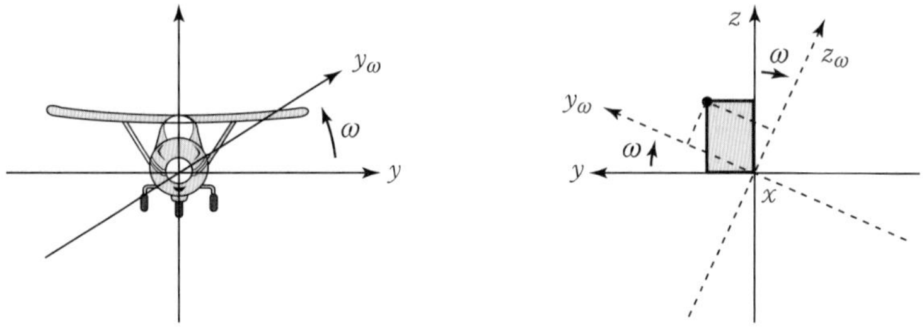

(a) x축 둘레의 회전

$$\begin{bmatrix} x_w \\ y_w \\ z_w \end{bmatrix} = \begin{bmatrix} 1 & 0 & 0 \\ 0 & \cos\omega & \sin\omega \\ 0 & -\sin\omega & \cos\omega \end{bmatrix} = \begin{bmatrix} x \\ y \\ -c \end{bmatrix} = R_\omega \begin{bmatrix} x \\ y \\ -c \end{bmatrix}$$

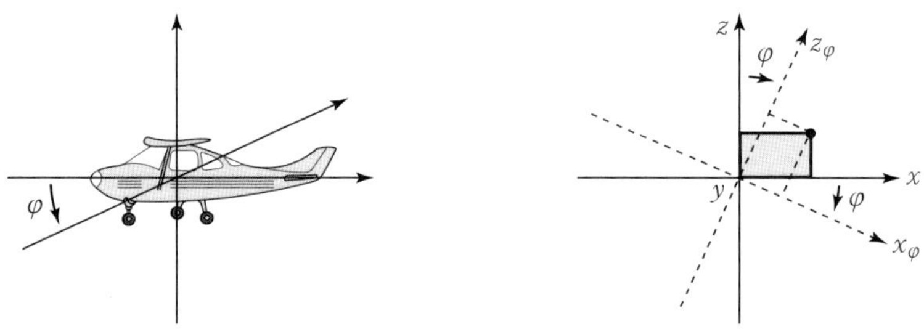

(b) y축 둘레의 회전

$$\begin{bmatrix} x_\psi \\ y_\psi \\ z_\psi \end{bmatrix} = \begin{bmatrix} \cos_\psi & 0 & -\sin_\psi \\ 0 & 1 & 0 \\ \sin_\psi & 0 & \cos_\psi \end{bmatrix} \begin{bmatrix} x \\ y \\ -c \end{bmatrix} = R_\psi \begin{bmatrix} x \\ y \\ -c \end{bmatrix}$$

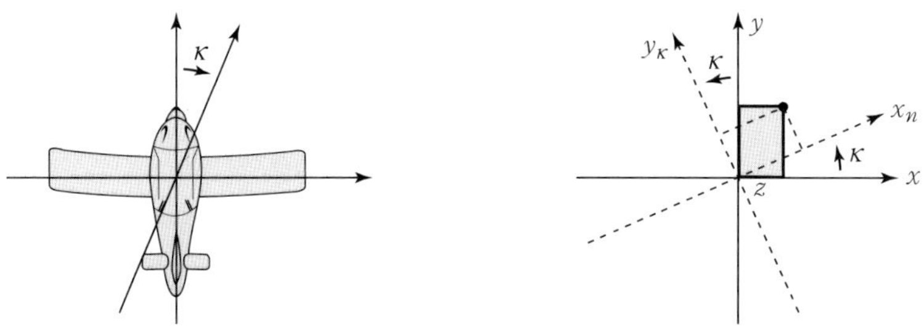

(c) z축 둘레의 회전

$$\begin{bmatrix} x_k \\ y_k \\ z_k \end{bmatrix} = \begin{bmatrix} \cos\kappa & \sin\kappa & 0 \\ -\sin\kappa & \cos\kappa & 0 \\ 0 & 0 & 1 \end{bmatrix} \begin{bmatrix} x \\ y \\ -c \end{bmatrix} = R_k \begin{bmatrix} x \\ y \\ -c \end{bmatrix}$$

연속적인 3축의 회전이 x축에 대해 ω만큼 회전한 후, y_ω 축에 대해 ψ만큼 회전하고, 마지막으로 $z_{\omega\psi}$ 축에 대해 κ만큼 순서대로 회전한다고 할 때 이것을 고려하면, 회전에 의한 사진좌표계의 변환식은 다음 식 (14.4)와 같이 나타낼 수 있다.

$$\begin{bmatrix} x \\ y \\ z \end{bmatrix} = R_{\omega\psi\kappa}\begin{bmatrix} x' \\ y' \\ z' \end{bmatrix} = R_\omega \cdot R_\psi \cdot R_\kappa \cdot \begin{bmatrix} x' \\ y' \\ z' \end{bmatrix}$$

$$= \begin{bmatrix} \cos\psi\cos\kappa & \cos\omega\sin\kappa + \sin\omega\sin\psi\cos\kappa & \sin\omega\sin\kappa - \cos\omega\sin\psi\cos\kappa \\ \cos\psi\sin\kappa & \cos\omega\cos\kappa - \sin\omega\sin\psi\sin\kappa & \sin\omega\cos\kappa + \cos\omega\sin\psi\sin\kappa \\ \sin\psi & -\sin\omega\cos\psi & \cos\omega\cos\psi \end{bmatrix}\begin{bmatrix} x' \\ y' \\ z' \end{bmatrix} \tag{14.4}$$

여기서, 회전행렬 $R_{\omega\psi\kappa}$은 R_ω, R_ψ, R_κ가 각각 직교행렬(orthogonal matrix)이다.

14.2.5 공선조건

3차원 공간상 한 점 A에서 출발한 빛은 투영중심(L)을 지나 필름상의 점(a)에 맺히므로 이 세 점은 동일직선상에 존재하며, 이와 같은 조건을 공선조건이라 한다.

그림 14.5와 같이 좌표계가 평행한 경우를 예로 들면, 투영중심의 지상좌표를

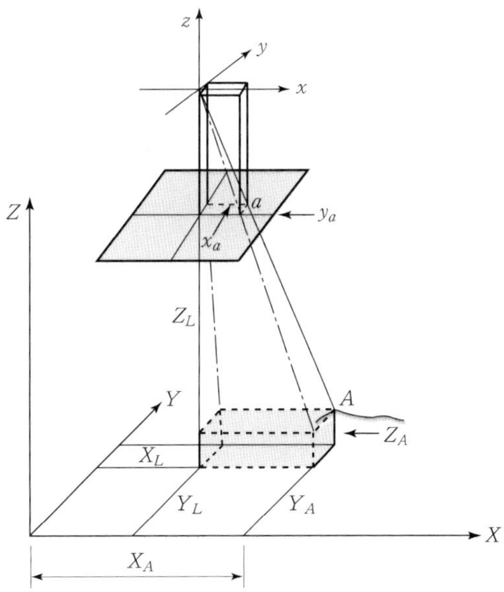

그림 14.5
지상좌표계와 평행하게 회전된 사진

X_L, Y_L, Z_L, A점의 지상좌표(X_A, Y_A, Z_A)와 그의 상 a점의 사진좌표(x'_a, y'_a, $-f$)의 사이는 식 (14.5)가 된다.

$$\frac{x_a}{X_A - X_L} = \frac{y_a}{Y_A - Y_L} = \frac{-f}{Z_A - Z_L} = \frac{1}{M} \tag{14.5}$$

여기서, M: 비례상수(사진축척과 동일)

식 (14.5)을 다시 정리하면 식 (14.6)이 된다.

$$\begin{aligned} x_a &= -f\left(\frac{X_A - X_L}{Z_A - Z_L}\right) \\ y_a &= -f\left(\frac{Y_A - Y_L}{Z_A - Z_L}\right) \end{aligned} \tag{14.6}$$

14.2.6 공면조건

공면조건(coplanarity condition)이란 그림 14.6과 같이 2개의 투영중심 $O_1(X_{01}, Y_{01}, Z_{01})$, $O_2(X_{02}, Y_{02}, Z_{02})$와 공간상의 임의의 점 P의 상점 $P_1(X_{P1}, Y_{P1}, Z_{P1})$, $P_2(X_{p2}, Y_{p2}, Z_{p2})$가 동일평면 위에 있기 위한 조건이다.

그림 14.6
공면조건

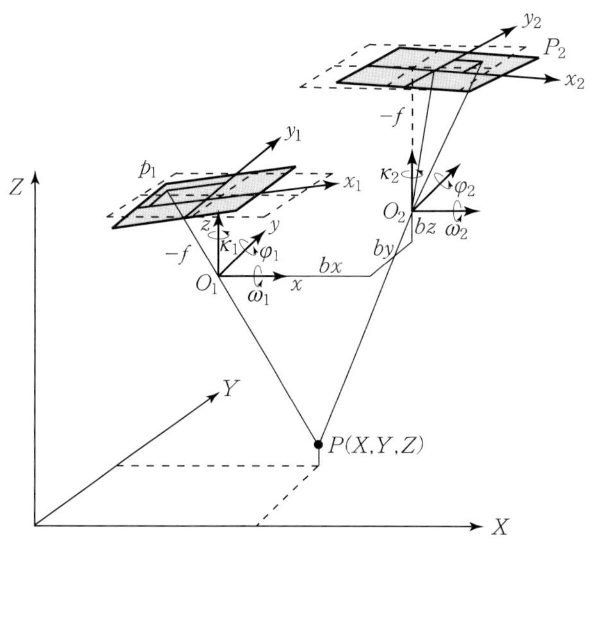

3차원 공간상에서 평면의 일반식은 $AX+BY+CZ+D=0$이며, 이것을 행렬로 표시하면 식 (14.7)이 된다.

$$\begin{bmatrix} X_{01} & Y_{01} & Z_{01} \\ X_{02} & Y_{02} & Z_{02} \\ X_{p1} & Y_{p2} & Z_{P1} \\ X_{p2} & Y_{p2} & Z_{p2} \end{bmatrix} \begin{bmatrix} A \\ B \\ C \\ D \end{bmatrix} = \begin{bmatrix} 0 \\ 0 \\ 0 \\ 0 \end{bmatrix} \tag{14.7}$$

14.2.7 시차

두 투영중심 O_1과 O_2에서 나온 대응하는 광선이 평면 r과 만나는 점 A'와 A''가 그림 14.7과 같이 일치하지 않는 경우 평면 r상의 벡터 $A''A'$를 시차(parallax) p라 하며, 시차 p의 X성분의 횡시차(x-parallax) p_x, Y성분을 종시차(y-parallax) P_y라 한다.

그림 14.8은 정확하게 연직인 2장의 사진이 같은 고도에서 h인 탑을 촬영한 관계를 나타내고 있다. 이때,

$$D_1 = (d_1 + p_1)\frac{h}{f}, \quad D_2 = (d_2 + p_2)\frac{h}{f} \text{ 이므로,}$$

$$D_1 + D_2 = \frac{h}{f}(d_1 + d_2 + p_1 + p_2)$$

$d_1 + d_2 = \Delta p$(시차차), $p_1 + p_2 = b$(주점기선 길이)라 놓으면,

$$h = \frac{f(D_1 + D_2)}{\Delta p + b} = \frac{f}{\Delta p + b} \cdot \frac{H}{f}(d_1 + d_2) = \frac{\Delta p}{\Delta p + b} \cdot H$$

그림 14.7
시차

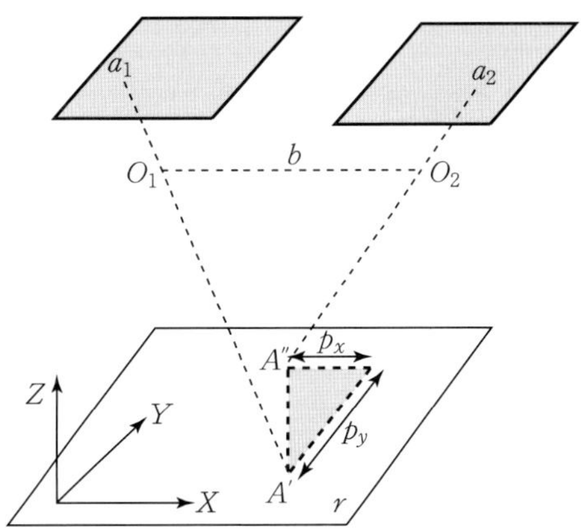

그림 14.8
시차공식의 유도

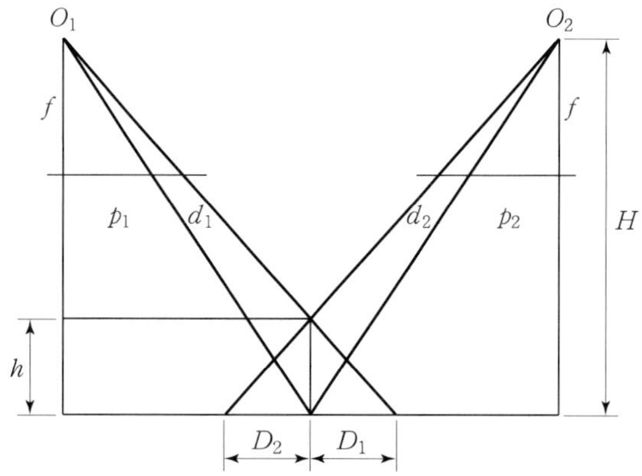

Δp가 b에 비해 무시할 정도로 작은 경우, 다음과 같은 간략식 (14.8)로 쓸 수 있다.

$$h = \frac{\Delta p}{b} \cdot H \tag{14.8}$$

| 예제 14-2 |

촬영고도 6,000 m, 사진 I 의 주점기선길이= 800 mm, 시차차 2.0 mm 의 건물의 높이는 얼마인가?

풀이 $h = \frac{\Delta p}{b} \cdot H = \frac{2.0}{800} \times 6000 = 15 \text{ m}$

14.2.8 입체도화기

입체도화기(stereoplotter)는 항공사진측량으로 지형도를 제작하기 위해 고안된 장비이다. 입체도화기는 줄여서 도화기라 부르며 과거 기계식(ananlogue) 도화기에서 현재는 해석도화기(analytical plotter)를 사용한다.

14.3 사진측량의 공정

14.3.1 촬영계획

[1] 사진축척

촬영계획(flight planning, flight design)은 가장 먼저 사진축척(photo scale)을

결정해야 한다. 항공사진축척은 지상거리와 사진 상의 거리비로 결정하거나 촬영고도와 초점거리의 비율로 구할 수 있다.

$\triangle OAB \backsim \triangle oab$에서

$$\frac{ab}{AB} = \frac{f}{H}$$

여기서 사진축척 분모수를 M이라 하면 사진축척은 다음과 같다.

$$\frac{1}{M} = \frac{f}{H} \tag{14.9}$$

여기서, f: 초점길이(렌즈중심에서 사진 면에 내린 수선의 길이)

H: 촬영고도(기준면으로부터 렌즈중심까지의 높이)

M: 사진축척 분모수

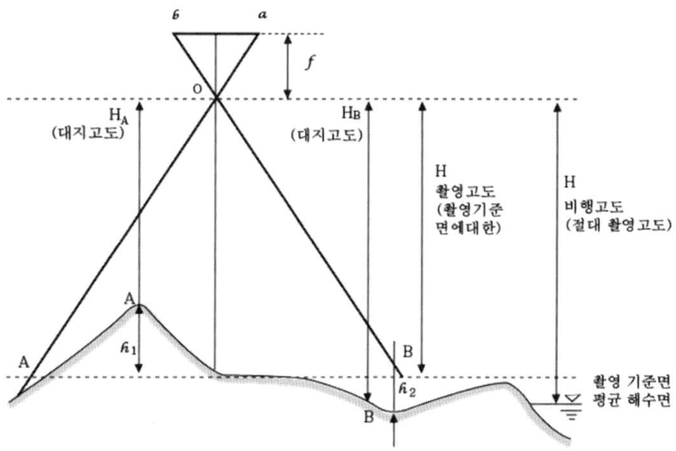

그림 14.9
항공사진축척

| 예제 14-3 |

그림 14.9에서 카메라 초점거리 150mm, 대지표고 60m, 촬영고도 960m일 때 항공사진축척을 구하시오.

풀이

$$\frac{1}{M} = \frac{f}{H}(H_A = H - h_1,\ \ H_B = H + h_2)\text{ 에서}$$

$$H = 960 - 60 = 900\text{ m}$$

$$\therefore \frac{1}{M}=\frac{0.15}{900}=\frac{1}{6,000}$$

이 경우 항상 대지로부터 촬영고도를 고려해야 한다.

[2] 중복도와 촬영기선길이

중복도는 종중복도와 횡중복도로 나눌 수 있다. 먼저 종중복도(forward overlap) p는, 최소 50% 이상, 일반적으로 60%의 중복도로 하며, 횡중복도(side overlap) q는 최소 5% 이상, 일반적으로는 30%의 중복도를 주어 촬영한다.

한 모델 또는 사진 상의 고저차가 촬영고도의 10% 이상인 산악지역이나 고층빌딩이 밀집한 시가지는 10~20% 이상 중복도(80~90%의 중복도)를 높여서 촬영하거나 2단 촬영을 한다. 이는 사진 상에서 지형지물에 가려서 안 보이는 사각부분(dead area)을 줄이기 위함이다.

1코스의 촬영 중 임의의 촬영점으로부터 다음 촬영점까지의 실제거리를 촬영기선길이(B)라 하고, 촬영기선길이(B)는

$$B = \text{사진크기의 실제거리}(S) \times \left(1-\frac{p}{100}\right) \tag{14.10}$$

인접 코스의 중심 간격을 코스간격(C_0), 또는 코스간격을 나타내는 C를 촬영횡기선 길이라 하고, 코스간격(C_0)은

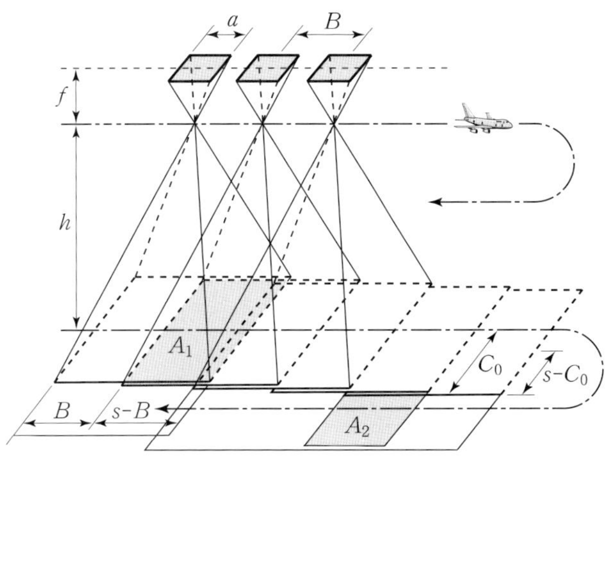

그림 14.10
중복도

[3] 촬영코스 및 촬영거리

촬영코스를 살펴보면 도로, 하천 등을 촬영할 때는 이를 따라 직선코스로 촬영한다. 일반적으로 중축척(사진축척의 약 1/20,000 정도)인 경우, 코스의 길이는 약 30 km를 넘지 않도록 한다. 또한 넓은 지역을 촬영한 경우, 일반적으로 코스를 동서방향으로 함을 원칙으로 한다.

지도제작에 이용하려는 도화기와 요구하는 등고선의 간격에 의해 촬영고도를 결정할 수도 있는데, 이는 다음 식 (14.9)로 결정된다.

$$H = C \cdot \Delta h \tag{14.11}$$

여기서, C: 도화기에 따른 상수

Δh: 그리려는 등고선 간격

H: 촬영고도

[4] 촬영일지

촬영은 태양고도가 지평선으로부터 45° 이하가 좋으며, 하루 중 오전 10~14시경으로 계획하는 것이 좋다. 지형도를 얻기 위한 사진은 식생피복이 최소화되는 가을 또는 봄에 촬영을 하는 것이 좋다. 그러나 이러한 사진은 식생분석을 포함하는 응용에는 부적당하다. 우리나라의 쾌청일은 80일이다. 즉, 대부분의 지역은 1년에 단지 며칠만 항공사진을 위한 이상적인 날씨이다. 촬영은 비행 시 그림자가 최소화되고, 조명이 최대화되는 오전 10시부터 오후 2시 사이에 한다.

[5] 유효면적

입체사진의 면적은 다음과 같다.

① 사진 한 매의 경우

$$A_0 = (am)(am) = a^2 m^2 = \frac{a^2 H^2}{f^2} \tag{14.12}$$

② 단코스(strip)의 경우

$$A_1 = (ma)\left(1 - \frac{p}{100}\right)(ma) = A_0\left(1 - \frac{p}{100}\right) \tag{14.13}$$

③ 복코스(block)의 경우

$$A_2 = (ma)\left(1-\frac{p}{100}\right)(ma)\left(1-\frac{q}{100}\right)= A_0\left(1-\frac{p}{100}\right)\left(1-\frac{q}{100}\right) \qquad (14.14)$$

사진모델 수 및 사진매수를 보면 다음과 같다.

① 안전율을 고려한 경우

$$\text{사진매수}(N) = \frac{F}{A}\times(1+\text{안전율}) \qquad (14.15)$$

여기서, F: 촬영대상 지역의 면적

② 안전율을 고려하지 않았을 경우

한 코스의 모델 수 D =(촬영대상지역의 코스방향길이÷B)

코스 수 D' =(촬영대상지역의 횡방향길이÷C_0)

단코스의 사진매수 $(N) = D+1$ (14.16)

복코스의 사진매수 $(N) = (D+1)\times D'$ (14.17)

여기서, B: 촬영종기선 길이

C_0: 촬영횡기선 길이(코스간격)

③ 지상기준점 측량의 작업량

작업량은 삼각점수와 수준측량에 대한 거리(km)를 계산하면 된다.

삼각점 수=모델의 수×2

수준측량거리=[촬영코스의 종방향길이×(2×코스의 수+1)
+촬영코스의 횡방향길이+2] km

단, 항공 삼각측량일 경우는 별도로 작업량을 계산한다.

| 예제 14-4 |

초점거리 150 mm인 광각사진기로 촬영고도 3,000 m에서 종중복도 60%, 횡중복도 30%로 가로 50 km, 세로 30 km인 지역을 촬영하려고 한다. 사진크기가 23 cm×23 cm일 때 안전율을 고려한 경우의 사진매수와 안전율을 고려하지 않은 경우에 대한 기준점측량 작업량을 구하라. 단, 안전율은 30%이다.

풀이 ① 안전율을 고려한 경우

축척 $\frac{1}{m}=\frac{f}{H}$, $\frac{0.15}{3,000}=\frac{1}{20,000}$

사진 한 매의 면적 $A=0.23^2\times 20,000^2=21.16\,\text{km}^2$

복코스의 면적 $A_0=21.16\times\left(\frac{1-60}{100}\right)\times\left(\frac{1-30}{100}\right)=6.048\,\text{km}^2$

사진매수 $n=\frac{F}{A}\times 1.3=\frac{50\times 30}{6.048}\times 1.3=322.421 ≒ 323$매

② 안전율을 고려하지 않은 경우

한 코스의 모델수 $D=\dfrac{50,000}{0.23\times\left(1-\frac{60}{100}\right)\times 20,000}=27.17 ≒ 28$매

코스수 $D'=\dfrac{30,000}{0.23\times\left(1-\frac{30}{100}\right)\times 20,000}=9.316 ≒ 10$매

입체모형 수 $D=D\times D'=28\times 10=280$

단코스의 사진매수 $N=D+1=29$매

복코스의 사진매수 $N=(D+1)\times D'=290$매

③ 지상기준점 측량의 작업량$\times 2=\begin{bmatrix} x \\ y \\ -c \end{bmatrix}$

삼각점 수=모델의 수$\times 2=280\times 2=560$ 매

수준측량거리$(L)=50\times(2\times 10+1)+30+2=1,082$ m

[6] 사진투영

사진의 투영은 지정된 코스에서 코스간격의 10% 이상 차이가 없도록 하고, 고도는 지정고도에서 5% 이상 낮게 또는 10% 이상 높게 진동하지 않도록 직선상에서 일정고도로 비행하면서 촬영한다. 또, 앞뒤 사진 간의 회전각(즉, 편류각)은 5° 이내, 촬영 시 사진기의 경사는 3° 이내로 하지 않으면 안 된다.

대공표지는 선점 시 상공은 45° 이상의 각도로 열어두어야 하며, 노출시간을 공식으로 나타내면 다음과 같다.

$$T_1=\Delta S\cdot\frac{m}{V},\qquad T_t=\frac{B}{V} \tag{14.18}$$

여기서, T_1: 최장노출시간 T_s: 최소노출시간

ΔS: 흔들림 양　　m: 축척 분모수

B: 촬영기선길이　　V: 비행기초속

| 예제 14-5 |

항공사진을 촬영하는 데 있어서 최소노출시간에 대한 최장노출시간의 값을 1/4,600로 하려면 허용 흔들림의 양은? (단, 사진크기 23×23 cm, 종중복도 60%, 횡중복도 30%)

풀이

$$\frac{B}{V}=\frac{\Delta s\cdot\ m}{B}=\frac{\Delta s\cdot\ m}{ma\left(1-\frac{P}{100}\right)}=\frac{1}{4600}=\frac{\Delta s}{0.23\left(1-\frac{60}{100}\right)}$$

$\Delta s = 0.00002\ \mathrm{m} = 0.02\ \mathrm{mm}$

14.3.2 기준점측량

표정점의 기준점을 설정할 때는 수평위치와 수직위치를 결정한다.

수평위치결정기준점(planimetric control point 또는 삼각점; x, y)은 입체모형(model)의 축척을 결정하기 위해 2점이 필요하고, 수직위치기준점(height control point 또는 수준점; z)은 경사를 조정하기 위해 최소한 3점이 필요하다.

항공 삼각측량을 할 경우에는 표정기준점을 배치해야 하는데 단스트립 조정(strip adjustment)의 경우는 일반적으로 촬영경로 내 최초의 입체모형(model)에 3~4점, 마지막 2점, 중간 4~5점, 입체모형마다 1점을 설치하도록 한다. 블록(block)인 경우에는 평면기준점은 블록 가장자리인 외곽에 배치하고 수직위치기준점은 블록의 횡방향으로 일정간격의 횡방향 설치점 간격(bridging distance)을 두어 배치한다.

14.3.3 사진촬영

항공사진촬영은 일반적으로 운항속도 180~200 km/h 정도의 소형 항공기에 의한다. 요즘 도시의 대축척지도 제작에 100 km/h정도의 항공기도 이용된다.

촬영은 지정된 촬영경로에서 촬영경로 간격의 10% 이상 차이가 없도록 하고, 진동하지 않도록 직선상에서 일정한 거리를 유지하면서 촬영한다. 또, 앞뒤 사진 간의 회전각(즉 편류각)은 5° 이내로 하며 촬영시의 사진기 경사는 3° 이내로

하여야 한다. 1회 촬영경로의 촬영에 요하는 시간은 일반적으로 15~20분이며, 1일 촬영시간을 3시간이라 할 때 8~10 촬영경로의 촬영이 가능하다.

항공사진촬영은 태양각이 45° 이상으로 구름이 없는 쾌청일이 최적이나 30° 이상이면 촬영이 가능하며, 이 경우 시간은 오전 10시부터 오후 2시경까지이다.

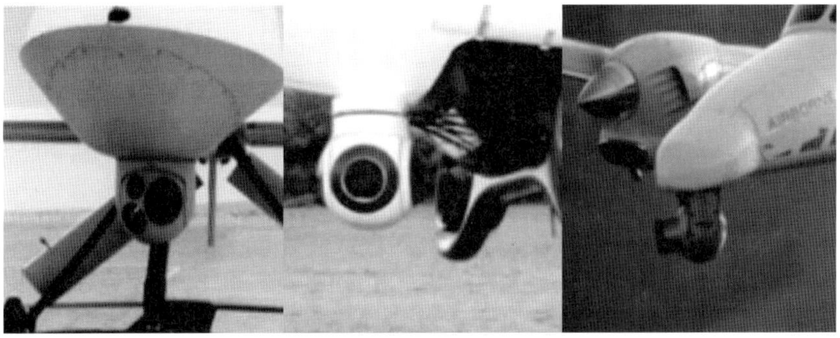

그림 14.11
항공 디지털 프레임 카메라

14.3.4 입체시 작업

항공사진을 입체로 보기 위해, 먼저 그림 14.12를 이용하여 실험해 보라. 2개의 삼각형을 두 눈으로 가볍게 본다. 삼각형 내의 작은 검은 점은 삼각뿔의 정점인 꼭짓점 위에 놓인 것을 확인할 수 있다.

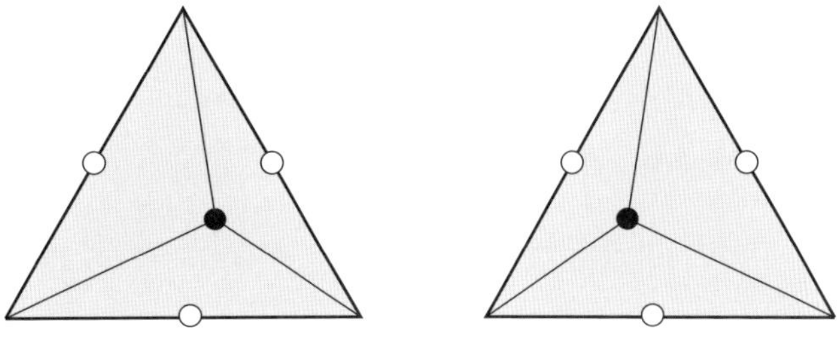

그림 14.12
입체시 연습

항공사진을 입체시하여 보면 평면축척에 대하여 수직축척이 크게 되기 때문에 실제 도형보다 산이 더 높게 보인다. 인공입체시하는 경우 과장되어 보이는 정도를 과고감이라 하고, 입체시의 방법에 따라 다음과 같이 분류할 수 있다.

(1) 대상물을 보는 방법

한 눈으로 보는 방법인 단안시와 두 눈으로 보는 쌍안시가 있다.

(2) 입체시(stereoscopic vision)의 종류

일반적인 입체시를 말하는 정입체시, 대상물의 기복이 반대로 보이는 역입체시가 있다.

(3) 사용도구에 따른 입체시의 종류

자연입체시, 육안입체시, 기기를 이용한 인공적 입체시가 있으며, 기기를 이용한 인공적 입체시로는 렌즈식 입체시, 입체경식 입체시, 여색입체시, 편광입체시, 순동입체시 등이 있다.

14.3.5 항공 삼각측량

항공 삼각측량(aerotriangulation)은 입체도화기를 이용하여 사진상의 좌표를 관측한 다음, 소수의 지상기준점의 성과를 이용하여 관측된 점의 좌표를 블록(block)조정방법 등으로 측지좌표로 환산해내는 기법이다.

입체사진측량에서 1모델의 절대표정을 위해서는 최소한 3점의 지상기준점, 즉 표정점 좌표를 알아야 하며, 소요되는 점수는 모델 수에 비례하여 증가하게 된다. 이 점들을 증설하는 데 드는 시간과 경비를 대폭 절감시켜 높은 정확도와 경제성을 도모할 수 있는 것이 항공 삼각측량이다.

항공 삼각측량은 사진단위, 모델단위, 스트립단위에 의해 형성된 사진블록(photo-block)으로 조정한다.

14.3.6 사진지도

사진지도(photo map)란 사진을 모두 합하여 지도처럼 만든 것을 말한다. 사진변위의 수정방법에 따라 약조정집성, 반조정집성, 조정집성 그리고 정사투영 사진지도의 네 가지로 분류된다.

약조정집성 사진지도(uncontrolled mosaic photo map)는 지표면의 비고에 의한 변위를 수정하지 않고 사진 그대로 접합한 지도로 등고선이 없는 지도이며, 반조정집성 사진지도(semi-controlled mosaic photo map)는 편위수정기에 의해 편위를 일부만 수정한 사진지도로 등고선은 없다. 조정집성 사진지도(controlled mosaic photo map)는 카메라의 경사에 의한 변위를 수정하고 사진을 집성하였으나 등고선은 없으며 정사투영 사진지도(orthophoto map)는 정사투영기(orthoprojector)로 사진기의 경사, 지표면의 비고를 수정하고 등고선이 삽입된 사진지도이다.

14.4 사진판독

14.4.1 사진판독

사진판독(photographic interpretation)은 피사체를 판단하기 위해 사진이미지를 검토하는 것으로 사진에 나타난 것에 대해 결정내리는 데 한정되지 않고, 위치와 넓이의 결정까지 포함한다.

사진판독의 정확성 여부는, 판독자의 경험과 훈련, 즉 판독하고 있는 물체의 성질과 사용하고 있는 사진의 질에 의해 달라진다.

사진판독은 농업, 고고학, 하천과 삼림보호, 생태학, 임학, 지리학, 지질학, 기상학, 군사정보, 천연자원관리, 해양학, 토양학 그리고 도시 및 지역계획 등을 포함한 많은 분야에서 적용되고 있다.

14.4.2 항공사진 판독요소

항공사진 판독요소는 사진이미지의 기본적인 특성에 따라 구별하는 것으로 모양(shape), 크기(size), 형태(pattern), 음영(shadow), 색조(tone), 질감(texture) 그리고 상호위치관계(situation)이다.

모양은 윤곽 또는 배치, 형상 및 일반적인 형태를 말한다. 모양은 사진 이미지로부터 얻은 물체 중에서 가장 중요한 단일요소이다. 예를 들어, 철도는 고속도로와 쉽게 구분되는데 그것은 철도의 모양은 길고 곧은 선분이고, 고속도로의 모양은 이와 반대로 부드러운 곡선이기 때문이다.

크기는 어느 대상물이 갖는 입체적, 평면적인 넓이와 길이로, 사진에 나타난 크기는 사진의 축척과 관계된다.

형태는 대상물의 공간배열과 관계가 있으며, 자연적인 물체와 인공적인 많은 물체들의 특징으로 알 수 있다. 예를 들어, 야외 자동차극장은 영화를 볼 수 있도록 특별한 배치와 주차공간의 형태를 갖고 있다.

음영은 대상물의 외형에 윤곽을 주므로 판독을 도와준다. 판독 때 음영이 자기 앞에 오도록 하여 관찰하는 것이 좋다.

색조는 사진에 나타난 이미지의 색으로 보통 인간의 육안으로 10~15단계의 구별이 가능하다. 투사되는 거의 모든 빛을 흡수하는 물은 사진에서 검게 나타난다.

질감은 너무 작아서 사진 위에 정확하게 나타나지 않는 단일의 형상들이 모여서 만들어진다. 활엽수와 침엽수(소나무 등)를 보면 활엽수는 부드러운 질감을 갖는다. 우리나라와 일본의 항공사진을 보면 우리나라의 항공사진은 어느 곳이나 묘지가 분포되어 있으며 인가에 가까운 산지일수록 많은 묘지가 있으나 일본 항공사진은 묘지가 없는 것이 특징이다.

14.4.3 지형분석

지형특성은 지리학, 토목공학, 토양학, 지질학, 도시계획, 조경, 건축 그리고 토양과 암석의 본질을 이해하려고 노력하는 사람들에게 중요하다. 항공사진판독으로 판단되어질 수 있는 지형의 중요한 특징은 지질적 지형, 기반암의 형태, 토양의 질감과 형성력, 대지의 배수상태, 홍수에 대한 민감성 그리고 기반암 위의 토양 피복의 깊이 등이다.

지형상태를 판단하기 위하여 지형 형상, 배수, 침식, 사진의 색조, 마지막으로 식생과 토지 이용 등은 기본요소이다.

지형형상(topographic form)을 알아내는 데 있어 지형의 크기와 형태는 가장 중요한 특징이 된다.

항공사진에 나타난 배수(drainage)의 형태와 구성은 지형과 기반암의 형태, 그리고 토양 특성과 대지의 배수상태를 알 수 있다.

혈암과 같이 부드럽고 쉽게 침식되는 암석은 미세한 조직형태가 발달하고 반면에 화강암과 같은 딱딱하고 육중한 암석은 거친 조직의 배수형태가 발달하는 경향이 있다.

침식(erosion)은 계곡의 크기 및 형태와 관련이 있다. V자형의 횡단면도를 가진 짧은 계곡은 모래와 자갈에서 발달하고, U자형의 횡단면도를 가진 계곡은 실트토양에서 발달한다. 그리고 완만하게 둥근 횡단면도를 가진 긴 계곡은 실트질 점토와 점토토양에서 발달한다.

사진 색조(photo tone)의 절대적인 값은 지형과 토양의 수분함유량과 같은 지형특성뿐만 아니라 필름과 필터의 결합과 노출 그리고 사진촬영과정과 같은 사진현상에 달려 있다. 색조는 대기 중의 안개, 태양각의 고도 그리고 구름의 그림자와 같은 기상학과 기후학적 현상과 관련이 있다.

식생과 토지이용(vegetation and land use)에서 자연식생과 경작지식생의 차이점은 지형상태에서 나타난다. 예를 들어, 과수원과 포도밭은 배수가 잘되는 토양에 위치하고 반대로 농장을 경영하는 곳은 퇴비와 이탄과 같은 높은 유기질 흙에 위치한다.

14.5 수치지도의 이해

수치지도(digital map)란 지도상에 표현된 지형 · 지물 등 도형자료와 지명 · 수치 등 속성자료를 컴퓨터에서 처리될 수 있는 자료형태로 변환하여 입력된 지도로 그림과 문자를 컴퓨터에서 처리하기 위해서는 점, 선, 면과 같은 좌표와 기하학적 요소의 형태로 표현하여 선추적형으로 변환해 수치자료좌표(X, Y, Z)로 입력한 지도를 말한다.

그림 14.13
수치지도 제작과정

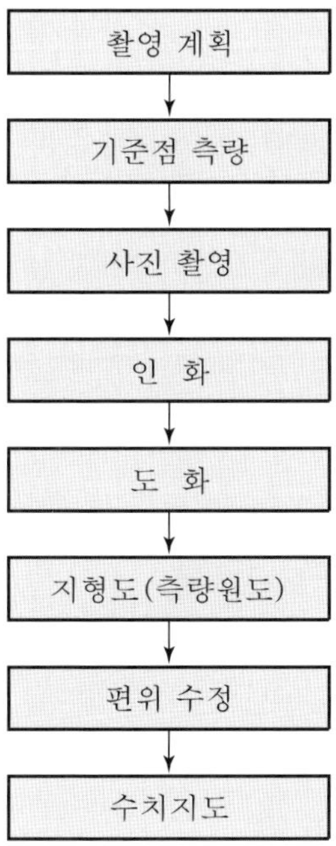

14.5.1 수치지도작성 작업규칙의 체계

수치지도작성 작업규칙은 작업목적, 용어의 정의, 지도작성의 원칙 및 작업순서, 장비의 성능기준, 파일의 점검기준, 성과목록, 색인도, 지형코드와 지형심볼의 항목 등을 기준으로 하고 있다.

수치지형코드체계에서 '표준코드'라 함은 수치지도를 구성하는 도엽코드, 레이어코드 및 지형코드로 구분되며, 국토 지형자료 기반구축을 용이하게 하고, 자료의 호환성을 확보하기 위해 일정한 형식으로 구성한 코드를 말한다. 도엽코드는 축척에 따라 일정한 경위도를 분할해 사용하고 있으며 축척별 표준코드는 표 14.3과 같다.

우리나라 지형도 수치지도화의 목적은 국가지리정보체계(NGIS) 구축의 기반이 되는 지형도 수치지도화 사업을 수요기관이 개별적으로 착수함에 따라 중복투자에 의한 예산낭비, 정확도 및 신뢰성 감소, 호환성 결여에 대한 문제점이 발견되었다. 이에 국가적 차원에서 일괄적으로 지형도 수치지도를 제작하여, 장차 GIS 구축사업에 효율적으로 활용하기 위함이다.

표 14.3 축척별 표준코드

축척	내용	코드자릿수
1/50,000	경위도 15′ × 15′분할	5자릿수
1/25,000	경위도 7′30″ × 7′30″ 분할	6자릿수
1/10,000	경위도 3′ × 3′분할	7자릿수
1/5,000	경위도 1′30″ × 1′30″ 분할	8자릿수
1/2,500	경위도 45″ × 45″ 분할	8자릿수
1/1,000	경위도 18″ × 18″ 분할	9자릿수
1/500	경위도 9″ × 9″ 분할	10자릿수

축척별 수치지도제작 대상지역은 1/1,000 지형도 73개 도시지역(산악지역 제외), 1/5,000 지형도 산악을 제외한 전국(약 70,000 km^2), 1/25,000 지형도 순수한 산악지역(약 30,000 km^2)이며 수치지도 제작현황은 1/1,000-22,580도엽 1/5,000-11,430도엽 1/25,000-11,430도엽이다.

레이어는 9개로 분류되어 1~9까지 차례 코드를 부여하였으며 레이어코드는 표 14.4와 같다.

표 14.4 수치지도 레이어코드

레이어코드	내용	레이어코드	내용
1	철도	6	시설물
2	하천	7	지형
3	도로	8	행정 및 지역경계
4	건물	9	주기
5	지류	·	·

지형코드 분류는 수직구조로 대분류, 중분류, 소분류, 세분류로 각각 구분했으며 분류별로 코드가 부여되어 있으며 수치지형코드 체계는 표 14.5와 같다.

표 14.5 지형코드 분류

4	4	1	1
대분류코드: 1-9	중분류코드: 1-9	소분류코드: 1-9	세분류코드: 1-9

14.5.2 수치지도 입력방법

수치지도를 제작하는 재래식 방법은 기존의 지도원판을 스캐닝하여 제작하고 있다. 그러나 1/5,000 지형도를 제작한 후 예산상의 이유로 인해 지형지물의 변동사항을 수정하지 못해 기존도면을 수정 없이 입력할 경우 GIS의 기본도로써 정확도가 떨어진다. 그래서 기존 도면을 최신의 항공사진을 이용하여 수정한 후 수치지도를 입력하는 방법을 채택하게 되었다.

검수방법은 육안검사(1차), 검수프로그램에 의한 검수(중간검수: 제작과정에서 2~3회 검사) 그리고 최종검수이다.

공통주제도 수치지도화 사업을 보면 수요기관(환경부, 산림청 등)에서 제작 관리한 국립지리원의 수치지도의 표준화 기준을 설정하고 국토개발연구원은 연구지원을 하고 있다. 지하매설물도 수치지도제작은 지하매설물의 종류(상·하수도, 전기, 가스, 통신, 난방열관, 송유관)에 대하여 지하매설물 실태조사 및 사업추진계획 수립, 가스·통신·전력·송유관·지역난방 지하매설물 조사측량 및 수치지도화, 상·하수도 지하매설물 조사측량 및 수치지도화하는 것이다. 수치지도 활용 예를 보면 119 종합방재 전산정보시스템, 새주소 부여사업 전산시스템, 서울시 지반 정보관리시스템, 도로표지시스템, 교통관리시스템, 자료관리시스템 등이 있다.

14.5.3 도면 인덱스 체계

경위도를 1° 간격으로 분할한 지역에 대하여 다시 15′씩 16등분하여 위도 두 자리 숫자와 경도의 끝 한 자리를 합성하여 해당지역 도면번호를 부여하여 다섯 자리로 구성하고 도면의 크기는 15′×15′이다.

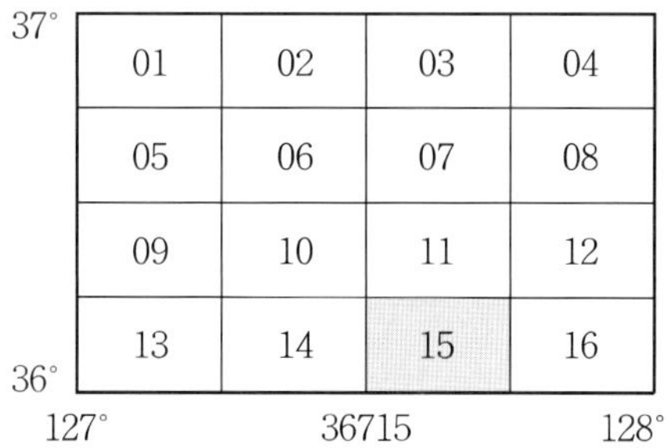

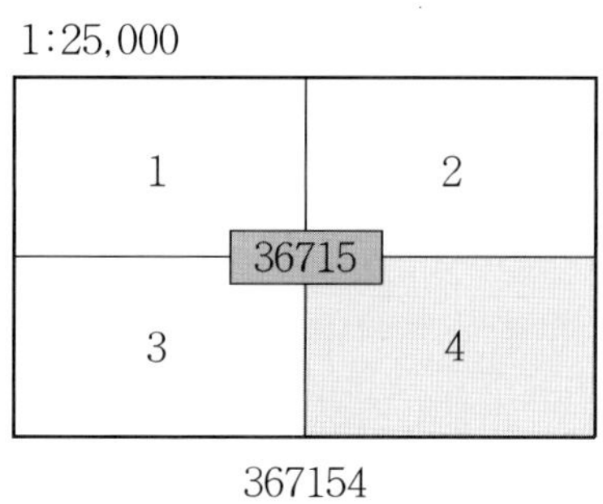

1 : 50,000을 4 등분 하여 끝에 한 자리 번호를 추가하여 여섯 자리로 구성하고 도면의 크기는 7′30″×7′30″이다.

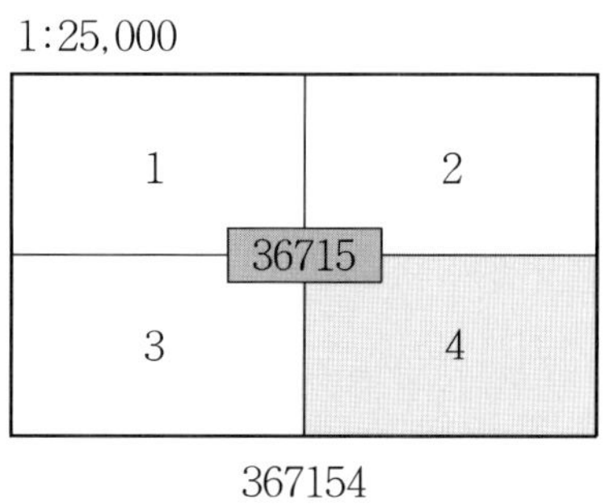

1 : 50,000 도면을 25 등분 하여 끝에 두 자리를 추가하여 일곱 자리로 구성하고 도면의 크기는 3′×3′이다.

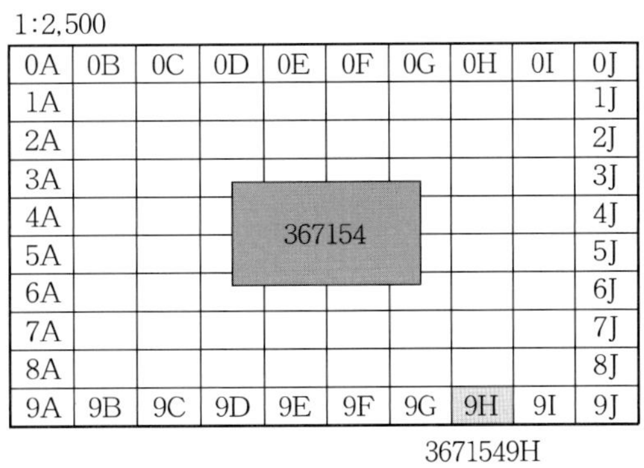

1 : 25,000 도면을 100 등분 하여 끝에 두 자리를 추가하여 여덟 자리로 구성하였으며 도면의 크기는 45″×45″이다.

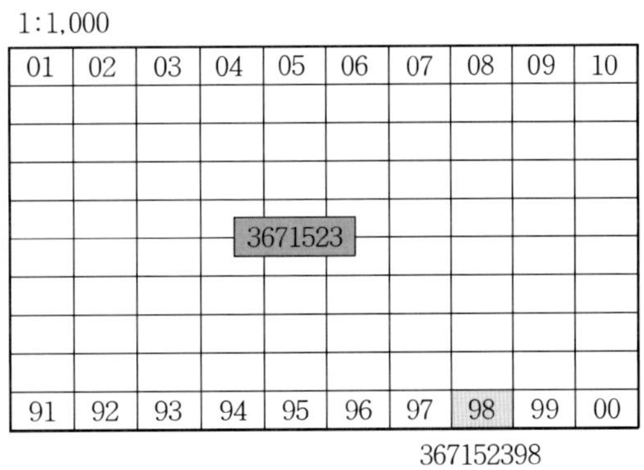

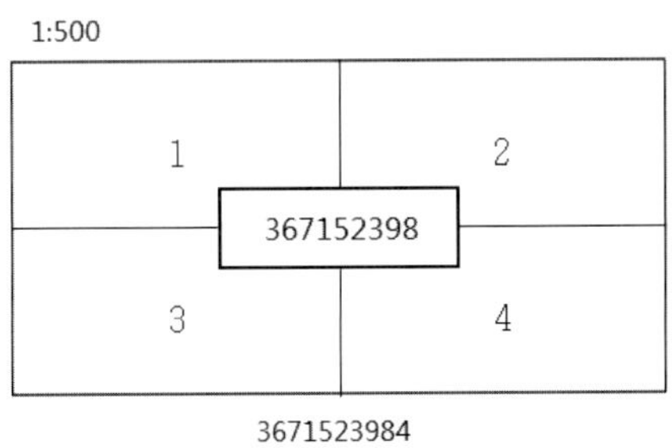

1 : 10,000도면을 100 등분 하여 끝에 두 자리 추가하여 아홉 자리로 구성하였으며 도면의 크기는 18″×18″이다.

1:1,000을 4 등분 하여 끝에 한 자리 추가하여 열 자리로 구성하였으며 도면의 크기는 9″×9″이다.

14.5.4 수치지도제작

일반적으로 자동화된 시스템에 의하여 중·대축척인 지형도나 현황도를 작성하여 수치화하는 작업을 말한다. 건설부 「수치지도작성작업 내규」에서는 수치도화, 지도입력 등 지형·지물을 수치데이터로 취득해 목적에 따라 편집하는 것으로 정의한다.

이러한 수치지도제작(digital mapping)은 정부에서 적극적인 지원을 받아 우리나라 전 국토를 대상으로 국가기본도를 제작하고 있다. 수치지도제작은 MicroStation 기반의 S/W를 활용하는 방법, AutoCAD 기반의 S/W를 활용하는 방법이 있다.

14.6 지하매설물 탐사

14.6.1 지하매설물 탐사의 정의

지하매설물 탐사는 측량기를 사용하여 지하매설물의 위치·깊이와 서로 떨어진 거리 등을 측량하는 작업을 말한다.

지하매설물은 우리생활에 필요한 상수·전기·통신·가스 등을 공급하고 하수를 처리하는 도시기반시설이다. 지하매설물은 그 종류가 다양하고 매설상태가 복잡해 지상구조물에 비해 관리하기가 매우 어렵고 관리비용도 많이 들며, 관리가 부실할 경우에는 예기치 못한 사고로 인명이나 재산상의 손실이 생기기도 한다.

14.6.2 지하매설물 탐사의 작업 공정

지하매설물 조사·탐사 작업과정은 그림 14.14와 같이 나타낼 수 있다. 지하매설물 조사·탐사작업은 간단히 야외작업과 실내작업으로 나눌 수 있지만, 각종

그림 14.14
지하매설물 조사 · 탐사 작업과정의 흐름도

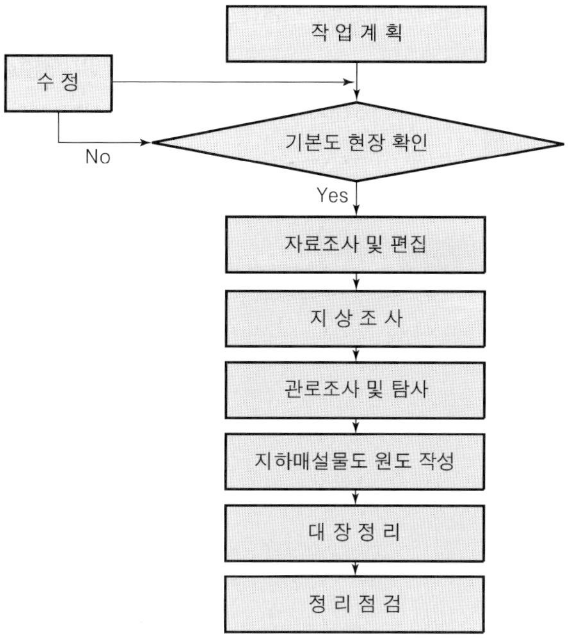

자료입력, 출력, 측량, 매설물 탐사 등 여러 가지 공정으로 되어 있으므로 각 작업공정마다 유기적으로 연결시켜 작업을 수행할 수 있도록 해야 한다. 따라서 효율적인 작업을 수행하기 위해 전반적인 추진계획과 작성작업계획, 작업일정, 투입장비, 기상정보파악, 조사·탐사방법, 교통통제계획, 야간작업계획, 자료조사계획 및 협조기관 등을 파악한 후 작업의 목적과 공기 등을 적절히 고려하여 최선의 조사·탐사가 이루어지도록 총괄적인 업무체계를 작성, 발주기관과 협의하여 작업계획을 수립해야 한다.

지하매설물 조사작업과정, 세부작업과정, 준비자료, 성과품 점검은 다음 표 14.6과 같다.

표 14.6 지하매설물 작업공정

작업과정	세부작업과정	준비자료	성과품 점검
작업계획 수립	작업범위와 품질관리계획 현장답사 기초자료 현황파악 착수 우선수위 결정 세부공정계획 수립 인원과 장비투입 계획(보안/안전관리, 사업책임자 지정, 탐사장비 선정)	작업규정, 과업지시서	세부공정계획표 안전관리 대책

표 14.6 계속

작업과정	세부작업과정	준비자료	성과품 점검
작업계획 수립	관련부서의 보안계획		보안계획서
	관련부서 업무협조 문서작성과 성과품 제출		색인도, 작업자명단, 작업흐름도, 투입장비계획, 예정공정표
자료조사 및 탐사준비	지하시설물도/기본도 확대출력	1/1,000 수치지도	1/500 기본도
	자료조사 수집 및 편집	유관부서 기초 자료현황	관련도면/대장/조서/색인도
	현지조사와 보완측량 (시설물조사, 맨홀개폐, 변실조사)	1/500 기본도 확대도면, 대장, 토지 및 건물출입증, 측량안전	기준점 측량성과 자료
	조사용 도면작성(현지조사와 보완측량 결과기입)	1/500 기본도	조사용 도면
지하시설물 탐사	관로조사 및 탐사(현장현황조사, 관로탐사, 위치측량)	탐사/측량/안전장비	탐사결과 이기도면
	지하시설물도 원도작성(시설물 표시, 원도검사)	조사용도면	지하시설물 원도
	관리대장 정비	1/500 확대 기본도	지하시설물 관리대장
수치지도화	지하시설물도 출력(도형자료 입력, 정위치 구조화 편집)	지하시설물 원도	지하시설물 입력파일
	속성자료 입력		속성자료 파일
	DB 메타데이터 작성		시설물별 관리대장
지하시설물도 출력	지하시설물도 출력 성과품 검사(각 단계별 점검과 최종 점검)	자료입력 파일 각 단계 성과물	지하시설물도 성과점검/결과보고서

관로조사 및 탐사 시 주의사항은 다음과 같다.

① 조사용 도면과 탐사계획서를 각 지하매설물 관리자에게 제시, 설명해야 한다.

② 탐사범위는 발주기관이 필요한 범위에 맞추고 관경 위주의 범위선정이 아닌 계통적 범위선정을 하여야 한다.

③ 적정 탐사장비를 선정한다.

④ 관종, 관경, 설치연도 등은 조사자료를 이용한다.

⑤ 직선부는 20 m마다 측정한다. 다른 매설물에 의한 위치와 깊이의 변화가

있는 경우는 최소 0.5 m 간격으로 정밀측정한다.

⑥ 깊이의 기록은 자료조사 시 입수한 관경을 감안하여 매설물 상단을 깊이로 표기한다.

⑦ 탐사에 의하여 측정된 평면위치와 깊이는 위치탐사를 할 수 있도록 노면에 표기한다.

⑧ 송신기, 리드선, 케이블 등은 교통에 지장이 없도록 설치한다.

⑨ 작업차와 운반차의 주차는 도로변의 안전한 장소에 주차한다.

⑩ 하수도의 관로조사는 평면대장 및 공사설계도면을 수집하여 위치를 조사하고 불가능한 지역은 맨홀을 개폐하여 조사한다.

Chapter_14

연습문제

14-1 항공사진의 기하학적 성질을 설명할 수 있는 주요한 점에 대하여 설명하시오.

14-2 중심투영의 성질로 인한 변위가 생기는 사진에서 기복변위(relief displacement)에 대한 식을 설명하고 유도하시오.

14-3 표고 100 m인 지형을 초점거리 150 mm인 사진기로 촬영고도 1,000 m에서 촬영한 항공사진에서의 축척은 얼마인가?

14-4 사진판독을 할 때 고려되는 사진판독 요소와 이러한 요소가 개개의 물체를 확인하는 데 어떻게 사용되었는가를 예를 들어 설명하시오.

14-5 수직항공사진측량으로 작성한 1 : 6,000 지도가 사진으로부터 4.5배 확대된 것이고, 초점거리 125 mm인 사진기를 사용했을 때의 촬영고도는 얼마인가?

14-6 항공사진을 이용하여 나무의 종류를 확인할 때 필요로 하는 기술을 간단하게 설명하시오.

14-7 ① 모래와 자갈, ② 실트, ③ 점토의 경우에 나타나는 계곡의 횡단면도를 그려보시오.

14-8 수치지도의 제작과정을 다이어그램으로 표현하여 간단히 설명하시오.

14-9 우리나라에서 시행하고 있는 수치지도 제작과정 중에서 수치지도 입력과정은 어떻게 수행되고 있는가를 약술하시오.

14-10 지하매설물 탐사의 정의에 대하여 논하시오.

14-11 지하매설물의 조사 및 탐사작업과정에 대하여 설명하시오.

CHAPTER 15

원격 탐사

원격탐사는 지상의 특성물체, 지역 또는 자연현상을 간접적인 방식을 이용하여 획득, 자료를 분석하여 지표면에 대한 성질을 파악하는 것이다. 이 장에서는 원격탐사의 기본 정의와 개념, 기본적인 영상처리기법에 대해 알아보고 토목, 환경분야에서 원격탐사기법의 적용가능성에 대해 살펴보고자 한다.

15.1 원격탐사의 개요

15.1.1 원격탐사의 정의

원격탐사(remote sensing)란, 물리적인 접촉이나 탐사 없이 지상물체의 특성을 파악하고자 하는 모든 활동이라 정의할 수 있다. 다시 말하면, 인공위성이나 항공기 등의 탑재기에 설치된 센서를 이용하여 지표, 대기권 및 해양 등의 반사 또는 방사되는 전자기파를 탐지하고 이 자료들로부터 지표 의 정보를 습득하여 해석하는 기법을 통틀어 정의한다. 원격탐사는 조사대상, 지역 및 현상에 접촉하지 않는 도구를 이용하여 수집된 자료의 분석으로 정보를 수집하는 과학기술로 물체에서 방사 또는 반사되는 모든 매개체는 원격탐사의 기초자료로서 활용된다. 원격탐사로 수집되는 자료는 에너지원, 대기를 통한 에너지 전파, 지표면물체와 에너지 상호작용, 전자에너지원, 화상자료, 수치자료 등이 있다. 인공위성에 의한 원격탐사는 항공사진측량에 비교할 때 장점은 한 번에 넓은 지역의 정보를 얻을 수 있으며, 지리적으로 접근이 곤란한 지역의 자료수집이 용이하며, 동일한 지역의 정보를 주기적으로 수집 가능하다. 그리고 광학적 또는 전자적 센서를 사용함으로써 우리 눈에 보이지 않는 자료를 수한다. 지구관측을 위한 인공위성은 내부에서 센서라고 불리는 CCD 카메라를 가지고가지고 있으며, 지표면의 물체에 반사된 태양광선의 입사광의 크기가 영상자료의 형태로 저장된다.

원격탐사의 기본자료 구축은 자료획득(data acquisition)과 자료 분석(data analysis)이라는 2개의 기본과정을 갖는다. 이렇게 얻은 자료는 지도와 도표처럼 이용될 수 있는 컴퓨터 파일로 편집하여 의사결정과정에서 이러한 정보를 사용한다. 토목분야에서는 이러한 마지막단계인 정보 분석, 추출하는 작업을 주로 하고 있다.

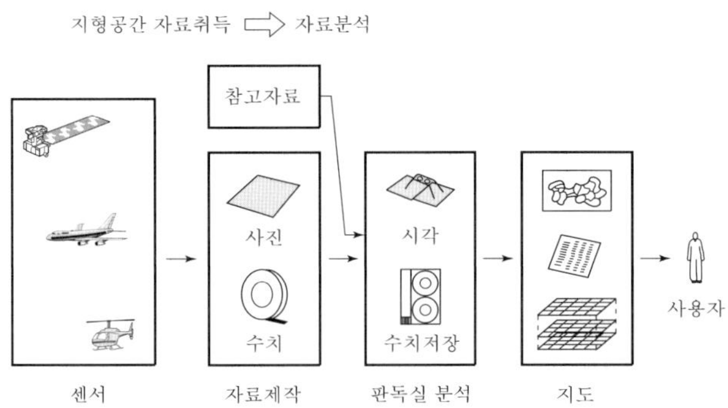

그림 15.1 원격탐사자료의 처리과정

원격탐사자료 획득방식에는 먼저 스캐너방식, 항공사진, 레이더 화상, 열적외선 화상 등이 있다. 원격탐사의 장점으로는 원거리에서 비접촉 관측이 가능하므로 센서가 수행 가능한 범위 내에서 대상지역에 대한 전수조사(全數調査)를 수행할 수 있고 보조 자료(속성자료)와 영상처리를 통하여 4차원 데이터, 즉 위치(XYZ)와 시간에 따른 속성데이터(예를 들어, 식생상태)의 변화를 파악할 수 있다. 또한 일정한 주기의 체계적인 데이터 획득 및 축적이 가능하고 자연 또는 사회·문화 모델링에 주요 데이터 역할을 하며, 하나의 데이터에서 취득되는 많은 분광정보는 많은 분야에서 동시에 이용될 수 있다. 단점으로는 공간적, 분광적 제약으로 인해 사용목적에 따라 적절한 영상을 선택하여 처리해야 하는 번거로움이 있다. 그리고 속성정보나 위치정보가 기존의 측정방식(현지 조사, 측량 등)보다 정확도가 떨어지기 때문에 기준데이터로 사용할 수 없다. 마지막으로 영상을 수집하고 처리 및 분석하는 데 일정한 비용이 소요되며, 전문적 지식을 필요로 하는 것이 단점으로 지적되고 있다.

15.1.2 원격탐사의 개념

사람이 시각을 통해서 물체의 형태나 색을 감지할 수 있는 것은 가시광선이 물체에서 반사되어 시신경을 통하여 우리의 뇌로 전해지기 때문이다. 이러한 원리를 활용하여 주로 항공기나 위성영상에 탑재되는 센서(sensor)를 이용하여 지표면의 대상에 대해 정보를 수집하는 동시에 여러 가지 특징을 관측하고, 사물에 복사하는 에너지 변위를 구별하게 된다. 원격탐사를 통해 취득된 영상의 기본적인 판독을 위해서는 이러한 전자기파와 물질간의 물리적 현상, 에너지원에 대한 기본이론을 이해하여야 한다.

전자기 이론에서 전자파가 한 종류의 물질에서 다른 종류의 물질로 전파될 때 그

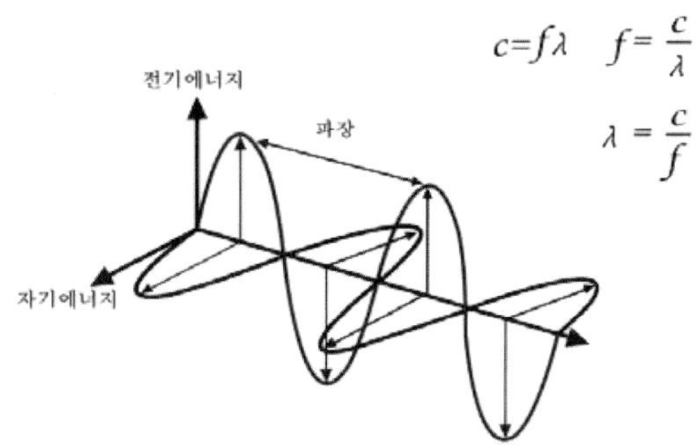

그림 15.2
전자기파 에너지

속도와 파장에는 변화가 있지만 주파수는 동일하다. 전자파가 한 종류의 물질에서 다른 종류의 물질로 전파될 때 그 속도와 파장에는 변화가 있지만 주파수는 동일하다. 또한 전자기파가 이동할 때 저주파는 파장이 길고 고주파인 경우 반대로 파장이 짧은 경향을 나타낸다.

지표에 존재하는 물체는 고유한 물리, 화학적 특성에 따라 반사하고 방출하는 전자기에너지가 다르게 나타나는데 같은 대상물일지라도 산란, 흡수 그리고 복사되는 비율이 다르게 나타난다. 이런 특징을 이용하여 원거리에서 대상물의 특성을 정확히 파악하고자 한다면 다양한 파장대의 영상자료의 중첩으로 분광특성을 분석하는 것이 필수적이다. 이렇게 전자기파에서 특정한 파장의 전자를 흡수하거나 반사하는 고유한 특성을 가지는데, 이러한 성질을 분광특성이라 한다.

그림 15.3은 지표물질 중 가장 기본적인 세 가지 형태의 분광반사곡선을 보여주고 있는데 물의 경우 거의 전 파장대에 걸쳐서 낮은 반사도를 가지는 반면, 토양의 경우에는 대체로 높은 반사대를 보이는 것을 알 수가 있다. 이와 같이 어떤 물체의 반사도가 높게 나타난다는 것은 결국 영상에서 그만큼 밝게 나타난다는 의미이므로 다양한 파장대에서 얻어진 영상자료의 분석으로 이러한 물질을 서로 분류해 낼 수가 있으며, 육안으로 거의 비슷하게 보이는 물체의 구분에서는 더욱 유용하다.

표 15.1은 전자기 스펙트럼의 파장대와 그 특징을 표로 나타낸 것이다. 우리 눈의 분광민감도는 약 0.4~0.7 μm 영역에 분포되어 있다. 청색은 0.4~0.5 μm, 녹색은 0.5~0.6 μm, 적색은 0.6~0.7 μm 범위이다.

자외선(UV; ultraviolet)은 스펙트럼 중 가시광선부분의 청색 끝부분에 있으며, 가시영역 중 적색 끝부분에 인접해 있는 파장영역에는 3개의 서로 다른 적외선 파장(infrared waves)이 존재하며, 원격탐사에서 이용되는 파장대는 0.4~0.7 μm 영역이다.

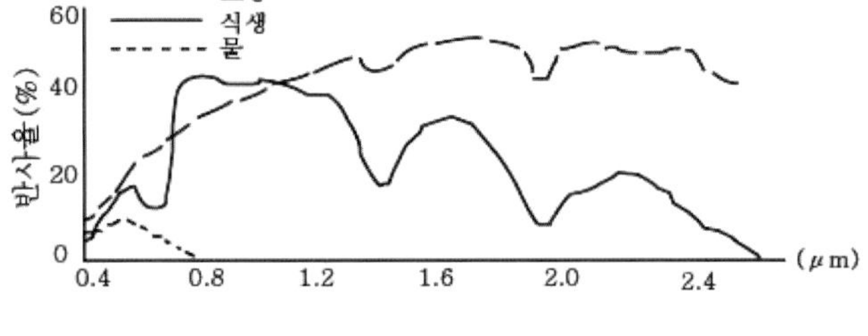

그림 15.3
지표물질 분광특성

표 15.1 전자기 스펙트럼 영역

영역	파장	특징
감 마 선	〈 0.03 nm	원격탐사에 이용할 수 없으며, 대기로 들어오는 복사는 완전히 흡수됨
X-선	0.03~30 nm	
자외선(UV)	0.03~0.4 μm	0.3 μm보다 더 작은 파장은 완전히 흡수됨
사진자외선	0.3~0.4 μm	대기를 통해 전달되며 필름과 광검출기로 인지됨
가시광선	0.4~0.7 μm	필름과 광검출기로 감지하여 영상을 만들며, 반사된 지구에너지의 최고점인 0.5 μm를 포함
적외선(IR)	0.7~100 μm	다양한 물체를 가진 파장과의 상호작용하며, 대기의 전달창은 흡수밴드에 의해 분리됨
반사적외선	0.7~3.0 μm	반사된 태양복사는 물질의 열특성에 대한 정보를 포함하지 않음. 0.7~0.9 μm의 간격은 필름으로 인지되고, IR(infra-red) 밴드라 함
열적외선	3.0~5 μm, 8~14 μm	열영역에 있어서 주된 대기창이며, 이 파장의 이미지는 필름에 의해서가 아니라 광학-기계 스캐너와 특별한 광전도시스템으로 얻음
마이크로파	0.1~100 cm	더 긴 파장은 구름, 안개, 비를 통과하며 영상은 능동적이거나 수동적인 형태로 구성
레 이 더	0.1~100 cm	원격탐사의 활동적인 형태이며 레이더 이미지는 다양한 파장 밴드로 구성
무 전	〉 100 cm	마이크로파 전자기 스펙트럼의 가장 긴 파장의 일부

15.2 영상의 센서와 해상도

15.2.1 센서 (sensor)

센서의 지상자료 취득 방식에는 프레임 방식, Whiskbroom 방식, Pushbroom 방식, Side-Looking 방식이 있으며, 지구관측위성에 실는 관측 장비로는 가시광역 센서, 적외선 센서, 수직온도 분포 관측 센서, 전파 센서, 레이더 등이 있다.

지구관측을 위한 인공위성은 그 내부에 센서라는 일종의 CCD 카메라를 가지고 있으며, 이 센서에 지표면의 물체에 반사된 태양광선이 입사함으로써 그 빛의 세기가 영상자료의 형태로 저장되어지는데 대상물에서 반사 또는 복사된 에너지를 감지하여 센서가 표현하는 단계에 따라 에너지 크기를 구분한다. 센서의 종류로는 수동형 센서(passive sensor)와 능동적 센서(active sensor)로 나눌 수 있고 수동형 센서(passive sensor)의 경우 지표면으로부터 반사되는 에너지를 그대로 수신하여 기록하는 것이며 레이더나 레이저를 이용하여 관측하는 능동적 센서(active sensor)의 경우에는 CCD 카메라 대신 안테나를 탑재하여 지표면을 향해 에너지를 방출, 되돌아오는 에너지의 강도를 수신하는 방법이다. 수동형 센서를 사용하는 위성은 Landsat TM, SPOT, KOMPSAT 시리즈 등이 이 범주에 포함되며 능동형 센서를 이용하는 경우는 RADARSAT, LIDAR 등이 좋은 예이다.

선택적인 영상구성요소에 따라 각 대상물체를 판단하는 능력은 여러 해석과정 중에서 가장 기본적인 것이다. 기존의 시각적인 해석기법은 결정적인 단점을 가지고 있는데, 시각적인 해석능력을 지니기 위해선 다양한 훈련과 많은 경험적인 연구가 필요하였다. 또한 영상의 분광적인 특성은 시각적인 해석의 노력만으로는 완전히 평가될 수 있는 것이 아니다. 영상의 색조값을 사람의 눈으로 구분하는 데에는 한계가 있기 때문에 분광적인 특성들을 시각적으로 해석하는 것은 극히 일부분이다. 많은 정보들이 분광적인 패턴에 담겨 있는 응용분야에는 그림 형태의 영상자료보다 수치화되어 있는 디지털 자료를 분석하는 것이 훨씬 좋다.

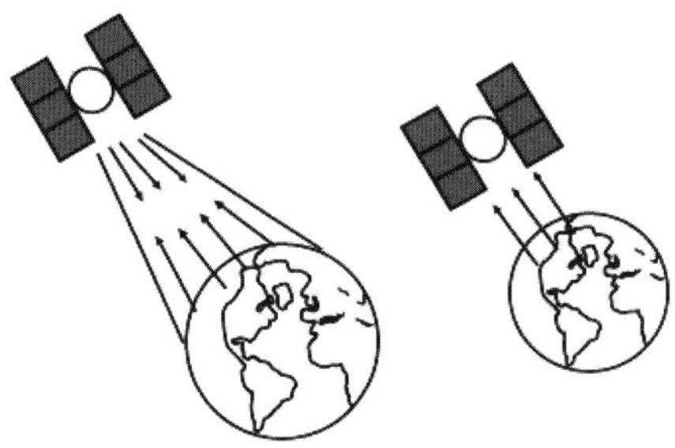

그림 15.4
수신방식에 따른 센서의 종류

15.2.2 해상도(Resolution)

수치영상자료의 기본적인 구성요소는 Pixel(화소)라고 정의되고 디지털 데이터의 최소 구성단위이다. 화소는 IFOV(Instantaneous Field Of View)에 의해 크기가 결정되는데 한 개의 화소에 대응하는 센서에 렌즈를 통해 들어오는 지상의 정보를 하나의 디텍터(detector)에 측정되기 위해 만들어지는 원뿔 모양의 각으로 라디안 각으로 표시된다.

IFOV는 센서 전체가 받아들이는 화소이며(그림 15.5). IFOV에 해당하는 지상거리를 관측 폭 또는 주사폭(swath width)이라고 한다.

그림 15.5
지상해상도와
순간관측영역

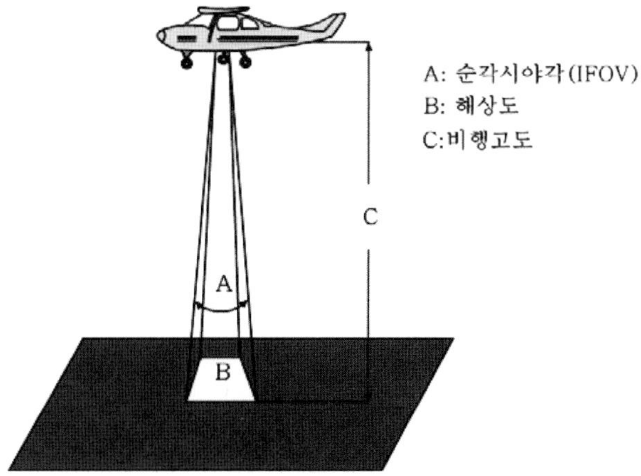

해상도(resolution)는 공간적으로 가깝거나 스펙트럼 상에서 유사한 신호를 구별할 수 있는 광학시스템의 능력에 대한 측정단위이다. 지표면을 관측한 원격탐사영상에서 식별 가능한 최소영역을 지상에서의 거리 또는 대상물의 크기로 나타낸 것을 지상해상력(ground resolution)이라 하고, 이러한 격자별 강도는 평균밝기 또는 평균복사량이라고 하며, 이는 각각의 격자값에 해당하는 지표에 대하여 수치로 측정된 값이다. 원격탐사 영상을 분석하기 전에 4가지 유형의 해상도, 즉 분광(spectral), 공간(spatial), 시간(temporal) 주기, 방사(radiometric) 해상도 등을 고려할 필요가 있다. 분광해상도(spectral resolution)는 스펙트럼 내에서 센서가 반응하는 특정 전자기 파장대의 수와 이 파장대의 크기를 의미한다. 파장대의 크기는 밴드폭이라 불리는데, 흑백 항공사진(0.4～0.7 μm)처럼 크기도 하고 Landsat 5호의 TM 센서의 밴드 3(0.63～0.69 μm)처럼 상대적으로 작기도 하다. 센서가 가지는 밴드 수는 물체의 분광특성을 더 많은 단계로 구분하는 역할을 하며 보통 밴드 수가 분광해상도를 말하지만 밴드폭이 물체 고유의 특성을 표현하는 데 영향을 미치므로 밴드폭과 밴드수가 모두 고려되어야 한다.

영상에서 구분 가능한 물체의 크기는 공간해상도와 관련이 있다. 공간해상도(spatial resolution)는 센서를 통하여 구분될 수 있는 두 물체 간의 최소 각도나 선형적인 분리를 측정하는 것이다.

센서시스템의 시간 해상도(temporal resolution)는 주어진 센서가 특정 지역의 영상을 얼마나 자주 획득하는가를 말한다. 관심 대상의 구별 가능한 독특한 특성을 획득하기 위해서는 반복적으로 자료를 얻어야 한다. 대표적인 예로 농작물은 각각의 종류에 따라 일정한 경작주기를 가지고 있으며, 농작물의 생육상태나 자연현상으로 인한 피해를 감지하기 위해 주기적인 모니터링이 필요하며, 이 때 영상의 획득주기가 중요한 역할을 하게 된다.

방사 해상도(radiometric resolution)는 센서가 지표로부터 반사되거나 복사되는 에너지를 기록할 때 신호강도의 차이를 구별하기 위한 디텍터의 감도를 말한다. 이는 단지 구분 가능한 신호정도를 나타내는 수의 범위(Tone, Grayscale Level, Dynamic Range라고도 함)를 나타내므로 대상의 구분 및 영상분류에 있어 중요하다. 일반적으로 해상도를 높이면 원격탐사의 분석 정확도를 높일 수 있지만 센서나 수신소의 제한된 처리능력이나 사용자 및 컴퓨터에 의한 분석에 있어 추가적인 자료처리 능력을 요구하게 되므로 분광·방사·공간 해상도 상호간에 상대적인 조정이 필요하다.

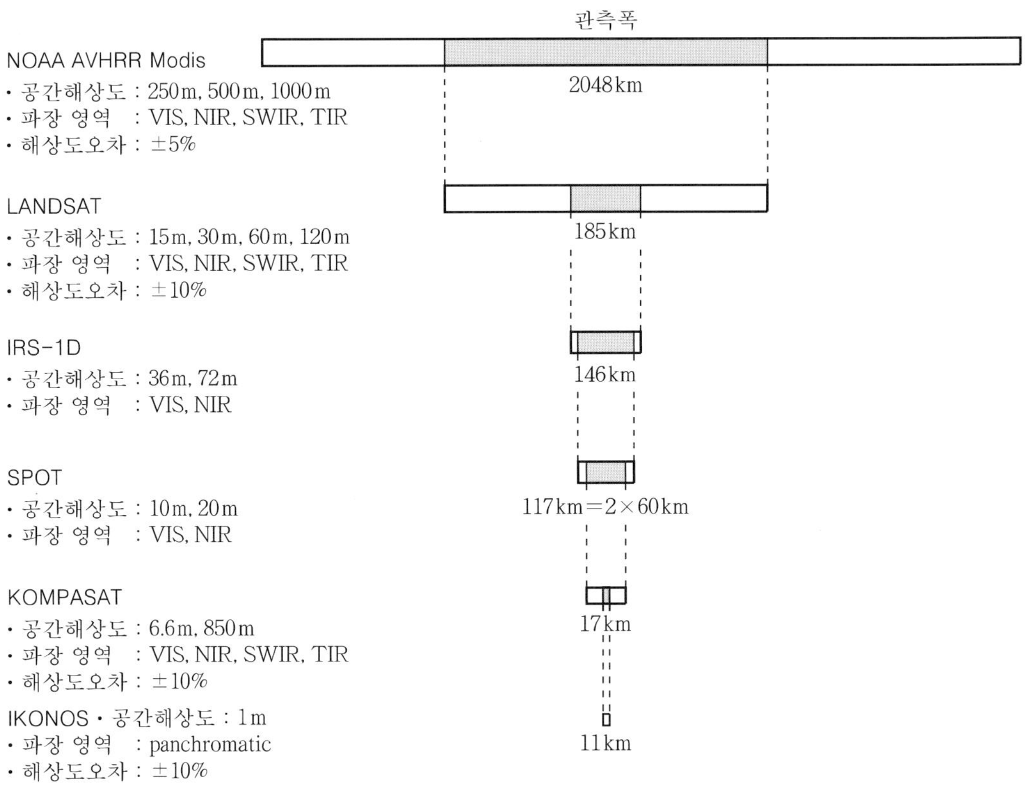

그림 15.6 위성영상별 촬영면적과 지상해상력과의 관계

그림 15.7
DN(Digital Number)구성도

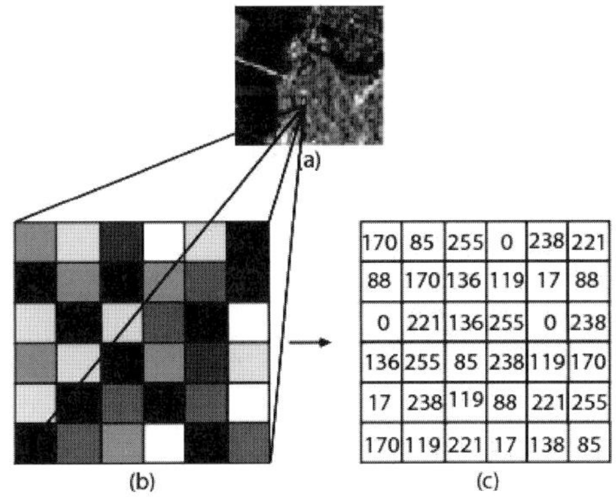

그림 15.7(c)는 그림 (b)에서 구성되는 격자값을 수치화하여 나타낸 것이다. 이와 같이 (a)에서는 각 격자를 육안으로 구분한다는 것은 실제로 불가능하지만 (b)와 (c)처럼 영상을 확대한 경우, 각 격자를 시각적으로 관찰하는 것은 가능하다. 그림 (c)는 그림 (b)에 있는 각각의 격자에 적혀 있는 평균방사값을 나타내고 있는데 이를 DN(digital number)이라 한다.

영상자료는 다양한 포맷의 디지털 영상포맷 형태로 저장되어지는데 BSQ, BIL, BIP의 포맷 형태가 가장 일반적인 포맷 형태이다. BSQ 포맷은 각각의 밴드안의 모든 개별적인 화소를 분리된 파일에 위치시키는 것을 말한다. BIL 포맷은 데이터셋 안의 각각의 열과 관련된 n개의 밴드의 밝기 값을 순차적으로 정렬하는 것을 말하는데 만약 데이터셋 안에 3개의 밴드가 존재한다면 첫 번째 밴드의 첫 번째 열 안에 있는 모든 화소를 배열하고, 다음에 두 번째 밴드의 첫 번째 열 안에 있는 모든 화소를 배열하는 방법을 말한다.

BIP 포맷은 데이터셋 안의 각각의 화소와 관련된 밴드의 밝기 값을 순차적으로 정렬하는 것을 말한다.

15.3 영상처리과정

15.3.1 기하보정

영상취득 시 지구와 탑재체(platform), 센서의 상대적인 운동과 특성 등 다양한 이유로 인해 위성영상자료에 왜곡이 나타나게 되는데 이는 수집된 자료의 처리나 분석 때 오차요인으로 작용하기 때문에 사전에 반드시 보정을 통한 자료의 수정작업이 필요하다. 이러한 보정과정을 영상자료의 전처리(pre-processing)라 하고, 전처리는 영상을 촬영할 당시의 태양광, 대기 그리고 지형 등에 의하여 발생되는 화소값의 변이를 보정하는 방사보정(radiometric correction)과 인공위성이 대상지역을 촬영당시의 위성의 움직임과 지구의 자전에 따른 오차를 보정하는 기하보정(geometric correction)으로 나눈다.

기하학적 왜곡은 그림 15.8과 같은 센서 자체의 렌즈 이상과 같은 내부왜곡과 그림 15.9와 같이 지구의 자전, 지형기복 등에 따른 외부왜곡으로 나눌 수 있다.

기하보정은 서로 다른 시기에 얻어진 두 이미지 사이에 일어난 지상의 변화에 관한 분석에서는 기하보정이 필요하지 않을 때도 있다. 예를 들어, 표준지도투영법에 두 이미지를 교정한 후 그들은 평가하여야 하지만 두 영상간의 기하학적 모양이 같거나 동일한 위치에서의 영상을 고려하여 영상보정을 하면 된다. 이러한 위성영상의 각 격자마다 좌표값을 부여하는 것으로 지상기준점(GCP)을 이용하여 위성영상의 RMSE 오차를 조정하는데, GCP(Ground Control Point)는 영상좌표계와 지리좌표계 사이에 대응되는 점을 말하는 것이고 정확한 보정을 위해

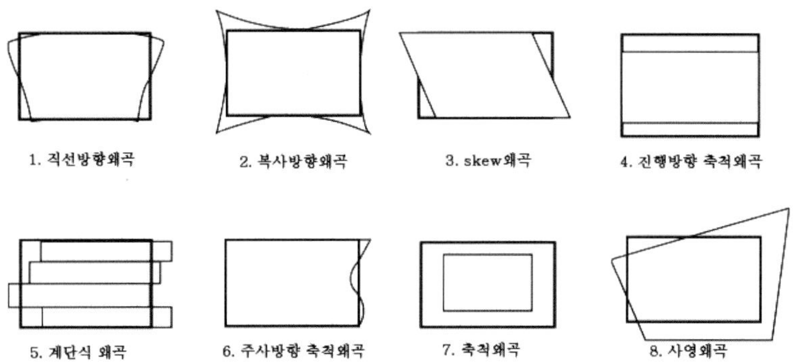

그림 15.8
내부왜곡의 종류

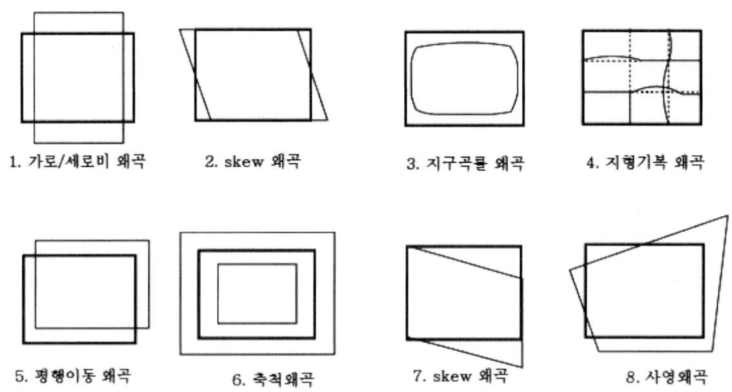

그림 15.9
외부왜곡의 종류

서는 충분하고 정확한 GCP가 요구된다. 이러한 지상기준점의 선택은 영상 좌표와 지리 좌표 사이의 변환에 있어서 기준이 되는 점이므로 그 위치가 시간이나 계절에 따라 항상 변함이 없는 점이어야 하고(예: 도로의 교차점, 제방의 끝, 인공구조물, 대형 건물 등) 영상 전체에 걸쳐 골고루 분포되어 있어야 하며, 편중되어 있을 경우 GCP를 선정하지 않은 지역에 대한 왜곡이 발생하므로 GCP 선정에 있어 충분히 고려되어야 한다.

지상기준점 선정방식에는 DGPS를 이용하는 방식 외에 수치지도좌표를 이용하는 영상 대 과지도접합법(image to map rectification)방식과 기존의 기하보정이 되어진 위성영상을 이용하는 영상 대 영상접합법(image to map registration)이 있다.

기하보정에서는 지형이나 고도의 변화에 따른 오차는 제거가 되지 않는다. 이러한 오차는 불규칙적이며, 지도와 원영상에서 지상기준점을 구별하고, 현존하는 기하오차를 수학적으로 모델화함으로써 소거가 가능하다. 왜곡의 원인을 구별할 필요는 없고 영상에서 직접 교정식을 산출하기 위해서 일반적으로 최소제곱법을 이용하여 기준점에 대한 다항식을 구하는 과정이 요구된다. 위성영상에서는 적당한 왜곡이 있기 때문에 6개의 매개변수를 이용한 affine 변환식이 지리적인 참조를 통한 이미지교정에 충분하다. 이러한 종류의 변환식은 원격탐사 데이터에서 x, y축의 이동, x, y의 축척변환, skew, 회전을 포함하는 여섯 가지 왜곡을 모델화할 수 있다. 모든 여섯 가지 왜곡이 한 식으로 합쳐질 때 식 (15.1)과 식 (15.2)와 같다.

$$f(x) = a_1 + b_2 x + c_3 y \tag{15.1}$$

$$f(y) = b_1 + b_2 x + b_3 y \tag{15.2}$$

여기서 x와 y는 기존의 보정된 영상이나 지도의 위치이고, $f(x)$와 $f(y)$는 원래 영상의 응답위치를 표현한다. 원 영상에서의 왜곡을 보정하기 위해 6개의 좌표 변환계수를 적용함으로써 원래의 왜곡영상 $f(x)$와 $f(y)$에서 교정된 출력이미지 x, y로 격자값을 재배열할 수 있다. 그러나 전체 데이터에 대하여 교정을 적용하기 전에 입력이미지에서 기하학적 왜곡을 설명하기 위한 지상기준점의 선정에 있어 좌표값 변환에 따른 오차가 발생한다. 따라서 최초의 지상기준점을 이용하여 계산된 좌표 변환식에서 오류정도를 점검할 필요가 있다. 이때 많이 이용되는 좌표 변환식에 대한 정확도를 점검하는 방법으로 변환된 각각의 지상기준점이 갖게 되는 제곱근오차(RMSE; root mean square error)를 이용한다.

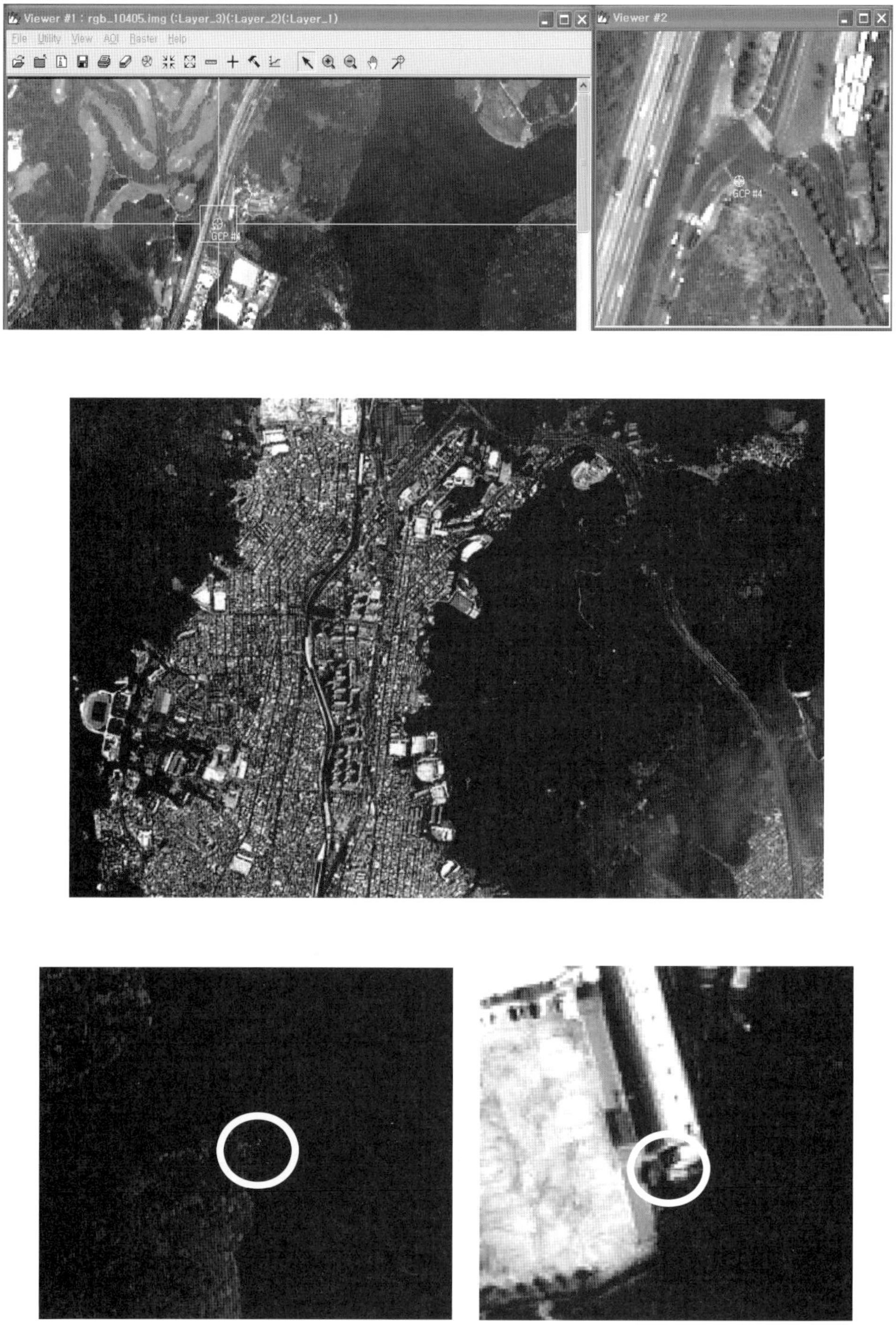

그림 15.10
지상기준점 선정에
적합한 위치

식 (15.3)에서 각 지상기준점이 가졌던 원래의 좌표값과 변환 후에 갖게 되는 좌표값과의 차이를 통하여 얻어지게 된다.

$$SE = \sqrt{(x' - x'_0)^2 + (y' - y'_0)^2} \tag{15.3}$$

여기서, x_0' ,y_0': 원래영상의 좌표값

x' , y': 보정영상의 좌표값

제곱근오차는 이미지에서 지상기준점의 정확도를 측정하고자 할 때 표현된다. 모든 지상기준점에 대한 제곱근오차를 계산함으로써 가장 큰 오차를 발생하는 지상기준점을 알 수 있고, 제곱근오차의 합을 알 수 있다. 먼저 허용할 수 있는 총 제곱근오차의 기준을 정한 뒤 제곱근오차의 평가에서 기준값을 초과하는 지상기준점이 있을 경우에는 가장 큰 오차를 가진 지상기준점은 분석에서 제외하고, 매개변수를 재계산하여 모든 점에 대한 제곱근오차를 재계산하여야 한다. 이러한 과정은 제곱근오차가 허용값보다 작거나 남아 있는 기준점이 적어 계수를 계산하기 위한 최소제곱 회귀식을 수행할 수 없을 때까지 계속한다.

변환식을 적용하여 영상에 새로운 지도 좌표를 부여하고 재배열하는 과정에서, 변환된 영상 좌표는 정수값을 갖지 않는다. 따라서 기하 보정된 영상의 화소값은 주변 화소값들을 보간하여 결정하게 되는데 보간(interpolation)이란 주변 값들에 특정 가중치 함수를 적용하여 새로운 위치의 값을 결정하는 기법이다. 종류로는 최근린내삽법(nearest neighbor), 공1차내삽법(bilinear interpolation), 3차중첩내삽법(cubic convolution) 등이 있는데 각각의 장·단점은 표 15.2에 서술되어 있다.

시각적인 효과가 중요한 작업에서는 bilinear interpolation 혹은 cubic convolution 기법이 적당하고, 분류와 같이 원 영상의 화소값과 통계치가 중요한 작업을 위해서는 nearest neighbor 보간법을 수행하는 것이 좋다.

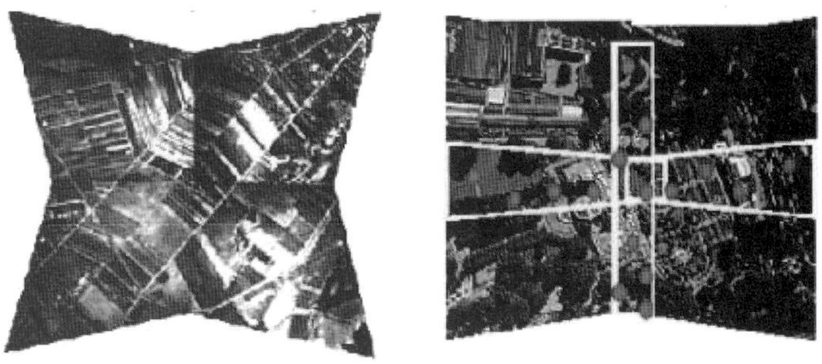

그림 15.11 DMC 영상의 기하보정전(좌)과 보정후(우)

표 15.2 보간기법의 종류

	기법	장점	단점
nearest neighbor resampling	계산된 좌표를 기준으로 가장 가까운 화소의 화소갑을 취함	계산이 가장 빠름 보정 전 영상자료와 통계적 특정이 보존	출력 영상이 거침 사선으로 존재하는 대상물이 계단처럼 끊어져 보임
bilinear interpolation	가까운 4개의 주변 화소를 선정한 후 이들에 거리에 반비례하는 가중치를 주요한 평균값으로 화소값을 결정	계산이 비교적 빠름 출력 영상이 매끈함	보정 전 자료와 통계치가 달라질 수 있음
cubic convolution	가까운 16개의 주변 화소들에 perfect interpolator 가중치 함수를 적용한 평균값을 계산하여 화소값을 결정	계산 속도가 느림 출력 영상이 매우 매끈함	보정 전 자료와 통계치 및 특성이 손상됨 smoothing 발생

15.3.2 영상강조

영상처리란 다양한 영상입력장치를 통하여 얻어진 영상을 컴퓨터를 이용하여 목적에 맞게 가공하여 많은 응용분야에 사용하는 것을 의미하는데 이를 위해서는 15.3.1절에서 서술한 전처리 및 기하보정과 더불어 영상강조의 기법의 적용이 중요하다.

영상강조(image enhancement)는 영상의 시각적 향상을 통해 영상의 분석과 판독을 용이하게 하기 위해 식별성을 증대시키는 방법이다. 최대/최소 강조기법이나 영상 평활화, 클러스터링, 분류, 퓨전 등의 기법들을 통해 목적에 맞도록 영상을 개선한 것이며 방사보정은 대상영상의 물리적 보정을 의미하지만, 영상향상은 영상 질(質)의 시각적 향상을 의미하며 영상향상은 화상대조처리는 분석자의 목적에 따라 주관적으로 평가되기 때문에 어떠한 방법이 이상적이라거나 가장 좋은 방법이라고 말할 수는 없다.

강조된 영상은 올바른 시각적 해석이 가능하도록 수행되어야 하고 영상을 강조하는 목적은 판독성 제고, 특징 추출 자동화 지원, 센서 영향의 감소 또는 제거에 있다. 영상 강조의 필요성은 취득된 영상과 모니터 상에 표현된 영상이 시각적으로 일치하지 않는 것을 목적에 맞게 대상물에 대해 영상 강조가 필요하다는 것이다.

[1] 공간여과

수집된 영상자료는 대기효과, 감지기결함 또는 기타 문제로 인하여 실제 존재하지 않는 다른 신호가 수신될 수 있다. 이런 잡신호를 제거하기 위해서는 평균여과, 중앙여과, 최빈여과 등의 세 가지 방법이 있는데, 이를 모두 공간여과(spatial filtering)라 한다. 공간여과는 원격탐사자료를 사용하면서 영상에 포함된 오류를 수정하거나 특정 형상을 부각시키기 위해서 필터함수 또는 필터연산자를 활용하는 것이다. 공간여과는 정해진 영역에 대하여 처리가 행해진다.

평균여과는 영상에 포함된 입력영상의 화소값의 평균을 계산하여 이 값을 출력 영상값으로 기록하는 방식이다. 영상 전체를 부드럽게 만드는 효과가 있으나, 평균을 계산하기 때문에 경계부위의 정보가 없을 수 있으며, 영상분해능력을 약화시킬 수 있다는 단점이 있다.

중앙여과는 경계부근의 정보는 그대로 보존하면서 잡신호를 제거할 수 있도록 영상에 포함된 입력영상의 화소값 중 중앙값을 중심화소의 새로운 값으로 대치시키는 방법이다. 최빈여과는 보정영상에 속한 화소값 중 빈도수가 가장 높은 값을 새로운 영상의 중심화소값으로 대치시키는 방법이다.

그림 15.12
필터링 전후 결과

1/9	1/9	1/9
1/9	**X**	1/9
1/9	1/9	1/9

(a) Low Pass Filters

−1	−1	−1
−1	9	−1
−1	−1	−1

(b)High Pass Filters

균일한 성질을 가지는 일정영역의 내부에서 발생할 수 있는 잡신호를 제거하여 실제모습에 가깝도록 하는 효과가 있다. 이러한 공간여과에는 LFF(low-frequency filter), HFF(high-frequency filter), EF(edge filter), FFT(fastfourier transform) 등이 있는데 LFF는 영상에 low-frequency component가 있을 때 가장 효과적이다. 이질적인 high-frequency를 가지는 도시지역에서, HFF가 좋은 결과를 낸다. 그리고 EF는 이러한 가장자리부분을 보다 자세하게 묘사하여 명확하게 만들며 보다 분석하기 쉽게 해준다.

[2] 영상대조기법

영상대조기법은 영상자료에서 사용자가 원하는 정보를 정확하게 추출하기 위하여 영상이 가지고 있는 특징들을 강조시키는 방법으로 많이 활용되고 있다. 영상에 포함된 화소값의 범위를 대조(contrast)라 하고 사람이 인지하여 구분할 수 있는 최적화된 색상을 사용하여 영상에 포함된 요소가 더욱 확연히 두드러지도록 만드는 과정을 대조 강조라 한다. 예를 들어 영상에서 강조하고자 하는 부분의 DN 값이 20에서 70 사이에 위치한다. 이를 0에서 255사이에서 분포되도록 확대하여 서로 다른 요소가 강조되도록 할 수 있는 것을 말한다. 이렇게 대조의 효과가 나타나도록 하기 위해서는 지표면의 물리적인 사항과 분석하고자 하는 목적 및 인문적인 사항을 고려해야 한다.

영상대조기법의 종류로는 크게 선형 대조강조기법과 비선형 대조강조기법으로 나눌 수 있다. 선형대조강조기법은 원 데이터의 값을 선형으로 확장하여 새롭게 분포시키는 기법으로서 입력값을 확장하여 확장 가능한 최대 범위까지를 사용한다. 이러한 강조는 영상에서 미묘한 변화가 더욱 확연히 드러나고 종류로는 최소-최대 선형강조, 최대-최소 선형 강조, 단계별 선형강조 등이 있다.

그림 15.13
최소-최대 선형강조

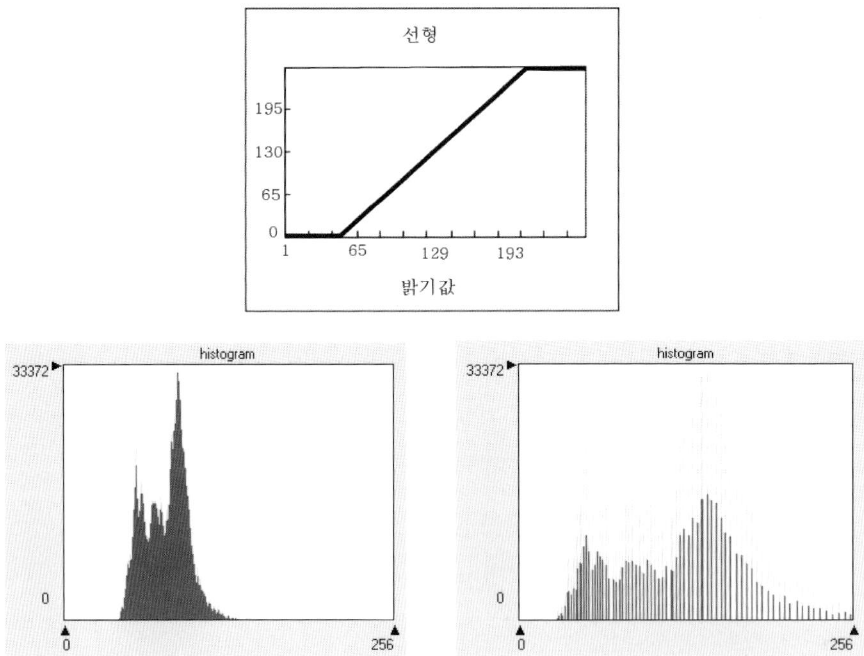

(a) 원 화소값　　(b) 최소-최대 선형강조

그림 15.14
히스토그램 균등화

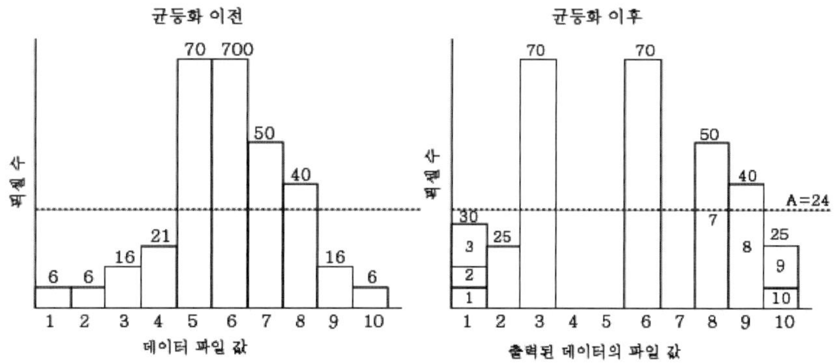

비선형 강조기법의 종류로는 영상의 모든 화소값을 사용자가 정의한 화소값 단계(예를 들면 21, 56 또는 256단계) 각각 대략적으로 균등하게 재분배하는 방법으로 원 영상의 화소에 대한 누적분포함수가 변환함수로 이용되고 변환된 화소값에 상응하도록 세로축을 적절한 크기로 결정한다. 대부분의 히스토그램은 Gaussian 형태이기 때문에 히스토그램 균등화는 중간 화소값을 광도값이 높은 부분 그리고 낮은 부분으로 확장시켜 동시에 매우 밝거나 어두운 영역의 대조를 자동적으로 감소시키는 경향이 있다. 밀집된 지역은 대비는 강조되고 화소의 수가 적은 곳은 대비가 감소된다. 히스토그램 균등화의 방법은 어둡거나 밝은 화소값을 매우 적은 회색단계로 표시하기 때문에 그늘진 지역에서 정보를 추출하려 하거나, 구름이 덮인 영상에는 적합하지 않다.

[3] 영상 융합

영상의 융합(Fusion)은 서로 공간 해상력을 가진 두 개의 영상을 하나의 영상으로 합쳐서 흑백의 고해상도 영상과 그에 비해 저해상도인 컬러 영상을 병합하여 고해상도의 컬러 영상을 제작하는 기법을 말한다(예를 들어, IRS-1D 5 m급의 흑백영상과 Landsat TM 30 m급의 컬러 영상). 그리고 목적에 따라 마이크로파 영상과 광학 영상을 융합시키는 기법도 있다.

서로 다른 영상을 융합하기 위해서는 다음과 같은 과정을 거쳐야 가능하다.

저해상도의 영상과 고해상도의 영상을 퓨전하기 전 먼저 기하학적으로 보정해야 하고 고해상도 영상을 레퍼런스로 하여 저해상도의 영상을 보정하는데 이 과정에서도 기하보정에서 서술하였던 GCP 선정과 좌표등록을 요구한다. 융합을 멀티센서에서의 merging 혹은 sharpening이라고도 한다.

그림 15.15
IKONOS 영상과
수치지도의 중첩

15.4 위성영상의 종류

15.4.1 광학위성

[1] Landsat Series

세계최초의 지구 관측위성인 Landsat은 1972년에 미국에서 발사되었으며, 1998년에는 Landsat 7호가 발사되었다. Landsat은 우수한 관측능력으로 인하여 인공위성에 의한 원격탐사를 비약적으로 발전시키는 계기가 되었다. 현재 Landsat 위성은 다중분광복사기(MSS; multi spectral scanner)와 TM(thematic mapper)의 두 종류의 센서를 탑재하고 있고, 주로 육지의 자원탐사, 주제도 제작을 위해서 널리 이용되고 있다.

2010년 현재 5호와 7호가 작동 중에 있으나 7호기의 ETM+센서는 작동불능 상태에 있다. 오전 9시 30분경에 적도를 통과하는 태양동주기궤도를 따라서 지구주위를 705 km 고도에서 약 105분 주기로 공전하고 있으며, 관측주기는 16일이고, 관측 폭은 185 km×185 km 정도를 관측하고 있으며, 항상 일정한 시각에 동일한 지점상공을 지나가는 특징을 가지고 있다.

[2] Kompsat Series

KOMPSAT(Korea Multi-Purpose Satellite, 아리랑 위성)은 우리나라에서 1999년 발사된 다목적 소형 지구 관측 위성으로 한반도의 정밀 지도(1:25,000)를 제작하고 해양과 환경 관측에 사용하며 우주 공간에서 우주 입자 측정을 하는 등 과학 실험을 수행할 목적으로 제작되었다. KOMPSA 위성은 국내 최초의 실용목적 위성으로 원격탐사영상을 생산한다는 커다란 의미가 있다. 특히 전자광학카메라, 해양관측카메라는 원격탐사분야에서 가장 많이 이용되고 있다.

그후 2006년 7월 28일에는 러시아의 플레세츠크 발사장에서 아리랑 2호(KOMPSAT-2)가 발사되었다. 아리랑 2호의 목표는 '한반도 정밀관측을 위한 고정밀 위성개발 및 고해상도 탑재 카메라기술 조기 확보'다.

지구 상공 685 km의 저궤도에서 지구를 하루에 14바퀴 반씩 도는 아리랑 2호에는 흑백 1 m, 컬러 4 m의 고해상도 카메라가 탑재되어 있는데, 이로써 한국은 세계에서 일곱 번째로 1 m급 고해상도 위성국이 되었다.

표 15.3 Landsat TM 위성의 응용분야

센서	밴드	분광명칭	파장[μm]	해상도[m]	응용분야
MSS	1	Green	0.50~0.60	82	식생, 초수지도
	2	Red	0.60~0.70	82	토양도, 지질도
	3	Reflective Infrared	0.70~0.80	82	작물확인, 토양/작물 및 지표면/물 비교
	4	Reflective Infrared	0.80~1.10	82	식생, 안개투과성
TM	1	Blue	0.45~0.52	30	해안선도시, 토양 및 식생, 산림도
	2	Green	0.52~0.60	30	식생, 문화특성 판독
	3	Red	0.63~0.69	30	지질도, 토양분석, 식물비교
	4	Near Infrared	0.76~0.90	30	식생, 생물자원함유, 수계망, 토양함수량
	5	Mid Infrared	1.55~1.75	30	식물수분량, 갈수기작황, 눈/구름 구별
	6	Thermal Infrared	10.4~12.5	120	열오염분포(Landsat 7 해상도: 30 m)
	7	Mid Infrared	2.08~2.35	30	식생함수량, 암석과 광물구별
Landsat 7	Pan.	Mid Infrared	0.50~0.90	15	

그림 15.16
Landsat TM 5호 영상의 밴드별 영상과 컬러 영상

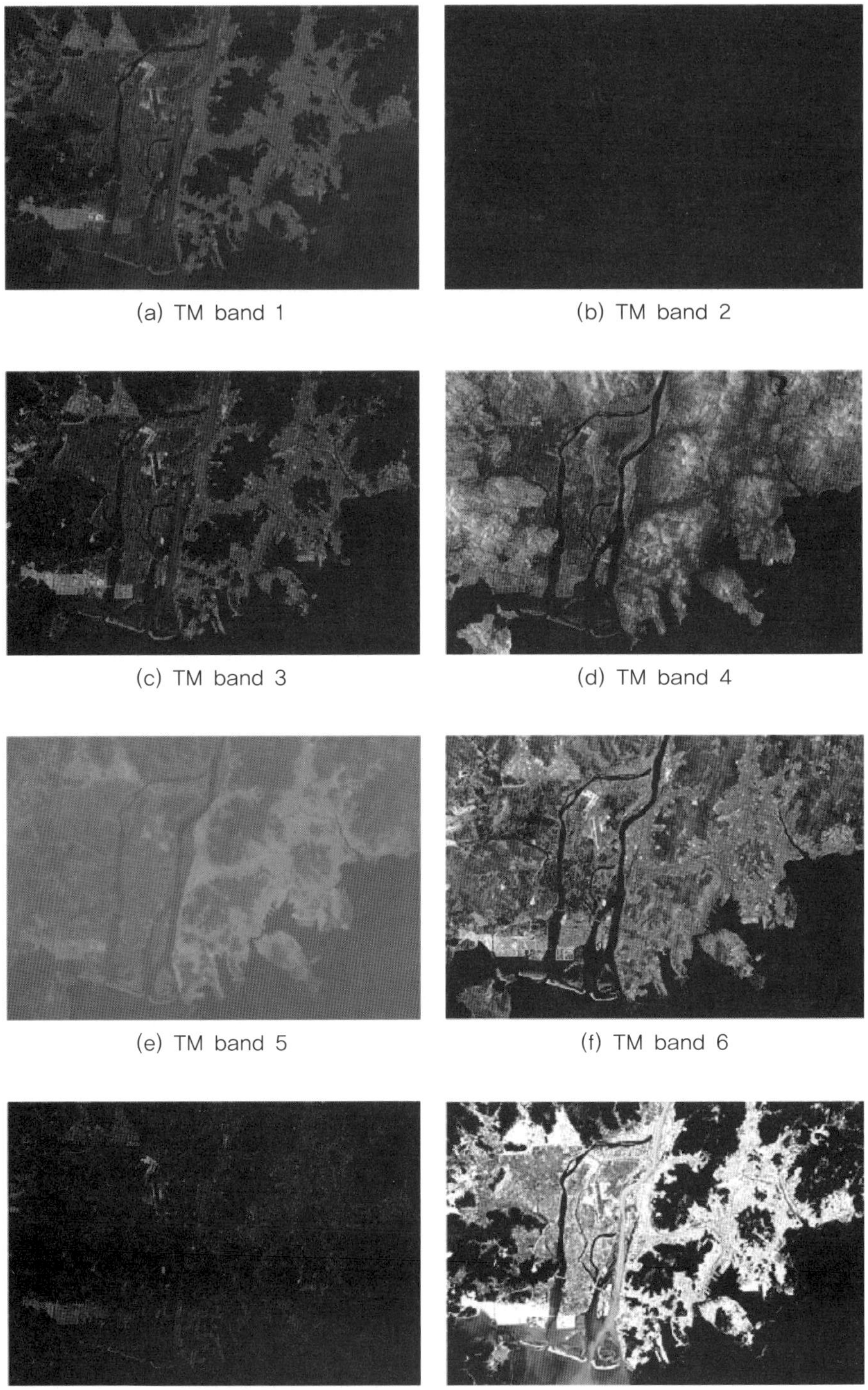

(a) TM band 1
(b) TM band 2
(c) TM band 3
(d) TM band 4
(e) TM band 5
(f) TM band 6
(g) TM band 7
(h) RGB 합성밴드

그림 15.17
KOMPSAT 위성

아리랑 2호에 탑재된 장비에는 고해상도 카메라(흑백 1 m, 컬러 4 m 식별 및 촬영), 별 추적기, S 밴드 안테나, X 밴드 안테나가 있다.

아리랑 2호의 고해상도 카메라는 MSC(multi-spectral camera)으로 1 m 해상도를 가진다. MSC의 관측 파장대역은 한 개의 panchromatic 채널과 4개의 multispectral 채널로 구성되어 있다.

panchromatic 채널은 500~900 nm가 있으며, multispectral 채널은 MS1 450~520 nm, Ms2 520~600 nm, MS3 630~690, MS4 760~900 nm로 구성되어 있다. 우리나라에서 주도적으로 개발한 아리랑 2호는 지구 저궤도용 정밀 실용위성이며 해양오염, 자원탐사, 농업재해 모니터링, 해양적조감지, 정밀지도제작 등에 활용되고 있다.

[3] SPOT Series

SPOT 위성은 1978년 초 프랑스 정부에서 결정된 우주 사업이다. Push Broom 스캐닝 기술과 선형배열시스템을 최초로 장착한 지구 자원탐사위성으로서, HRV(high resolution visible)라는 센서 2기가 탑재되어 위성궤도의 직각방향으로 동시에 단일영상선을 주사하는 Push Broom 방식의 4개의 CCD로 구성되어 있으며, 공간해상도는 전정색영역은 약 10 m 정도이며, 다중파장(XS) 영상은 20 m 이며, 주요재원은 표 15.4와 같고, 밴드별 영상은 그림 15.16과 그림 15.18에 나타나 있다. SPOT 위성영상의 가장 두드러진 특징은 양옆으로 Off-Nadir

표 15.4 SPOT 위성의 활용분야 주요제원

센서	밴드	분광명칭	파장[μm]	해상도[m]	응용 분야
HRV	1	Green	0.50~0.59	20	식생
	2	Red	0.61~0.68	20	Soil Boundary, 지질도
	3	Reflective Infrared	0.79~0.89	20	식생, 생물자원함유, 수계망, 토양함수량
Panchromatic			0.51~0.73	10	가시광선

그림 15.18
SPOT 위성영상

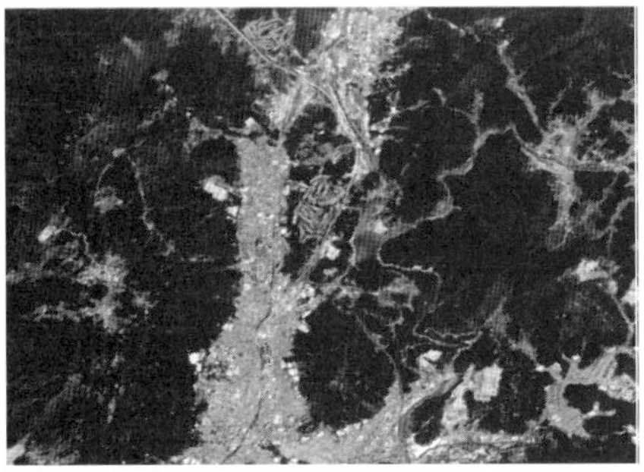

(a) band 1

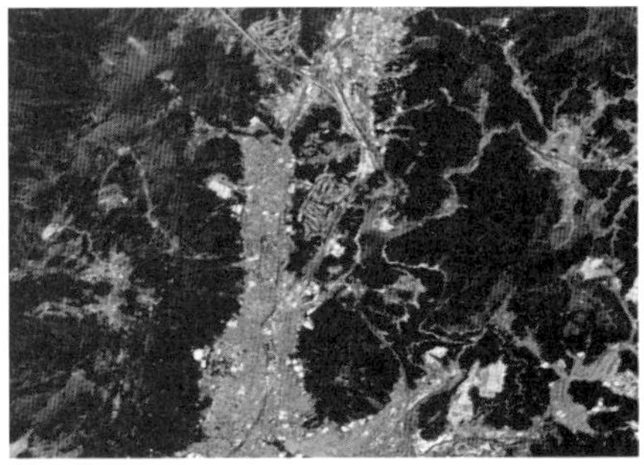

(b) band 2

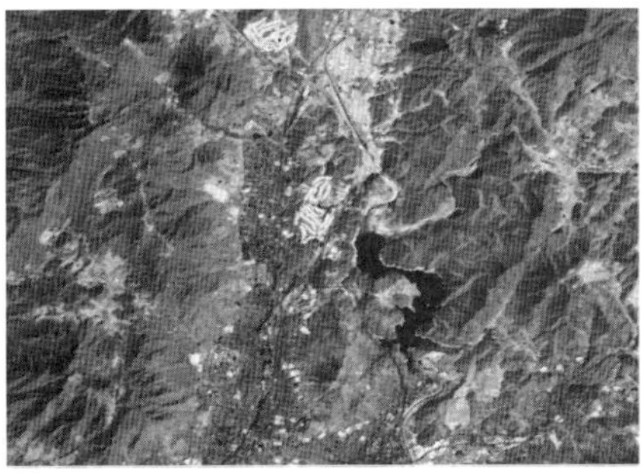

(c) band 3

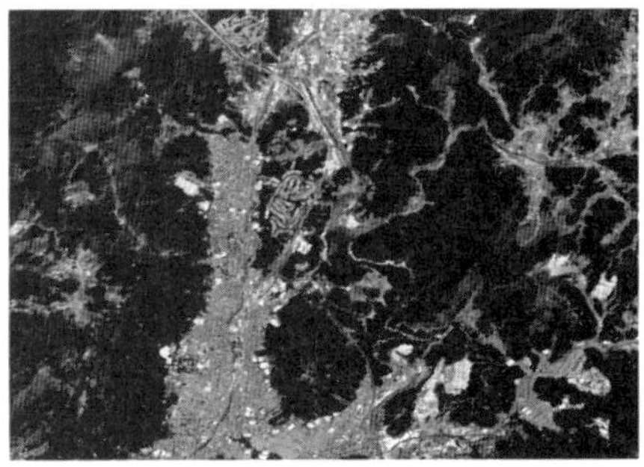

(d) RGB 영상

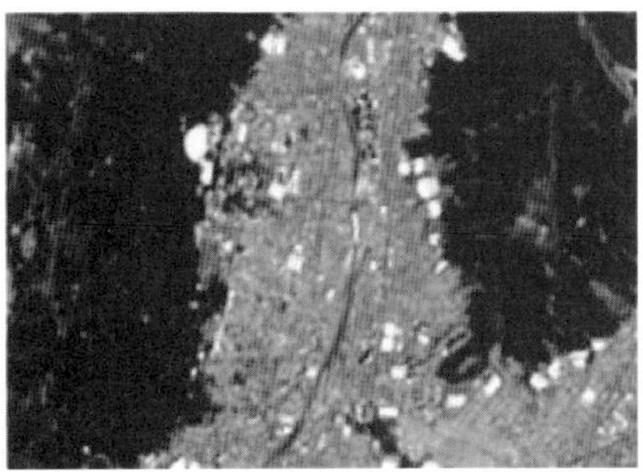

(a) Multispectral 컬러영상

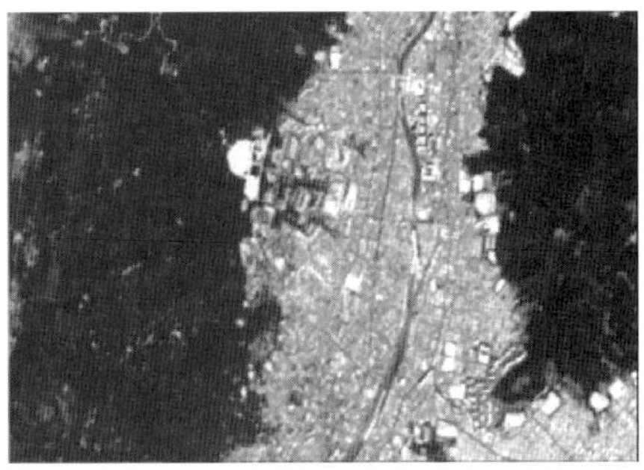

(b) Panchromatic 영상

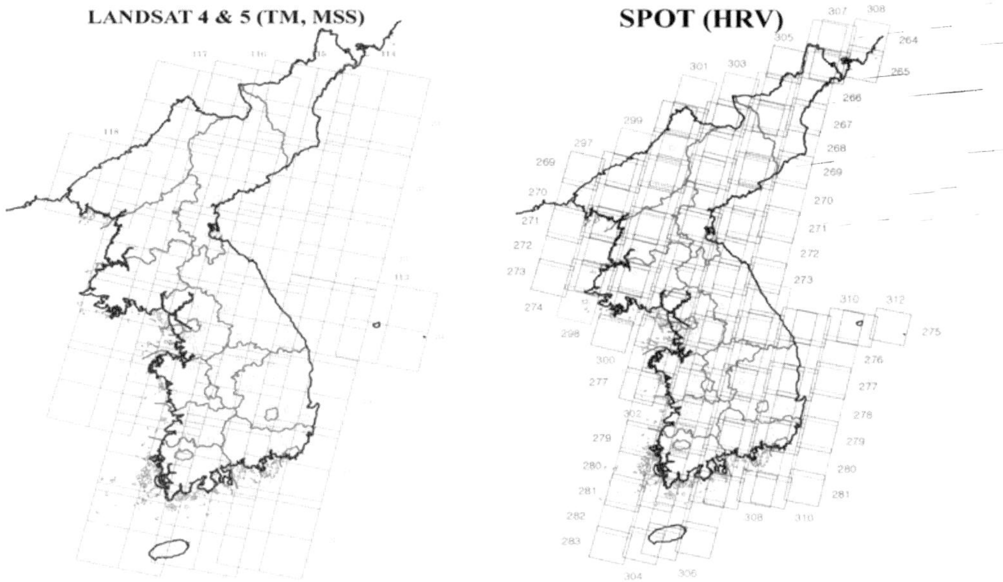

그림 15.19
Landsar TM과 SPOT 위성의 우리나라에서의 궤도

관측능력을 가지고 있으며, 두 궤도에서 동일지역의 입체영상을 취득할 수 있기 때문에 1 : 50,000 축척을 가지는 지형도제작, 1 : 25,000 축척을 가지는 주제도 제작 및 입체영상의 획득이 가능하다.

SPOT 4호는 새로운 단파장 적외선 밴드와 Vegetation 센서(1 km×1 km)를 장착하고 1998년 3월 24일 발사되었고, 이 후 2002년 5월 3일 10 m×10 m 해상도의 가시광선, 근적외선, 단파장 적외선(SWIR) 밴드와 2.5 m의 고해상도를 가진 전정색 밴드를 가진 SPOT 5가 발사되어 현재까지도 지구관측에 이용되고 있다. SPOT 4, 5호는 이전의 SPOT 시리즈와 달리 몇 가지 특징이 나타나는 데 소규모 식생, 지구변화, 해양학 연구를 위한 vegetation 센서를 독립적으로 부착하고 있고 20 m×20 m에서 적용시키기 위한 1.58~1.75 μm의 SWIR 밴드도 추가되어 있다.

[4] 고해상도 위성

(1) IKONOS

세계최초의 상업용 위성으로서 1 m 지상해상도를 가지는 IKONOS 위성이 1999년에 발사되었다(그림 15.20).

이 위성은 전 세계는 물론 한반도지역의 영상을 전송하고 있다. 특히, 해상도의 한계로 대축척지도의 제작이 불가능하였던 위성영상 지도제작 분야의 비약적인 발전과 응용이 확대되고 있으며, 전정색영상으로 4 m의 다중분광 영상획득도 가능하다. 또한 기존의 영상자료와 비교하여 공간, 분광, 복사, 주기적 해상도가 상대적으로 높기 때문에 정보의 추출이 용이하며 다양한 분석을 할 수 있다. 비행계획에서 촬영, 도화 및 수정작업을 거쳐 최종적인 결과를 얻는 데까지 필요한 시간과 비용의 문제를 IKONOS 영상은 약 3일의 촬영주기와 지상수신소에서의 자료생산체계로 비용과 시간적인 제약을 해결할 수가 있다. 또한 기존의 8 bit에서 11 bit로 자료를 수집하기 때문에 256단계의 DN값에서 2048단계의 DN값을 가진다. 이는 대조비를 향상시킬 수 있으므로 음영부분의 구분이 더욱 명확해졌다. 입체영상을 이용하여 수치표고모델추출이 가능하며, 지상 608 km, 관측주기는 2일이며, 관측 폭은 13 km×13 km이다.

(2) QuickBird

2001년 10월 미 캘리포니아에서 보잉사의 델타 로켓으로 Quickbird 위성을 성공적으로 쏘아 올렸다. QuickBird-2는 지구상공 450 km에서 흑백으로는 직경 61 cm, 컬러로는 2.4 m의 물체까지 식별이 가능한 위성사진을 전송하고 있다. QuickBird-2 위성데이터는 Pan의 경우 0.61 m, 다중분광영상은 직하 2.44 m, 이 두 가지의 영상의 표준은 Pan은 70 cm, 다중분광영상은 3 m로 각각 생산되고 있다. 재방문 시간은 위도에 따라 다르며, 보통 1~3.5일 정도이다. 관측 폭은 16.5 km×16.5 km이며, 현재 상용위성영상 중 최고의 해상도를 자랑한다.

그림 15.20
IKONOS 위성

그림 15.21
QuickBird 위성

15.4.2 SAR & Lidar

(1) SAR(Synthetic Aperture Radar)

SAR(Synthetic Aperture Radar)는 움직이는 레이더에서 수집된 신호들의 펄스간 비교(pulse-to-pulse comparison) 방법을 이용하여 실제 안테나 빔 폭이 제공하는 것보다 높은 방위와 방향의 해상도를 얻는 센서로 레이더 영상의 거리 해상도(range)는 송신펄스 또는 압축펄스의 폭에 의해서 결정되고, 방위 해상도(azimuth)는 안테나 빔 폭에 의해서 결정된다. SAR는 항공기와 위성에 모두 탑재 가능하여 각각의 목적에 맞게 영상을 취득하고 있다.

SAR는 안테나의 움직임에 따라 발생되는 지상물체의 도플러 주파수의 상대적 변화 특성을 이용하는 것으로서, 신호처리 과정에서 측정대상 물체와 안테나 간의 거리 차에 대한 위상 보상방법을 쓰거나, 위상오차 허용범위 내에 있는 신호를 단순히 더함으로서 이루어지는데 이러한 SAR의 장점으로는 구름, 눈, 연기, 안개 등을 투과하는 성질이 있어 기상조건의 영향을 받지 않고 영상 취득이 가능하고 반송파(carrier wave)를 발생하여 대상물체로부터 반사 및 산란되어 오는 파를 수신하는 능동센서이므로 낮과 밤 모두 관측이 가능하다. 또한 광학센서와 달리 지형의 구조, 표면 거칠기, 토지에 함유된 수분량 등의 정보 취득이 용이하며 물을 완전히 투과하지는 못하나 바다, 호수 등의 수체의 표면 작용들을 분석할 수 있어 주로 해양 연구에 이용된다.

(2) LiDAR(Light Detection And Ranging)

LiDAR는 짧은 파장의 레이저를 지표면에 주사하여 반사되는 레이저 신호를 측정하는 방법으로 능동형 센서에 포함되며 이러한 능동형 센서는 광원(태양)으로부터 반사되어 오는 신호를 측정하는 수동형 센서에 비해 낮과 밤, 기상에 상관없이 측정이 가능하다는 장점이 있다.

LiDAR 기술의 핵심은 송신기로부터 목표물을 거쳐 수신기에 도달하는 레이저 펄스의 이동시간을 측정하는 것으로 빛의 속도로 이동하기 때문에 정밀한 표고 자료를 얻기 위해서는 높은 정밀도로 시간차를 측정해야 한다. 또한 센서를 탑재한 플랫폼인 항공기가 비행 중에 대상지역에 대한 자료를 얻는 것이고 얻어지

그림 15.22
RADARSAT 위성

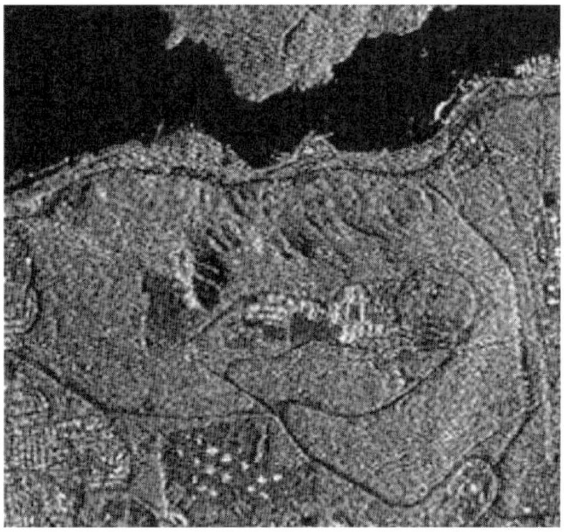

그림 15.23
SAR 영상

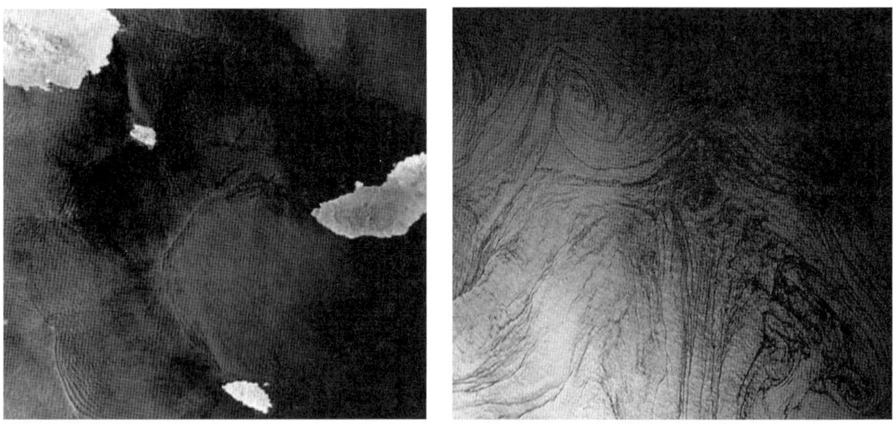

는 점 밀도는 단위시간당 송신할 수 있는 펄스의 수, 촬영 각도, 비행속도 등에 따라 결정된다. 이렇게 획득한 자료에는 강도와 함께 다중 에코자료도 얻어지므로 지형지물의 물질적 특성을 파악할 수 있다는 장점이 있고 측점마다 위치정보를 개별적으로 얻을 수 있으므로 항공삼각 측량이나 정사보정이 필요치 않다. LiDAR(Light Detection and Ranging)는 레이저에 의한 대상물 위치결정방법이다. 레이저 단면측량은 기상조건에 좌우되지 않고 산림이나 수목지대 에서도 투과율이 높으며 자료 취득 및 처리과정이 완전히 수치방식으로 이루어지며 측량의 경제성과 효율성이 매우 높다고 할 수 있다.

LiDAR 활용범위를 살펴보면, 지형 및 일반 구조물 측량, 용적계산, 구조물의 변형량 계산, 가상공간 및 건축 시뮬레이션, 역사적 건물의 3차원 데이터 획득 등이 있으며 다른 위성영상들에 비해 장점은 광학영상에서는 추출이 어려운 3차원 위치정보를 LiDAR 데이터로 쉽게 추출(고층 건물 및 산악지, 해안선 지형)되며 항공용 Digital Camera를 같이 이용하면 건물 및 도로 외곽선 등의 선형 추출이 용이, 고정밀도의 수치표고모델(Digital Elevation Model)이 생성 가능하다. 또한 3차원 위치 정확도와 경제성 및 작업의 효율성이 우수하다고 할 수 있다.

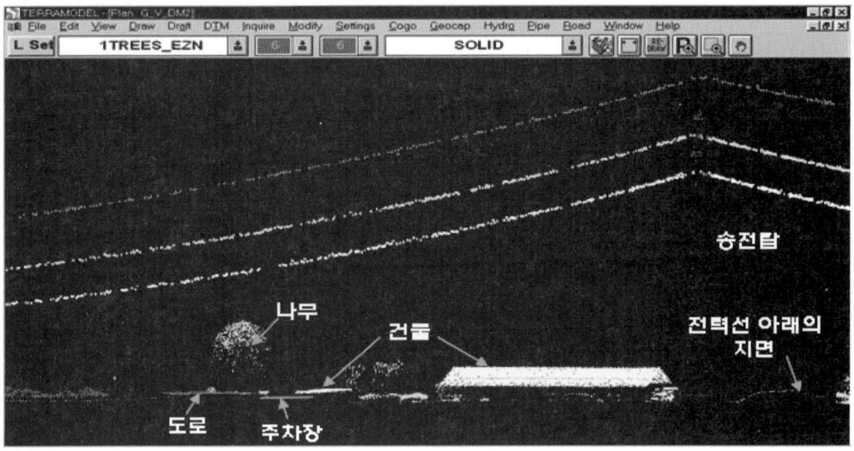

그림 15.24
Lidar를 이용한 정밀 3차원 지형정보 획득

그림 15.25
Lidar를 이용한 정밀 3차원 건물추출

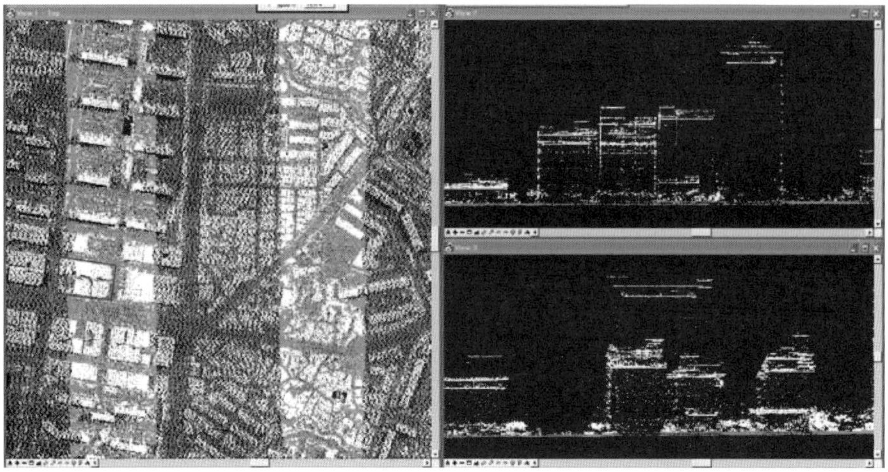

15.5 위성영상의 활용

15.5.1 영상 분류

인공위성 영상자료를 가지고 지도제작, 자원탐사, 기상관측, 환경감시, 재해방지로부터 군사 분야에 이르기까지 여러 분야에서 활용되고 있으며, 고해상도 위성영상자료의 수집과 함께 GIS와 직접적으로 연결된 RS/GIS라는 새로운 분야가 등장하고 있다. 그리고 위성영상 분류는 지형정보 데이터베이스 구축을 위한 중요한 인자 중의 하나로 취득된 영상데이터들을 기본으로 카테고리나 한정된 몇 개의 클래스들에 화소들을 할당하는 과정으로 지형정보 데이터베이스 구축을 위한 중요한 이론 중 하나로 주제도(thematic map)와 같은 결과물의 생성을 위해 각각의 주제별 클래스들로 모든 화소들을 자동적으로 할당하는 것을 목적으로 한다.

(1) 감독분류(supervised classification)

감독분류는 사전정보를 가지고 각각의 분류클래스를 대표하는 대표지역을 선택한 다음에 각각의 대표지역을 이용하여 영상을 분류하는 방법을 말하며, 도시지역, 농경지, 습지, 산림지와 같은 어느 정도의 토지피복형태의 위치에 따른 야외조사, 항공사진분석, 지도나 경험을 통하여 미리 알고 있는 자료를 이용하여 토지피복형태 지역으로 표현된 특정한 지역을 찾는다. 감독분류작업을 하기 위해서는 이렇게 영상분류에서 알고 있는 지역의 대표지역(training area)을 선정한다. 영상에 존재하는 모든 화소들은 해석키의 각 항목과 수치적으로 비교되고, 가장 유사하게 보이는 항목들의 명칭에 따라 분류된다. 관심 있는 분류 항목을 대표할 수 있는 표본으로부터 영상을 분류하는 방법으로 원격탐사 영상의 정량적인 분석도구로 가장 많이 쓰인다. 트레이닝 단계에서부터 감독자의 개입이 필수적인 요소로 작용하고 트레이닝 지역이 정확하고 신뢰성 있게 이루어져야 분류의 정확도가 높아진다.

(2) 무감독분류(unsupervised classification)

무감독분류는 트레이닝 자료 필요 없이 영상에서 알려지지 않은 화소들을 조사하고 영상화소 사이에 존재하는 특성집단에 따라 영상의 모든 화소를 몇 개의항목으로 병합한다. 이때 사용되는 기본적인 전제는 특정 피복항목을 구성하는 화소값이 서로 가깝게 위치하며, 이들과 다른 항목들의 DN값들은 비교적 멀리 떨어져 있어 구분이 잘된다. 무감독 분류의 경우 영상에 대한 사전 정보가 없을 경우, 감독 분류를 시행하는데 있어서 신뢰성 있는 트레이닝 자료를 얻을 수 없을 경우, 고비용이 소요될 경우 사용하는 것이 좋다. 이 분류법의 특징으로는 최초의 초기 입력 자료만을 필요로 하고 반복적인 계산과정을 거치므로 감독 분류에 비해 계산 시간이 많이 소요된다. 무감독 분류자체로서 분류를 하는 경우도 있으나 대부분의 경우 감독 분류를 위한 참고 자료로서 역할을 많이 하고 ISODATA와 K-Mean 클러스터링 알고리즘을 지원한다.

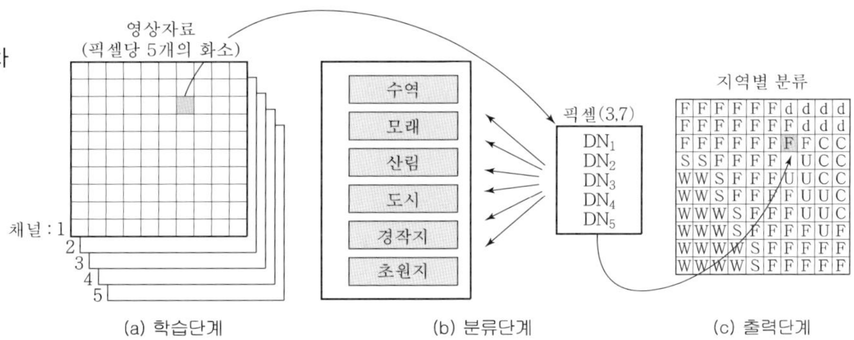

그림 15.26
감독분류의 단계별 절차

그림 15.27
Lidar를 이용한 정밀 3차원 건물추출

분류		색상	빨강색	초록색	파란색	값	순서	픽셀수
1	채광지역		0.00	0.00	1.00	2	2	1579
2	물		0.00	0.39	0.00	1	1	1160
3	습지		0.00	0.39	0.00	3	3	1770
4	논		0.25	0.87	0.81	5	5	2144
5	골프장		1.00	0.00	1.00	10	10	577
6	기타 재배지		0.25	0.87	0.81	6	6	1359
7	혼효림		1.00	0.84	0.00	9	9	587
8	도로		0.00	0.00	0.00	8	8	2008
9	밭		1.00	0.00	0.00	7	7	849
10	도시		1.00	1.00	0.87	4	4	2181

15.5.2 DEM 제작 및 토목분야

DEM의 광역적이면서도 자세한 제작이 필요하게 되었는데 현재는 해상력이 높아지고 이동한 위치에서 반복 촬영한 동일 지점의 영상을 획득할 수 있게 됨으로서 위성영상으로부터 DEM 구축이 가능해졌다. 위성영상은 항공사진에 비하여 포함면적이 넓고, 주기적으로 영상을 얻을 수 있으므로 최신의 정보를 획득하는데 소요되는 시간과 비용을 절감할 수 있다. 그리고 위성영상에 항공사진의 수치사진측량기법을 적용하여 자동으로 DEM을 생성할 수 있다.

그림 15.28
IKONOS 영상을 이용한 DEM

15.5.3 토지 분류 및 환경 분야

토지이용은 토지가 인간에 의해 어떻게 이용되고 있는지를 설명하고, 토지피복은 땅 위에 존재하는 생태 물리적이고 인공적인 대상물에 대한 설명이다. 예를 들면 국립공원은 여가 활동을 위해 이용되지만 침엽수 산림 피복을 이루고 있다. 도시 토지이용이나 토지피복 정보는 주거 및 산업 또는 상업지역 선정, 인구 측정, 과세 평가, 제한 구역의 개발 등을 포함하는 다양한 응용분야에 필수적인 내용이다. 원격탐사 자료를 사용하여 주거지의 위치, 형태, 상태, 거주수를 목록화할 수 있으며, 용도별 토지이용 구분이 가능하다. 이러한 분류에 있어 위성영상의 활용 가능성이 크고 GIS 시스템과 연동되어 큰 효과를 보고 있다.

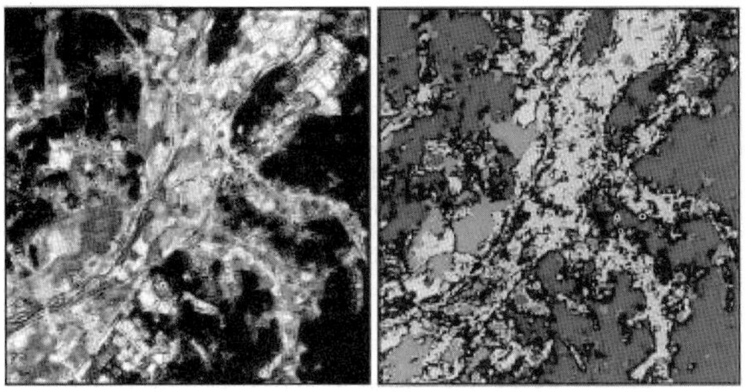

그림 15.29
위성영상을 이용한 토지분류 비율

분류	숲	농경지	인공지물	나대지	목초지
비중(%)	42.51	18.36	19.40	4.39	15.44

Chapter_15

연습문제

15-1 원격탐사의 개념에 대해서 설명하시오.

15-2 위성영상의 해상도에 대해 서술하시오.

15-3 기하보정에 대해 설명하시오.

15-4 보간기법의 종류와 특징에 대해 설명하시오.

15-5 영상강조에 대해 설명하시오.

15-6 영상융합의 개념과 과정, 장점에 대해 설명하시오.

15-7 Lidar의 개념에 대해 설명하시오.

15-8 분류의 기법에 대해 설명 하시오.

CHAPTER 16

GIS

지리정보시스템체계는 우리가 살고 있는 공간에 대해 효율적이고 체계적인 관리를 위해 공간정보들을 처리, 분석, 모델링을 통해 실제의 세계와 비슷하도록 표현하는 것으로 정의한다. 이 장에서는 지리정보의 개념, 구조 등을 바탕으로 공간분석기법에 대해 공부하고 토목 환경 분야에의 적용가능성에 대해 논의하고자 한다.

16.1 GIS의 개요

16.1.1 GIS의 정의 및 구성 요소

GIS시스템은 지리, 정보 그리고 체계의 세 가지를 통합한 것이다.

지리(Geographic)는 실세계, 공간적 실체이며, 정보(Information)는 자료와 정보, 그것들의 의미와 사용을 말하며, 그리고 체계(Systems)는 컴퓨터 기술과 하부구조 지원을 말한다.

GIS가 단지 하나의 도구가 아니라 지리적 문제를 해결하기 위한 시스템이고, 실세계를 표현하는 수단으로 디지털 정보 기술을 이용하여 지표면을 연구하는 정보학으로써 세계와 인간과의 관계를 설명하는 분야라는 관점에서 볼 때 GIS를 '공간 정보 과학'(Geo-spatial Information Science)이라 할 수 있다.

GIS는 지리 정보(geographic data)를 다루고, 지리 정보를 구축, 유지관리, 편집, 분석 및 프로세싱, 디스플레이 및 출력 등의 공통 과정을 가진다. 이러한 측면을 종합하여 볼 때 'GIS는 다양한 지리정보를 구축, 유지관리, 편집, 분석 및 프로세싱, 디스플레이 및 출력 등의 과정을 통하여, 공간 정보를 얻는 동시에 공간 의사결정에 도움을 주는 시스템'이라고 할 수 있다.

중요도에 따라 피라미드를 구성하고 있는 GIS의 네 가지 구성요소에 관하여 그림 16.1에 보여주고 있다.

① 조직과 인력(organization & people): GIS의 구조에서 가장 중요한 부분으로서 조직과 인력이 없이는 GIS는 결코 운영할 수 없다. GIS가 성공하려면 조직의 일부분이 되어야 하며 GIS를 지원하는 시설과 인력이 반드시 있어야 한다.

② 자료(data): 대부분의 GIS 작업은 자료를 획득하고 입력 및 관리하는 것으로 자료는 GIS의 기초를 이루고 있다.

③ 소프트웨어(software): GIS를 구동하기 위해서는 소프트웨어가 필요하며 이런 프로그램은 통계처리, 워드프로세싱, 시각화 등과 같은 기능을 지원한다.

④ 하드웨어(hardware): GIS가 작동하는 기계류로서 컴퓨터, 프린터, 플로터, 디지타이저 등과 같은 장치들이다.

그림 16.1
GIS의 하부구조

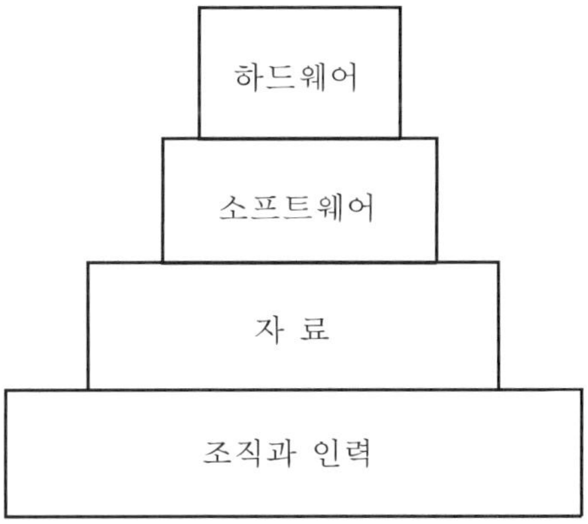

피라미드의 상부로부터 하부로 향하는, GIS를 개발하는 경우 자신들의 자료를 컴퓨터 기술에 맞게 적용하는 것보다는 보기 좋은 하드웨어나 소프트웨어에 더 많은 관심을 갖는 잘못된 경우가 많다. 또한 GIS를 운영할 사람이나 이를 지원할 조직적인 체계에 대해 우선으로 고려되어지지 않으면 잘못 진행되는 경우가 있다. 특히 우리나라 GIS 문제점 중의 하나는 실제현장에서 직접 측량이나 탐사에 의해 획득한 자료의 중요성을 소홀히 하는 경우가 많다.

16.1.2 GIS의 자료구조

GIS의 기본적인 조직과 기능은 그림 16.2와 같다.

GIS는 다양한 자료원(source data)으로부터, 다양한 형태(format)로 자료를 받아들인다. 다시 말하면 GIS는 수용 및 통합하려는 자료의 구조와 형태에서 매우 융통성이 있다는 의미로서 독특한 장점이다.

자료유형은 다음과 같다

① **지도(map)**: 일반적인 공간자료 유형이며 현재에는 디지털 또는 컴퓨터 포맷이 가장 일반적인 공간자료(spatial data) 저장형태로 가고 있는 추세이다.
② **이미지(images)**: 사진, 항공기나 인공위성으로부터 얻어진 디지털 자료(일반적으로 원격탐사자료)이다.
③ **디지털 자료(digital products)**: 이미 디지털 포맷으로 만들어져 있는 컴퓨터 디스크, CD, 또는 네트워크를 통해 얻어지는 자료이다.
④ **위성측량**: 전 세계 어디서나 높은 정확도로 위치, 이동속도, 높이 등의 자료를 제공하여 GIS 현장에 매우 유용하다.

⑤ **문자자료(text data)**: 공간에 관한 정보를 다루는 보고서나 문서들

⑥ **표자료(tabular data)**: 인구통계자료와 같은 수들의 목록

이런 자료들은 GIS에 데이터베이스의 형태로 저장된다. 그리고 데이터베이스로부터 지도나 보고서와 같은 성과물이 만들어진다. 그리고 GIS의 성공적인 수행을 위해서는 일반적으로 폭넓은 지식과 GIS 구조의 각 부분을 담당할 인력들이 있어야 한다.

GIS에 있어서 가장 기초가 되거나 또는 목적이 되는 것은 바로 GIS의 실제 적용(application)으로서 한 프로젝트에서 가장 중요한 것은 바로 그 프로젝트의 목적이다. GIS의 적용이나 프로젝트의 목표에 대한 깊은 이해 없이는 GIS는 방향을 잃고 실패하기가 쉽다.

GIS의 응용 또는 적용이라는 기초를 GIS의 다른 부분과 연결시켜주는 다섯 가지 예는 다음과 같다.

① **분석 작업(analysis operations)**: 프로젝트와 프로젝트의 자료를 이해하는 것으로 필수적인 작업이며 단순한 매핑 이상의 기술이 요구될 경우 분석기술에 대해 이해하고 있어야 한다.

② **GIS 원리**: GIS가 무엇이며, GIS는 어떻게 운영되며, GIS의 장단점은 무엇이며 그리고 실제 적용 시 GIS를 유용하게 하는 많은 개념들을 알고 있어야 한다.

③ **지도원리**: 지도화는 반드시 지도학적 기준을 따라야 하며 최종 결과물을 쉽게 이해될 수 있도록 한다.

④ **자료관리(data management)**: 자료관리는 전담자가 필요할 정도로 시간을 필요로 하는 작업이다. 자료관리를 하는 사람은 부분적으로 컴퓨터 전문 가인 동시에 프로젝트의 전문가이기도 해야 한다. 이러한 이유로 도로, 상수도 등 건설부분의 GIS 담당자는 컴퓨터능력에 대한 교육이 필요하다.

⑤ **컴퓨터 운영**: GIS는 컴퓨터 시스템인 관계로 컴퓨터장치를 수리하고 시스템을 운영할 기술자가 필요하다.

GIS의 생활공간을 떠받쳐 주는 것이 자료이며 정보와 분석의 기초가 되는 곳이다. GIS의 생활공간의 범위를 정해 주는 것은 자료를 관리하고, 분석하고, 보여주는 소프트웨어 프로그램이다. 소프트웨어는 자료의 공간을 둘러싸고 있다.

대부분의 GIS 작업은 소프트웨어를 이용하여 이루어지며, 대부분의 GIS 교육도 소프트웨어의 효율적인 사용을 그 목적으로 한다.

16.2 GIS의 자료 형태

16.2.1 공간자료 및 속성자료

[1] 공간자료

공간자료란 지도의 공간과, 일반적으로 주소나 지도상의 좌표체계에 따라 명확한 위치를 가지고 있는 자료를 의미한다. 공간자료는 물리적인 특성에 의해 정의되는 자료이며, 일반적으로 위치자료라고도 한다. 공간자료는 좌표나 주소, 즉 명확한 위치로 단순화되고, 도로상의 맨홀, 지하매설물의 실상을 정의내릴 수도 있다.

데이터베이스의 주소는 위치라 할 수 있으므로 공간자료이다. 이 지도도 위치에 의해 근거를 두고 있으므로 공간자료이다. 소유권자의 이름과 재산의 가치는 비공간자료이며, 이것은 "속성"이라 불린다. GIS 자료는 일반적으로 공간자료와 그 공간자료에 관련된 속성자료로 나눈다.

그림 16.2에서 공간자료와 속성자료의 예를 볼 수 있다.

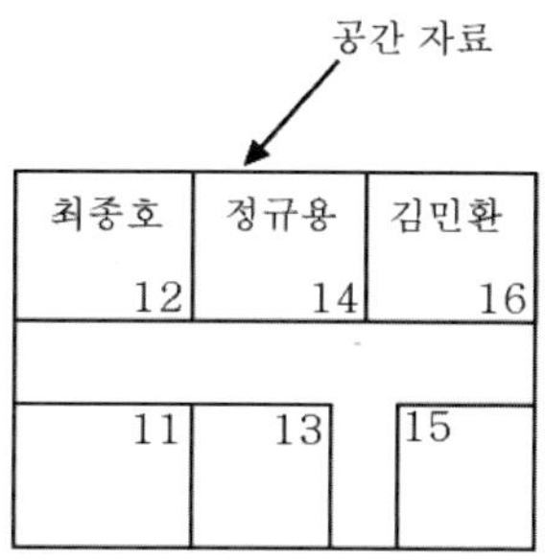

속성자료

번 지	소유자	면 적
12	최종호	5,000
14	정규용	7,000
16	김민환	6,000

그림 16.2
공간자료와 속성자료

[2] 공간자료의 유형

GIS에서 공간자료는 점(point), 선(line), 다각형(polygon)이라는 세 가지 유형으로 나뉜다.

그림 16.3
공간자료

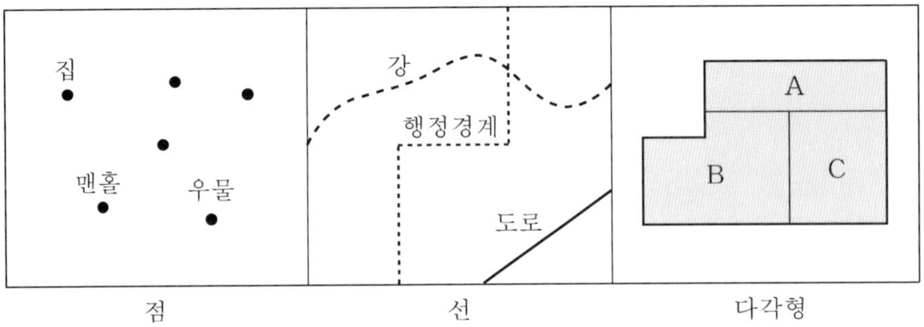

점은 현실의 공간크기가 아닌 지점 또는 위치로 표현된다. 이것은 편리한 시각적인 상징물에 의해 보여주는 점이지만, 실체적인 길이, 폭의 특징을 가지고 있지 않다. 점은 특징들의 명확한 위치를 나타내는데, 이것은 일반적으로 실질적 크기를 보여주는 것이 아니고, 집과 같이 축척을 주어 적당히 설명하기에는 너무 작은 것들을 나타내는 데 사용된다. 점은 집, 맨홀, 우물 등을 나타낸다.

선은 지형의 1차원이다. 선 역시 단순히 길이를 의미할 뿐, 폭의 개념은 아니다. 선에는 시작이 있고 끝이 있다. 선들은 도로, 강 그리고 행정경계 등의 어떤 선형을 나타낸다.

다각형은 둘러싸인 영역이며, 적어도 세 변에 의한 2차원 지형이다. 다각형의 예로는 하나의 필지, 농업지역, 선거지역 등이 있다. 물론, 다각형은 면적과 둘레를 가지며 이것 또한 중요한 특징이 된다. 즉, GIS의 공간자료는 일반적으로 점, 선, 다각형의 자료로 저장되어진다.

[3] 속성자료

속성자료는 공간객체의 표현으로서 공간 데이터의 명칭, 분류 또는 색과 같은 비공간적 양상일 수 있고 양적 또는 질적이기도 하다. 이러한 속성 데이터를 다루는 데 있어 매우 편리하고 효율적인 방식은 데이터베이스이다. 데이터베이스에서는 행을 레코드(record)로, 열을 필드(field)로 부른다.

그림 16.4에서 “누가 지가가 높은 땅을 소유하고 있는 가”와 같이 조건을 부여하여 관련된 것을 찾아보자. 그 과정은 행에서 지가를 찾은 다음 소유자 필드와 함께 “높음” 단어를 맞추는 것이다. 최종호 와 박동현이 고급 토질의 땅을 소유한 사람들이다. 이와 같은 질문은 분류목록 중 최적입지를 찾기 위한 조건을 가리키는 “입지적합성(site suitability)”이라는 특별한 형태의 질문이다. 여기서의 작업은 아래와 같은 속성을 가지는 최적입지를 찾는 것이다.

그림 16.4
속성테이블

속성번호	면 적	소유자	세금코드	지 가
1	100,000	최종호	나	높음
2	50,100	정규용	가	보통
3	90,900	정규용	나 No	보통
4	40,800	김민환	가	낮음
5	30,200	송상철	가	낮음
6	120,200	No 박동현	나	높음

- 40,000평 이상의 면적
- 박동현을 제외한 소유자
- 세금 코드 나
- 토지가격 비싼 부지

그림 16.4는 관계형 데이터베이스로 한 필드 또는 레코드집합을 관련시키는 강력한 능력을 가지고 있다. 이 입지적합성 예에서, 데이터베이스를 이용하여 한 필드에서의 조건을 만족하는 레코드들을 선택한 후, 이전의 선택한 것과 다음 필드에서의 레코드를 연관시키면서 다음 필드로 이동한다.

프로그램은 면적에서 시작하며, 그 리스트로부터 40,000평 이상의 면적을 만족하는 모든 레코드들을 찾는다. 다음 소유자필드로 넘어간 다음 박동현을 제외한다. 리스트로부터 세금 코드 나를 선택하고 토지가격이 비싼 부지를 선택하면 지번 1이 유일한 적합지를 만들면서 모든 조건을 만족시키게 되는 것이다.

16.2.2 벡터자료 및 레스터자료

[1] 벡터자료의 정의

벡터자료구조는 지도와 같은 그림으로 보통 원래 자료와 매우 유사하다. 그리고 점, 선, 면은 위치를 나타내는 상징으로서 표시되는데, 선은 길이와 방향을 가지지만, 폭이 없는 하나의 값만 존재하며, 면은 둘러싸인 지역을 표현한다.

벡터는 래스터의 격자점이 축소화된 것으로서 모양은 실제지도처럼 비유되며, 그 선은 연속적이고, 격자점 구조를 깨뜨리지 않는다. 즉, 벡터체계는 규모와 모양을 나타내는 상징으로 사용되는데 도로는 곡선을 유지하고, 농업지역은 그들의 원래 실제모양을 가지고 있다.

벡터와 비교하여 볼 때, 래스터 구조의 중요한 문제는 공간객체들의 모양이 인공적인 격자 셀 체계를 강요당하고 있다는 것이다.

[2] 구조

래스터는 셀들에 의해 만들어지지만 벡터특징은 XY 좌표에 의해 정확하게 위치가 정해진 지점에 의해 실제로 정의된다. 벡터의 자료구조를 살펴보면, 노드(node)는 모든 선 또는 면의 시작과 끝점을 말하며 버텍스(vertex)는 선 안의 구부러진 부분의 점을 말한다. 그림 16.5는 벡터구조를 보여주는데, 각 마디와 정점의 XY 좌표로 나타낸다. 연결된 선들은 체인(chain)이라 한다. 벡터점은 공간객체의 위치로서, 프로그램의 시각적 편리함을 위해 점이나 어떤 다른 상징으로 나타낸다. 벡터선의 특징은 오직 하나의 치수를 가진 것으로 깊이가 없는 길이로서 선에는 2개의 노드가 있다. 그리고 만약 선이 곧으면 버텍스를 가지지 않는다.

그림 16.5에서의 선은 노드 1에서 시작해서 노드 2에서 끝나며, 그것들 사이에 버텍스 1을 가진다. 두 벡터는 분리되어 있으며, 면은 둘러싸여 있다. 그러므로 시작마디는 또한 끝마디가 되는 것으로, 하나의 면을 위해선 오직 하나의 노드만 존재한다. 실제로 벡터시스템 자료파일들은 각 마디와 정점의 좌표를 가진다. 다시 말하면, 연결된 체인들은 프로그램 또는 하드 위에 그려지는데, 이것은 효과적인 데이터 저장체계이다.

그림 16.5
벡터자료의 구조

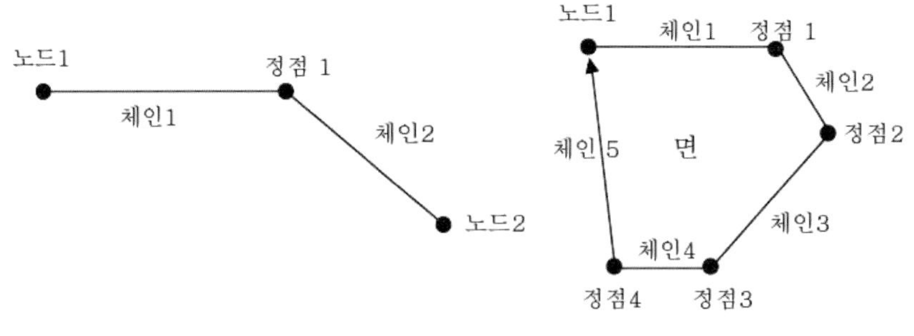

[3] 장점 및 단점

벡터표시는 보기에 좋으며, 대부분의 지도가 벡터형태로 나타내고, 벡터자료의 정확성은 컴퓨터 모니터나 지도작성 도구의 해상도보다 더 높을 수 있다. 고해상도는 높은 위치의 정확성을 가지며, 벡터자료는 위상자료구조를 갖는데, 이는 래스터자료가 제공하지 못하는 것들도 제공한다. 벡터체계는 저장 공간을 작게 차지한다. 이는 벡터공간객체의 노드점과 버텍스점만을 선정하고 저장하기 때문이다. 반면에 래스터의 경우 각 셀들이 부호화되어 저장이 된다. 이는 벡터자료 파일이 래스터파일보다 작거나 빠를 수 있다는 것을 의미한다. 그리고 벡터지도에 표현되는 것은 이해하기가 쉽다.

벡터자료의 구조는 자료통제와 정확성, 결과가 필요한 계획을 세우는 GIS 사용자들에게 최상의 선택으로 여겨진다.

벡터 데이터체계는 래스터체계보다 관리하는 것이 어렵다. 보통 노드점과 버텍스점에 좌표식의 긴 목록이 저장되었다고 가정하면 컴퓨터는 이해하는 것이 쉬우나 사용자들은 편집하는 것이 어렵다. 벡터체계는 강력하고 고도의 기술을 요구하는 컴퓨터에서 작동된다. 지도(map)는 경관 및 지형을 종이에 나타낸 것으로서, GIS의 하드카피라고도 한다. 커버리지(coverage)는 숫자로 나타내는 형태 또는 지도의 변형으로 컴퓨터 안의 지도라고 할 수 있다. 그리고 자료구조(data structure)는 컴퓨터의 자료형식으로, 그것은 GIS 프로그램을 이해하고 사용하는 자료의 체제이다. GIS 자료를 만들고, 저장하고, 보여주게 된다.

자료입력은 그림 16.6에서 볼 수 있듯이 첫 번째 단계로서 디지타이징된 자료는 dig파일로 저장된다.

래스터는 벡터의 형태로 전환될 수 있고, 벡터는 래스터로 전환될 수 있다. 이와 같이 자료구조는 GIS 과정이 만들어지는 첫번째 중요한 요소로서, 대부분 GIS는 래스터 또는 벡터를 기반으로 하나, 두 가지 체계를 함께 많이 사용하고 있다.

[4] 래스터 자료의 정의

래스터(raster) 체계는 격자망으로 이루어져 있으며 각각 격자점 안의 셀은 단순한 배경과 동일시되어지고, 보통 코드번호는 특별한 속성으로 언급된다. 그 수는 강수량의 양과 같은 사실적인 측정가치로 표현이 되어 진다. 래스터체계의 셀은 가장 작은 지도의 단위를 의미하며, 그려지는 공간객체 중 가장 작은 규모이다. 예를 들어, 강은 실제적으로 셀보다 더욱더 작지만, 전체 셀은 강처럼 부호화될 수 있다.

그림 16.6
자료구조처리

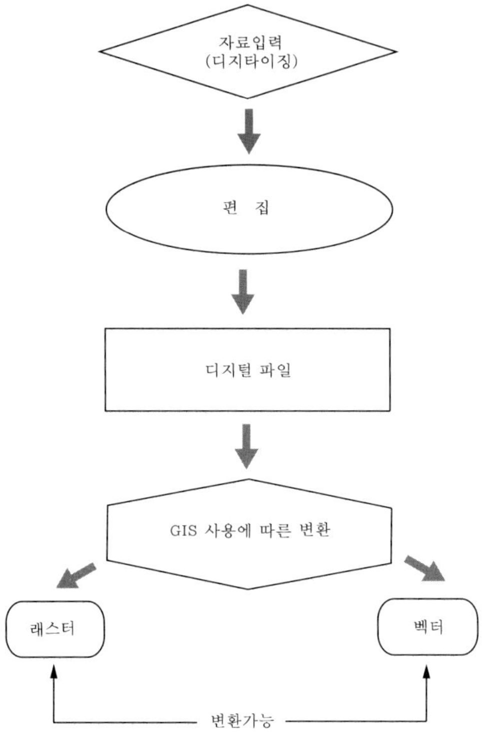

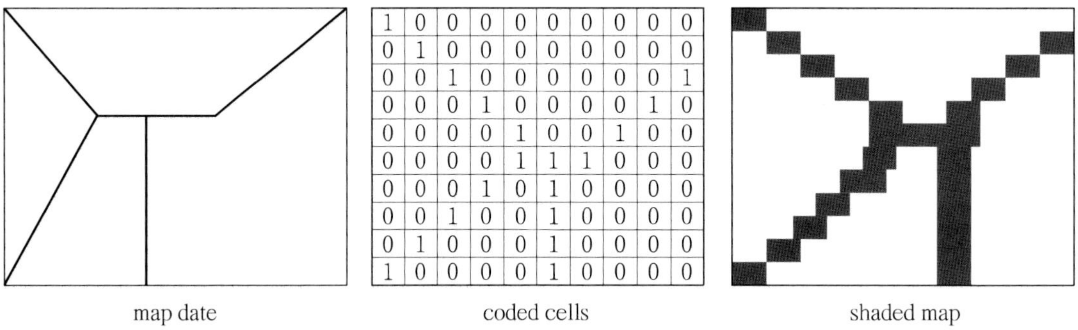

그림 16.7 래스터 데이터

[5] 장점 및 단점

래스터는 상대적으로 간단한 자료구조를 가지고 있다. 각각의 셀 안에 코드를 상징하는 어떤 숫자의 격자점으로 되어 있어, 사용자가 이해하고 사용하기 쉽다. 간단하고 부호화된 격자점은 분석을 쉽게 한다. 컴퓨터는 숫자를 비교하기 좋은 장치로서 비록 몇몇 복잡한 분석을 다룰 수 있는 자료파일의 일시적인 기억장치가 있다 할지라도 차례대로 각각 격자점 셀의 위치를 읽어내고, 그 각각의 자료파일을 위해 그 셀에서 분석한다. 예를 들어, 각 지점의 셀 안에서 자료파일들이 가지고 있는 높은 값을 결정하는 위치는 숫자비교에서 간단한 일이다.

모델링은 래스터와 숫자를 사용하는 일반화된 자료파일의 창조이며 확실한 GIS 작업을 위한 종합적인 과정이다. 래스터 셀 값은 공식에 쉽게 적용이 될 수 있는데, 만약 예를 들어 연료탱크 폭발의 예측은 경사와 토양 값을 사용하는 공식으로 표현되며, 래스터 숫자는 벡터유형보다 사용이 더 적절하다.

래스터 체계는 위치의 부정확성이라는 단점이 있다. 높은 정확성을 요하는 계획은 더 많은 위치자료를 이용하거나 벡터체계로 전환이 필요하다. 데이터 일반화에 의해 발생된 위치의 부정확성 때문에 래스터 구조는 일정한 위치에 무엇이 있는지 알 수 없으므로 함축되어 표현이 되어 진다.

각 위치 결과는 벡터체계와 비교할 때 상대적으로 정도가 낮다. 즉, 각 위치는 아무것도 존재하지 않아도 부호를 가져야 한다. 모든 공간은 부호화되므로 컴퓨터 저장용량이 매우 많아진다.

[6] 래스터와 벡터의 차이점

래스터와 벡터의 구조는 저장방법이 다르다. 그림 16.8은 래스터와 벡터에서 점, 선 그리고 면을 비교한 것이다.

래스터체계에서 점은 셀(cell)의 형태이다. 그러나 벡터체계에서 그것은 정확하게 같은 위치를 나타내는 점의 상징이다. 래스터체계에서의 단순한 선은 셀의 연속으로 구성된다. 그리고 연결을 잘못하면 폭에 영향을 준다.

벡터체계에서 선은 2개의 마디와 그것을 연결하는 체인으로 구성되며, 래스터에서는 더 복잡한 선은 한 방향 이상을 향하는 선을 나타내는 셀들을 포함한다. 래스터 면은 셀을 가진 테두리 안에 지역을 가득 채운다. 벡터체계는 시작점과 끝점의 마디와 경계선방향을 바꾸는 몇 개의 버텍스(vertex)점을 사용한다.

그림 16.8
데이터 구조

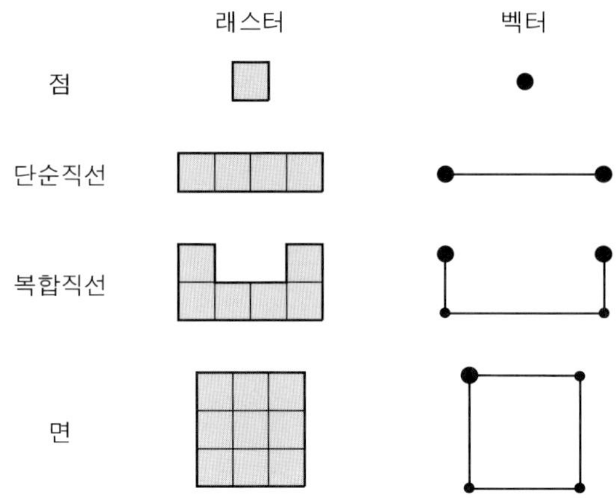

16.2.3 위상구조

[1] 위상구조의 정의

위상구조는 GIS에서 가장 유용한 자료구조개념 중 하나이다. 위상구조는 자료 간의 "연결"에 상당한 유연성과 강력함을 지니고 있으며 점, 선, 면으로 이루어진 벡터 자료구조에 다음과 같은 특징이 추가된 것으로 정의된다.

- 어디에 있는지 알 수 있다.
- 주변에 무엇이 있는지 알 수 있다.
- 주변 환경을 이해할 수 있다.
- 주변에 어떻게 접근하는지 알 수 있다.

위상구조함수(topological function)는 그 데이터베이스가 각각의 체인이나 노드의 연결에서 왼쪽에 있는지 또는 오른쪽에 있는지에 대한 효과적인 식별이 가능하도록 되어 있기 때문이다. 위상구조는 GIS 사용자에게 특별한 분석기능을 제공하는 발전된 개념이다. 위상구조의 수행방법과 몇 가지 동작방법을 알아보자.

그림 16.9는 간단한 위상구조를 보여준다. 면 A, B는 체인 1로 나누어진다. 체인 1은 두 면 모두 속한다. 즉, 체인 1은 면 A의 오른쪽에, B의 왼쪽에 있다고 정의될 수 있다.

위상구조는 체인 1이 양쪽 면의 일부이므로 둘은 서로 연관되어 있다는 것을 알 수 있다. 체인 1이 양쪽 면에 모두 위상 구조적인 상으로 포함되기 때문에 면 A는 B에 직접적으로 관련된다.

그림 16.9
위상구조

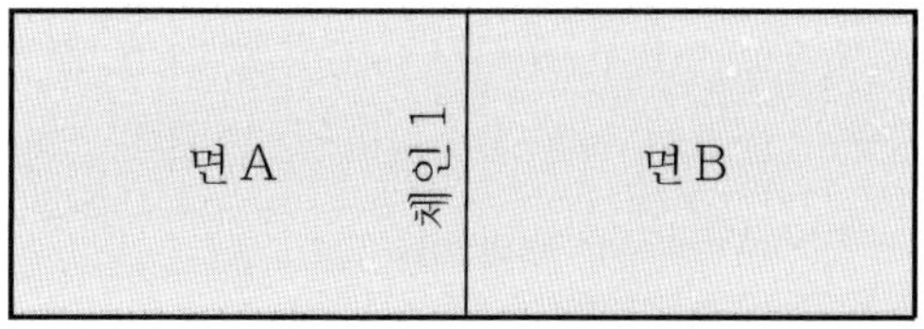

[2] 위상구조와 위치관계

위상구조는 몇 가지의 중요한 자료구조를 이용하여 작업을 한다. 우선 노드, 버텍스, 좌표, 체인 등의 벡터자료구조가 데이터베이스에 저장된다. 위상구조에서 중요한 것은 주변 환경을 인식하고 사용하는 것이다. 위상구조는 사용자가 의도하는 기능을 수행하기 위하여 자동적으로 자료의 모든 부분을 링크시킨다. 다음의 세 가지는 위상구조에서 중요한 특징이다.

① **인접성**(adjacency): 어떠한 상이 주어지든 위상구조는 대개 그 좌우에 무엇이 있는가 하는 관점에서 인접한 상들을 링크시킨다. 그림 16.9에서 체인 1의 좌우에 있는 면 A, B는 체인 1의 특징이 된다.

② **연결성**(connectivity): 위상구조는 연결된 모든 상들을 기록한다. 그림 16.9의 노드 1의 경우, 체인 A, B, C 모두가 데이터베이스에 기록된다. 이는 체인 A가 노드 1에 의해 다른 체인에 연결되어 있다는 것을 알 수 있다.

그림 16.10
공간관계

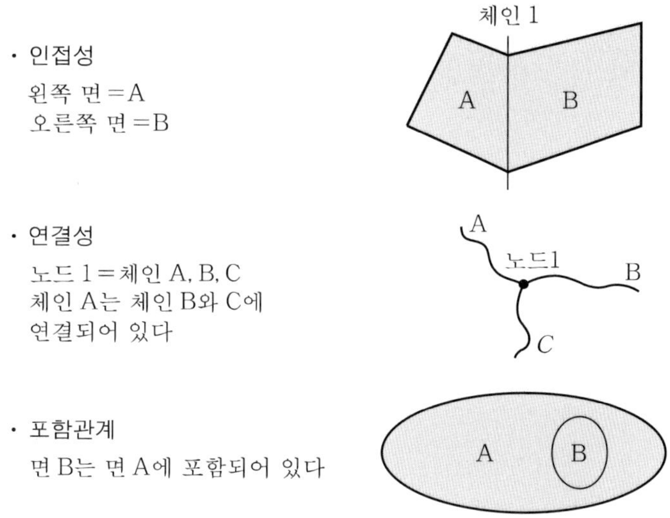

③ **포함관계(containment)**: 포함관계는 한 면 안에 무엇이 있는지를 언급한다. 그림 16.10에서 면 B는 면 A에 포함되어 있다. 포함관계는 자료구조 프로그래밍으로 나타내기 힘들지만, 섬이나 호수 등과 같이 둘러싼 것을 포함하기 위해 필요하다.

[3] 위상구조와 관계질의

관계형 데이터베이스와 위상구조의 기능을 묶음으로써 강력한 GIS 기능을 수행할 수 있다.

그림 16.11과 같이 공간에서 큰 면적의 면 C가 인접한 큰 면적의 면 B와 인접하여 있다면 면 A를 찾고 싶다고 하자. 위상구조는 다음과 같은 연결 관계 분석을 한다.

- set 1: B와 근접되어 있지 않고 연결되어 있지도 않다.
- set 2: 큰 면적의 B가 근접하여 있으나 C의 면적이 작다.
- set 3: B가 근접하여 있지만 면적이 작고, 큰 면적의 C가 연결되어 있다.
- set 4: 큰 면적의 B와 C가 근접하여 있다.

따라서 set 4만이 주어진 조건을 만족한다.

위상구조와 관계형 데이터베이스가 없다면 이러한 검색은 모양과 면적이 기록되어 있는 리스트를 읽는 과정이 상당부분 차지하게 된다. GIS는 이러한 간단한 검색은 쉽게 할 수 있다. 많은 공간객체가 주어진 데이터를 검색할 때 위상구조함수 없이 검색을 실시한다는 것은 사실상 불가능하다.

위상구조는 위치분석에 특별한 기능을 제공하는 GIS의 우수한 사용방법이다.

그림 16.11
위상구조와
관계질의

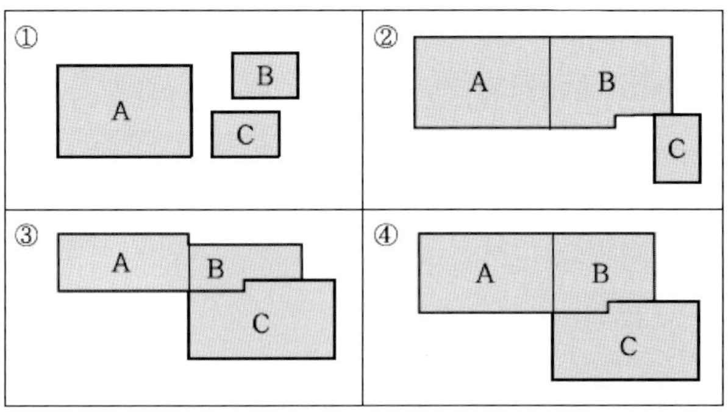

위상구조의 장점은 다음과 같다.

우선, 지능적 벡터구조로서 위상구조적 자료구조에는 추가되는 몇 가지 기능이 있다. 노드와 체인은 그들의 둘레를 포함한 길이를 알고 있어야 하고, 이는 다양하고 강력한 분석기술에 이용될 수 있다. 연결성이나 근접성, 포함관계 같은 위치관계는 위상구조에 포함되어 있어 이를 기반으로 위치관계의 자동인지를 한다. 또한 다양한 결합성을 갖고 있으며 뛰어난 프로그래밍 기능이 있다.

16.3 GIS 자료의 입력 방식

GIS 데이터의 기초자료는 여러 가지가 있을 수 있는데, 그 중 지도는 가장 보편적인 자료이다. 현장에서 측량하거나 수집된 데이터는 일차적으로서 데이터베이스에 처음으로 입력되는 데이터를 의미한다. 이러한 데이터는 보통 측정한 데이터나 사진 그리고 설명이 포함된다.

데이터 처리과정은 데이터의 조합인 디지털화된 결과물을 갖고 있는데, 때때로 GIS 데이터베이스와 적용범위가 다른 기관에 의해서 컴파일 되기도 한다. 디지털화된 결과물들은 저장의 효율성과 컴퓨터 작업의 용이성, 업데이트의 편리한 점 때문에 GIS 데이터 취합에 있어서 중요한 요소의 하나이다. 예를 들면, 통계자료는 인구통계 보고서 또는 비즈니스 마케팅 정보 등 프린트된 형태의 일반적인 목록이다. 이러한 데이터는 GIS에 입력이 되거나, 스캐너, 또는 정보를 곧바로 컴퓨터로 변환시킬 수 있는 장치로 입력이 된다.

보고서에는 지도나 통계자료 등과 같이 GIS로 입력될 수 있는 많은 데이터를 포함하고 있고 텍스트도 포함하고 있다. 따라서 사용자에 의해 변환되어진 정보는 중요할 수도 있다. 때때로 텍스트의 복사에는 스캐너가 사용되어지며 데이터베이스와 관련되어서 저장되며, 디지털 결과물은 보고서를 보완해주는 역할을 하고 있다.

[1] 자료입력과정

데이터 입력은 때때로 프로젝트 수행에 있어 많은 시간과 노력이 소요되는 과정이며, 데이터 입력은 전체 업무에서 가장 중요한 단계이다.

① **작업계획**: 이 과정의 모든 단계는 반드시 효율적으로 이루어져야 한다. 대부분 서두르며 무시되고 있지만, 인내와 집중이 필요한 가장 중요한 기초 단계이다.

② **위치자료입력 및 확인**: 공간데이터를 입력하는 것은 시간이 많이 소요된다. 수작업으로 하는 것이 가장 일반적인 과정이지만, 타이핑, 테이프 입력 장치, CD-ROM 데이터와 원격탐사영상의 사용 등과 같은 다른 방법이 사용될 수 있으며 데이터입력 과정과 상관없이 데이터가 정확한지 확인해야 한다.

③ **투영법을 통한 변환**: 보통 공간데이터는 위도-경도와 같은 지표의 적당한 좌표와 관계되어 있다. 또한 투영법도 프로그램이 핵심을 보여주는 방법을 알기 때문에 디지털화된 데이터와 관계되어 있다. GIS 작업에서 적당한 좌표계 설정은 디지털 작업 전에 이루어져야 하며 디지털화된 데이터는 벡터 또는 래스터와 같은 특별한 데이터 구조를 가지게 된다. 벡터구조라면 Topology가 GIS 프로그램에 사용된다.

④ **속성자료입력**: 속성데이터는 디지털화 단계에서 입력될 수 있다. 타이핑하는 방법부터 표를 로딩 하는 것까지 속성을 입력하는 방법은 여러 가지이다.

⑤ **데이터베이스 구축**: 먼저 공간 데이터가 완성이 되면 속성을 부여하게 된다. 첫 번째 단계는 필드, 레코드 형식 등을 만드는 것과 같이 데이터베이스를 설계하는 것이다. 데이터베이스는 작업에 신중해야 하지만, 일반적으로 매우 쉽게 작업을 할 수 있다.

그림 16.12 자료입력과정

[2] 디지타이징

GIS 데이터 입력의 가장 일반적인 방법은 수작업으로 지도를 디지타이징하는 것이다. 비록 이것은 매우 느린 작업이지만 일반적으로 수작업으로 해왔다. 디지타이징은 디지타이저 테이블 또는 디지타이저라고 불리는 전기감지장치가 된 판에 지도를 올려놓고, 지도의 모양을 "커서"라고 부르는 마우스로 따라 그린다. 지도의 모양을 만들기 위해 노드(nodes), 변환점(vertices), 라벨(labels)과 같은 것을 입력하는데, 그 기구에 있는 숫자와 문자버튼으로 조작하여 조정한다. 그리고 십자가 형태로 된 커서가 위치를 잡는 데 사용된다.

일반적으로 디지타이징은 벡터형태이고 디지털화된 데이터는 나중에 연결되어지는 좌표로 표현된다. 공간상의 점은 단순한 하나의 점이지만, XY 좌표를 가진 디지털화된 요소이다. 선은 끝나는 점이 있으며, 선의 진행방향에 구부러짐이나 변화가 있을 때 중간부분에 변환점도 있다. 면은 시작점과 끝점이 하나인 폐합점이 있으며 또한 중간부분에 변환점이 있다.

각각의 도형은 디지타이징 작업 동안이나 그 후에 어떤 형태의 라벨이나 특성을 부여받는다. 라벨을 표시하는 한 가지 방법은 각각 주어진 특징과 관련해서 분류코드번호를 부여하는 것이다. 대부분의 GIS는 자동적으로 각각의 특징에 식별번호를 부여하고, 따라서 각 점, 선, 면을 구별하는 최소한의 방법이 된다. 데이터베이스의 모든 특징은 식별번호와 분류된 라벨에 있다.

수작업 디지타이징은 자연스럽지만 부정확하다. 일반적으로 부정확한 것을 수정하기 위해 편집하는 것이 필요하다. 이 편집 작업은 실제 디지타이징보다 더욱더 긴 시간이 필요한 과정이다.

수작업 디지타이징의 대안이 바로 자동 디지타이징이다. 이것은 논리적이고 보편적인 기술로서, 대부분의 GIS 작업에서 이용되지만 비용과 제한된 능력 등의 원인으로 완벽하지 않다. 자동 디지타이징의 종류로는 핸드 스캐너(hand scanner), 데스크탑 스캐너(desktop scanner), 드럼 스캐너(drum scanner) ,비디오 스캐너(video scanner),레이저 측정기(laser line follower) 등이 있으나 현재는 거의 사용되지 않고 도화기를 통해 디지타이징 작업이 수행되고 있다.

16.4 공간분석

16.4.1 근접성 분석

어떠한 대상과 접하고 있는 대상들의 검색이나 일정한 거리 내에 있는 대상의 검색 등은 위치자료를 통하여 얻어낼 수 있다. 이와 같이 위치적으로 인접해 있는 대상을 검색하는 기능을 근린분석이라고 하며 특정 대상으로부터 일정한 거리 내에 있는 대상을 분석하는 것을 근접성분석이라고 한다. 이러한 분석기능은 공간분석 중에서 가장 많이 필요로 되는 것으로 여기서 주어진 거리라 함은 위치상의 거리뿐만 아니라 공해수준, 오염수준, 도달시간 등의 요소도 포함하고 있으며 그림 16.13은 도로를 기준으로 한 근접성 분석의 예를 보여준다.

16.4.2 영향권 분석

영향권 분석이란 특정지도의 객체나 사용자가 정의 할 수 있는 일정 거리 내에 존재하는 영역에 대한 영향정도를 분석하는 것으로 그림 16.14와 같이 범죄로

그림 16.13
도로를 중심으로 한 근접성 분석

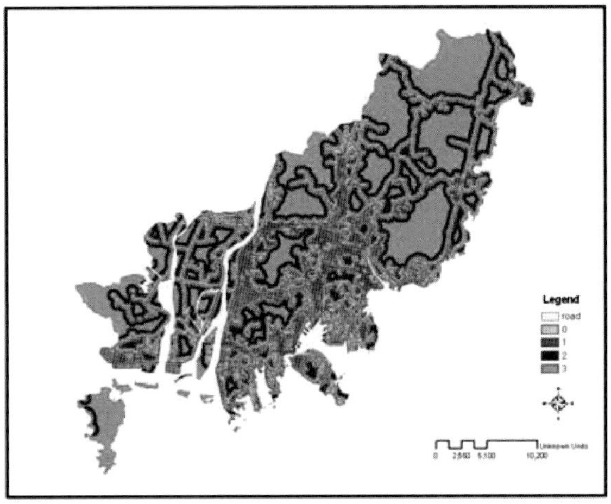

그림 16.14
특정한 지점을 기준으로 한 영향권 분석

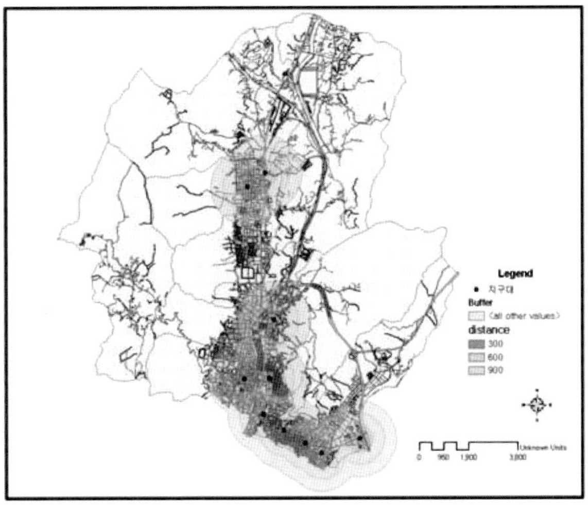

부터의 안전 반경을 파악하는 것처럼 특정 지점을 중심으로 주변에 미치는 영향 정도를 버퍼링이라는 방법을 이용하여 파악하는 것이다. 대기오염, 소음과 같은 환경영향정도를 파악하거나 또는 기피시설과 같은 특정 시설물의 설치 시 주변에 예상될 수 있는 피해 정도를 미리 파악하는데 이용된다.

16.4.3 중첩분석

GIS에서 사용되는 지도는 대부분이 주제별로 분류되어 있는 주제도이다. 주제도는 하나의 조건을 만족하는 주제를 가지고 있는데 이러한 조건을 여러 개 중첩시켜 주어진 조건을 만족하는 대상을 찾아내는 것이 중첩분석이다. 중첩분석에서는 중첩을 이용한 주제도의 정의와 중첩되는 지도끼리 좌표계와 축척을 일치시켜야 한다. 마지막으로 목적에 맞는 중첩 연산자 및 알고리즘을 선택하여 목적에 맞는 결과를 추출한다.

예를 들어, 중첩분석은 근처의 공장이나 오염배출지역에 대한 오염의 상대적인 민감도를 새로운 지도 레이어에 출력하여 분석할 수 있다.

16.4.3 네트워크 분석

네트워크(Network)란 서로 연결된 선형의 객체들이 만들어내는 일정한 패턴을 의미하여 위상구조적 연결은 선들의 집합인 네트워크(network)에도 적용시킬 수 있다. 네트워크는 교차할 때 각 점들을 이어주는 절점을 가진다. 이를 노드(node)라고 한다. 이런 노드를 활용하여 위상구조에서 어떤 지점 A에서 다른 지점 B까지 이르는 길을 찾는 것은 비교적 간단하게 수행 할 수 있다(그림 16.16).

위상구조는 A에 근접한 선이나 절점을 사용하여 결국에는 B에 이르게 되는 다른 선이나 노드를 검색한다. 이 이외에 다른 경로도 존재하겠으나 주어진 경로보다는 비효율적일 것이다. 두 점간의 최단거리는 모든 가능한 경로를 정의하고 각각의 경로길이를 비교하여 최단거리를 찾는 것으로 데이터베이스로 간단히 구한다.

그림 16.15
경사도, 하계망도,
토지이용도, 고도 등
지형요소의 중첩결과

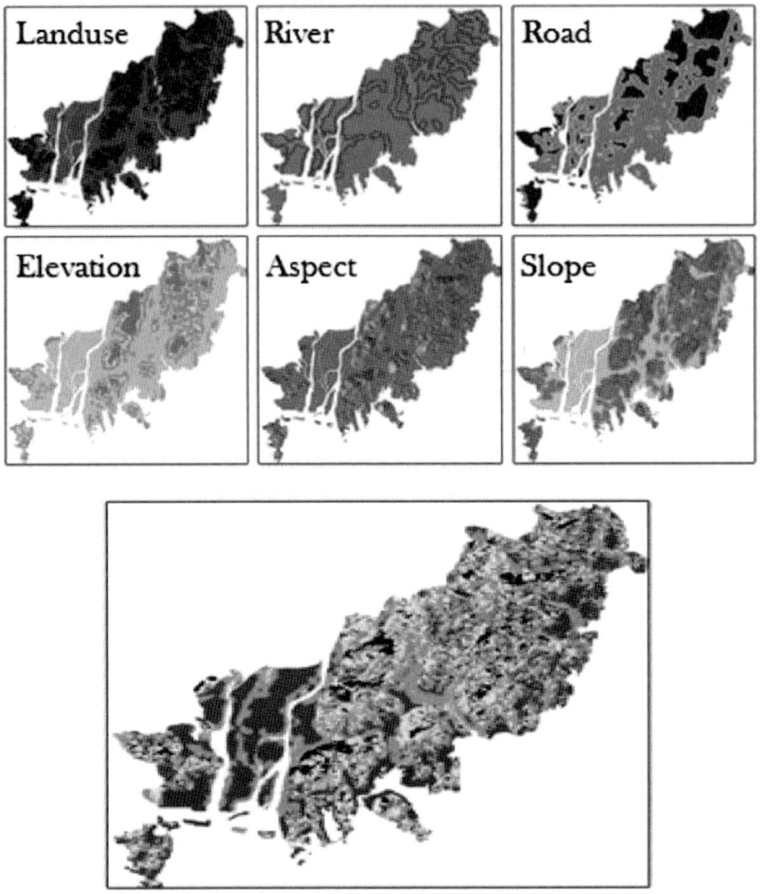

그림 16.16
네트워크 분석을 위한
노드 설정

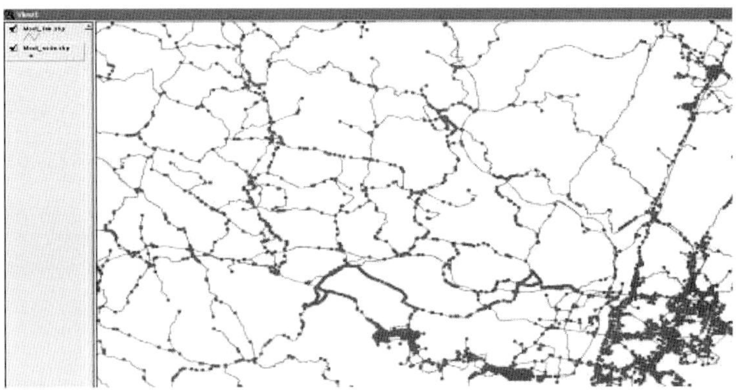

그림 16.17
네트워크 분석의 예

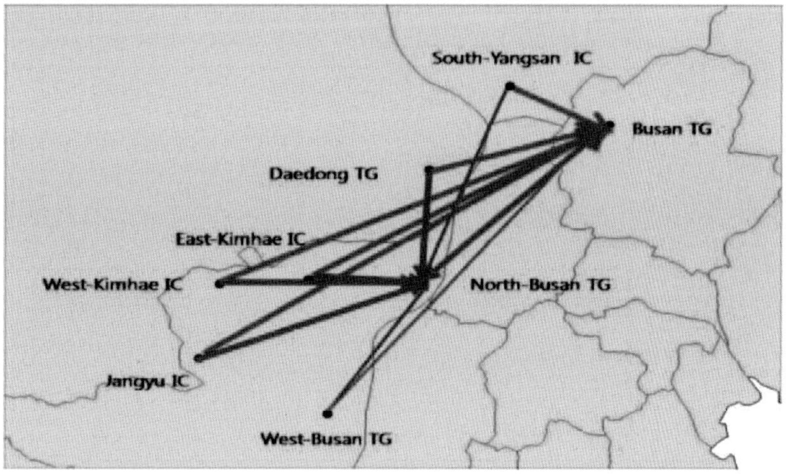

네트워크 분석을 활용한 예로는 도로의 통행량이나 하수도의 하수량 등과 같은 특정지점의 최대 수용량을 예측하는 상하수관 설계나 배송, 도로망, 노선설정 등과 같은 곳에서 최단거리 검색, 지하철과 같이 주민을 위한 주요 교통시설의 배치와 같은 구역할당 등으로 나눌 수 있다.

Chapter_16

연습문제

16-1 GIS의 정의 및 구성요소에 대해 서술하시오.

16-2 GIS 자료형태의 네 가지 유형에 대해 서술하시오.

16-3 속성자료에 대해 서술하시오.

16-4 위상구조에 대해 설명하시오.

16-5 벡터와 래스터 자료의 특징에 대해 서술하시오.

16-6 영향권 분석이란 무엇인지 예를 들어 설명하시오.

16-7 중첩분석의 정의에 대해 설명하시오.

16-8 네트워크 분석에 관하여 설명하시오.

EXERCISE

연습문제 풀이

CHAPTER 1 총론

1-1 측량학은 지구 및 우주공간에 존재하는 여러 점간의 상호 위치관계와 그 특성을 해석하는 학문으로서 측량학의 대상은 지표면은 물론 지하, 수중, 해양, 공간 및 우주 등 인간활동이 미칠 수 있는 모든 영역에 이르며, 그 범위 내에서 자연물, 인공물 등의 대상을 길이(length), 각(angle), 시(time) 등의 요소에 의하여 정량화시키는 것뿐만 아니라 환경 및 자원에 관한 정보를 수집하고 이를 해석하는 것이다.

또한 측량학은 위치결정, 도면화, 도형해석, 생활공간의 개발과 관리에 필요한 자료, 정보의 정량화, 경관관측 등을 통하여 도달한 생활경관의 창출에도 기여하고 있다. 더욱 일반적인 의미로는 측량은 물리적인 지구체와 환경에 대하여 정보를 수집하고 처리하기 위한 일련의 과정을 포함하는 분야라고 할 수 있다.

1-2 길이의 단위는 원칙적으로 미터(meter)를 기준으로 한다. 1975년 프랑스에서 처음 제정되었으며, 1미터는 「북극과 적도 사이에 낀 자오선 호길이의 1/10,000,000과 같은 길이」로 정의된다. 1880년 이후에는 미터원기를 표준으로 사용하였으나 미터원기의 길이가 극히 미세하여 경년변화를 가지며 길이측량의 정확성에 맞추어 보다 정확한 표준이 필요로 하게 되었다. 이에 1960년 제 11차 국제도량형총회(CGPM)에서 1미터를 파장이 가장 안정된 크립톤원자의 등황색 선스펙트럼의 진공 중 파장을 이용하여 정의하였다. 즉, 「1 m=Kr^{86} 원자스펙트럼의 진공 중 파장의 1,650,763.73배와 같은 길이」라 하고, 1975년 제 16 회 국제측지학・지구물리학 총회에서 측량의 기준으로 채택하였다.

그러나 1973년 가스 레이저를 이용하여 광속도를 정확하게 관측한 값이 발표된 이후 광속도의 값과 시간 1초의 정의에 의하여 미터를 재정의 하려는 안이 더욱 정확한 것으로 많은 지지를 받아오다가 1983년 10월 제 17 차 국제도량형 총회에서 채택되었다.

새로운 미터의 정의는 「1 m=무한히 확산되는 평면전자기파가 1/299,792,485초 동안 진공 중을 진행하는 길이」라 하겠다.

1-3 국제관측단위계(SI)는 일반적으로 미터법이라 하며, 과학기술계에서 MKSA 단위라고 불리는 관측단위체계의 최신 형태이다.

SI 단위는 7개의 기본단위, 2개의 보조단위와 이들로부터 유도되는 조합단위를 요소로 하는 일관성 있는 단위의 2집단과 이들 단위에 SI 접두어(16개)를 붙여서 구성되는 SI 단위의 10의 정수부로 응용된다.

기본단위를 살펴보면, 길이의 단위는 미터(meter)[M], 질량의 단위는 킬로그램(kilo- gram)[kg], 시간의 단위는 초(second)[s], 전류의 단위는 암페어(ampere)[A], 열역학적 온도단위는 켈빈(kelvin)[K], 몰량의 단위는 몰(mole)[mol], 광도의 단위는 칸델라(candela) [cd]이다.

이와는 달리 보조단위(또는 추가단위)로 쓰이는 것에는 평면각의 SI 단위인 라디안과 입체각의 SI 단위인 스테라디안의 두 가지가 있다.

$$1\,\mathrm{rad} = \frac{1\,\mathrm{m}\,(\text{호의 길이})}{1\,\mathrm{m}\,(\text{반지름})} = 1\,\mathrm{m/m}$$

$$1\,\mathrm{sr} = \frac{1\,\mathrm{m}^2\,(\text{구의 일부표면적})}{1\,\mathrm{m}^2\,(\text{구의 반지름의 제곱})} = 1\,\mathrm{m}^2/\mathrm{m}^2$$

1-4

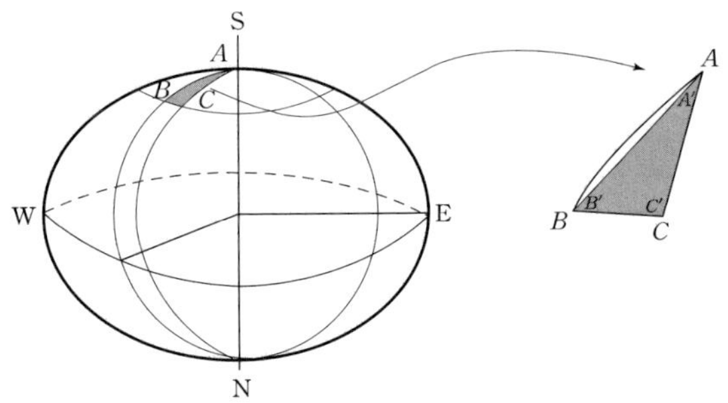

$A+B+C<180°$

$A+B+C-180=\epsilon$ (ε : 구과량)

$$\epsilon = \frac{A}{r^2}\rho''$$

여기서, A : 삼각형면적, r : 지구반지름, ϵ : 구과량

1-5 국토지리정보원 http://www.ngi.go.kr/

1-6 GIS는 컴퓨터를 기반으로 하는 지리정보의 효율적 생성과 저장, 분석을 위한 시스템을 의미한다. 지리지형의 개념과 정보처리 개념, 그리고 시스템공학의 개념이 혼합된 학제간의 연계를 필요로 하는 분야이다, 먼저 자료구축이 선행되어야 하고 응용분야별로 자료의 분석을 통한 이차적인 정보의 생성이 있어야 한다. 인간생활에 필요한 지리정보를 효율적으로 활용하기 위한 정보시스템의 하나이다. 정보시스템이란 의사결정에 필요한 정보를 만들기 위한 제반과정으로서 각종 정보의 생성에서부터 정보의 저장 및 분석을 포함한다.

결국 GIS란 넓은 의미에서 인간의 의사결정능력의 지원에 필요한 지리정보의 관측과 수집에서부터 보존과 분석, 출력에 이르기까지 일련의 조작을 위한 정보시스템을 의미한다.

GIS기술은 다양한 분야에서 보다 조직적으로 활용될 수 있는 기반을 마련하였으나 GIS 관련기술에 익숙하지 못한 사용자들은 GIS의 분석결과를 객관적으로 판단하지 못함으로써 오류가 있는 분석일 경우에도 그대로 받아들여 사용하고 있다. 그리고 우수한 입출력 장비로 인하여 분석결과가 빠른 속도로 보급되는 위험이 발생할 수 있다. 그러므로 사용자나 관리자, 의사결정자들에게는 GIS에 대한 정확한 인식과 올바른 GIS의 활용이 요구된다.

1-7 측량은 일반적으로 대지측량(geodetic surveys)과 소지측량(plane surveys)으로 분류된다. 전통적으로 측지측량, 평면측량이라고도 한다.

대지측량은 지구가 둥근 것을 고려하는 측량이며, 소지측량은 고려하지 않는 측량이다.

측량법에 따라 분류하면 기본측량과 공공측량, 일반측량으로 구분한다.

① 기본측량 : 건설부장관의 명을 받아 국토지리정보원이 행하는 측량으로 모든 측량의 기초가 되는 삼각점, 수준점 등을 설정하기 위한 측량이다. 천문측량, 중력측량, 지자기 측량, 삼각측량, 고저측량, 조석관측 등이 포함된다.

② 공공측량 : 공공의 이해관계가 있는 측량으로 기본측량 이외의 측량 중 대통령이 정하는 바에 따라 건설부장관이 지정하는 측량을 제외한 측량을 말하며 지적과 관련되어 행하여 지는 측량 등이 포함된다.

③ 일반측량 : 기본측량과 공공측량 이외의 측량이다.

1-8 ① 국제사진측량·원격탐사학회

(ISPRS : internatial society for photogrammatetry and remote sensing)
http://www.isprs.org/society.html

② 미국사진측량·원격탐사학회
(ASPRS : American society for photogrammatetry and remote sensing)
http://www.asprs.org/
ASPRS는 the imaging과 geospartial information society로 소개

③ 미국측량학회
(ACSM : American congress on surveying and mapping)
http://www.surmap.org/

④ 미국 펜실베니아주 측량학회
http://surveying.wb.psu.edu/psu-surv/society/
미국은 각 주마다 학회가 구성되어 있는데 다음은 펜실베니아주의 측량학회로서 이 학회는 펜실베니아 주립대학 안에 있다.

- 미국토목학회
  (ASCE : American society of civil engneers)
  http://www.assce.org/
  미국토목학회에서는 여러 전공의 논문지를 발행하고 있으며 측량분야는 다음과 같다.
  http://ojps.aip.org/suo/
  논문집 명칭은 Journal of Surveying Engineering이다.
- 일본 토목학회(JSCE)
  http://wwwsoc.nacsis.ac.jp/jscez/e/index.html
  토목공사의 정밀성과 유지관리에 필요한 측량을 대규모[1] 건설사업으로 실감할 수 있다.

■ 원격 탐사

미국대학에서는 항공사진판독을 시작으로 현재는 항공기 및 인공위성에서 일을 디지털 데이터의 가공에 이르고 있다.

측량에 대한 일반기사는 다음을 참고 한다[2].

Hong Kong Polytechnic Univ의 Land Surveying & Geo_Infomatics 학과에서는 Geomatics 또는 Geo-Infomatics에 대하여 소개하고 있다.

1) 삼성비서실, World Best Infrastructure, 1997.
2) 김영표, 별을 보고 땅을 재니 대한토목학회지, 제48권, 제1호, 통권 237호, 2000, pp 85-86.

CHAPTER 2 오자처리

2-1 ① 정확한 값은 존재하지 않는다.

② 모든 측정값은 오차를 가지고 있다.

③ 측정된 참값은 알 수가 없다.

④ 참오차는 항상 미지수로 존재하게 된다.

2-2 ① 자연오차 : 자연오차(natural error)는 바람, 온도, 습도, 굴절, 중력, 자기장변화에 따라 발생하며, 강철로 된 줄자는 온도변화에 따라 다양한 길이의 변화를 갖는다.

② 기계오차 : 기계오차(instrumental errors)는 측량장비를 조정할 때와 건설중의 불완전성 등으로 발생하고 측량장비 이동 때 발생하게 된다.

③ 개인오차 : 개인오차(personal errors)는 원칙적으로 측량기술자마다의 시각차이와 개인적인 실수들로 발생하게 된다.

2-3 ① 정오차 : 정오차(systematic errors)는 수학적 법칙과 물리학적 법칙을 따르며, 누적오차(cumulative errors)라고도 한다. 정오차는 일정하게 누적되므로 원인과 상태를 파악하여 제거될 수 있다.

② 우연오차 : 우연오차(accidental errors)는 정오차와 과오로 인해 발생하는 오차를 제거하여 그 발생원인이 확실하지가 않고 제거가 불가능한 오차이다. 우연오차는 제거 불가능하여 확률법칙에 의한 최소제곱법(method of least squares)에 따라 처리하며 이 우연오차는 모든 측량과정에 포함되어 있다.

2-4 확률의 법칙(general laws of probability)을 설명하자면, 오차의 3대법칙이라고도 하는데 특성은 다음과 같다.

① 아주 작은 오차는 큰 오차보다 더욱 자주 발생한다.

② 큰 오차들은 드물게 발생하므로 확률적으로 아주 낮은 발생률을 가진다.

③ 동일한 크기를 가진 양수(+)와 음수(−) 오차는 동일한 빈도를 가진다.

2-5 ① 정밀도의 제곱에 비례한다($W \propto \sigma^2$).

② 관측횟수에 비례한다($W \propto n$).

③ 직접고저측량에서는 노선거리에 반비례한다$\left(W \propto \dfrac{1}{l}\right)$.

④ 간접고저측량에서는 노선거리의 제곱에 반비례한다$\left(W \propto \dfrac{1}{l^2}\right)$.

⑤ 평균제곱근 오차(확률오차)의 제곱에 반비례한다$\left(W \propto \dfrac{1}{E_p^2}\right)$.

2-6 (1) 표고계산

① $H_{PA} = 43.933 - 7.124 = 36.809\,\text{m}$

② $H_{PB} = 39.845 - 1.931 = 37.914\,\text{m}$

③ $H_{PC} = 30.07 + 8.012 = 38.082\,\text{m}$

④ $H_{PD} = 46.238 - 8.374 = 37.864\,\text{m}$

(2)경중률 계산

$$P_A : P_B : P_C : P_D = \frac{1}{1} : \frac{1}{3} : \frac{1}{1.5} : \frac{1}{4.5} = 9:3:6:2$$

(3)최확값 계산

$$H_p = \frac{(9\times36.809)+(3\times37.914)+(6\times38.082)+(2\times37.864)}{9+3+6+2} = 37.462\,\text{m}$$

(4)평균 제곱근 오차 계산

노선	측정치(m)	최확값(m)	v	vv	P	Pvv
A→P	36.809	37.462	0.653	0.426409	9	3.837681
B→P	37.914	37.462	−0.452	0.204304	3	0.612912
P→C	38.082	37.462	−0.620	0.3844	6	2.3064
D→P	37.864	37.462	−0.402	0.161604	2	0.323208
계					20	7.080201

$$m_o = \pm\sqrt{\frac{[Pvv]}{[P](n-1)}} = \pm\sqrt{\frac{7.080201}{20(4-1)}} = \pm0.344\,\text{m}$$

2-7 (1) 조건식

$$\alpha+\beta+\gamma=0 \rightarrow 35°25'40''+20°16'46''-55°42'38''=-12''$$

(2) 보정

$$v_1+v_2-v_3-12=0 \cdots\cdots ⓐ$$

(3)최소 제곱법 원리 적용

$$P=v_1^2+v_2^2+v_2^3-2K_1(v_1+v_2-v_3-12)$$

① $\frac{\partial P}{\partial v_1} = 2v_1 - 2K_1 = 0$ $\quad\therefore v_1 = K_1$

② $\frac{\partial P}{\partial v_2} = 2v_2 - 2K_1 = 0$ $\quad\therefore v_2 = K_1$

③ $\frac{\partial P}{\partial v_3} = 2v_3 - 2K_1 = 0$ $\quad\therefore v_3 = -K_1$

ⓐ에 대입

$$K_1+K_1-(-K_1)-12=0$$

$$\therefore K_1 = 4$$

(4) 최학값

각 명	관 측 각	보 정 량	최 학 값
α	35° 25′ 40″	4″	35° 25′ 44″
β	20° 16′ 46″	4″	20° 16′ 50″
γ	55° 42′ 38″	−4″	55° 42′ 34″

2-8 (1) 관측방정식

① $l_1' = l_1 + v_1 \quad \rightarrow v_1 = l_1' - 100$

② $l_2' = l_2 + v_2 \quad \rightarrow v_2 = l_2' - 100$

③ $l_3' = l_3 + v_3 \quad \rightarrow v_3 = l_3' - 100.08$

④ $l_1' + l_2' = l_4 + v_4 \quad \rightarrow v_4 = l_3' + l_2' - 200.04$

⑤ $l_2' + l_3' = l_5 + v_5 \quad \rightarrow v_5 = l_2' + l_3' - 200$

(2) 최소제곱법 적용

$P = v_1^2 + v_2^2 + v_3^2 + v_4^2 + v_5^2$

$= (l_1' - 100)^2 + (l_2' - 100)^2 + (l_3' - 100.08)^2$

$+ (l_1' + l_2' - 200.04)^2 + (l_2' + l_3' - 200)^2 = \min$

① $\dfrac{\partial P}{\partial l_1'} = 2(l_1' - 100) + 2(l_1' + l_2' - 200.04) = 4l_1' + 2l_2' = 600.08$....... ⓐ

② $\dfrac{\partial P}{\partial l_2'} = 2(l_1' - 100) + 2(l_1' + l_2' - 200.04)$

$+ 2(l_2' + l_3' - 200) = 2l_1' + 6l_2' + 2l_3' = 1{,}000.08$................. ⓑ

③ $\dfrac{\partial P}{\partial l_3'} = 2(l_3' - 100.08) + 2(l_2' + l_3' - 200) = 2l_2' + 4l_3' = 600.16$.............. ⓒ

ⓐ, ⓑ, ⓒ를 연립해서 풀면

$l_1' = 100.025\,\text{m}, \quad l_2' = 99.990\,\text{m}, \quad l_1' = 100.045\,\text{m}$

(3) $\overline{AD}$ 최확값

$\overline{AD} = l_1' + l_2' + l_3' = 100.025 + 99.990 + 100.045 = 300.06\,\text{m}$

CHAPTER 3 거리관측

3-1 특성값 보정 $C_d = \dfrac{\Delta l}{l}L = \dfrac{-0.0017}{100} \times 149.9862 = -0.0025\,\mathrm{m}$

온도보정 $C_t = \alpha(t-t_0)L = 0.000011 \times (25-15) \times 149.9862 = 0.0165\,\mathrm{m}$

장력보정 $C_p = \dfrac{(P-P_0)}{AE}L = \dfrac{(15-10)}{0.03 \times 2 \times 10^6} \times 149.9862 = 0.0125\,\mathrm{m}$

처짐보정 $C_S = -\dfrac{L}{24}\left(\dfrac{Wl}{P}\right)^2 = -\dfrac{15 \times 10}{24}\left(\dfrac{0.024 \times 10^2}{15}\right)^2 = -0.0016\,\mathrm{m}$

경사보정 $C_g = -\dfrac{h^2}{2L} = -\dfrac{(0.5)^2}{2 \times 149.9862} = -0.0008\,\mathrm{m}$

표고보정 $C_h = -\dfrac{LH}{R} = -\dfrac{350 \times 149.9862}{6370000} = -0.0082\,\mathrm{m}$

총보정량 $\Sigma C = -0.0025 + 0.0165 + 0.0125 - 0.0016 - 0.0008 - 0.0082 = 0.0159\,\mathrm{m}$

최확값 $D_0 = D + \Sigma C = 149.9862 + 0.0159 = 150.0021\,\mathrm{m}$

3-2 측정거리$(n) = \dfrac{280.050}{50} = 5.6$

누적오차$= n \cdot \delta = 5.6 \times 3.5 = 19.6\,\mathrm{mm} = C_d = \dfrac{\Delta l}{l}L = 280.050 \times \dfrac{0.0035}{50} = 0.02\,\mathrm{m}$

측정거리 보정값$= 280.050 + 0.02 = 280.070\,\mathrm{m}$

온도보정값 $C_t = \alpha(t-t_0)L = 0.000012 \times 280.070(25-15) = 0.034\,\mathrm{m}$

온도 및 기차를 조정한 거리 $(L_0) = 280.070 + 0.034 = 280.104\,\mathrm{m}$

3-3 $\tan\alpha = 0.08$

경사각 (α) = $\tan^{-1} 0.08 = 4°34'26''$

수평거리(L) = $300 \times \cos(4°34'26'') = 299.045\,\mathrm{m}$

3-4

	관측값(m)	v	vv
1	211	1.83	3.35
2	209	3.38	14.67
3	214	-1.17	1.36
4	210	2.83	8.01
5	212	0.83	0.69
6	221	-8.17	66.75
합계	1277		94.83

최확값 = 1277/6 = 212.83m

$$\sigma = \sqrt{\frac{[vv]}{n}} = \sqrt{\frac{94.83}{6}} = 3.976$$

1) 유의 수준 5y • t = 1.96σ = 7.79 → t 〈 V6(8.17)이므로 V6는 폐기

2) 유의 수준 1y • t = 2.85σ = 10.26 → 6회 관측치 채용

3) t = 3σ = 11.93 -〉 6회 관측치 채용

유의 수준 5% 경우는 V6를 제외한 최확값

(211+209+214+210+212)/5 = 211.2m

3-5

	측정비중(w)	측정치(x)	잔차 v	vv	wvv
1	2	39.432	0.002	0.0004	0.00000008
2	3	39.429	0.0032	0.0096	0.00003072
3	1	39.435	−0.0028	−0.0028	0.00000784
4	4	39.434	−0.0018	−0.0071	0.00001296
합계	10			0.02	0.0000516

$$\text{최확치} = \frac{[wx]}{[w]} = 39.4(\frac{0.032\times 2 + 0.029\times 3 + 0.035\times 1 + 0.034\times 4}{10}) = 39.432$$

$$\text{평균오차}(t) = \frac{[|wv|]}{[w]} = \frac{0.02}{10} = 0.002$$

$$\text{표준오차}(m) = \sqrt{\frac{[wvv]}{[w](n-1)}} = \sqrt{\frac{0.0000516}{10(4-1)}} = \pm 0.0013$$

$$\text{확률오차}(v) = 0.6745\times \pm 0.0013 = \pm 0.0009$$

CHAPTER 4 고저측량

4-1 BC 사이에 고저차의 평균값은 $\dfrac{+(0.908+0.874)}{2}=+0.891$

C점이 B점보다 높으니까 +로 계산한다.

D점의 표고 H_D는

$$H_D = A \text{ 점의 표고} + (A \rightarrow B) \text{ 고저차} + (B \rightarrow C) \text{ 고저차} + (C \rightarrow D) \text{ 고저차}$$
$$= 15.240 - 1.254 + 0.891 - 1.386 = 13.491\,\text{m}$$

4-2 각 환의 폐합차를 ω 를 구하면

Ⅰ. $\omega_{\text{I}} = (1)+(2)+(3) = 2.472-1.248-1.240 = -0.016\,\text{m}$

Ⅱ. $\omega_{\text{II}} = (-2)+(4)+(5)+(6) = -1.248-2.231+3.115-2.112 = 0.02\,\text{m}$

Ⅲ. $\omega_{\text{III}} = (-3)+(-6)+(7)+(8) = 1.240+2.112-0.475-3.093 = -0.216\,\text{m}$

Ⅳ. $\omega_{\text{IV}} = (5)+(7)-(9) = 3.115-0.475-2.824 = -0.184\,\text{m}$

Ⅴ. $\omega_{\text{V}} = (1)+(4)+(9)+(8) = 2.472-2.231-3.093+2.824 = -0.028\,\text{m}$

각 환의 거리 S_i를 구하고 폐합차의 제한조건을 계산하면

Ⅰ. $S_{\text{I}} = 3.8+2.1+2.2 = 8.1\,\text{km}$ $\quad 1.0\sqrt{8.1} \fallingdotseq 2.85\,\text{cm}$

Ⅱ. $S_{\text{II}} = 2.1+5.8+3.4+3.8 = 15.1\,\text{km}$ $\quad 1.0\sqrt{15.1} \fallingdotseq 3.89\,\text{cm}$

Ⅲ. $S_{\text{III}} = 2.2+3.8+2.1+2.5 = 10.6\,\text{km}$ $\quad 1.0\sqrt{10.6} \fallingdotseq 3.26\,\text{cm}$

Ⅳ. $S_{\text{IV}} = 3.4+2.1+3.3 = 8.8\,\text{km}$ $\quad 1.0\sqrt{8.8} \fallingdotseq 2.97\,\text{cm}$

Ⅴ. $S_{\text{V}} = 3.8+5.8+2.5+3.3 = 15.4\,\text{km}$ $\quad 1.0\sqrt{15.4} \fallingdotseq 3.92\,\text{cm}$

각 환의 폐합차와 각각의 제한조건을 비교하면 Ⅲ과 Ⅳ의 환의 폐합차가 제한조건보다 크다. 그러므로 Ⅲ 또는 Ⅳ의 환을 재측할 필요가 있고 Ⅲ의 환에 관하여는 (3), (6), (8)의 각 구간은 각각 다른 환에 있어서 제한조건 내에 있으므로 나머지 구간 (7)을 재측하여야 한다. Ⅳ의 환에서도 마찬가지로 (7)의 구간에 재측이 필요하다. 그러므로 재측을 요하는 구간은 Ⅲ과 Ⅳ의 공동부문인 (7)의 구간이다.

CHAPTER 5 다각측량

5-1 ① 방위각 계산

측 점	측정각	측 선	방 위 각
A		A-L	33°41′24″
A	93°10′48″	A-1	33°41′24″+93°10′48″=126°52′12″
1	116°33′56″	1-2	123°52′12″−180°+116°33′56″=63°26′08″
2	225°57′49″	2-3	63°26′08″−180°+225°57′49″=139°23′57″
3	74°17′29″	3-4	139°2357″−180°+74°1729″=33°41′26″
4	258°06′40″	4-B	33°41′26″−180°+258°06′40″=111°48′06″
B	34°30′24″	B-M	111°48′06″+180°+34°30′24″=326°18′30″
계	832°37′06″		

조정량 계산 $= [\alpha] + w_a - w_b - 180°(n-3)$

$= 832°37'06 + 33°41'24 - 326°18'20 - 180°(6-3)$

$= 0$

② 방위 계산

측 선	방 위	거 리
A-L	N33°41′24″E	
A-1	180°−126°52′12″=S53°07′48″E	26.742
1-2	N63°26′08″E	27.493
2-3	180°−139°23′57″=S40°36′03″E	20.473
3-4	N33°41′26″E	29.414
4-B	180°−111°48′06″=S68°11′54″E	28.439
B-M	360°−326°18′30″=N33°41′30″W	
계		132.561

③ 위 · 경거 계산

측 선	위 거	경 거
A-1	26.742×cos 126°52′12″=−16.045	26.742×sin 126°52′12″=21.394
1-2	27.493×cos 63°26′08″=12.295	27.493×sin 63°26′08″=24.591
2-3	20.473×cos 139°23′57″=−15.544	20.473×sin 139°23′57″=13.324
3-4	29.414×cos 33°42′26″= 24.474	29.414×sin 33°41′26″=16.316
4-B	28.439×cos 111°48′06″=−10.562	28.439×sin 111°48′06″=26.405
B-M		
계	−5.382	102.030

④ 결합오차 계산

위거$= -5.382 - (94.6150 - 100.0000) = 0.003$

경거= 102.030 − (202.0350 − 100.0000) = − 0.005

⑤ 위・경거 조정량 계산

측 선	위거조정량	경거조정량
A-1	$\frac{-0.003}{132.561}\times 26.742 = -0.0006$	$\frac{0.005}{132.561}\times 26.742 = +0.0010$
1-2	$\frac{-0.003}{132.561}\times 27.493 = -0.0006$	$\frac{0.005}{132.561}\times 27.493 = +0.0010$
2-3	$\frac{-0.003}{132.561}\times 20.473 = -0.0005$	$\frac{0.005}{132.561}\times 20.473 = +0.0008$
3-4	$\frac{-0.003}{132.561}\times 29.414 = -0.0007$	$\frac{0.005}{132.561}\times 29.414 = +0.0011$
4-B	$\frac{-0.003}{132.561}\times 28.439 = -0.0006$	$\frac{0.005}{132.561}\times 28.439 = +0.0011$
B-M		
계	−0.0030	+0.0050

⑥ 조정 위・경거 계산

측 선	조정위거	조정경거
A-1	−16.045−0.0006=−16.0456	21.394+0.0010=21.3950
1-2	−12.295−0.0006=12.2944	24.591+0.0010=24.5920
2-3	−15.544−0.0005=−15.5445	13.324+0.0008=13.3248
3-4	24.474−0.0007=24.4733	16.316+0.0011=16.3171
4-B	−10.562−0.0006=−10.5626	26.405+0.0011=26.4061
B-M		
계	−5.385	102.0350

⑦ 결합오차 검산

위거 = − 5.385 − (94.6150 − 100.0000) = 0

경거 = 102.0350 − (202.0350 − 100.0000) = 0

⑧ 합위・경거 계산

측 점	합 위 거	합 경 거
A	100.0000	100.0000
1	100.0000−16.0456=83.9544	100.0000+21.3950=121.3950
2	83.9544+12.2944=296.2488	121.3950+24.3950=121.3950
3	96.2488−15.5445=80.7043	145.9870+13.3248=159.3118
4	80.7043+24.4733=105.1776	159.3118+16.3171=175.6289
B	105.1776−10.5626=94.6150	175.6289+26.4061=202.0350

⑨ 폐합오차 = $\sqrt{(0.003)^2 + (-0.005)^2} = 0.0058$

⑩ 폐합비 = $\frac{0.0058}{132.5610} = \frac{1}{22855.3448} ≒ \frac{1}{22855}$

5-2 ① 정의 : 기준이 되는 측점을 연결하는 측선의 길이와 그 방향을 관측하여 측점의 위치를 결정하는 방법으

로 골조측량에 이용함.

② 특 징

㉠ 세부측량의 기준이 되는 점을 추가

㉡ 시준이 어려운 지역의 측량에 적합

㉢ 좁고 긴 곳의 측량에 편리

㉣ 높은 정도를 요하지 않는 골조 측량에 이용

5-3 ① 각조정

② 방위(방위각) 계산

③ 위거 및 경거 계산

④ 폐합오차 및 폐합비 계산

⑤ 폐합오차의 배분

⑥ 조정된 위거와 경거를 사용하여 거리와 방위를 보정

⑦ 좌표의 계산

⑧ 면적의 계산

5-4 ① 폐합 다각형 : 소규모 지역의 측량에 적합, 기지의 한 삼각점을 출발하여 다시 그 삼각점으로 폐합시킨다.

② 결합 트래버스 : 대규모 지역의 정확성을 요하는 측량에 적합

③ 개방 트래버스 : 정도가 가장 낮고, 오차조정이 불가능하다. 하천이나 노선의 기준점을 정하는 데 이용

④ 트래버스 망 : 넓은 지역에서 높은 정밀도의 기준점 측량에 많이 이용(트래버스를 조합한 것)

5-5 ① 시가지 : $\frac{1}{5000} \sim \frac{1}{10,000}$

② 평지 : $\frac{1}{1000} \sim \frac{1}{3000}$

③ 완경사지 : $\frac{1}{500} \sim \frac{1}{1000}$

④ 복잡지형 : $\frac{1}{300} \sim \frac{1}{500}$

5-6 ① 폐합 트래버스(閉多角形)

㉠ 내각관측인 경우 $E_a = [a] - 180°(n-2)$

㉡ 외각관측인 경우 $E_a = [a] - 180°(n+2)$

㉢ 편각관측인 경우 $E_a = [a] - 360°$

- 폐합트래버스의 측점총수 n
- 교각의 관측값 $a_1, a_2, \cdots, a_n$, 그 합을 $[a]$
- 측각오차 E_a

② 결합 트래버스(結合多角形)

㉠ 그림 (a)의 경우

$$\{a_1 - (360° - W_a)\} + a_2 + \cdots,\ a_{n-1} + (a_n - W_b) = 180°(n-1)$$

즉 $W_a + [a] - W_b = 180°(n+1)$

$$\therefore E_a = (W_a - W_b) + [a] - 180°(n+1)$$

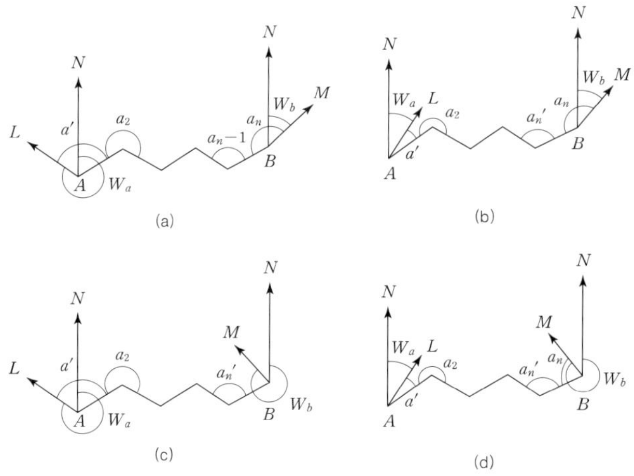

결합 트래버스 종류

㉡ 그림 (b) 및 (c)의 경우 위와 같은 방법으로

$$W_a + [a] = 180°(n-1) + W_b$$

$$\therefore E_a = (W_a - W_b) + [a] - 180°(n-1)$$

㉢ 그림 (d)의 경우

$$W_a + [a] = 180°(n-3) + W_b$$

$$\therefore E_a = (W_a - W_b) + [a] - 180°(n-3)$$

5-7 ① 기계를 세우거나 시준하기 좋고, 기반이 튼튼한 장소

② 세부 측량에 편리 할 것

③ 측점간의 거리는 가능한 같고, 큰 고저차가 없을 것

④ 변의 길이는 길게 하고, 측점수는 적게 하는 것이 좋다.

⑤ 측점은 찾기 쉽고, 안전하게 보존될 수 있는 장소일 것

5-8 ① 교각법 : 어떤 측선이 그 앞의 측선과 이루는 각을 관측하는 법으로 트래버스 측량에서 가장 많이 사용된다. 내각의 합은 $180(n-2) = 90(2n-4)$로 표현되고 외각의 합은 $180(n+2) = 90(2n+4)$로 표시된다.

② 편각법 : 각 측선이 그 앞측선의 연장선과 이루는 각(편각)을 관측하는 방법으로 노선측량에서 가장 많이 쓰인다. 우회각은 +로 하고 좌회각은 －로 한다. 특징으로는 측정방향을 대략 짐작할 수 있으며 망원경 정・반위와 전시, 후시를 반대로 2회 측정하면 기계오차를 소거할 수 있다. 그리고 철도, 수로 등의 중심선 측량에 많이 쓰인다.

③ 방위각법 : 각 측선의 진북방향과 이루는 방위각을 시계방향으로 관측하는 방법으로 일반적으로 관측이 용이하지 않으므로 자침에 의한 북을 기준으로 할 때가 많다.

5-9 ① 컴퍼스 법칙

위거오차 배분량 $\epsilon_L = E_L \times \frac{L}{[L]}$

경거오차 배분량 $\epsilon_D = E_D \times \frac{L}{[L]}$

② 트랜싯 법칙

위거오차 배분량 $\epsilon_L = E_L \times \frac{L}{\Sigma|L|}$

경거오차 배분량 $\epsilon_D = E_D \times \frac{D}{\Sigma|D|}$

5-10 ① 합위거 : 각 측선의 좌표를 어느 기준점의 좌표로 표시한 각 측선의 위거, 경거의 합이다. 최초선의 합(경)위거는 조정(경)위거와 값이 같고 또한 부호도 같다. 어느 측선의 합(경)위거는 그 측선까지의 조정(경)위거의 대수값이고, 마지막 측선의 합(경)위거는 그 측선의 조정(경)위거와 같고 부호는 반대이다.

② 배횡거 : 각측선의 양단에서 남북선이 내린 수선의 합이다.
임의 측선의 배횡거는 그 측선의 배횡거 +전측선의 경거 +해당측선의 경거이고 마지막 측선의 배횡거는 그 측선의 경거와 같고 부호는 반대이다.

③ 배면적 : (각 측선의 위거 ×각 측선의 배횡거)의 합이다. 면적은 $\frac{1}{2}|\Sigma$ 배횡거 $\times$ 위거$|$이다.

5-11 ① 방위각 : 진북에서 어느 측선에 이루는 각

② 방향각 : 임의 기준에서 어느 측선에 이루는 각

5-12 ① $M=\pm\sqrt{\frac{2}{n}(a^2+\frac{b^2}{n})}$

5-13 ① 각관측법의 측각수

$= \frac{1}{2}s(s-1)$ 여기서 $s =$ 방향선수

$= \frac{1}{2} \cdot 9(9-1) = 36$

CHAPTER 6 삼각측량

6-1 ① 각조건에 대한 조정(제 1 조정) : 각 삼각형의 내각의 합이 180° 가 되도록 관측각을 조정한다. 이것은 단삼각형의 경우와 똑같다.

② 각관측v조건에 대한 조정(제 2 조정) : 각조건에 대한 조정은 각도에 대하여 유심점 주위에 있는 각의 합이 360° 가 되도록 조정한다.

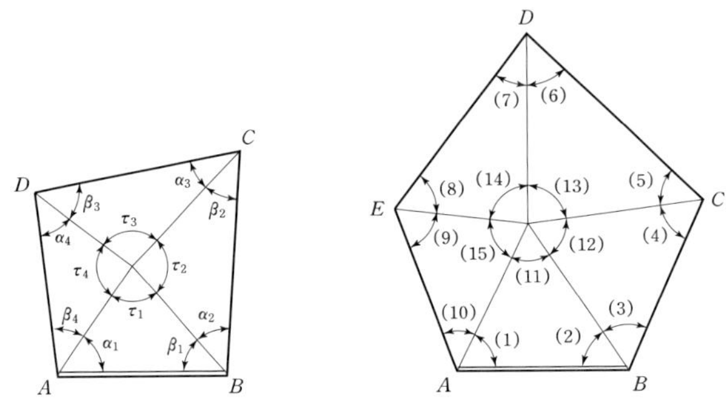

(a) (b)

㉠ 그림 (a)의 경우

$$\gamma_1+\gamma_2+\gamma_3+\gamma_4-360° = \pm\epsilon_2$$

$$\therefore v_2 = \mp\frac{\epsilon_2}{4}$$

㉡ 그림의 경우

$$(11)+(12)+(13)+(14)+(15)-360° = \pm\epsilon_2$$

$$\therefore v_2 = \mp\frac{\epsilon_2}{5}$$

③ 변조건에 대한 조정(제 3 조정) : 그림 (a)에서 각 각의 사이에는 다음 식이 성립된다.

$$\frac{\sin\alpha_1 \sin\alpha_2 \sin\alpha_3 \sin\alpha_4}{\sin\beta_1 \sin\beta_2 \sin\beta_3 \sin\beta_{4=1}}$$

이 결과 폐합오차 ε_3와 조정량 v_3는

$$\epsilon_3 = (\log\sin\alpha)-(\log\sin\beta)$$

$$v_3 = \frac{\epsilon_3}{\Sigma d}$$

6-2 ① 삼각점의 수(p)= 4

② 변의 수(l)= 6

③ 기선의 수(B)= 1

④ 각의 수(a)= 8

⑤ 점조건식 수= 8+4−2×6= 0

⑥ 각조건식 수= 6−4+1= 3

⑦ 변조건식 수= 6−2×4+1+2= 1

⑧ 총조건식 수= 0+3+1= 4

6-3 삼각측량은 다각측량, 지형측량, 지적측량 등 기타 각종 측량에서 골격이 되는 기준점 3각점위치(거리, 방향, 고저차)를 삼각법으로 정밀하게 결정하기 위하여 실시하는 측량으로 가장 정밀한 골조측량으며, 정현비례법칙(사인법칙)으로 변길이를 정밀하게 결정하는 측량이다. 광대한 구역을 정밀하게 측량하기 위해서는 그다지 많지 않은 기준점을 설정하고, 그 상호간의 거리 및 방향이 충분한 정도가 유지되도록 정하여야 한다. 그를 위해서는 그들 기준점에서 삼각형의 각 내각을 관측하여 삼각법으로 각 정점간의 거리 및 방향을 계산한다. 이러한 목적으로 시행하는 측량이 삼각측량이며 기준점을 삼각점이라 한다.

6-4 ① 대지삼각측량(geodetic triangulation) : 지구의 곡률을 고려하는 측량으로 지상삼각측량과 천체관측에 따라 경도, 위도, 해면상 고도 등을 측정하여 지점의 절대적 위치, 즉 지리학적 위치를 표시하고 더나아가서 지구의 크기, 모양 등을 계산한다.

② 평면삼각측량(plane triangulation) : 평면측량, 지형측량의 기본으로 사용하고 또는 산악, 하천, 호수 등을 횡단한 거리의 측정에 응용된다. 지구표면을 평면으로 생각하여 측량하는 것으로서 측정정밀도를 100만분의 1로 할 때 380 km^2 이내는 평지로 봐도 좋기 때문에 반지름 11 km의 범위를 한계로 한다.
이 측량은 측량지역을 많은 삼각형을 만들어 그 중에 한 변의 길이를 정확하게 측정하여 이것을 기선으로 하고, 다른 변의 길이는 각의 측정에 의하여 산출된다.

6-5 ① 단열삼각망 : 이것은 세모꼴을 일 열로 배열한 것으로 원격지를 가장 간단히 연락할 수 있으나 정도가 낮다. 폭이 좁고 거리가 먼 지역에 적합하고 노선, 하천, 터널 측량에 이용되며 거리에 비해 관측수가 적어 측량이 신속하고 측량비용이 적게 드나 조건식이 적기 때문에 정밀도가 낮다.

② 유심다각망(육각형, 중심형) : 동일측점수에 비하여 포괄면적이 크고 정밀도도 비교적 높으므로 광대한 농지 및 평야측량에 적합하다. 유심에는 삼각유심, 사각유심, …, n각유심 등이 있다.

③ 사변형 삼각망 : 이것은 사변형을 만들고, 그 안에 4개의 세모꼴을 만든 것으로 정도가 가장 높다. 그러므로 기선 삼각망의 부분이나 높은 정도를 요하는 데 쓴다.
조건식의 수가 많아 정밀도가 가장 높으나 조정이 복잡하고 포괄면적이 적으며 시간과 비용이 많이 드는 결점에 있다. 기선의 확대 및 축소와 시가지의 고정밀측량에 이용된다.

6-6

구 분		대 삼 각		소 삼 각	
		1등삼각점	2등삼각점	3등삼각점	4등삼각점
명칭 삼각점 수(남한)		대삼각 본점 400(189)	대삼각 보점 2,401(1102)	소삼각 일등점 6,297(3045)	소삼각 이등점 25,349(11753)
평균변장	한국	30~37(km)	10(km)	5(km)	2.5(km)
	일본	45~25(km)	8~25(km)	4(km)	2(km)
	영국	40~60(mile)	10~12(mile)	1~4(mile)	−
	독일	20~50(km)	10~20(km)	3~10(km)	1~3(km)
	미국	30~150(km)	10~50(km)	1~15(km)	−

(계 속)

구 분		대 삼 각		소 삼 각	
		1등삼각점	2등삼각점	3등삼각점	4등삼각점
배점밀도		방안내에 1점 (1,600 km2)	방안내에 본점을	1점(8 km2)	3점(2 km2)
관측조표		일등시표	이등시표	삼등시표	사등시표
수평각관측법		12대회방향관측	6대회 방향관측	3대회 방향관측	2대회 방향관측
내각제한		60° 내외	30~120°	25~130°	25~130°
독정치		0.5″	1″	10″	20″
조정법		조건식에 의한 망조정	좌표조정(6차)	좌표조정(5차)	좌표조정(5차)
각계산 위치		0.001″	0.01″	0.1″	10″
삼각형의 폐합차	한국	3″	5″	10″	20″
	일본	1~2″	5″	15″	20″
	미국	1″	2″	5″	10″
계산변장의 확률		$\frac{1}{250,000} \sim \frac{1}{60,000}$	$\frac{1}{50,000} \sim \frac{1}{20,000}$	$\frac{1}{20,000} \sim \frac{1}{5,000}$	$\frac{1}{5,000} \sim \frac{1}{3,000}$
기선평균자승오차		$\frac{1}{1,000,000}$	$\frac{1}{500,000}$	$\frac{1}{200,000}$	$\frac{1}{100,000}$
지구형상		기준타원체	등가의구체	등가의 구체	국부평면

6-7 ① 측량은 기지점을 이용하여 미지점의 위치를 삼각법으로 결정하는 방법을 말한다.

6-8 ① $\frac{c}{\sin r} = \frac{b}{\sin b} = \frac{a}{\sin a}$

$$BC(c) = \frac{\sin r}{\sin a} \cdot a$$

$$\therefore \log BC = \log \sin r + \log AC(a) - \log \sin a$$

6-9 ① $\frac{500}{\sin 60^\circ} = \frac{\overline{BC}}{\sin 50^\circ} = \frac{\overline{CD}}{\sin 90^\circ}$

$$\overline{CD} = \frac{\sin 90^\circ}{\sin 60^\circ} \times 500 = 577.350m$$

CHAPTER 7 지형도 작성

7-1 주곡선간격이 20 m이므로 500 m와 300 m의 사이에 9본이 들어간다.

7-2 두 점간의 실거리$=7.56\times50,000=382,500$ cm

$$\therefore \text{ 축척} = \frac{1}{M} = \frac{47.81}{382,500} = \frac{1}{8000}$$

7-3 계곡선 : 주곡선 5개마다 1개씩 굵은실선으로 그린다. 주곡선 간격은 축척 분모수의 1/2000으로 하나 1/25,000과 1/50,000는 예외이다.

1/50,000의 주곡선 간격은 20 m이다.

$\therefore$ 계곡선$=5\times20=100$ m

7-4 $200 : 30 = x : 18$

$$\therefore x = \frac{200\times18}{30} = 120\text{m}$$

7-5 $50 : 25 = x : 20$

$$\therefore x = \frac{1000}{25} = 40\text{m}$$

7-6 $dl = 0.002\times50,000 = 10\text{m}$

오차$-dh+dl\tan\alpha = 0.5+10\times\tan30° = 6.274\text{m}$

7-7 ① 지형법 : 실물의 크기를 축소하여 실물과 비슷한 모양으로 표현하는 방법으로 위치상태 및 고저, 요철 등을 표현할 때 사용되는 방법이다.

② 음영법 : 음영법은 태양광선이 수직 또는 서북 경사방향에서 비칠 때 생기는 그림자로 지표경사가 완만한지, 급한지를 표시하는 방법으로서 서북쪽에서 45° 각도로 비친다고 가정했을 때 지표의 기복에 따라 각각의 명암을 지도상에 2~3가지 이상의 색으로 채색하여 지형에 입체감을 효과를 주는 방법이다.

③ 영선법 : 영선법은 게바라는 단선상의 선으로 기복을 나타내는 방법으로서 선의 사이간격, 길이 및 굵기에 따라 지표를 표시하는 방법이다. 이 방법을 게바법 또는 우모법(羽毛法)이라고도 하며 표시방법은 경사에 따라 급경사는 굵고 짧게, 완경사는 가늘고 길게 사선으로 표시한다. 기복은 쉽게 판단할 수 있으나 제도방법이 복잡 곤란하고 고저가 정확하게 숫자로 표시되지 않으므로 토목공사에 많이 이용되지는 않는 방법이다.

④ 단채법 : 채색법이라고도 하며 등고선에 지형의 고저에 따라 색(色)의 농도를 변화시키면서 채색함으로써 지형의 고저변화를 표시하는 방법으로 지리계통의 지도에 사용한다. 육지의 고지(高地) 및 해양의 저지(低地)에 따라 짙은 색으로 표시하는 것으로 예를 들어 고원지대는 암갈색, 평지는 청색으로 한다.

⑤ 점고법 : 지표면상의 임의점의 표고를 지도상에 숫자로 표시하여 지표를 나타내는 방법으로 항만, 해양, 하천, 호수 등에서 심천측량 결과인 깊이를 숫자로 지도에 표시한다.

⑥ 등고선법 : 지표에 같은 높이의 점들을 연결한 수평곡선, 즉 등고선을 이용하여 지표를 표시하는 방법으로

비교적 정확한 방법이라 할 수 있다. 여기서 등고선이란 지표면을 일정한 높이의 수평면으로 자를 때 그 자른 면의 둘레의 선을 말하며, 이 방법은 1730년 네덜란드의 Cruquis가 Merwede의 하저를 등고선 표시로부터 시작되었다. 등고선법을 사용하여 지표를 나타낸 경우는 등고선의 성질을 잘 파악해만 된다.

7-8 ① 동일 등고선상에 있는 모든 점들은 모두 같은 높이, 즉 등고이다.

② 등고선은 지도의 도면 내에서 폐합할 수도 있고 않을 수도 있는데 도면 내 또는 도면 외에서 반드시 폐합하는 폐곡선이다.

③ 등고선은 낭떠러지(절벽)이나 동굴을 제외하고는 서로 합쳐지거나 만나지 않는다. 그리고 절벽이나 동굴은 아래 그림과 같이 표현된다.

④ 등고선이 도면 내에서 폐합하는 경우는 산꼭대기나 요지(凹地)를 나타낸다. 요지는 대개 호수이며, 이곳에 물이 없을 경우에는 아래 그림과 같이 저지(低地)방향으로 화살표를 해서 표시한다.

⑤ 등고선은 급경사지에서는 등고선 간격이 좁아지고 완경사지에서는 간격이 넓어진다.

⑥ 등고선은 등경사지에서는 등간격을 나타내며, 등경사 지표에서 양등고선(兩等高線)의 수평거리는 서로 같다.

⑦ 등고선간의 최단거리 방향, 즉 최급 경사방향(최대 경사선)은 등고선과 직각으로 만나고 위의 그림과 같이 유선을 횡단하는 점에서 유선과 직각이다.

⑧ 등고선이 계곡을 횡단할 때에는 한쪽 비탈을 따라 거슬러 올라가서 계곡선에서 직각으로 만난 다음 유선을 가로질러 다른 비탈을 따라 내려온다.

⑨ 일반적으로 산꼭대기와 산밑은 산중턱보다는 경사가 완만하므로 등고선에서 수평거리는 산밑보다는 산꼭대기나 산밑이 크다.

7-9 ① 등고선의 종류

㉠ 주곡선 : 지형표시의 기본으로써 지형 전체에 일정한 간격으로 그려진 주된 곡선이며, 표시는 갈색(혹은 청색)의 가는 실선으로 표시한다.

㉡ 계곡선 : 주곡선 5개마다 굵게 그려진 곡선을 말하며, 표고를 읽는데 편의를 주기 위해서 표시하며 굵은 실선을 사용한다.

㉢ 간곡선 : 주곡선 1/2마다 파선 또는 1점쇄선을 사용하여 표시하며, 주곡선의 보조역할을 하는 등고선이다.

㉣ 조곡선 : 간곡선 1/2마다 점선을 사용하여 표시하며, 간곡선의 보조역할을 하는 등고선이다.

② 등고선의 간격

축척 / 종류	표시 방법	등고선의 간격[m]					
		1/500	1/1000	1/5000	1/10000	1/25000	1/50000
계곡선	굵은 실선	5	10	25	25	50	100
주곡선	가는 실선	1	2	5	5	10	20
간곡선	가는 파선	0.5	1	2.5	2.5	5	10
조곡선	일점 쇄선	0.25	0.5	1.25	1.25	2.5	5

CHAPTER 8 노선측량

8-1 일반적으로 순서와 방법을 6단계로 나누어 볼 수 있다.

① 노선선정 : 국립지리원 발행의 1/50,000지형도를 사용하여 구상중인 노선 전부를 선정하고 지형도로부터 각 노선의 종단면도를 작성한다. 현지답사를 하여 각 노선에 대해 비교 검토하고 좋은 노선을 결정한다.

② 계획조사측량 : 계획중심선에 대해 폭이 약 300 m∼500 m되는 지형을 항공사진에 의한 지형도(1/50,000∼1/2,500)로 작성한 후 종단면도와 횡단면도를 얻는다. 이상의 결과를 현지답사에 의해 개략적인 노선을 선정한다.

③ 실시설계측량 : 계획중심선에 대해 폭이 약 100 m인 지형을 축척 1/1,000로 도화하여 지형도를 작성한다. 이 지형도상에서 다각형의 측점위치를 결정하여 교각을 관측하고, 곡선표, 클로소이드표 등을 이용하여 중심선을 정한다. 보조말뚝 및 20 m마다 중심말뚝 위치를 지형도에 기입한다. 이것을 기초로 하여 현지에 중심말뚝을 설치하고 수준측량을 실시하여 종단면도(축척 종 1/100, 횡 1/1,000)와 횡단면도(축척 1/100 또는 1/200)를 작성한다.

④ 세부측량 : 시설물의 장소에 대해서 평면도(축척 종 1/500∼1/1,000)와 종단면도(축척 종 1/500, 횡 1/500∼1/1,000)를 작성한다.

⑤ 용지측량 : 횡단면도에 계획단면을 기입하여 용지폭을 정하고 축척 1/500 또는 1/600로 용지도를 작성한다. 용지폭말뚝을 설치할 때는 중심선에 직각인 방향을 구하는 것에 주의해야 한다. 구하는 점의 소요정확도에 의하여 직각기 또는 트랜싯, 레벨을 이용하여 방향을 구하고 거리관측은 천줄자나 쇠줄자를 이용하든가 시거측량 등을 이용한다.

⑥ 공사측량 : 중심말뚝이나 가 BM의 검측을 실시하며, 중요한 보조말뚝의 외측에 인조점을 설치하고 토공의 기준틀, 콘크리트 구조물의 위치측량 등을 실시한다.

8-2 (1) 먼저 중심선측량과 지형측량 및 횡단측량의 결과로부터 평면도를 작성한다. 중심선은 개방트래버스로 시행되기 때문에 오차점검이 불가능한 점을 주의해야 한다.

(2) 그리고 두 번째로 종단면도(y, z 평면)를 작성하는데, 그 세부사항은 다음과 같다.

① 곡선 : 측점에 따라 시곡점과 종곡점의 위치로부터 우회곡선, 좌회곡선의 형태로 표현한다.

② 측점 : 측점은 원칙적으로 20 m마다 측설되나 중심선에 따라 지형의 변화와 특수점(예 : 시곡점, 종곡점)에 따라 플러스(+) 말뚝을 설치한다.

③ 거리 : 측점간의 구간거리

④ 추가거리 : 시점부터의 연속거리

⑤ 지반고 : 종단측량에 의한 현지높이

⑥ 계획고 : 계획구배에 따른 계산높이

⑦ 성고, 절고 : 지반고와 계획고의 차, (지반고)−(계획고)=(+)절고, (−)성고

⑧ 구배 : 완성노면의 비탈경사

⑨ 종단곡선(VC) : 종곡선 설치

(3) 세 번째로는 횡단면도(x, z 평면) 작성이다.

중심선의 직각방향의 지반경사는 횡단측량에 따라 지반선을 그리고 그 위에 성・절고 에 따라 노폭과 비탈 및 측구를 설치한다.

(4) 마지막으로 횡단면도의 인접단면으로부터 토적을 계산한다.

8-3 ① 수평곡선

단곡선 : 반경이 일정한 단일원호

복심곡선 : 서로 다른 반경을 가진 원호의 접합으로 중심이 같은 측에 있는 연속곡선

반향곡선 : 서로 다른 반경을 가진 원호의 접합으로 곡선중심이 반대측에 있는 연속곡선

배향곡선 : 복심곡선과 반향곡선의 복합

완화곡선 : 클로소이드, 3차포물선, 램니스케이트곡선, sine 체감곡선

② 종단곡선 : 2차포물선, 원곡선

③ 횡단곡선 : 2차포물선과 쌍곡선을 주로 이용

8-4 ① 고도(cant) : 곡선부를 통과하는 차량에 원심력이 발생하여 접선방향으로 탈선하는 것을 방지하기 위해서 바깥쪽 노면을 안쪽 노면보다 높이는 양을 말한다.

② 편구배 : cant로 인한 곡선부 외측의 높이에 따른 횡단곡선의 직선화를 편구배(slope)라 한다.

③ 확폭(slack) : 차량이 곡선 위를 주행할 경우에는 충분한 폭을 주어 차량이 안전하게 지나가도록 하여야 한다. 이때 넓히는 차선너비를 슬랙(=확폭)이라고 한다.

8-5 먼저, 완화곡선의 성질은 대략 다음과 같다.

첫째, 곡선반경은 완화곡선의 시점에서 무한대 종점에서 원곡선 R로 되며 둘째, 완화곡선 의 접선은 시점에서 직선에 종점에서 원호에 각각 접한다. 셋째로는 완화곡선에 연한 곡선반경의 감소율은 cant의 증가율과 동률(다른 부호)로 되고, 마지막으로 종점에 있는 cant는 원곡선의 cant와 같게 되는 성질이 있다. 그리고 종류로는 다음의 네 가지를 들 수 있다.

① 3차포물선(parabolic) : 접선장에 비례하여 cant의 증가 또는 접선장에 비례하여 곡률반경이 감소하는 곡선으로 주로 철도에 이용한다.

② lemniscate 곡선 : 현장(동경)에 비례하여 cant의 증가, 곡선장에 비례하여 곡률반경의 감소, 주로 도로에 이용한다.

③ 반파장 sine 체감곡선 : cant의 체감에 반파장정현곡선을 이용한 완화곡선으로 BTC에 접선을 x축으로 하고 곡률 및 cant의 체감형상을 $\sin(-\pi/2 \sim \pi/2)$ 의 곡선으로 한 것이다.

④ 클로소이드곡선 : 완화곡선에 비례하여 cant의 증가, 곡선장에 비례하여 곡률반경의 감소, 주로 도로에 이용한다.

8-6 먼저 외선장을 이용해 R을 구한다.

$$SL = R\left(\sec\frac{I}{2} - 1\right) \Rightarrow 15 = R\left(\sec\frac{120}{2} - 1\right) \Rightarrow R = \frac{15}{\sec\frac{120}{2} - 1}$$

$$\therefore R = 15\,\text{m}$$

여기서 TL값과 CL값을 구하면 다음과 같다.

$$TL = R\tan\frac{I}{2} = 15 \times \tan 60 = 25.98\text{m}$$

$$CL = R\frac{I^\circ}{\rho^\circ} = 15 \times \frac{120^\circ}{57.3^\circ} = 31.41\,\text{m}$$

BC의 추가거리는 : 423.7－25.98＝397.72 m

EC의 추가거리는 : 397.72＋31.41＝429.13 m

8-7 $$R_N = \frac{E_N}{\sec\frac{I}{2} - 1} = \frac{22}{\sec\frac{50}{2} - 1} = 212.81\text{m}$$

$TL = R\tan\frac{I}{2}$ 에서 구곡선 접선장을 구하면

$$TL = 120\tan\frac{50}{2} = 55.96\text{m}$$

신곡선의 접선장은

$$TL_N = 212.81 \times \tan\frac{50}{2} = 99.23\text{m}$$

IP점은 움직이지 않으므로 $TL_N - TL = 43.27\text{m}$ 만큼 거리가 늘어난다.

따라서 신곡선의 BC는 155.25－43.27＝111.98 m 이다.

8-8 먼저 간단한 2차포물선 식에 의해, $y = ax^2$이라고 둔다. 여기서, $a = \frac{y}{x^2}$이고, 노면중점

$x = \frac{W}{2}$일 경우 정고 $c = y = \frac{W}{2}i$

$$a = \frac{W}{2}i \div \left(\frac{W}{2}\right)^2 = \frac{2i}{W}$$

$$y = \frac{2i}{W}x^2$$

$x = 1\text{ m},\ y = \frac{2\times3}{10}\times1^2 = 0.6\text{ m}$

$x = 2\text{ m},\ y = 0.6\times2^2 = 2.4\text{ m}$

$x = 3\text{ m},\ y = 0.6\times3^2 = 5.4\text{ m}$

$x = 4\text{ m},\ y = 0.6\times4^2 = 9.6\text{ m}$

CHAPTER 9 토공량 산정

9-1 지거간격을 균등하게 나누고, 경계선을 2차포물선으로 가정하며 2구간을 1조로 하여 계산하는 방법이다.

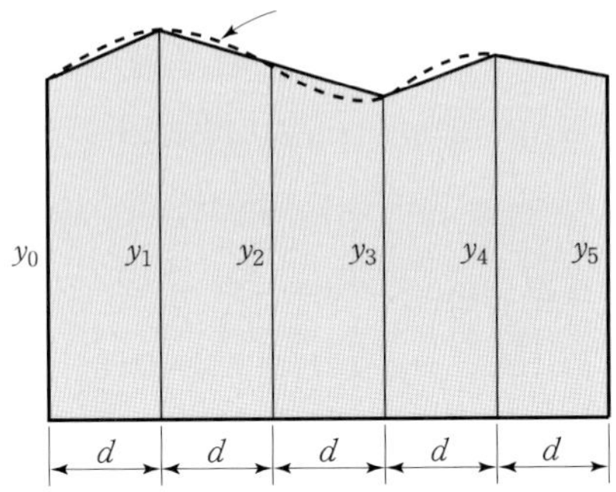

그림에서 2구간을 1조로 한 도형 $ABCDE$의 면적 A_1을 구하면,

$$A_1 = (\text{대형}ABCDE) + (\text{포물선}BCD) = (2d \times \frac{y_0 + y_2}{2}) + \frac{2}{3}(y_1 - \frac{y_0 + y_2}{2}) \times 2d$$

$$= (y_0 + y_2)d + \frac{2}{3} \cdot \frac{2y_1 - y_0 - y_2}{2} \times 2d = \frac{d}{3}(3y_0 + 3y_2 + 4y_1 - 2y_0 - 2y_2)$$

$$= \frac{d}{3}(y_0 + 4y_1 + y_2)$$

9-2 ① 삼각형의 면적

② 사각형의 면적
- 4변과 4각을 알 때
- 3변과 인접하는 2각을 알 때
- 마주보는 2변과 4각을 알 때
- 인접하는 2변과 4각을 알 때
- 인접하는 2변과 4각을 알 때의 특수한 경우

③ 다각형의 면적

④ 지거법
- 사다리꼴공식
- 심프슨의 제 1 법칙
- 심프슨의 제 2 법칙
- 우각부의 면적(방사법)

⑤ 구적기에 의한 면적산정

⑥ 광학적 면적산정
- 광량법
- 광점주사법

· 광학좌표법

9-3 · 축척과 단위면적과의 관계

구적기로 면적관측이 가능한 것은 측륜의 회전수로써 면적의 크기를 알 수 있기 때문인데 표선의 위치에 따라서 같은 면적을 관측하더라도 회전수가 달라진다. 또 회전수만으로는 면적을 나타낼 수 없으므로 회전하였을 때 1눈금이 얼마의 면적을 나타내는지 결정하여야 하는데 이 면적이 곧 단위면적이다. 이 단위면적의 값은 도면의 축척에 따라서 다르다. 일반적으로 축척 1/m의 경우 다음 식으로 주어진다.

$$a=\frac{m^2}{1000}d\cdot\pi\cdot l$$

단, A : 축척 1/m인 경우의 단위면적 [mm^2]

D : 측륜의 직경 [mm]

l : 측침으로부터 극간접합부까지의 길이 [mm]

$d\pi/1000$: 측륜한 눈금의 크기

위 식에서 m과 l의 길이가 정해지면 a가 정해지는데, a의 값을 간단히 하기 위해서는 적당한 위치에 결정하여야 한다. 예를 들면, 축척 1/m = 1/200, 단위면적 $a=0.4\,m^2$, 차륜의 지름 $d=19$ mm로 하면,

$$l=\frac{1000\cdot a}{m^2\cdot d\cdot\pi}=\frac{1000\times0.4\times(1000\text{mm})^2}{200^2\times19\times3.1416}=168.15\text{mm} \tag{1}$$

이상으로부터 l이 정해지면 축척과 단위면적과는 일정한 관계가 있다.

그래서, 식 (1)에 있어서 a, m의 변화에 의해

$$\frac{1000\cdot a_1}{m_1^2\cdot d\cdot\pi}=\frac{1000\cdot a_2}{m_2^2\cdot d\cdot\pi}$$ ⇒ (서로 다른 두 축척 사이의 면적관계)

$$\therefore\ \frac{a_1}{m_1^2}=\frac{a_2}{m_2^2}$$

$$\therefore\ a_2=\left(\frac{m_2}{m_1}\right)^2\cdot a_1 \tag{2}$$

식 (2)은 임의 축척 ($1/m^2$)의 도면을 관측한 경우에, 그 단위면적 (a^2)을 구하는 것이다.

예를 들면, 축척 1/100의 단위면적을 알려고 할 때, 축척 1/1,000의 단위면적이 10 m^2이면,

$$a_2=\left(\frac{100}{1000}\right)^2\times10=0.1\text{m}^2$$

① 단위면적

1 : 1000	1 □ M	217.5	2,367
(기계축척)	(단위면적)	(팔길이)	(가정수)

$$a=\frac{m^2}{1000}d\,\pi\,l$$

여기서, a : 단위면적, m : 기계축척, d : 측륜직경, l : 팔길이

② 정수표에 없는 임의축척의 경우

임의축척을 1/M, 정수표에 있는 축척을 1/m, 승수(단위면적)를 a라 하면 구하는 임의축척을 승수(환산 단위면적) K는 다음과 같이 표시된다.

$$K=a\left(\frac{1}{m}\div\frac{1}{M}\right)^2=a\left(\frac{M}{m}\right)^2$$

③ 극점을 도형 밖에 놓았을 때

극형을 도형 밖에 놓고 측도침을 회전시켰을 때는 도형의 면적(A)은 측륜의 회전값(n)에 비례한다.

$$A=a\cdot n$$

단, a는 구적기의 계수이며, 측륜의 단위회전치에 대한 도면상의 실면적, 즉 단위면적이다.

측도완의 축척 1/m에 맞추고 도면축척 1/M의 면적으로 한다면 측륜의 회전값을 n으로 할 때 면적 A는 다음과 같다.

$$A=\left(\frac{M}{m}\right)^2\cdot a\cdot n$$

9-4 본문 참고

9-5 **• 면 적**

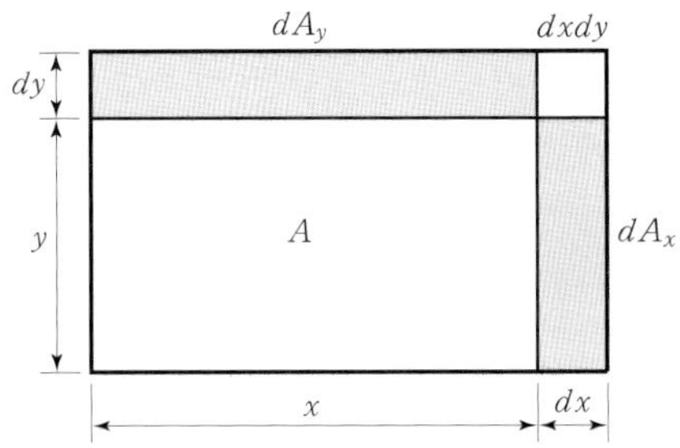

그림과 같이 동일한 정확도로 거리관측을 실시하여 얻은 관측값 x, y에 대하여 오차 dx, dy가 생긴 것으로 한다. 거리오차 dx에 의한 면적오차를 dA_x dA_y에 의한 것을 dA_y라 하면 $A=xy$, $dA_x=ydx$, $dA_y=xdy$이므로

$$\frac{dx}{x}=\frac{dA_x}{A},\ \frac{dy}{y}=\frac{dA_y}{A}$$

$dA=dA_x+dA_y$로 하면

$$\frac{dA}{A}=\frac{dA_x}{A}+\frac{dA_y}{A}=\frac{dx}{x}+\frac{dy}{y}$$

이다. 동일한 거리관측의 정확도를 K라 하면

$$\frac{dx}{x}=\frac{dy}{y}=K$$

$$\therefore\ \frac{dA}{A}=2K$$

• 체 적

관측된 수평 및 수직거리 x, y, z의 거리오차를 dx, dy, dz라 하고, 거리관측의 정확도가

$$\frac{dx}{x}=\frac{dy}{y}=\frac{dz}{z}=K$$

로 동일하다고 할 때 체적오차 dV는

$$dV=(x+dx)(y+dy)(z+dz)-xyz$$

$$= xy\,dz + yz\,dx + zx\,dy + x\,dy\,z + ydz\,dx + z\,dx\,dy + dx\,dy\,dz$$
$$\fallingdotseq xy\,dz + yz\,dx + zx\,dy$$

이고,

$$\frac{dV}{V} = \frac{dx}{x} + \frac{dy}{y} + \frac{dz}{z} = 3K$$

가 되어, 이 경우 체적측량의 정확도는 거리측량의 정확도의 1/3이 된다.

9-6

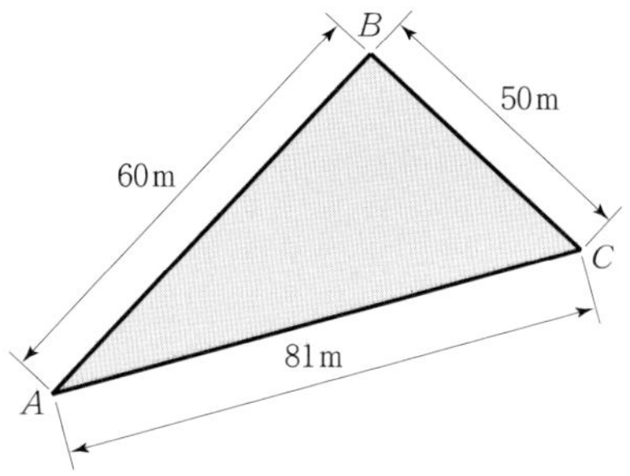

헤론의 공식에 관한 문제

$$A = \sqrt{S(S-a)(S-b)(S-c)}$$

$S = \frac{1}{2}(a+b+c)$에서

$$A = \sqrt{95.5 \cdot (95.5-60) \cdot (95.5-50) \cdot (95.5-81)}$$
$$\left[S = \frac{1}{2}(60+50+81) = 95.5\text{m}\right]$$
$$= 1,495.57\text{m}^2$$

9-8 점고법에 의한 체적을 구하는 방법으로서 삼각형으로 분할했을 때의 체적 V는,

$$V = \frac{A}{3}(\sum h_1 + 2\sum h_2 + 3\sum h_3 + 4\sum h_4 + 5\sum h_5 + 6\sum h_6 + 7\sum h_7 + 8\sum h_8)$$

단, A : 한 삼각형의 면적

$\sum h_1$: 삼각형의 정각이 1개 접하는 점의 표고의 화

$8\sum h_3$: 삼각형의 정각이 8개 접하는 점의 표고의 화

h_1은 ①⑨⑪로서 $\sum h_1 = 4.50 + 5.80 + 4.70 = 15.00$

h_2는 ③⑩으로서 $2\sum h_2 = 2 \times (5.50 + 3.80) = 18.60$

h_3은 ②④⑥⑦로서 $3\sum h_3 = 3 \times (4.90 + 4.00 + 5.30 + 4.60) = 56.40$

h_4는 없다.

h_5는 ⑧로서 $5\sum h_5 = 5 \times (4.90) = 24.50$

h_6은 ⑤로서 $6\sum h_6 = 6 \times 4.60 = 27.60$

h_7은 없다

h_8은 없다

$$A = \frac{10 \times 10}{2} = 50\text{m}^2$$

$$\therefore\ V=\frac{50.00}{3}\times(15.00+18.60+56.40+24.50+27.60)$$

$$=\frac{(50.00\times142.10)}{3}=2368.33\text{m}^2$$

CHAPTER 10 하천 및 해양측량

10-1 하천측량을 하고자 하는 구역은 하천의 크기와 측량의 목적에 따라서 다르지만, 일반적인 평면측량의 범위는 하천의 형태를 포함할 수 있는 크기로 하며 유제부(有堤部)에서는 제외지(堤外地) 및 제내지(堤內地) 300 m 이내, 무제부(無堤部)에서는 홍수가 영향을 주는 범위보다 100 m 정도 넓게 한다. 하천공사의 경우에는 하구에서 상류의 홍수피해가 미치는 구간까지하고, 사방공사의 경우는 하구에서 수원지까지, 해운을 위한 하천개수공사에서는 하구까지 측량을 한다.

10-2 하천측량의 일반적 작업순서는 계획, 외업, 내업단계로 나누어진다.

첫째, 계획단계에서는 1/50,000의 지형도를 이용하여 유로상황, 지형지물, 토지이용상황, 교통이나 통신 시설상황 등을 조사하는 도상조사와 홍수의 피해, 수리권문제, 물의 이용상 황, 각종 축척의 지형도, 기타 기존의 제반자료를 수집하는 자료조사로 이루어진다.

둘째, 외업에서는 우선 도상조사, 자료수집을 기초로 현지를 답사하여 삼각점, 기선의 위 치, 유량관측 지점, 수준점의 위치, 수목벌채의 필요성 등의 조사를 위한 현지답사를 한다.

그리고 난후 평면도 작성을 위해서 삼각측량과 다각측량에 의하여 세부측량의 기준이 되는 골조측량을 실시하고 평판측량으로 세부측량을 실시한다. 수준측량으로는 유수부(流水部)의 수심과 종・횡단면도를 구하기 위한 심천측량을 한다. 각 관측단면에서는 수위, 유속, 경사, 조도, 수심 등을 측정하여 유량을 계산한다. 필요에 따라 강우량, 수리권, 하천구조물, 토질 및 지질, 유사량(流砂量) 등에 대한 조사를 실시하는 기타측량을 한다.

셋째, 내업에서는 계획・외업단계에서 수집한 수치자료를 오차보정을 하여 평면도, 횡단면도, 종단면도, 유량곡선 등을 작성한다.

10-3 고저측량에서 거리표를 설치하는 이유는 하천가에서 횡단면도 작성시 횡단측량의 기준점으로 쓰이고 장래의 하상변동상태를 조사하여 계획에 필요한 자료를 제공할 목적으로 설치한다.

거리표는 하구(河口) 또는 합류점으로부터 100 m 또는 200 m마다 한쪽 하안(河岸)을 따라 설치한다. 반대편 하안(河岸)에는 유심선의 직각방향에 설치한다.

거리표는 1 km 마다 석표를 매설한고, 그 중간에는 나무말뚝을 사용한다. 거리표는 콘크리트나 석재를 사용하고 길이 1.2 m 이상 두부는 약 30 cm 정도 지표 위로 나오게 매설한다. 나무말뚝일 때는 페인트칠을 하고 소관명을 기입한다.

횡단측량을 하지 않는 곳의 거리표는 생략해도 좋다.

10-4 ① 최고수위(HHWL ; highest high water level) – 어떤 기간의 최고수위로 연단위나 월단위로 나타낸다.

② 최저수위(HLWL ; highest low water level) – 어떤 기간의 최저수위로 연단위나 월단위로 나타낸다.

③ 평균수위(MWL ; mean water level) – 어떤 기간동안 관측수위의 합계를 관측횟수로 나눈값을 말한다.

④ 평균최저수위(NLWL ; normal low water level) – 어떤 기간에 있어서 연, 월의 최저수위의 평균값

⑤ 평균최고수위(NHWL ; normal high water level) – 어떤 기간에 있어서 연, 월의 최저수위의 평균값

⑥ 평수위(MWL ; median water level) – 어떤 기간에 있어서의 수위 중 이것보다 높은 수위와 낮은 수위의 관측횟수가 똑같은 수위로 일반적으로 평균수위보다 약간 낮다.

⑦ 갈수위(DWL ; droughhty water level) – 1년 동안 그 수위 이하로 내려가는 것이 10일 이내인 수위이다.

⑧ 저수위((LWL ; low water level) – 1년 중 275일은 이보다 내려가지 않는 수위
⑨ 고수위(HWL ; High Water Level) – 매년 반드시 1~2회 발생할 정도의 높은 수위
⑩ 홍수위(flood water level) – 몇 년만에 한 번씩 발생할 정도의 홍수 때의 수위
⑪ 최다수위(most frequent water level) – 수년을 통하여 가장 많이 일어나는 수위

10-5 해안선 및 그 부근의 소도, 간출암, 간출선의 지형을 측정하여 그의 종별을 확인하는 동시에 해안선부근의 육상지형, 구조물과 해안선과의 관계를 측정조사하여 도상에 묘사하는 작업으로서 해안 침식, 모래 조사에도 아주 중요하며. 또 항해와 영해 및 경제수역의 확정의 기준이 된다. 교통부수로국의 수로측량업무지침에는 "해안선측량은 사진측량에 의함을 원칙으로 하되 이에 의할 수 없을 경우에는 실측한다"로 정해져 있으며, 해안선측량은 일반적으로 항공사진측량에 의해서 해안선의 묘사를 하는 것이 통례이나, 사진측량에 의할 수 없을 경우에는 실측법에 의한다.

10-6 해상에서의 선박의 위치를 결정하기 위한 것으로 선박의 항로유지, 수심측량 등 해양측량뿐만 아니라 모든 해상활동에 있어서 가장 기초적인 자료를 제공한다.
근거리해역에서의 위치결정은 전방교회법, 후방교회법, 측방교회법, 해상방위관측법, 궤적항법 등이 있으며, 지문항법, 천문항법, 전파위치측량법, 위성항법, 관성항법, 음향위치 결정법 등이 있다.

10-7 수심측량은 수심을 체계적인 방법으로 관측하여 해저지형의 기복을 조사하기 위한 측량으로서 오늘날 대부분의 수심측량은 수면에서 해저까지의 음파신호의 왕복시간을 관측하여 수심을 알아내는 음향측심(音響測深; echo sounding)을 이용한다.

10-8
- 음속도보정 : 음향측심기는 음속도를 1,500 m/s 등 일정한 음속을 기준으로 설계되어 있고, 실제음속은 수온, 수압, 염분 등에 따라 변화하므로 보다 정확한 값을 얻기 위해서는 음속도변화에 대한 보정을 하여야 한다.
- 흘수보정 : 송수파기는 수면으로부터 일정한 깊이에 잠겨 있으므로 음향측심기록에 이 흘수량을 더해 주어야 한다. 천해용측심기에서 흘수량은 일반적으로 0.6~0.8 m 정도이다.
- 조고보정 : 해수면의 높이는 조석의 영향 때문에 수시로 변하므로 측량시의 조석의 높이를 고려하여 음향측심기록에 보정을 가하여야 한다. 우리 나라 수심의 기준면은 최저저조면을 사용하므로 측량수역의 조석관측기록에서 측량시각의 조석의 높이와 기본수준면의 차이를 구하여 측심기록상에 기입하여 조고보정을 행하도록 한다.

  수심 200 m 이상에 대해서는 일반적으로 조고보정을 생략하는 경우가 많다.

  조고보정량 = 조석의 높이 – 기본수준면의 높이

10-9 하천측량을 하고자 하는 구역은 하천의 크기와 측량의 목적에 따라서 다르지만, 일반적인 평면측량의 범위는 하천의 형태를 포함할 수 있는 크기로 하며 유제부(有堤部)에서는 제외지(堤外地) 및 제내지(堤內地) 300 m 이내, 무제부(無堤部)에서는 홍수가 영향을 주는 범위보다 100 m 정도 넓게 한다. 하천공사의 경우에는 하구에서 상류의 홍수피해가 미치는 구간까지 하고, 사방공사의 경우는 하구에서 수원지까지, 해운을 위한 하천 개수공사에서는 하구까지 측량을 한다.

10-10 본문 참조

10-11 본문 참조

CHAPTER 11 지적측량

11-1 지적은 국가가 토지에 대한 물리적 현황과 권리관계를 공시할 목적으로 필지 단위로 행한 기록이다. 지적의 일반적 기능으로는 토지의 거래 안전, 과세자료, 토지분쟁해결을 위한 소송자료로서의 기능을 가지고 있다. 이밖에도 법적 효력과 공시기능, 도시 및 국토계획의 원천, 지방행정의 자료, 공시지가 등 토지감정평가의 기초, 토지유통의 매개체, 토지관리의 지침의 기능 등이 있다.

11-2 ① 지적공부가 멸시된 경우 이를 지적공부의 복구를 위하여

② 지적공부에 신규등록할 토지가 생긴 경우

③ 지적공부에 등록된 토지를 2필지 이상으로 분할할 경우가 발생한 경우

④ 도시계획사업 · 토지구획정리사업 · 농지개량사업 · 기타 대통령령이 정하는 지역개발사업 등으로 인하여 토지의 이동이 발생한 경우

⑤ 지적도나 임야도의 축척을 변경할 경우

⑥ 지적측량기준점을 표시하기 위하여 기초점의 표석 또는 표지를 설치할 때

⑦ 지적공부의 등록사항에 오류가 발생하였을 경우 이를 정정하기 위하여 필요한 때

⑧ 토지의 경계를 좌표로 등록할 때

⑨ 소관청이 대행법인(대한지적공사)에서 행한 측량을 검사할 때

⑩ 경계를 지표상에 복원함에 있어 측량을 필요로 할 때

⑪ 기타 행정자치부령으로 정하는 경우에 해당할 때

11-3

작업계획과 준비 ⇨ 1필지 조사 ⇨ 기초측량 ⇨ 세부측량 ⇨ 면적산정 ⇨ 지적공부작성

11-4

구 분	지적측량	일반측량
목 적	토지소유권 확보	공사 시행
이 론	측량기본 이론	측량기본 이론
이익관계	토지소유자 대행	기업자의 입장
기본단위	1필지 중심	현장 중심
법률효력	영속적인 법적효력	기본측량(삼각점, 수준점)

11-5 전 · 답 · 과 · 목 · 임 · 광 · 염 · 대 · 장 · 학 · 도 · 철 · 천 · 제 · 구 · 유 · 수 · 공 · 체 · 원 · 종 · 사 · 묘 · 잡

11-6 ① 연접되는 토지 사이에 고저가 없는 경우에는 그 지물 또는 구조물의 중앙

② 연접되는 토지 사이에 고저가 있는 경우에는 그 지물 또는 구조물의 하단부

③ 토지가 해면 또는 수면에 접하는 경우에는 최대 만조위 또는 최대 만수위가 되는 선

④ 도로·구거 등의 토지에 절토된 부분이 있는 경우에는 그 경사면의 상단부

⑤ 공유수면매립지의 토지 중 제방 등을 토지에 편입하여 등록하는 경우에는 바깥쪽 어깨부분 분할에 따른 경계는 지상건물을 걸리게 하거나 관통하게 설정할 수 없다. 다만, 법원의 확정판결이 있는 경우와 도시계획법에 의한 도시계획 결정고시가 된 지역에 대하여는 도시계획 주관부서가 도시계획에 의한 실시 경계점에 내무부령이 정하는 경계점 표지를 설치한 경우에는 그러하지 아니한다.

11-7 $d_i = \dfrac{E}{\Sigma l} \times \sum_{i=1}^{i} l_i$

$d_A = \dfrac{2}{400} \times 80 = 0.4$, $d_B = \dfrac{2}{400} \times 140 = 0.7$

$d_C = \dfrac{2}{400} \times 210 = 1.05$, $d_D = \dfrac{2}{400} \times 300 = 1.5$

시가지의 허용정도 1/1000이므로

$\dfrac{0.002}{400/1000} = \dfrac{1}{2} > \dfrac{1}{200} > \dfrac{1}{100}$ 재측이 요구됨

11-8 본문 참조

11-9 본문 참조

11-10 $M = \pm\sqrt{2}\,\dfrac{0.2}{\sin\theta}$

$M_1 = \pm\sqrt{2}\,\dfrac{0.2}{\sin 30°} = 0.56\text{mm}$

$M_2 = \pm\sqrt{2}\,\dfrac{0.2}{\sin 60°} = 0.32\text{mm}$

$M_3 = \pm\sqrt{2}\,\dfrac{0.2}{\sin 90°} = 0.28\text{mm}$

11-11 $l = 10\text{cm}$ (방향선 길이)

$q = 0.2\text{mm}$ (도상허용 오차)

$n = 20$ (중공사용시)

$r = 1\text{m}$ 기포곡률 반경

$q = \dfrac{2a}{r} \cdot \dfrac{n}{100} \cdot l$

$\therefore a = 5\text{mm}$

즉 $a = 5\text{mm}$까지 편위해도 좋으므로 평판경사 1/200까지 경사해도 좋다.

11-12 본문 참조

11-13 ⑤ 플래니미터

플래니미터는 면적을 구할 때 사용하는 기계이다.

CHAPTER 12 전자파 거리측량

12-1

- 전자파측거의
  - 전파측거의
  - 광파측거의
    - 레이저 광선방식
    - 근적외선방식
  - 음파측거의

12-2 $n_0 = 1 + (287.604 + 4.8864/0.6341^2 + 0.068/0.6341^4)\,10^{-6}$

$= 1.0003$

$v = c/n = 299792458/1.003 = 299702547.2\,\mathrm{m/s}$

12-3 $\Delta\alpha = \dfrac{H_l - H_R}{L'}\rho'' = \dfrac{1.21 - 0.78}{229.437} \times 206265 = 0°6'26.57$

$$\sin\alpha = \frac{(H_B + H_R) - (H_A + H_l)}{L'}$$

$$\alpha = \frac{(H_B + H_R) - (H_A + H_l)}{L'}$$

$$= \frac{(1786.56 + 0.78) - (1740.36 + 1.21)}{229.437} \cdot \rho'$$

$$= 11°25'47.46$$

AB 간의 수평거리 : L_l

$$\cos\alpha = \frac{L_l}{L'}, \qquad L_l = L'\cos\alpha$$

경사거리 : L

$$\cos(\alpha + \Delta\alpha) = \frac{L_l}{L} = \frac{L'\cos\alpha}{L}$$

$$L_l = L \cdot \frac{\cos\alpha}{\cos(\alpha + \Delta\alpha)} = 229.437 \times \frac{\cos 11°25'47.46}{\cos 11°32'14.03} = 229.524\ \mathrm{m}$$

12-4 $\overline{AB} = \sqrt{(3312.16 - 1500)^2 + (3379.14 - 2500)^2} = 2014.15$

$$\theta_{AB} = \tan^{-1}\left(\frac{3312.16 - 1500}{3379.14 - 2500}\right) = 64°07'13.5$$

코사인 제 2 법칙에 의하여

$$\cos A = \frac{b^2 + c^2 - a^2}{2bc} = \frac{(1463.87)^2 + (2014.05)^2 - (1814.05)^2}{2(1463.87)(2014.15)} = 0.493298934$$

$$\therefore\ A = \cos^{-1}(0.493298934) = 60°26'32.5$$

같은 방법으로

$$B = 44°34'59.5, \qquad C = 74°58'28.0$$

검산 : $A+B+C=60°26'32.5+44°34'59.5+74°58'28.0=180°00'00$

이 각을 사용하면 각 변의 방위각을 계산하면

측선	방위각	거리[m]	Δ E [m]	Δ N [m]	E	N	측점
					3312.16	3379.14	B
BC	199°32′14″	1814.05	−606.65	−1709.61			
					2705.51	1669.53	C
CA	304°33′45″	1463.87	−1205.50	830.47			
					1500.01	2500.00	A

$\theta_{BC}=\theta_{BA}-B=244°07'13.5-44°34'59.5=199°32'14$

$\theta_{AC}=\theta_{AB}+A=64°07'13.5+60°26'32.5=124°33'46$

검산 : $\theta_{CB}-\theta_{CA}=199°32'14-127°33'46=74°58'28=C$각

12-5 본문 참조

12-6 본문 참조

CHAPTER 13 위성측량

13-1 인공위성으로부터 관측된 모든 자료를 이용하여 지표면 또는 해상의 한 점에 대한 절대적 위치 또는 상대적 위치를 결정하는 방법이다. 절대적위치결정(Absolute positioning)은 어떤 특정의 좌표계에 의하여 한 측점의 위치를 결정하는 방법이고, 상대적위치결정(Differential positioning)은 어떤 특정의 좌표계에 의하여 한 측점의 위치를 다른 특정한 점에 연관하여 결정하는 방법이다, 일반적으로 상대위치결정법이 절대위치결정법보다 더 활용성이 있으며 정밀도도 높다. 위성측량은 눈이 오거나 비가 오거나 또는 밤이나 낮이나 측점이 서로 보이거나 말거나 언제 어떤 상태에서든지 3차원 위치결정이 가능하다.

13-2 ① 위성과 시통만 되면 측량이 언제든지 가능하다.

② 날씨와 밤, 낮에 관계가 없이 24시간 작업이 가능하다.

③ 정밀한 시공이 가능하다.

④ 개인적인 오차가 적다.

13-3 ① 지상관제 부문

주관제소(Master Control Segment)는 콜로라도 스프링스의 폴컨 공군기지에 있다. 5개의 무인 관제소를 세계에 설치하였고, 무인관제소에서는 모든 GPS 위성을 추적하여 위성으로부터 신호 데이터를 수집한다. 위성의 위치를 나타내는 궤도정보(Ephemeris)와 위성에 탑재된 시각 데이터를 평가하요 위성의 항로를 예측한다. 얻어진 정보는 SCS(Defense Satellite Communication System)를 통하여 Colorado Springs에 있는 주관제소로 보내지게된다.

② 우주 부문

GPS 위성은 NAVSTAR, Rockwell International사에서 제작하였고, 기본적으로 21개의 위성과 3개의 예비위성이 배치되어 총 24개의 위성이 작동하고 있다. 고도는 약20,200km 상공에서 6개의 궤도로 운항하고 있고, 적도를 중심으로 55° 로 기울어져 있다.

③ 사용자 부문

GPS 수신기와 사용자로 구성되어 있다. 수신기는 위성신호를 수신하여 수신기의 위치, 속도, 시간정보로 변환해주며. 사용자는 GPS 수신기와 안테나 해석용 소프트웨어를 가지고 있어여 한다.

13-4 GPS 위성은 1575.42㎒(1.57542㎓)와 1227.60㎒(1.2276㎓)의 두 가지 라디오 주파수를 가진 L1 및 L2 반송파를 전송하고 있으며, 위성신호는 pseudo-random, binary, bi-phase modulation code를 합친 것이다. PRN (Pseudo-Random Noise)코드라고 한다. GPS는 pseudo-random noise code string이 있는데 civil code라고 하는 C/A코드와 P코드의 두 가지 코드로 전송하고 있다.

13-5

구분	기존 측량 방식	GPS 위성 측량 방식
차원	1차원 또는 2차원 (Total Station 제외)	4차원
기후의 영향	날씨에 제약을 받음	영향이 거의 없음

(계 속)

구분	기존 측량 방식	GPS 위성 측량 방식
시준선	지상에서 반드시 확보	상공 시야의 확보
오차	작업자에 따른 개인오차 발생	개인오차가없는 고정도의 성과유지
좌표계	서로 다른 표준 좌표계	표준화 달성 WGS84와 PE90
소요예산	과다	기존 방식 기준의 20~30%
내업 및 계산	전문 기능인 필요	초보자 교육수료후 단순 운용
품질관리	외업 중 품질관리 불가능	외 · 내업시 품질관리 가능
투입 인력	노동집약적	1인 시스템 가능
정보화 전망	정보산업화의 어려움	측량정보산업화의 지름길

13-6 위성신호가 대기권을 통과할 때 온도나 기압 또는 대기 중의 수증기 밀도에 의하여 신호가 굴절 및 속도가 감소됨으로써 오차가 발생하게 된다. 이러한 문제를 해결하기 위하여 위성의 NAV-msg에 대기굴절모델을 부가시킴으로써 오차의 50~70%를 보정할 수 있다. 전리층굴절은 L1과 L2신호를 동시에 수신할 수 있는 2주파 수신기를 이용하여 동시에 관측하면 오차를 보정할 수 있다.

위성신호의 오차원인에서 상대적으로 작은 부분을 차지하는 것이 다중경로이며, 다중경로는 반사된 위성신호를 수신한다는 것이다. 멀티패스는 수신기 안테나의 발생위치에 따라 상부와 하부의 2종류로 나눌 수 있고 발생 위치에 따라 처리방법도 달라진다. 수신기 하부에서 발생한 반사파는 초크 링 형태의 안테나를 사용하여 처리할 수 있도록 single depth와 dual depth형태로 구분된다. 그리고 수신기 상부에서 발생된 멀티패스는 여러 종류의 신호처리 방식을 사용하고 있다.

13-7 RINEX

13-8 사용하는 GPS 위성의 배치상태의 적합성 여부, 기지국과 이동국GPS 간의 위치보정 데이터 송수신장치의 작동여부, 평판측량/사진측량의 지상기준점, 표정점의 설치, 세부 현황측량 및 현지보완측량 등에 대한 이부공정으로서의 사용여부를 확인한다.

13-9 GPS 측량을 말한다.

CHAPTER 14 사진측량

14-1 • 항공사진의 기하학적 성질을 설명할 수 있는 주요한 점은 주점, 연직점, 등각점으로서 이를 특수 3점이라 한다.

• 주점(principle point)은 사진의 중심점으로 투영 중심에서 사진에 내린 수선의 발로서 사진지표(fiducial mark)의 대각선이 만나는 점(P)이다.

• 연직점(nadir point)은 렌즈중심을 지나는 연직선이 사진면과 만나는 점(N)이며 등각점(isocenter)은 주점과 연직점을 이루는 선분의 2등분선이 만나는 점(J)이다. 항공사진이 완전 수직 사진일 때 특수 3점은 사진상에서 모두 한 점이 되는 것을 알 수 있다

14-2 A점은 정사투영인 지도상에 a점으로 나타난다.

$\Delta BCA \backsim \Delta Obn$과 $\Delta OCA \backsim \Delta Oba$에서

$$\frac{h}{\Delta R}=\frac{f}{r},\quad \frac{\Delta R}{H}=\frac{\Delta r}{f},$$

$$\therefore\ h=\frac{\Delta r}{r}\cdot H$$

여기서, Δr : 기복 변위량,

h : 비고,

H : 촬영고도,

r : 주점으로부터의 거리

14-3

$$M=\frac{1}{m}=\frac{f}{H-h}=\frac{0.15}{1000-100}=\frac{1}{6000}$$

14-4 항공사진판독은 사진이미지의 기본적인 특성에 의하여 연구하며 그 특성으로는 모양(shape), 크기(size), 형태(pattern), 음영(shadow), 색조(tone), 질감(texture), 그리고 상호위치관계(situation)이다.

모양은 윤곽, 또는 배치, 형상 및 일반적인 형태를 말한다. 모양은 사진이미지로부터 얻은 물체 중에서 가장 중요한 단일요소이다. 예를 들어, 철도는 고속도로와 쉽게 구분되는데, 그것은 철도의 모양 길고 곧은 선분이고, 고속도로의 모양은 이와 반대로 부드러운 곡선이기 때문이다.

크기는 어느 대상물이 갖는 입체적, 평면적인 넓이와 길이로서, 사진에 나타난 크기는 사진의 축척과 관계된다.

형태는 대상물의 공간배열과 관계가 있으며, 자연적인 물체와 인공적인 많은 물체들의 특징으로 알 수 있다. 예를 들어, 야외 자동차 극장은, 영화를 볼 수 있도록 특별한 배치와 주차공간의 형태를 갖고 있다.

음영은 대상물의 외형에 윤곽을 주므로 판독을 도와준다. 판독 때 음영이 자기 앞에 오도록 하여 관찰하는 것이 좋다.

색조는 사진에 나타난 이미지의 색으로서 인간의 육안으로 보통 10~15단계의 구별이 가능하다. 투사되는 거의 모든 빛을 흡수하는 물은 사진에서 검게 나타난다.

질감은 너무 작아서 사진 위에 정확하게 식별할 수가 없는 단일의 형상들이 모여서 만들어진다. 활엽수와

침엽수(소나무 등)를 보면 활엽수는 부드러운 질감을 갖는다.

14-5 $\frac{1}{m} = \frac{f}{H}$ (m = 축척분모, f = 초점거리, H = 촬영고도)

$$\frac{1}{6000 \times 4.5} = \frac{0.125}{H}$$

$H = 0.125 \times 6000 \times 4.5 = 3375m$

14-6 질감은 너무 작아서 사진 위에 정확하게 식별할 수가 없는 단일의 형상들이 모여서 만들어진다. 활엽수와 침엽수(소나무 등)를 보면 활엽수는 부드러운 질감을 갖는다. 우리나라와 일본의 항공사진을 보면 우리나라의 항공사진은 어느 곳이나 묘지가 분포되어 있으며 인가가 많은 지역일수록 많은 묘지가 있으나, 일본 항공사진은 묘지가 없어서 흑백 사진의 경우 삼림이 부드러운 검은색인 것을 알 수 있다.

14-7 침식(erosion)은 계곡의 크기 및 형태와 관련이 있다. V자형의 횡단면도를 가진 짧은 계곡은 모래와 자갈에서 발달하고, U자형의 횡단면도를 가진 계곡은 실트 토양에서 발달한다. 그리고 완만하게 둥근 횡단면도를 가진 긴 계곡은 실트질 점토와 점토 토양에서 발달한다.

14-8

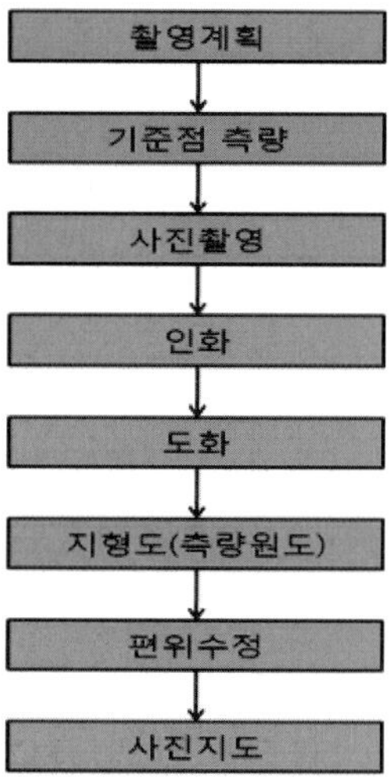

수치지도 제작과정

14-9 수치지도를 제작하는 방법은 기존의 지도원판을 스캐닝하여 제작하고 있으나 1/5,000 지형도를 제작한 후 예산상의 사유로 인해 지형지물의 변동사항을 수정하지 못함으로써 기존도면을 수정 없이 입력할 경우 GIS의 BASE로써 정확도가 떨어져, 기존도면을 최신의 항공사진을 이용하여 수정한 후 수치지도를 입력하는 방법을 채택하게 되었다.

14-10 측량기를 사용하여 지하매설물의 위치·깊이와 서로 떨어진 거리 등을 측량하는 작업을 말한다.

14-11 지하매설물탐사작업은 여러 가지 공정이 필요하므로 각각 유기적으로 연결 될 수 있도록 준비하여야 한다. 먼저 사업계획의 수립과 동시에 작업계획, 일정, 투입장비, 방법 등 필요한 모든 요소에 대해 적절한 업무체계와 작업계획을 실시하여야 한다. 먼저 기본도에 대한 조사와 편집을 실시 한 후에 지상조사, 관로조사 및 탐지작업 후 매설물도를 작성 하고 최종적으로 검수 및 정리를 하는 과정이다.

CHAPTER 15 원격탐사

15-1 원격탐사(remote sensing)란 물리적인 접촉이나 탐사 없이 지상물체의 특성을 파악하고자 하는 모든 활동이라 정의할 수 있다. 다시 말해서, 공기 및 인공위성 등의 탑재기에 설치된 센서를 이용하여 지표, 대기권 및 해양 등의 반사 또는 방사되는 전자기파를 탐지하고 이 자료들로부터 토지, 환경 및 자원에 대한 정보를 얻어 이를 해석하는 기법을 말한다.

15-2 해상도(resolution)는 공간적으로 가깝거나 스펙트럼 상에서 유사한 신호를 구별할 수 있는 광학시스템의 능력에 대한 측정단위를 말하고 격자별로 수집된 분광정보를 통하여 각각의 격자값에 해당하는 지표에 대하여 수치로 측정된 값이다. 해상도의 종류로는 분광(spectral), 공간(spatial), 시간(temporal) 주기, 방사(radiometric) 해상도가 있다.

15-3 영상의 취득 시 지구와 탑재체(platform), 센서의 상대적인 운동과 특성 등 다양한 이유로 인해 위성영상자료에 왜곡이 나타나게 되는데 이는 수집된 자료의 처리나 분석 때 오차요인으로 작용하기 때문에 보정이 필요하다. 이를 기하보정(geometric correction)이라고 한다. 기하보정 방법으로는 DGPS를 이용한 방법과 수치지도를 이용하는 방법 그리고 위성영상을 이용하는 방법이 있다. 기하보정을 할 경우에는 지상기준점을 이용하여 좌표변환을 실시한다.

15-4 보간기법이란 주변 값들에 특정 가중치 함수를 적용하여 새로운 위치의 값을 결정하는 기법으로 최근린내삽법(nearest neighbor), 공1차내삽법(bilinear interpolation), 3차중첩내삽법(cubic convolution) 등이 있다. 최근린 내삽법은 계산된 좌표를 기준으로 가장 가까운 화소의 화소값을 취하고 장점으로는 계산이 가장 빠르고 출력 영상이 거친것이 단점이다. 공1차내삽법은 가까운 4개의 주변 화소를 선정한 후 이들에 거리에 반비례하는 가중치를 부여한 평균값으로 화소값을 결정하는 것으로 출력 영상이 매끈하다. 3차중첩내삽법은 가까운 16개의 주변 화소들에 가중치 함수를 적용한 평균값을 계산하여 화소값을 결정 하는 것으로 보정 전 자료와 통계치 및 특성이 손상되는 것이 단점이다.

15-5 영상강조(image enhancement)는 영상의 시각적 향상을 통해 영상의 분석과 판독을 용이하게 하기 위해 식별성을 증대시키는 방법이다. 최대/최소 강조기법이나 영상 평활화, 클러스터링, 분류, 퓨전 등의 기법들을 통해 목적에 맞도록 영상을 개선한 것을 말한다. 강조된 영상은 올바른 시각적 해석이 가능하도록 수행되어야 하고 영상을 강조하는 목적은 판독성 제고, 특징 추출 자동화 지원, 센서 영향의 감소 또는 제거에 있다. 종류로는 공간여과 영상대조, 영상융합 등이 있다.

15-6 서로 공간 해상력을 가진 두 개의 영상을 하나의 영상으로 합쳐서 흑백의 고해상도 영상과 그에 비해 저해상도인 컬러 영상을 병합하여 고해상도의 컬러 영상을 제작하는 기법이다. 저해상도의 영상과 고해상도의 영상을 퓨전하기 전 먼저 기하학적으로 보정해야 하고 보정된 고해상도 영상의 기준점을 참조하여 저해상도의 영상을 보정하는데 이 과정에서도 기하보정에서 서술하였던 GCP 선정과 좌표등록을 하는 과정을 거친다.

15-7 LiDAR는 레이저에 의한 대상물 위치결정방법으로 기상조건에 좌우되지 않고 산림이나 수목지대 에서도 투과율이 높으며 자료 취득 및 처리과정이 완전히 수치방식으로 이루어지며 측량의 경제성과 효율성이 매우 높다고 할 수 있다. 활용 가능한 분야로는 지형 및 일반 구조물 측량, 용적계산, 구조물의 변형량 계산, 가상공간 및 건축 시뮬레이션, 역사적 건물의 3차원 데이터 획득과 3차원 위치정보 건물 및 도로 외곽선 등의 선형 추출과 고정밀도의 수치표고모델생성이 가능하다.

15-8 분류기법은 지표면의 정보를 이용하여 지형정보 데이터베이스 구축을 위한 중요한 인자 중의 하나로 취득된 영상데이터들을 기본으로 카테고리나 한정된 몇 개의 클래스들에 화소들을 할당하는 과정으로 지형정보 데이터베이스 구축을 위한 중요한 이론 중 하나로 주제도(thematic map)와 같은 결과물의 생성을 위해 각각의 주제별 클래스들로 모든 화소들을 자동적으로 할당하는 것을 목적으로 한다. 종류로는 감독분류기법과 무감독 분류기법이 있다.

CHAPTER 16 GIS

16-1 GIS시스템은 지리, 정보 그리고 체계의 세 가지를 통합한 것으로 실세계, 공간적 실체인 지리(Geographic), 자료와 정보를 의미와 사용을 말하는 정보(Information), 그리고 위의 자료들을 처리할 수 있는 컴퓨터 기술과 하부구조 지원체계(Systems)으로 나누어 말한다. GIS가 단지 하나의 도구가 아니라 지리적 문제를 해결하기 위한 시스템이고, 실세계를 표현하는 수단으로 디지털 정보 기술을 이용하여 지표면을 연구하는 정보학으로써 세계와 인간과의 관계를 설명하는 분야라는 관점에서 볼 때 GIS를 '공간 정보 과학(Geographic Information Science)이라 할 수 있다.

16-2 공간자료는 점(point), 선(line), 다각형(polygon)이라는 세 가지 유형으로 나눌 수 있는 점 데이터는 실의 공간크기가 아닌 지점 또는 위치로 표현되고 특징들의 분명한 위치를 나타낸다. 선 데이터는 폭의 개념이 아닌 길이의 개념이고 시작과 끝이 있는 것이 특징이다. 다각형데이터는 적어도 세변에 의한 2차원 지형이다. 면적과 둘레를 가지는 것이 특징이다.

16-3 속성자료는 공간객체에 대한 표현을 하기 위하여 공간 데이터의 명칭, 분류 또는 색과 같은 비공간적 형태로 표시되고 양적 또는 질적인 특징을 가지고 한다. 이러한 속성 데이터를 다루는 데 있어 매우 편리하고 효율적인 방식은 데이터베이스 형태이고 데이터베이스 안에는 행을 레코드로 열을 필드로 부른다.

16-4 위상구조는 자료간의 "연결"에 상당한 유연성과 강력함을 지니고 있으며 점, 선, 면으로 이루어진 벡터 자료구조에 다음과 같은 특징이 추가된 것으로 정의된다. 여기에 쓰이는 함수는 위상구조 함수로 데이터베이스가 각각의 체인이나 노드의 연결에서 왼쪽에 있는지 또는 오른쪽에 있는지에 대한 효과적인 식별이 가능하도록 되어 있다. 위상구조와 위치관계는 인접성, 연결성, 포함관계를 나타내는 특징이 있다.

16-5 ① 벡터자료구조는 지도와 같은 그림으로 보통 원래 자료와 매우 유사하다. 그리고 점, 선, 면은 위치를 나타내는 상징으로서 표시되는데, 선은 길이와 방향을 가지지만, 폭이 없는 하나의 값만 존재하며, 면은 둘러싸인 지역을 표현한다. 자료 구성은 노드, 버텍스, 체인으로 구성되며 시각적으로 좋으며 정확성 면에서도 컴퓨터 모니터나 지도 작성 도구의 해상도보다 더 높다. 그러나 자료 관리가 어려운 단점이 있다.

② 래스터(raster) 체계는 격자망으로 이루어져 있으며 각각 격자점 안의 셀은 단순한 배경과 동일시되어지고, 보통 코드번호는 특별한 속성으로 특징되어 표현되며 기본적인 단위는 셀로서 나타낸다. 상대적으로 간단한 자료구조를 가지고 있다. 각각의 셀 안에 코드를 상징하는 어떤 숫자의 격자점으로 되어 있어, 사용자가 이해하고 사용하기 쉽다. 반면에 위치를 정확하지 않은 단점을 가지고 있다.

16-6 영향권 분석이란 도시의 도로망, 상하수도관망 등과 같이 선으로 연결된 공간에 대하여 주변의 영향에 대한 가능성에 대하여 조사하는 것이다. 특정 지점에 대한 도로의 통행량이나 하수도의 하수량의 수용량을 예측하거나 지하철과 같이 주민을 위한 주요 교통시설의 배치와 같은 구역할당 등으로 나뉜다.

16-7 주제도는 하나의 조건을 만족하는 주제를 가지고 있는데 이러한 조건을 여러 개 중첩시켜 주어진 조건을 만족하는 대상을 찾아내는 것이 중첩분석이라 한다. 토지이용도, 고도 등의 지형자료 등을 이용하여 최적의 위치 선정을 위한 목적으로 사용된다.

16-8 네트워크 분석은 위상구조를 활용하여 최단거리나 사로 다른 지점에 대한 상호작용의 분석이 가능하며 도로나 철도의 노선 설정, 물류의 이동 등과 분야에서 같은 곳에서 최단거리 검색을 통한 최적의 루트를 파악하는 데 사용된다.

찾아보기

ㄴ

ㄷ

ㄹ

ㅁ

ㅂ

ㅇ

ㅈ

ㅊ

ㅎ

[기 타]

측량지형정보개론

초판 인쇄 2012년 3월 5일
초판 발행 2012년 3월 10일

저 자 강 인 준
발행인 김 호 석
발행처 도서출판 대가

등 록 제311-47호
주 소 서울시 마포구 상수동 6-1 대한실업빌딩 301호
전 화 (02) 305-0210 / 306-0210
팩 스 (02) 305-0224

전자우편 dga1023@hanmail.net
홈페이지 www.bookdaega.com

ISBN 978-89-6285-086-4